高等学校教材

概率统计讲义

（第三版）

陈家鼎　刘婉如　汪仁官　编著

高等教育出版社·北京

内容提要

本书是在第二版的基础上修订和扩充而成的，系统介绍了概率统计的基础理论和实用方法。内容简明扼要，文字通俗易懂。既注意对基本概念和定理论述准确，又注意介绍各方面的应用例子。只要求读者具有普通微积分知识和一些线性代数知识。本书可作为高等学校各类专业的教材，也可供有关人员参考。

图书在版编目(CIP)数据

概率统计讲义/陈家鼎,刘婉如,汪仁官编著.—3版.
北京:高等教育出版社,2004.5(2022.11重印)
ISBN 978-7-04-014404-8

Ⅰ.概...　Ⅱ.①陈...②刘...③汪...　Ⅲ.①概率论-高等学校-教学参考资料②数理统计-高等学校-教学参考资料　Ⅳ.O21

中国版本图书馆CIP数据核字(2004)第019991号

出版发行	高等教育出版社	网　址	http://www.hep.edu.cn
社　址	北京市西城区德外大街4号		http://www.hep.com.cn
邮政编码	100120	网上订购	http://www.landraco.com
印　刷	天津嘉恒印务有限公司		http://www.landraco.com.cn
开　本	850×1168　1/32		
印　张	14.5	版　次	1980年7月第1版
字　数	370 000		2004年5月第3版
购书热线	010-58581118	印　次	2022年11月第16次印刷
咨询电话	400-810-0598	定　价	22.10元

本书如有缺页、倒页、脱页等质量问题，请到所购图书销售部门联系调换

物 料 号　14404-00

第三版序言

本版保留了第二版的绝大部分内容和优点,同时进行了较大的扩充,以便在内容上和编排上更好地适应高等学校各类专业“概率统计”课程的教学需要及概率统计这门学科的应用需要。本版的特点可概述如下:

(一) 增添了许多重要内容(其中一些采用小字排印)。例如:

① 在“概率”的定义里,除了保留基本的“频率定义”外,还介绍了概率的“主观定义”和公理化定义;

② 对“条件分布”和“条件期望”作了较细致的介绍;

③ 对寻找置信区间的三种一般性方法进行了全面叙述;

④ 对“假设检验”中的 p 值方法进行了全面论述;

⑤ 介绍了有关两个正态总体的 Behrens - Fisher 问题的解;

⑥ 介绍了比率的检验方法(包括一个总体和两个总体的情形),特别是 Fisher 精确检验法;

⑦ 对逻辑斯谛回归作了初步介绍;

⑧ 叙述了统计决策和贝叶斯统计的大意;

⑨ 对随机过程的某些预测问题和统计问题作了初步介绍,等等。

(二) 增加了许多实际应用例子。主要是增加了在日常生活、社会调查、商务管理、医学试验等方面的例子(第二版里的例子主要是工程方面的)。例如,在讲全概公式时介绍了敏感性社会调查的例子;在讲逆概公式时介绍了艾滋病的检查问题;在讲比率的两样本检验时介绍了两种药物疗效的比较;在讲回归分析时介绍了广告策略的制定,等等。

(三) 内容编排上注意重点与非重点、难点与非难点、基本内容与进一步内容的界限，做到层次分明、要求明确、方便教学。本版仍坚持第二版的编写原则，力求做到：内容简明扼要准确，文字通俗易懂流畅。虽然增加了许多内容（这是某些大学的课程所需要的），但新增内容的大部分或者用小字排印，或者打 * 号作为标志，用以表明这些内容不是“概率统计”课程的最基本内容。是否要求学生对这些内容了解或掌握，要根据课程的教学时数和学生的数学基础而定。

本版在编写过程中，吸取了北京大学概率统计系许多老师提出的宝贵意见，同时吸取了国内外近几年出版的多部概率统计优秀教材（见参考书目）的一些内容与讲法。在此，向所有帮助过我们的老师和一些教材的作者表示感谢。编者力图与时俱进，写出反映时代精神的合适教材。但限于水平，书中的缺点、谬误一定不少，欢迎读者批评指正。

编　者

2003 年 9 月

第一版序言

革命导师恩格斯说:"在表面上是偶然性在起作用的地方,这种偶然性始终是受内部的隐蔽着的规律支配的,而问题只是在于发现这些规律。"(见《马克思恩格斯选集》第四卷,第243页,1972年版。)偶然事件的概率(即发生的可能性的大小)就是该偶然事件隐蔽着的特性,概率论与数理统计就是研究这种内在特性的一门数学学科。随着现代科学技术的迅速发展,这门数学学科也得到了蓬勃的发展。它不仅形成了结构宏大的理论,而且在很多科学研究、工程技术和经济管理的领域里有愈来愈多的应用。由于应用的广泛性,许多理工科专业(以及经济系科)都把"概率统计"列为学习课程,培养学生处理随机现象的能力。

去年8月,中央广播电视大学要北大数学系承担"概率统计"课的教学任务,加上校内一些系也需开设这门课,这促使我们考虑教材问题。这本"概率统计讲义"就是在这种形势的推动下,在我们以前编写的同名讲义的基础上,经过较大的改写、扩充而成的。

在这次编写工作中,我们注意了下列几点:

(1) 本书是针对50~70学时的讲课需要而编写的,只能讲解概率统计的一些基本内容与某些实用范围较广的方法,不能求多求全。但讲解详细,便于自学。凡小字排印部分都可略去不讲。在学时较紧的情况下,除前三章必须有足够时间教学外,其他各章都可以略去一部分。

(2) 努力贯彻理论联系实际的原则,对基本概念、重要公式和定理的实际意义多加解释,多举各方面的例子,力求通俗易懂,便于读者把所学的内容和实际工作结合起来。考虑到回归分析方法与正交试验法应用广泛,所以把它们分列专章,供读者选学。

(3) 虽然概率统计的严密的深入的数学理论不能离开实变函数论与测度论,但在目前情形下作为非数学专业用的概率统计教材,应该尽量少用专门的数学知识。这本讲义只用到普通的微积分知识,正文里基本上不用线性代数知识,有些结论不给出严密的数学证明。

一般说来,作为"概率统计"课的教材,应该有一章的篇幅介绍随机过程的最基本知识。但这次编写时间太紧,加上考虑到当前这门课教学时数的限制,故本书未涉及随机过程内容。

在这次编写过程中,我们参考了许多概率统计书籍和教材,特别是在例题和习题的选配方面,吸取了它们中的不少材料。我们还得到中国科学院系统科学研究所研究员张里千同志的帮助,谨在此致谢。

由于我们水平有限,加上编写时间仓促,书中的缺点、错误一定不少,欢迎读者批评指正。

编　者

1980 年 1 月于北京大学数学系概率统计教研室

目　　录

第一章　随机事件与概率

§1　随机事件及其概率

粗略地说,在一定的条件下,可能发生也可能不发生的事件,称为**随机事件**(更确切的叙述见下面的定义).

例 1.1　投掷一枚分币,“正面朝上”这个事件(记作 A),是一个随机事件. 在该试验中,“正面朝下”(记作 B),也是随机事件.(我们常把有币值的一面称为正面.)

例 1.2　投掷两枚分币,则

A =“两个都是正面朝上”

B =“两个都是正面朝下”

C =“一个正面朝上,一个正面朝下”

都是随机事件. 不难看出

D =“至少有一个正面朝上”

也是随机事件.

例 1.3　从十个同类产品(其中有 8 个正品,2 个次品)中,任意抽取三个. 那么,

A =“三个都是正品”

B =“至少一个是次品”

均为随机事件,而

“三个都是次品”和“至少一个是正品”

这两个事件呢,前者是不可能发生的;后者是必定要发生的. 我们称不可能发生的事件为**不可能事件**,记作 V;称必定要发生的事件为**必然事件**,记作 U. 为讨论问题方便起见,将不可能事件 V

和必然事件 U 也当作随机事件.

对于随机事件,在一次试验中是否发生,我们虽然不能预先知道,但是它们在一次试验中发生的可能性是有大小之分的. 比如,在例 1.1 中,如果投掷的分币是匀称的,那么,随机事件 A(=“正面朝上”)和随机事件 B(=“正面朝下”)发生的可能性是一样的;在例 1.2 中,如果两个分币都是匀称的,那么随机事件 A(=“两个都是正面朝上”)和随机事件 B(=“两个都是正面朝下”)发生的可能性也是一样的,并且它们比随机事件 C(=“一个朝上,一个朝下”)发生的可能性要小. 不仅如此,由我们的直觉还可以说,发生例 1.1 中随机事件 A(=投掷一枚分币出现“正面朝上”)的可能性,比发生例 1.2 中随机事件 A(=投掷两枚分币,“两个都是正面朝上”)的可能性要大. 然而,对事件发生的可能性只停留在基本上是定性的了解与描述上,实在太不够了. 我们希望对它给出客观的定量的描述.

怎样给出随机事件发生可能性大小的定量描述呢? 用一个数——概率. 随机事件 A 的概率用 $P(A)$ 表示. 该数越大表明 A 发生的可能性越大. “可能性大小”是人们凭直觉可以理解的观念,但怎样定义刻画“可能性大小”的概率呢? 这就不是一个简单的问题. 我们首先介绍概率的频率定义,然后介绍概率的主观定义(注意,是“主观定义”,不是主观主义!),在 §4 中还要介绍概率的公理化定义.

回到例 1.1 中投掷一枚分币的试验,这种试验是在一定条件下作的. 比如说,我们规定:“分币是匀称的,放在手心上,用一定的动作向上抛,让分币自由落在具有弹性的桌面上,等等.”称这些条件为条件组 S. 于是,在条件组 S 的一次实现下,事件 A(“正面朝上”)是否发生是不确定的. 然而这只是问题的一方面. 当条件组 S 大量重复实现时,事件 A 发生的次数,也称为**频数**,能体现出一定的规律性,约占总试验次数的一半. 这也可以写成

$$A\text{ 发生的}\textbf{频率}=\frac{\text{频数}}{\text{试验次数}},\text{接近于}\frac{1}{2}$$

在我们的心目中，由长期经验积累所得的、所谓某事件发生的可能性的大小，不就是这个“频率的稳定值”吗？

历史上，有些人作过成千上万次投掷钱币的试验. 下表列出他们的试验记录：

实验者	投掷次数 n	出现“正面朝上”的次数 μ（即频数）	频率 $=\mu/n$
DeMorgan	2 048	1 061	0.518
Buffon	4 040	2 048	0.506 9
Pearson	12 000	6 019	0.501 6
Pearson	24 000	12 012	0.500 5

容易看出，投掷次数越多，频率越接近 0.5.

定义 1.1 在不变的一组条件 S 下，重复做 n 次试验. 记 μ 是 n 次试验中事件 A 发生的次数. 当试验的次数 n 很大时，如果频率 μ/n 稳定地在某一数值 p 的附近摆动；而且一般说来随着试验次数的增多，这种摆动的幅度愈变愈小，则称 A 为随机事件，并称数值 p 为随机事件 A 在条件组 S 下发生的概率，记作

$$P(A)=p$$

显然，数值 p 就成为 A 在 S 下发生的可能性大小的数量刻画. 例如 0.5 就成为掷一枚分币出现“正面朝上”的可能性的数量刻画.

上述定义也可简单地说成：“频率具有稳定性的事件叫做随机事件，频率的稳定值叫做该随机事件的概率.”

我们强调指出，人类的大量实践证明，在实际中遇到的事件一般都是随机事件，也就是说都是有确定的概率的. 以后我们常简称随机事件为事件.

由于频率 $\frac{\mu}{n}$ 总介于 0,1 之间，因而由概率的定义知，对任何随机事件 A，有

$$0 \leqslant P(A) \leqslant 1$$

而对必然事件 U 及不可能事件 V,显然有

$$P(U)=1, P(V)=0$$

定义 1.1 是概率的频率定义(又叫概率的统计定义). 至于概率 $P(A)$ 的实际计算法,定义本身也给出了一种近似求法,即作大量的试验,计算事件 A 发生的频率. 虽然得到的是近似值,但我们相信读者不至于因为现实生活中某一数值的获得只是些近似值而感到不实在. 事实上,我们周围许多量的测量完全是近似的,如长度的概念并不会因为每次实测数值都是近似值而建立不起来,也不会因为温度计读数都是近似值而怀疑起"温度"的客观存在性.

以下介绍概率的主观定义. 在现实世界里,有一些事件是不能重复或不能大量重复的,这时无法用上述定义 1.1 来定义概率. 怎么办? 一些统计学家认为,这样的事件不能定义概率,另一些统计学家(主要是贝叶斯(Bayes)学派的学者)则认为可以定义概率,他们认为应采用以下定义:

定义 1.2 一个事件的概率是人们根据已有的知识和经验对该事件发生可能性所给出的个人信念,这种信念用 $[0,1]$ 中的一个数来表示,可能性大的对应较大的数.

定义 1.2 就是概率的主观定义,所定义的概率又叫做主观概率. 粗一看,概率的主观定义很不科学,"个人信念"的主观色彩太浓. 但仔细一想,现实世界中却有一些"可能性大小"是由个人信念来确定的,而且这样确定的概率合乎实际,对于人们的决策和行动有重要的指导作用. 例如,一个企业家在某年某月某日说"此项产品在未来市场上畅销的概率是 0.8". 这里的 0.8 是根据他自己多年的经验和当时的一些市场信息综合而成的个人信念. 如果这位企业家经验丰富,又有多次成功的业绩,我们就可以相信"畅销的概率是 0.8".

又如一位外科医生要对一位心脏病患者做手术,他认为成功的概率是 0.9,这是他根据手术的难易程度、该病人的身体状况以

及自己的手术经验综合而成的个人信念.如果这位医生经验丰富,人们就会相信:手术成功的概率是 0.9.

这样的例子很多.可见"主观概率"在一些情况下不可或缺,它是当事人对事件作了详细考察并充分利用个人已有的经验形成的"个人信念",而不是没有根据的乱说一通.当然,"个人信念"毕竟是个人主观的东西,应该谨慎对待.我们的态度是,在事件不能重复或不便多次重复的情形下,采用概率的主观定义(定义 1.2).采用"主观概率"时,"个人信念"中的"个人"应是有经验的人、专家或专家组.概率的主观定义乃是前面的频率定义(定义 1.1)的一种补充[①].

§2 古典概型

上面介绍了概率的定义.定义 1.1 既是概念,同时又提供了近似计算概率的一般方法.但是在某些特殊情况下,并不需要临时做多次试验,也就是说临时多次实现条件组 S,从而求得概率的近似值,而是根据问题本身所具有的某种"对称性",充分利用人类长期积累的关于"对称性"的实际经验,分析事件的本质,就可以直接计算其概率(采用定义 1.2 可得到相同结果).

例如上节的例 1.1,即使我们不临时作大量的投掷试验,我们也会想到,"正面朝上"与"正面朝下"出现的机会相等.因此,可以推测在大量试验中"正面朝上"这件事发生的频率在 0.5 左右,即

---

① 概率既是可能性大小的度量,它不仅在自然科学、技术科学、社会科学中应用广泛,在思维科学中也起着重要的作用.大家知道,演绎法和归纳法是最重要的两种推理方法,二者相互补充、缺一不可.演绎推理的特点是,前提 A 与结论 B 间有必然关系:若 A 成立,则 B 一定成立;归纳推理的特点是,前提 A 与结论 B 间有或然关系:若 A 成立,则 B 可能成立.对于归纳推理(日常生活和科学研究中的大量推理属于归纳推理)来讲,"B 成立的可能性有多大"十分重要.在 A 成立的条件下 B 成立的概率就是所谓从 A 到 B 的"归纳强度".对归纳法的深入研究离不开概率论.本书后面要讲的"统计推断"就是一种归纳推理.

它的概率为0.5.为什么“正面朝上”与“正面朝下”机会均等呢?这是因为问题本身有一种对称性(匀称的分币),如果“朝上”与“朝下”出现的机会不相等,那反倒与我们长期形成的“对称”的经验不相符了.

例2.1 盒中装有五个球(三个白球,二个黑球)从中任取一个,问:取到白球的概率是多少?

既然是“任取”,那么五个球被取到的机会一样,而白球有三个,因此,取到白球的概率应该是3/5.说得更清楚些,我们把五个球编上号如下(其中白球为1,2,3号;黑球为4,5号):

① ② ③ ④ ⑤

因为是随便取一个,所以

“取到1号球”,“取到2号球”,“取到3号球”

“取到4号球”,“取到5号球”

这些结果发生的机会一样,而且是互相排斥的,以及除此以外不可能有别的结果.注意到1,2,3号球是白球,所以“取到白球”这个事件发生的频率会稳定在3/5左右,因此按概率定义,它的概率是3/5.

例2.2 盒中装有球的情况如上例,现从中任取两个,问两个球全是白球的概率是多少?

这个问题较为复杂,不过仍可按上例的方法进行分析.还是把五个球同样编号,因为是随便取两个,所以下列这些结果

“①,②”[1], “①,③”

“①,④”, “①,⑤”

“②,③”, “②,④”

“②,⑤”, “③,④”

“③,⑤”, “④,⑤”

发生的机会一样,而且是互相排斥的,以及除此之外不可能有别的

---

① “①,②”是“取到1,2号球”的缩写.下同.

结果. 再注意到,上列十种情况中,有且仅有三种,即“①,②”,“①,③”,“②,③”为全白. 因此“全白”发生的频率会稳定在 3/10 左右. 于是,它的概率是 3/10.

推而广之,对上面几个例子所讨论的问题及解决问题的办法进行归纳,可得出一般规律.

定义 2.1 称一个事件组 $A_1, A_2, \cdots, A_n$ 为一个**等概完备事件组**,如果它具有下列三条性质:

(1) $A_1, A_2, \cdots, A_n$ 发生的机会相同(等可能性);

(2) 在任一次试验中,$A_1, A_2, \cdots, A_n$ 至少有一个发生(也就是所谓“除此之外,不可能有别的结果”)(完备性);

(3) 在任一次试验中,$A_1, A_2, \cdots, A_n$ 至多有一个发生(也就是所谓“它们是互相排斥的”)(互不相容性).

等概完备事件组在这里也称为**等概基本事件组**;其中任一事件 $A_i(i=1,2,\cdots,n)$ **称为基本事件**.

(在例 1.1 中,等概基本事件组的 $n=2$,它的两个基本事件是“正面朝上”与“正面朝下”. 读者可对例 2.1 和例 2.2 分别找出等概基本事件组.)

若 $A_1, \cdots, A_n$ 是一个等概基本事件组,而事件 B 由其中的某 m 个基本事件所构成①. 大量实践经验表明,事件 B 的概率应由下列公式来计算②:

$$P(B) = m/n \tag{2.1}$$

---

① 更确切地说,所谓事件 B 由事件 $A_{i_1}, A_{i_2}, \cdots, A_{i_m}$ 构成,是指当且仅当这 m 个事件中有一个发生时事件 B 才发生.

② 通常,如果试验只可能有有限个不同的试验结果 $A_1, A_2, \cdots, A_n$;而且它们发生的机会相同,则不难看出,$A_1, A_2, \cdots, A_n$ 就是一个等概基本事件组.(因此,解决这类问题主要是把 n 和 m 数出来.)

“只可能有有限个不同的试验结果”中的“试验结果”一词,是比较朴素的、直观的、方便的,一般而言,也是不会引起混淆的(今后我们有时也用这个词). 然而,毕竟不够准确,因此我们引进了等概完备事件组的概念.

所谓古典概型就是利用关系(2.1)来讨论事件的概率的模型.

现在通过(2.1)式来讨论例2.2. 考虑从三个白球两个黑球中任取两球,我们知道共有 $C_5^2=\frac{5\times4}{1\times2}=10$ 种不同的取法,它们出现的机会相同. 每一种取法对应一个基本事件,所以等概基本事件组共含 $n=10$ 个事件(读者不难验证它的"完备性"和"互不相容性"). 而取得两球均为白球,共有 $m=C_3^2=\frac{3\times2}{2\times1}=3$ 种取法(即由三个基本事件构成),由(2.1)有

$$P(\text{取得两个白球})=\frac{m}{n}=\frac{3}{10}$$

下面再看几个例子.

例 2.3 设有一批产品共100件,其中有5件次品,现从中任取50件,问:无次品的概率是多少?

解 首先,从100件产品中任取50件,我们知道共有 C_{100}^{50} 个不同的结果,每一个结果就是一个事件. 容易验证这些事件是一个等概基本事件组(是否等可能? 是否完备? 是否互不相容? 读者自己想一想).

现在来看 $B=$"任取50件其中无次品",它由哪些基本事件所构成? 多少个? 很明显,要所取的50件中无次品,必须是从那95件正品中取来的. 可见这种无次品的取法共有 C_{95}^{50} 种(即事件 B 含 C_{95}^{50} 个基本事件).

由关系式(2.1)得

$$\begin{aligned}P(B)&=C_{95}^{50}/C_{100}^{50}\\&=\frac{95!/(50!\,45!)}{100!/(50!\,50!)}\\&=\frac{50\cdot49\cdot48\cdot47\cdot46}{100\cdot99\cdot98\cdot97\cdot96}\\&=\frac{1}{2}\cdot\frac{1}{2}\cdot\frac{1}{2}\cdot\frac{47}{99}\cdot\frac{46}{97}\\&=\frac{1\ 081}{38\ 412}=2.8\%\end{aligned}$$

(请读者将本例跟例 2.2 进行比较.)

再考虑较为复杂的情形.

例 2.4 条件组 S 跟例 2.3 相同(即还是 100 件产品,其中有 5 件次品,从中任取 50 件),问:恰有两件次品的概率是多少?

解 等概基本事件组同例 2.3,总数 $n = C_{100}^{50}$. 现在,问题的关键在于,计算出事件 A =“恰有两件次品”所包含的基本事件数.

取出的 50 件中,恰有两件次品,即有 48 件正品,2 件次品. 这 48 件正品必是从 95 件正品中取出的,共有 C_{95}^{48} 种;而 2 件次品必是从 5 件次品中取出的,共有 C_5^2 种. 因此,“恰有两件次品”共包含 $C_{95}^{48} \cdot C_5^2$ 个基本事件.

于是,据(2.1)得

$$
\begin{aligned}
P(A) &= C_{95}^{48} \cdot C_5^2 / C_{100}^{50} \\
&= \frac{95!}{48!47!} \cdot \frac{5!}{2!3!} \Big/ \frac{100!}{50!50!} \\
&= 0.32
\end{aligned}
$$

就是说,任取 50 件,恰有两件次品的概率是 0.32.

例 2.5 设一批产品共 N 个,其中次品共 M 个(其他是正品). 现从中任取 n 个,问:恰好出现 m 个次品的概率是多少($n - m \leqslant N - M \quad 0 \leqslant m \leqslant n, m \leqslant M$)?

这是比例 2.4 更普遍的问题. 经过与例 2.4 同样的推理,可以知道

$$
P(\text{恰好出现 } m \text{ 个次品}) = \frac{C_{N-M}^{n-m} \cdot C_M^m}{C_N^n} \tag{2.2}
$$

现在来讨论比例 2.5 更一般的情形,我们可以证明一条在计算概率时十分有用的定理.

定理 2.1 设有 N 个东西分成 k 类,其中第 i 类有 N_i 个东西 $(i = 1, \cdots, k)$, $N_1 + \cdots + N_k = N$,从这 N 个东西中任取 n 个,而 $n = m_1 + m_2 + \cdots + m_k (0 \leqslant m_i \leqslant N_i, i = 1, \cdots, k)$,则事件 A =“恰有 m_1 个属于第 1 类,恰有 m_2 个属于第 2 类,…,恰有 m_k 个属于

第 k 类”的概率为

$$P(A)=\frac{C_{N_1}^{m_1}\cdot C_{N_2}^{m_2}\cdot\cdots\cdot C_{N_k}^{m_k}}{C_N^n} \tag{2.3}$$

证 我们可以用符号 $g_1,g_2,\cdots,g_N$ 表示这 N 个帆西. 任取 n 个,所有可能的结果共有 C_N^n 种. 每一种结果都是 n 个东西的组合. 每一种结果(即每一个组合)都看成一个基本事件,故共有 C_N^n 个基本事件,它们是等概的、互不相容的、完备的.

事件 A 包含多少个这样的基本事件呢? 这是关键问题. 根据事件 A 的定义,为使一个基本事件(即一个“组合”)包含在 A 里,必须且只需这个基本事件(即这个“组合”)里恰有 m_1 个来自第 1 类,m_2 个来自第 2 类,$\cdots$,m_k 个来自第 k 类. 从第 i 类任取 m_i 个东西,共有 $C_{N_i}^{m_i}$ 种结果($i=1,\cdots,k$). 把各类中取出的一种结果并在一起,所得到的 n 个东西正是包含在 A 中的基本事件. 按照乘法原理知 A 所含的基本事件数为 $C_{N_1}^{m_1}\cdot C_{N_2}^{m_2}\cdot\cdots\cdot C_{N_k}^{m_k}$. 利用公式(2.1)即知公式(2.3)成立. 定理 2.1 证毕.

习 题 一

1. 求例 1.2 及例 1.3 中的 $P(A)$,$P(B)$.

2. 袋中有红、黄、白色球各一个,每次任取一个,有放回地抽三次,求下列事件的概率:

A=“三个都是红的”=“全红”,B=“全黄”,C=“全白”,D=“颜色全同”,E=“全不同”,F=“不全同”,G=“无红”,H=“无黄”,I=“无白”,J=“无红且无黄”,K=“全红或全黄”

3. 从一副扑克的 52 张牌中,任意抽取两张,问都是黑桃的概率有多大?

4. 在例 2.4 中,求至少有两件次品的概率.

5. 五人排队抓阄,决定谁取得一物(即五个阄中有四个是白阄,只有一个是有物之阄).(1) 问第三人抓到有物之阄的概率是多少?(2) 前三人之一抓到有物之阄的概率是多少?(3) 如果有两物(即五个阄中有两个是有物之阄),问后两个人都抓不到有物之阄的概率是多少?

§3 事件的运算及概率的加法公式

我们常常看到,在一组条件之下,有多个随机事件. 其中有些是比较简单的,也有比较复杂的. 分析事件之间的关系,从而找到它们的概率以及概率之间的关系,这自然是必要的. 而其基本点还是要搞清楚事件间的关系.

1. 事件的包含与相等

设有事件 A 及 B. 如果 A 发生,那么 B 必发生,就称事件 B 包含事件 A,并记作

$$A \subset B \text{ 或 } B \supset A$$

例如投掷两枚匀称的分币,令 A 表示"正好一个正面朝上",B 表示"至少一个正面朝上",显然有 $A \subset B$.

如果事件 A 包含事件 B,同时事件 B 也包含事件 A,那么就称事件 A 与 B 相等(或称等价),并记作

$$A = B$$

2. 事件的并与交

定义 3.1 事件"A 或 B"称为事件 A 与事件 B 的**并**,记作 $A \cup B$ 或$A + B$;某次试验中 $A \cup B$ 发生,即"A 或 B"发生,它意味着 A,B 中至少有一个发生. 事件"A 且 B"称为事件 A 与 B 的**交**,记作 $A \cap B$ 或 AB 或 $A \cdot B$;$A \cap B$ 发生,即"A 且 B"发生,它意味着 A,B 都发生.

例如,投掷两枚匀称的分币,A 表示"正好一个正面朝上"的事件,B 表示"正好两个正面朝上"的事件,C 表示"至少一个正面朝上"的事件. 于是有

$$A \cup B = C, \quad AC = A$$
$$BC = B, \quad AB = V(\text{不可能事件})$$

把事件的并与交的概念推广到多于两个事件的情形是不困难的,请读者自行完成.

3. 对立事件及事件的差

定义 3.2 事件“非 A”称为 A 的**对立事件**,记作$\overline{A}$.

例如,投掷两枚分币,事件“至少一个正面朝上”是事件“两个都是正面朝下”的对立事件.

由该定义可知

$$(\overline{\overline{A}}) = A$$

即 A 也是$\overline{A}$的对立事件. 我们看到:

在一次试验中,A 和$\overline{A}$不会同时发生(即它们互相排斥)而且 A,$\overline{A}$至少有一个发生. 就是说,A 和$\overline{A}$满足:

$$A \cap \overline{A} = V$$
$$A \cup \overline{A} = U \tag{3.1}$$

定义 3.3 事件 A 同 B 的**差**表示 A 发生而 B 不发生的事件,记作 $A \backslash B$.

由上述定义可知

$$A \backslash B = A \cap \overline{B} \tag{3.2}$$

再举一个打靶的例子. 事件 A 代表命中图 1.1(a)的小圆内,事件 B 代表命中图 1.1(b)的大圆内. 则 $A \cup B$ 代表命中图 1.1(c)

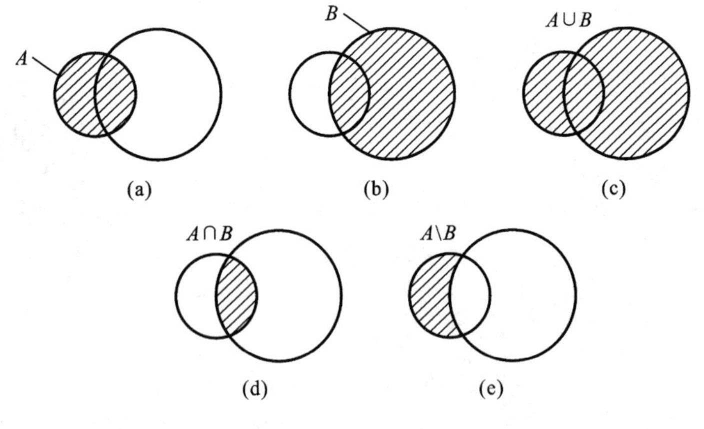

图 1.1

的阴影. $A\cap B$代表命中图 1.1(d)的阴影,$A\backslash B$ 代表命中图 1.1(e)的阴影.

4. 事件的运算规律

由定义不难验证,事件的运算满足以下规律:

(1) $A\cup B=B\cup A$ ("并"有交换律)

(2) $A\cup(B\cup C)=(A\cup B)\cup C$ ("并"有结合律)

(3) $A\cup A=A$

(4) $A\cup\overline{A}=U$

(5) $A\cup U=U$

(6) $A\cup V=A$

(7) $A\cap B=B\cap A$ ("交"有交换律)

(8) $(AB)C=A(BC)$ ("交"有结合律)

(9) $A\cap A=A$

(10) $A\cap\overline{A}=V$

(11) $A\cap U=A$

(12) $A\cap V=V$

(13) $A(B\cup C)=AB\cup AC$ (分配律)

(14) $A\cup(BC)=(A\cup B)(A\cup C)$ (分配律)

(15) $\overline{A\cup B}=\overline{A}\cap\overline{B}$

(16) $\overline{A\cap B}=\overline{A}\cup\overline{B}$

5. 事件的互不相容性

定义 3.4 如果事件 A 与事件 B 不能都发生,即

$$AB=V(\text{不可能事件})$$

那么,称 A 与 B 是互不相容的事件.

例如,投掷两枚分币,事件"正好一个正面朝上"和"两个都是正面朝上"就是互不相容的事件. 不难看出,A 与$\overline{A}$也是互不相容的.

(称 n 个事件 $A_1,A_2,\cdots,A_n$是互不相容的,如果它们两两互

不相容. 这个定义显然跟等概完备事件组中的"互相排斥"是一致的.)

6. 概率的加法公式

概率的加法公式(1):

如果事件 A,B 互不相容,则

$$P(A\cup B)=P(A)+P(B) \tag{3.3}$$

公式(3.3)表达了概率的最重要的特性:可加性. 它是从大量的实践经验中概括出来的,成为我们研究概率的基础与出发点. 从概率的定义来看,这个公式的成立是很自然的. 设想把条件 S 重复实现了 n 次(n 充分大),其中事件 A 发生了 μ_1 次,事件 B 发生了 μ_2 次,由于 A 与 B 互不相容,故 $A\cup B$ 发生了 $\mu_1+\mu_2$ 次. 但根据概率的定义,$\frac{\mu_1}{n}$ 应该与 $P(A)$ 很接近,$\frac{\mu_2}{n}$ 应该与 $P(B)$ 很接近. 但是 $\frac{\mu_1}{n}+\frac{\mu_2}{n}=\frac{\mu_1+\mu_2}{n}$,于是 $\frac{\mu_1+\mu_2}{n}$ 自然应该与数值 $P(A)+P(B)$ 很接近. 然而 $\frac{\mu_1+\mu_2}{n}$ 恰好是事件 $A\cup B$ 发生的频率,既然 n 充分大,所以 $\frac{\mu_1+\mu_2}{n}$ 与 $P(A\cup B)$ 很接近. 因而 $P(A\cup B)$ 应该与 $P(A)+P(B)$ 相等.

由于 $A\cup\overline{A}=U$,A 与 $\overline{A}$ 互不相容,由加法公式(3.3)有

$$P(A)+P(\overline{A})=P(A\cup\overline{A})=P(U)=1$$

从而得

$$P(A)=1-P(\overline{A}) \tag{3.4}$$

此式虽然简单,却很有用. 比如在习题一第 2 题中,$F=$"不全同"与 $D=$"全同"是对立的,即 $\overline{F}=D$,由于 $P(D)=\frac{3}{27}$(此处 $n=27$,$m=3$),故有 $P(F)=1-P(D)=1-\frac{3}{27}=\frac{24}{27}=\frac{8}{9}$.

公式(3.3)不难推广到 n 个事件的情形. 设 n 个事件 $A_1,A_2,\cdots,A_n$ 互不相容,则[①]

$$P(A_1\cup A_2\cup\cdots\cup A_n)=P(A_1)+P(A_2)+\cdots+P(A_n) \quad (3.5)$$

式(3.5)称为概率的有限可加性. 它可从(3.3)推导出来,证明留给读者.

概率的加法公式(2):

对任意两个事件 A,B,有

$$P(A\cup B)=P(A)+P(B)-P(AB) \quad (3.6)$$

此公式可利用加法公式(1)即(3.3)来证.

证 不难看出 $A\cup B=A\cup B\overline{A}$,由于 A 和 $B\overline{A}$ 互不相容,于是按(3.3)式有

$$P(A\cup B)=P(A)+P(B\overline{A}) \quad (3.7)$$

又由于

$$B=BA\cup B\overline{A}$$

且 BA 和 $B\overline{A}$ 也是互不相容的,由(3.3)式,有

$$P(B)=P(BA)+P(B\overline{A})$$

将 $P(B\overline{A})=P(B)-P(BA)$ 代入(3.7),即得(3.6).

从以上证明过程看出:证明加法公式(2)时用到公式(1);且当 A 同 B 互不相容时,加法公式(1)是公式(2)的特殊情形.

---

① 作为公式(3.5)的应用,我们来推导出公式(2.1). 设 $A_1,A_2,\cdots,A_n$ 是一个等概基本事件组,据(3.5)知 $P(A_1\cup A_2\cup\cdots\cup A_n)=P(A_1)+P(A_2)+\cdots+P(A_n)=nP(A_1)$,但 $A_1\cup A_2\cup\cdots\cup A_n$ 是必然事件,$P(A_1\cup A_2\cup\cdots\cup A_n)=1$,于是 $P(A_1)=P(A_2)=\cdots=P(A_n)=\frac{1}{n}$,若 B 由 m 个基本事件组成,不妨设 $B=A_{i_1}\cup A_{i_2}\cup\cdots\cup A_{i_m}(1\leqslant i_1<i_2<\cdots<i_m\leqslant n)$. 据(3.5)知 $P(B)=P(A_{i_1})+P(A_{i_2})+\cdots+P(A_{i_m})=\frac{m}{n}$. 这就证明了公式(2.1).

例 3.1 袋中有红、黄、白色球各一个,每次任取一个,有放回地抽三次.求"取到的三球里没有红球或没有黄球"的概率(参看习题一的第 2 题).

记 G ="三球都不是红球",H ="三球都不是黄球",我们所求的概率正好是 $P(G\cup H)$.容易看出 $P(G)=\frac{8}{27}$,$P(H)=\frac{8}{27}$,$P(GH)=P\{$三球都是白球$\}=\frac{1}{27}$,据公式(3.6)知

$$P(G\cup H)=P(G)+P(H)-P(GH)=\frac{15}{27}=\frac{5}{9}$$

作为本节的末尾,我们还要介绍一个重要概念:无穷多个事件的并.

定义 3.5 设 $A_1,A_2,\cdots,A_n,\cdots$ 是一列事件,B 为这样的事件:它的发生当且仅当诸 $A_k(k=1,2,\cdots)$ 中至少一个发生.这个 B 就称为诸 A_k 的并(或叫做和),记作 $\bigcup_{k=1}^{\infty}A_k\left(或\sum_{k=1}^{\infty}A_k\right)$,有时也记作 $A_1\cup A_2\cup A_3\cup\cdots$.

类似地可定义无穷个事件的交.

例 3.2 一射手向某目标连续射击,决心射中为止.设 $A_1=\{$第 1 次射击,命中$\}$,$\cdots$,$A_k=\{$头 $k-1$ 次射击都未中,第 k 次射击命中$\}(k=2,3,\cdots)$,$B=\{$终于命中$\}$,从定义看出 $B=\bigcup_{k=1}^{\infty}A_k$.

有一个比(3.5)更一般的公式,也是从实践经验中概括抽象出来的.

设 $A_1,A_2,\cdots,A_k,\cdots$ 是一列事件,如果 $A_k(k=1,2,\cdots)$ 两两互不相容,则有公式:

$$P\left(\bigcup_{k=1}^{\infty}A_k\right)=\sum_{k=1}^{\infty}P(A_k) \tag{3.8}$$

这个公式称为概率的"完全可加性".

习 题 二

1. 某产品 40 件,其中有次品 3 件. 现从中任取两件,求其中至少有一件次品的概率.

2. 对立与互不相容有何异同? 试举例说明.

3. A,B,C 三事件互不相容与 $ABC=V$ 是否是一回事? 为什么?

4. 从一副扑克牌的 13 张黑桃中,一张接一张地有放回的抽取 3 次,问没有同号的概率(假定在 13 张中抽到任何一张的机会是一样的)?

5. 同第 4 题,问抽到有同号的概率?

6. 同第 4 题,问抽到的 3 张中最多只有两张同号的概率?

7. 将习题一第 2 题中的条件改为:盒中有四个球,其中两个红球、一个黄球、一个白球,其他不变,求 $A,B,\cdots,K$ 的概率,并求事件 $L=$"无红或无黄"的概率.

8. 利用加法公式(2)导出三个事件的概率加法公式.

9*. 利用加法公式(2)和数学归纳法证明下列若尔当(Jordan)公式:设 $A_1,A_2,\cdots,A_n(n\geqslant 2)$ 是 n 个事件,则

$$P\left(\bigcup_{i=1}^{n} A_i\right)=\sum_{k=1}^{n}\left((-1)^{k-1}\sum_{1\leqslant i_1<\cdots<i_k\leqslant n} P\left(\bigcap_{l=1}^{k} A_{i_l}\right)\right)$$

$\left(\text{这里}\bigcap_{l=1}^{k} A_{i_l}\text{乃是事件 } A_{i_1},A_{i_2},\cdots,A_{i_k}\text{之交}\right)$.

§4 集合与事件、* 概率的公理化定义

为了更准确地理解和掌握事件的运算及其规律,我们需要介绍关于集合的一些知识以及集合运算与事件运算之间的联系. 集合是全部现代数学里最基本最重要的概念之一.

定义 4.1 一个集合是指具有确切含义的若干个东西的全体.

这些东西中的每一个东西称为这个集合的元素. 通常用大写拉丁字母 $A,B,C,\cdots$来表示集合;而用小写拉丁字母 $a,b,c,\cdots$

表示元素. 如果 a 是 A 的一个元素,则称 a 属于 A,用记号"$a \in A$"表示. 如果 a 不是 A 的元素,则用记号"$a \notin A$"表示. 为了方便,数学上称没有元素的集合为空集合,简称空集,记作 $\varnothing$.

例 4.1 全体正整数组成一个集合 A,可表示为:

$A = \{1, 2, 3, \cdots\}$

例 4.2 不大于 10 的正整数的全体:

$B = \{1, 2, \cdots, 10\}$

例 4.3 圆心在原点的单位圆内点的全体:

$A = \{(x, y): \ x^2 + y^2 < 1\}$

例 4.4 平面上面积为 1 个单位的矩形的全体.

从上面几个例子中看出,集合是一个非常一般的概念. 它的元素可以是数、平面上的点、几何图形等等.

例 4.5 §2 习题一第 2 题中的全体可能结果也是一个集合(记作 Ω),具体写出来是:

$\Omega = \{$(红,红,红),(红,红,黄),(红,红,白),
(红,黄,红),(红,黄,黄),(红,黄,白),
(红,白,红),(红,白,黄),(红,白,白),
(黄,红,红),(黄,红,黄),(黄,红,白),
(黄,黄,红),(黄,黄,黄),(黄,黄,白),
(黄,白,红),(黄,白,黄),(黄,白,白),
(白,红,红),(白,红,黄),(白,红,白),
(白,黄,红),(白,黄,黄),(白,黄,白),
(白,白,红),(白,白,黄),(白,白,白)$\}$

它共有 27 个元素.

$$A = \{(\text{红},\text{红},\text{红})\}$$

也是一个集合,它仅含一个元素(红,红,红).

定义 4.2 如集合 A, B 的元素全同,则称 A, B 相等,用记号 $A = B$ 表示. 如 A 的元素都是 B 的元素,则称 B 包含 A(或称 A 包含在 B 中),也称 A 是 B 的一个子集合(简称子集),用记号

“$A \subset B$”或“$B \supset A$”表示. 我们规定空集合是任何集合的子集合.

由定义,显然有:

$$A = B \Longleftrightarrow A \subset B \text{ 且 } A \supset B$$

这里记号“$\Longleftrightarrow$”的意义是“当且仅当”.

定义 4.3 属于 A 或属于 B 的元素全体,称为 A,B 的并(和)集,记为 $A \cup B$,即

$$A \cup B \triangleq \{x : x \in A \text{ 或 } x \in B\}$$

这里,记号“$\triangleq$”的意义是按定义相等,下同.

定义 4.4 属于 A 且属于 B 的元素全体,称为 A,B 的交(积)集,记为 $A \cap B$,即

$$A \cap B \triangleq \{x : x \in A \text{ 且 } x \in B\}$$

我们不泛泛讨论集合间的关系,在这里只讨论某个非空集合 Ω 的若干个子集间的关系. 如 §2 习题一第 2 题中的 11 个集合都是例 4.5 中的 Ω 的子集.

定义 4.5 设 A 是 Ω 的一个子集,Ω 中不属于 A 的元素全体称为 A 的余集,记为 A^c,即

$$A^c = \{x : x \in \Omega \text{ 但 } x \overline{\in} A\}$$

由定义,显然有:

$$(A^c)^c = A \tag{4.0}$$

当 Ω 是平面上一些点组成之集时,$A \cup B$,$A \cap B$,A^c 如图 1.2 阴影部分所示:

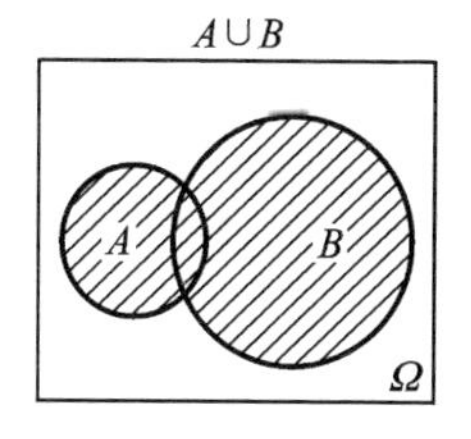

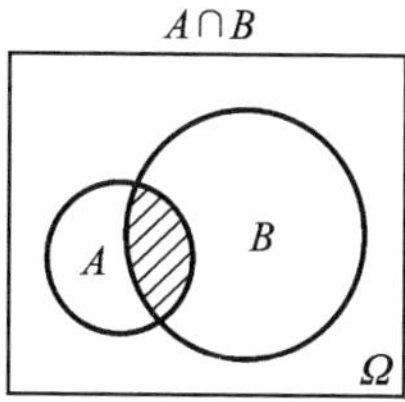

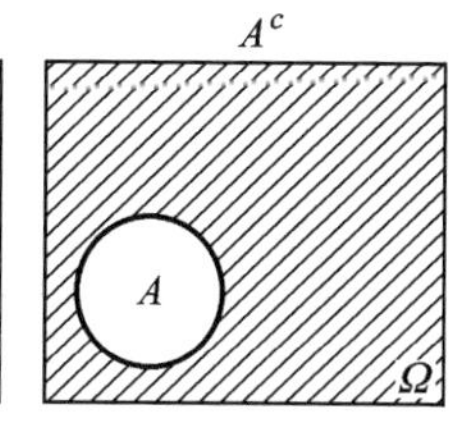

图 1.2

容易证明,集合的三个基本运算(并、交、余)[①]具有下列基本规则[②],当 Ω 是平面上的点集时,这些规则都具有非常明显的几何意义.

Ⅰ. 关于并

$$A\cup B=B\cup A \quad (\text{交换律}) \tag{4.1}$$

$$(A\cup B)\cup C=A\cup(B\cup C) \quad (\text{结合律}) \tag{4.2}$$

$$A\cup A=A \tag{4.3}$$

$$A\cup A^c=\Omega \tag{4.4}$$

$$A\cup\Omega=\Omega \tag{4.5}$$

$$A\cup\varnothing=A \quad (\varnothing\text{是空集}) \tag{4.6}$$

Ⅱ. 关于交

$$A\cap B=B\cap A \quad (\text{交换律}) \tag{4.7}$$

$$(A\cap B)\cap C=A\cap(B\cap C) \quad (\text{结合律}) \tag{4.8}$$

$$A\cap A=A \tag{4.9}$$

$$A\cap A^c=\varnothing \tag{4.10}$$

$$A\cap\Omega=A \tag{4.11}$$

$$A\cap\varnothing=\varnothing \tag{4.12}$$

Ⅲ. 关于并同交的分配律

$$A\cap(B\cup C)=(A\cap B)\cup(A\cap C) \quad (\text{第一分配律}) \tag{4.13}$$

$$A\cup(B\cap C)=(A\cup B)\cap(A\cup C)$$

---

① 还有所谓"差"运算,$A\backslash B\triangleq\{x:x\in A \text{ 但 } x\notin B\}$. 显然,$A\backslash B=A\cap B^c$,它由交、余两个基本运算组合而得.

② 很多重要的关系式,可由这些基本规则推导而得. 比如对分解式 $B=(B\cap A)\cup(B\cap A^c)$ 可证明如下:

$$B\xlongequal{(4.11)}B\cap\Omega\xlongequal{(4.4)}B\cap(A\cup A^c)\xlongequal{(4.13)}(B\cap A)\cup(B\cap A^c)$$

又如对关系式 $A\cup B=A\cup(B\cap A^c)$,可证明如下:

$$A\cup(B\cap A^c)\xlongequal{(4.14)}(A\cup B)\cap(A\cup A^c)\xlongequal{(4.4)}(A\cup B)\cap\Omega\xlongequal{(4.11)}A\cup B$$

（第二分配律） (4.14)

Ⅳ. 关于并、交、余的对偶律

$$(A\cup B)^c=A^c\cap B^c \tag{4.15}$$

$$(A\cap B)^c=A^c\cup B^c \tag{4.16}$$

读者容易看出，我们在§3 中定义的事件运算与这里定义的集合运算之间有很多相似之处. 事件的并运算与集合的“并”运算很相似，例如事件的并适合交换律，即事件 $A\cup$ 事件 $B=$ 事件 $B\cup$ 事件 A，集合的“并”也适合交换律，即集合 $A\cup$ 集合 $B=$ 集合 $B\cup$ 集合 A. 事件的交运算与集合的“交”运算也很相似，例如都适合交换律. 还可进一步看出，事件运算也具有与公式(4.0)至(4.16)相仿的法则. 在形式上，只需在这些公式里将拉丁字母 A，B，C 等理解为事件，A^c 理解为 A 的对立事件，Ω 理解为必然事件，$\varnothing$ 理解为不可能事件，这些公式就变成了事件运算的法则了.

我们说，集合的概念比起事件的概念来更为基本，更为单纯. 有了前者，后者可以定义得更明确，而且可以把事件的运算归结为集合的运算. 下面就是现在世界上流行的观点.

为了研究条件组 S 下的各种随机事件，我们把 S 下所有可能的不同结果（每个结果看成一个“基本事件”）的全体记作 Ω，S 下的随机事件就是若干个结果的集合（即 Ω 之子集），所谓观察到事件 A 发生就是指 S 下出现的结果属于 A. 显然，在这样的规定之下，Ω 本身就是一个必然事件，空集 $\varnothing$ 就是不可能事件. 如果 $A\subset\Omega$，则 $\Omega\backslash A=A^c$ 就是 A 的对立事件 $\overline{A}$. 所谓事件 A，B 互不相容，就是指 $A\cap B=\varnothing$. 而事件的“交”与“并”的运算与集合的交与并运算分别对应. 于是，事件运算完全归结为集合运算了.

例 4.6 投掷两枚分币（条件 S），所有可能的结果为：

$\omega_1=$“上，下”（第一枚分币正面朝上，第二枚正面朝下）

$\omega_2=$“上，上”，$\omega_3=$“下，上”，$\omega_4=$“下，下”

共有四个结果，$\Omega=\{\omega_1,\omega_2,\omega_3,\omega_4\}$.

事件 B（“恰有一个正面朝上”）正好由 ω_1 及 ω_3 组成，即 $B=$

$\{\omega_1,\omega_3\}$.

事件 C("至少一个正面朝上")正好由 $\omega_1,\omega_2,\omega_3$组成,即 $C=\{\omega_1,\omega_2,\omega_3\}$.

事件 A("两个正面都朝上") $=\{\omega_2\}$.

容易看出:$C=B\cup A$.

为了准确理解与深入研究随机现象,我们不能满足于从直觉出发形成的概率定义(频率的稳定值或可能性大小的"个人信念"),必须把概率论建立在坚实的数学基础上. 苏联数学家科尔莫戈罗夫(Kolmogorov A N,1903—1987)于1933年在《概率论基本概念》一书中用集合论观点和公理化方法成功地解决了这个问题,得到了举世公认. 简单介绍如下.

刚才说过,条件组 S 下所有可能的不同结果的全体记作 Ω. 在科氏的公理系统里,Ω 是任何一个非空集合,称之为基本事件空间(有时叫做样本空间),其背景是条件组 S 下所有可能的结果的全体.

Ω 的一些子集组成的集合 $\mathscr{F}$ 叫做 σ 代数,若满足以下三条:

(1) $\Omega\in\mathscr{F}$

(2) 若 $A\in\mathscr{F}$,则 $A^c\triangleq\Omega-A\in\mathscr{F}$

(3) 若 $A_n\in\mathscr{F}\ (n=1,2,\cdots)$,则 $\bigcup\limits_{n=1}^{\infty}A_n\in\mathscr{F}$.

$\mathscr{F}$ 上有定义的函数 $P=P(\cdot)$ 叫做概率测度(简称概率),若它满足下列三条:

(1) $P(A)\geqslant 0\quad(A\in\mathscr{F})$ (4.17)

(2) $P(\Omega)=1$ (4.18)

(3) 若 $A_n\in\mathscr{F}\ (n=1,2,\cdots)$,且两两不相交,则

$$P\left(\bigcup_{n=1}^{\infty}A_n\right)=\sum_{n=1}^{\infty}P(A_n) \tag{4.19}$$

$\Omega,\mathscr{F},P$ 乃是研究随机现象的三个要素. 附有 $\mathscr{F}$ 和 P 的 Ω 叫做概率空间(或概率场). 若 $A\in\mathscr{F}$,则称 A 为随机事件,$P(A)$ 叫做 A 的概率(或称 A 发生的概率). 以上就是科尔莫戈罗夫的公理系统. $\mathscr{F}$ 的直观背景是:可以合理地定义概率的事件的全体. 从 σ 代数的定义知,$\mathscr{F}$ 关于一些基本的集合运算是"封闭的",即有下列结论:

① 若 $A_i \in \mathscr{F}$ $(i=1,\cdots,n)$，则 $\bigcup_{i=1}^{n} A_i \in \mathscr{F}$, $\bigcap_{i=1}^{n} A_i \in \mathscr{F}$

② 若 $A_i \in \mathscr{F}$ $(i=1,2,\cdots)$，则 $\bigcap_{i=1}^{\infty} A_i \in \mathscr{F}$

③ 若 $A \in \mathscr{F}, B \in \mathscr{F}$，则 $A \setminus B \in \mathscr{F}$.

这些结论是很容易证明的. 因为 $\Omega \in \mathscr{F}$，故 $\varnothing = \Omega^c \in \mathscr{F}$，若 $A_i \in \mathscr{F}$ $(i=1,2,\cdots,n)$，令 $A_i = \varnothing (i>n)$. 则 $\bigcup_{i=1}^{n} A_i = \bigcup_{i=1}^{\infty} A_i \in \mathscr{F}$. 又$\left(\bigcap_{i=1}^{n} A_i\right)^c = \bigcup_{i=1}^{n} A_i^c$，故当 $A_i \in \mathscr{F}$ $(i=1,\cdots,n)$ 时，$\left(\bigcap_{i=1}^{n} A_i\right)^c \in \mathscr{F}$，从而 $\bigcap_{i=1}^{n} A_i \in \mathscr{F}$. 类似地可证明上面的②成立. 由于 $A \setminus B = A \cap B^c$ 故知③也成立.

可以证明，概率 $P(\cdot)$ 具有下列性质：

① $P(\varnothing)=0$

② 若 $A \in \mathscr{F}$，则 $P(A^c)=1-P(A)$

③ 若 $A_1,\cdots,A_n$ 都属于 $\mathscr{F}$ 且两两不相交，则

$$P\left(\bigcup_{i=1}^{n} A_i\right) = \sum_{i=1}^{n} P(A_i) \tag{4.20}$$

④ 若 $A \subset B, A \in \mathscr{F}, B \in \mathscr{F}$，则 $P(A) \leqslant P(B)$ 且

$$P(B \setminus A) = P(B) - P(A) \tag{4.21}$$

⑤ 若 $A_n \subset A_{n+1}, A_n \in \mathscr{F}$ $(n=1,2,\cdots)$，则

$$P\left(\bigcup_{n=1}^{\infty} A_n\right) = \lim_{n\to\infty} P(A_n) \tag{4.22}$$

⑥ 若 $A_n \supset A_{n+1}, A_n \in \mathscr{F}$ $(n=1,2,\cdots)$，则

$$P\left(\bigcap_{n=1}^{\infty} A_n\right) = \lim_{n\to\infty} P(A_n) \tag{4.23}$$

实际上，令 $A_1 = \Omega, A_n = \varnothing$ $(n=2,3,\cdots)$，从(4.19)和(4.18)知 $1 = P(\Omega) = \sum_{n=1}^{\infty} P(A_n) = 1 + \sum_{n=2}^{\infty} P(\varnothing)$，故 $P(\varnothing)=0$. 若 $A \in \mathscr{F}$，令 $A_1 = A$, $A_2 = A^c, A_n = \varnothing$ $(n \geqslant 3)$，则 $\Omega = \bigcup_{n=1}^{\infty} A_n$. 从(4.19)知 $1 = \sum_{n=1}^{\infty} P(A_n) = P(A) + P(A^c) + 0$，从而 $P(A^c) = 1 - P(A)$；若 $A_1, A_2, \cdots, A_n$ 两两不交且

都属于 $\mathscr{F}$, 令 $A_i = \varnothing (i > n)$，则从(4.19)直接推出(4.20). 由于 $B = A \cup (B - A)$，从(4.20)推知(4.21)成立.

当 $A_n \subset A_{n+1} (n \geqslant 1)$ 时，令 $B_n = A_n - A_{n-1} (n \geqslant 2)$，$B_1 = A_1$，则 $B_i \in \mathscr{F} (i \geqslant 1)$ 且它们两两不交，$\bigcup_{n=1}^{\infty} A_n = \bigcup_{n=1}^{\infty} B_n$，于是 $P\left(\bigcup_{n=1}^{\infty} A_n\right) = P\left(\bigcup_{n=1}^{\infty} B_n\right) = \sum_{n=1}^{\infty} P(B_n) = \lim_{n\to\infty} \sum_{i=1}^{n} P(B_i) = \lim_{n\to\infty} P\left(\bigcup_{i=1}^{n} B_i\right) = \lim_{n\to\infty} P(A_n)$，故(4.22)成立. 当 $A_n \supset A_{n+1} (n \geqslant 1)$ 时，则 $A_n^c \subset A_{n+1}^c$，利用关系式 $\left(\bigcap_{n=1}^{\infty} A_n\right)^c = \bigcup_{n=1}^{\infty} A_n^c$ 和(4.22)知 $P\left(\left(\bigcap_{n=1}^{\infty} A_n\right)^c\right) = P\left(\bigcup_{n=1}^{\infty} A_n^c\right) = \lim_{n\to\infty} P(A_n^c) = 1 - \lim_{n\to\infty} P(A_n)$，所以(4.23)成立.

要注意的是，当 $A \subset \Omega$ 且 $A \notin \mathscr{F}$ 时 $P(A)$ 没有定义，即对这样的 A 不能谈概率. 人们自然想到，如果把 $\mathscr{F}$ 定义为 Ω 的所有子集组成的集合(它当然是一个 σ 代数)，则 Ω 的所有子集都有概率. 为什么一般情况下不这样定义 $\mathscr{F}$ 呢？原因是，对任意的 Ω，如果用 $\mathscr{F}$ 表示 Ω 的所有子集组成的集合，则 $\mathscr{F}$ 上符合某些合理要求的概率测度可能不存在①. 因而在一般情形下，$\mathscr{F}$ 是由一些子集组成的 σ 代数，而不一定是所有子集组成的 σ 代数. 但应指出，当 Ω 是有限集或可数无穷集(即 Ω 的元素可排成一个序列)时，通常取 $\mathscr{F}$ 为 Ω 的所有子集组成.

---

① 在平面坐标系 xOy 里，设 $\Omega = \left\{(x,y): x^2 + y^2 = \left(\frac{1}{2\pi}\right)^2\right\}$(以原点为圆心，周长为 1 的圆周)，$\mathscr{F}$ 由 Ω 的一切子集组成. 用 T_φ 表示绕原点反时针方向旋转角为 φ 的旋转变换：即 $x = \gamma\cos\theta, y = \gamma\sin\theta\left(\gamma = \frac{1}{2\pi}\right)$时，$T_\varphi(x,y) = (x',y')$，其中 $x' = \gamma\cos(\theta+\varphi)$，$y' = \gamma\sin(\theta+\varphi)$. 对任何 $A \subset \Omega$，令 $T_\varphi A = \{T_\varphi(x,y):(x,y) \in A\}$. 可以证明，在 $\mathscr{F}$ 上不存在概率测度 $P(\cdot)$ 满足下列要求：

$$P(A) = P(T_\varphi A) \tag{注 4.1}$$

(对一切 $\varphi \in [0,2\pi)$ 及一切 $A \in \mathscr{F}$).

注意，(注 4.1)乃是所谓“旋转不变性”.

§5　条件概率、乘法公式、独立性

1. 条件概率

直到现在，我们对 $P(A)$ 的讨论都是相对于某组确定的条件 S 而言的. $P(A)$ 就是在条件组 S 实现之下，事件 A 发生的概率（为简略起见，“条件组 S”通常不再提及）. 除了这组基本条件“S”之外，有时我们还要提出附加的限制条件；也就是要求“在事件 B 已经发生的前提下”事件 A 发生的概率. 这就是条件概率的问题.

例 5.1　盒中装有 16 个球，其中 6 个是玻璃球，另外 10 个是木质球. 而玻璃球中有 2 个是红色的，4 个是蓝色的；木质球中有 3 个是红色的，7 个是蓝色的. 现从中任取一个.（这些就是所谓“条件组 S”.）

记　　A =“取到蓝球”，B =“取到玻璃球”

那么 $P(A)$，$P(B)$ 都是容易求得的. 但是如果已知取到的是蓝球，那么该球是玻璃球的概率是多少呢？也就是求在事件 A 已经发生的前提下事件 B 发生的概率（此概率记为 $P(B|A)$）. 将盒中球的分配情况列表并图示如下：

	玻璃	木质	
红	2	3	5
蓝	4	7	11
	6	10	16

蓝
ooooooooooo
玻璃　木质

红
ooooo
玻璃 木质

由古典概型的(2.1)知

$$P(A) = 11/16, P(B) = 6/16$$

至于 $P(B|A)$，也可用古典概型来计算. 因取到的是蓝球，我们知道蓝球共有 11 个而其中有 4 个是玻璃球，所以

$$P(B|A) = 4/11$$

定义 5.1 如果 A,B 是条件 S 下的两个随机事件，$P(A) \neq 0$[①]，则称在 A 发生的前提下 B 发生的概率为**条件概率**. 记作 $P(B|A)$.

注意 $P(B|A)$ 还是在一定条件下，事件 B 发生的概率：只是它的条件除原条件 S 外，又附加了一个条件（A 已发生）. 为区别这两者，后者就称为**条件概率**.

例 5.2 五个乒乓球（三个新、两个旧），每次取一个，无放回地取两次. 求：第一次取到新球的概率；第二次取到新球的概率；在第一次取到新球的条件下第二次取到新球的概率.

解 记

A =“第一次取到新球”

B =“第二次取到新球”

显然，

$$P(A)=3/5$$

但 $P(B)=$？（注意：B =“第二次取到新球”，它对第一次取到什么球没有限制或假定. 因此，回答 $P(B)=2/4$，或回答 $P(B)=3/4$ 都是没有根据的.）

这个问题可以用古典概型来解. 步骤是：先将五个球编号，然后数出两次抽取的全部可能结果的总数；再数出第二次取到新球所含的基本事件数（或者干脆将两次抽取的全部可能结果都排出来）. 其实，凭直观，$P(B)$ 应等于 3/5；否则“抽签”这个公认为公平的方法，就不公平了.

至于 $P(B|A)$，由条件概率的概念来看，反倒十分容易求得：

既然 A 已发生，那么第二次取时，盒中共有四个球，其中有两个新球. 因此按古典概型，此时，B 发生的概率应是 2/4. 这就是所要求的 $P(B|A)$.

---

① 本章仅讨论 $P(A)\neq 0$ 情况下的 $P(B|A)$.

2. 乘法公式

条件概率 $P(B|A)$ 跟事件的原概率有如下的一般关系(自然要求 $P(A)\neq 0$):

$$P(B|A)=\frac{P(AB)}{P(A)} \tag{5.1}$$

公式(5.1)是从大量社会实践中总结出来的普遍规律,不是用纯数学推导出来的,但在古典概型的情形可用数学方法给出证明. 设条件组 S 下的一个等概完备事件组有 n 个基本事件,A 由其中的 m 个组成($m\geqslant 1$),B 由其中的 l 个组成,AB 由 k 个基本事件组成. 按条件概率的概念,

$$P(B|A)=\frac{\text{在 } A \text{ 发生的前提下 } B \text{ 中含的基本事件数}}{\text{在 } A \text{ 发生的前提下基本事件总数}}$$

$$=\frac{k}{m}=\frac{k/n}{m/n}$$

但 $P(A)=\frac{m}{n}$,$P(AB)=\frac{k}{n}$,于是(5.1)成立.

(5.1)式揭露了事件的原概率 $P(A)$,$P(AB)$ 跟条件概率 $P(B|A)$ 这三个量之间的关系. 通常,从两个方面来利用这个关系. 一个方面是,已知 $P(A)$,$P(AB)$ 来求得 $P(B|A)$;另一个方面是,已知 $P(A)$ 与 $P(B|A)$ 来求得 $P(AB)$,在这种情况下,为了方便将(5.1)改写为

$$P(AB)=P(A)P(B|A) \tag{5.1'}$$

(5.1′)式称为概率的**乘法公式**.

3. 独立性

例 5.3 五个乒乓球(三个新,两个旧),每次取一个,**有放回地**取两次.

记

A =“第一次取到新球”

B =“第二次取到新球”

那么,显然有

$$P(B|A)=P(B)$$

即在 A 发生的条件下 B 的条件概率就等于 B 的原概率. 它表示 A 发生并不影响 B 发生的概率.

由(5.1)式不难证明(请读者自行给出证明),当 $P(A)\neq 0$ 时,

$$P(B|A)=P(B)\Longleftrightarrow P(AB)=P(A)P(B)$$

定义 5.2 称两个随机事件 A,B 是**相互独立的**,如果

$$P(AB)=P(A)P(B) \tag{5.2}$$

从以上对例 5.3 的讨论看出,所谓 A,B 相互独立,就是一个事件的发生并不影响另一事件发生的概率(细心的读者会发现,当 $P(B)\neq 0$ 时,(5.2)式也等价于 $P(A|B)=P(A)$). 在实际应用时,也正利用了这个事实.

例 5.4 甲、乙同时向一敌机炮击,已知甲击中敌机的概率为 0.6,乙击中敌机的概率为 0.5,求敌机被击中的概率.

解 记

$A=$“甲击中”

$B=$“乙击中”

$C=$“敌机被击中”

由加法公式,

$$P(C)=P(A\cup B)=P(A)+P(B)-P(AB)$$

显然可以认为甲击中(乙击中)并不影响乙击中(甲击中)的概率;亦即由对实际问题的分析,可以认为 A,B 相互独立. 因此有

$$P(AB)=P(A)P(B)=0.6\times 0.5=0.3$$

于是,

$$P(C)=0.6+0.5-0.3=0.8$$

定理 5.1 若四对事件 $A,B;A,\overline{B};\overline{A},B;\overline{A},\overline{B}$ 中有一对独立,则另外三对也独立(即这四对事件或者都独立,或者都不独立).

证 这里仅证明“A,B 独立 $\Longrightarrow A,\overline{B}$ 独立”,其余读者自行证明.

因为 $A=AU=A(B\cup\overline{B})=AB\cup A\overline{B}$,又知 $AB,A\overline{B}$互不相容. 则有

$$P(A\overline{B})=P(A)-P(AB)$$

再因 A,B 独立,所以

$$\begin{aligned}P(A\overline{B})&=P(A)-P(A)P(B)\\&=P(A)[1-P(B)]\\&=P(A)P(\overline{B})\end{aligned}$$

这表明 $A,\overline{B}$ 独立.

利用这个结果,对例 5.4 还可以有另一解法.

解 我们先求 $P(\overline{C})$. 注意到有$\overline{A\cup B}=\overline{A}\cdot\overline{B}$,且由 A,B 独立可知,$\overline{A},\overline{B}$ 也独立,所以

$$P(\overline{C})=P(\overline{A\cup B})=P(\overline{A}\,\overline{B})=P(\overline{A})P(\overline{B})$$

由(3.4)得

$$P(C)=1-P(\overline{C})=1-(1-0.6)(1-0.5)=0.8$$

这种解法的特点是通过对偶公式,把求事件并的概率问题转化为求事件交的概率. 这在某些问题中是特别有效的(见例 5.5).

定义 5.3 称 A,B,C 是相互独立的,如果有

$$\begin{aligned}P(AB)&=P(A)P(B)\\P(AC)&=P(A)P(C)\\P(BC)&=P(B)P(C)\\P(ABC)&=P(A)P(B)P(C)\end{aligned}\tag{5.3}$$

类似于三个事件的相互独立性,对于 n 个事件 $A_1,A_2,\cdots,A_n$的相互独立性有如下的定义:

定义 5.4 称 $A_1,A_2,\cdots,A_n$是相互独立的. 如果对任何整数 $k(2\leqslant k\leqslant n)$有

$$P(A_{i_1}A_{i_2}\cdots A_{i_k})=P(A_{i_1})P(A_{i_2})\cdots P(A_{i_k})\tag{5.4}$$

其中 $i_1, i_2, \cdots, i_k$ 是满足下面不等式的任何 k 个正整数:$1 \leqslant i_1 < i_2 < \cdots < i_k \leqslant n$.

显然,当 $A_1, A_2, \cdots, A_n$ 相互独立时有

$$P(A_1A_2\cdots A_n) = P(A_1)P(A_2)\cdots P(A_n) \tag{5.5}$$

怎样判断一些事件是相互独立的呢?在很多情况下,根据对事件本质的分析就可以知道,并不需要复杂的计算.

例 5.5 设某型号的高射炮,每一门炮(发射一发)击中飞机的概率为 0.6. 现若干门炮同时发射(每炮射一发). 问欲以 99% 的把握击中来犯的一架敌机,至少需配置几门高射炮?

解 设 n 是以 99% 的概率击中敌机需配置的高射炮门数;并记

A_i = "第 i 门炮击中敌机" $(i = 1, 2, \cdots, n)$

A = "敌机被击中"

注意到

$$A = A_1 \cup A_2 \cup \cdots \cup A_n$$

于是要找 n,使

$$P(A) = P(A_1 \cup A_2 \cup \cdots \cup A_n) \geqslant 0.99 \tag{5.6}$$

由于 $\overline{A_1 \cup A_2 \cup \cdots \cup A_n} = \overline{A}_1 \cdot \overline{A}_2 \cdots \overline{A}_n$,且 $\overline{A}_1, \overline{A}_2, \cdots, \overline{A}_n$ 是相互独立的,所以

$$\begin{aligned} P(A) &= 1 - P(\overline{A}) = 1 - P(\overline{A}_1\overline{A}_2\cdots\overline{A}_n) \\ &= 1 - P(\overline{A}_1)P(\overline{A}_2)\cdots P(\overline{A}_n) = 1 - (0.4)^n \end{aligned}$$

因此,不等式(5.6)化为

$$1 - (0.4)^n \geqslant 0.99$$

即

$$(0.4)^n \leqslant 0.01$$

$$n \geqslant \frac{\lg 0.01}{\lg 0.4} = \frac{2}{0.397\,9} = 5.026$$

故至少需配置六门高射炮方能以 99% 以上的把握击中来犯的一

架敌机.

作为本节末尾,我们指出,一组事件两两独立并不能保证这组事件相互独立.请看下列有名的例子.

例 5.6 (Bernstein S N,1917).一质地均匀的正四面体,第一面染红色,第二面染黄色,第三面染蓝色,第四面染红、黄、蓝色(各占一部分).在桌上将此四面体任意掷一次,考察和桌面接触的那一面出现什么颜色.设 A =“红色出现”,B =“黄色出现”,C =“蓝色出现”.我们指出,这三个事件两两独立,但不相互独立.实际上,这里有四个基本事件:

$$A_i=\text{“第 } i \text{ 面接触桌面”}\quad (i=1,2,3,4).$$

既然是正四面体,当然 $P(A_i)=\frac{1}{4}(i=1,\cdots,4)$.显然,$A=A_1\cup A_4$,$B=A_2\cup A_4$,$C=A_3\cup A_4$,故 $P(A)=P(B)=P(C)=\frac{1}{2}$,因为 $AB=BC=CA=A_4$,故 $P(AB)=P(BC)=P(CA)=\frac{1}{4}$,可见三个事件两两独立.显然,$P(ABC)=\frac{1}{4}$,但是 $P(A)P(B)P(C)=\frac{1}{2}\times\frac{1}{2}\times\frac{1}{2}=\frac{1}{8}$,这表明,$A,B,C$ 不相互独立.

习 题 三

1. 一个工人看管三台机床,在一小时内机床不需要工人照管的概率:第一台等于0.9,第二台等于0.8,第三台等于0.7.求在一小时内三台机床中最多有一台需要工人照管的概率.(各机床是否需要照管是相互独立的)

2. 电路由电池 A 与两个并联的电池 B 及 C 串联而成.设电池 A,B,C 损坏的概率分别是0.3,0.2,0.2.求电路发生断电的概率.(各电池是否损坏是互不影响的)

3. 某机械零件的加工由两道工序组成.第一道工序的废品率为0.015,第二道工序的废品率为0.02,假定两工序出废品是彼此无关的,求产品的合格率.

4. 在 1,2,…,100 中任取一数,问它既能被 2 整除又能被 5 整除的概率是多少?又它能被 2 整除或能被 5 整除的概率是多少?

5. 加工某一零件共需经过四道工序. 设第一,二,三,四道工序的次品率分别是 2%,3%,5%,3%,假定各道工序是互不影响的,求加工出来的零件的次品率.

6. 当掷五枚分币时,已知至少出现两个正面,问正面数刚好是三个的条件概率是什么?

§6 全概公式与逆概公式

1. 全概公式

例 6.1 (继续讨论例 5.2)五个乒乓球(三个新、两个旧),每次取一个,无放回地取两次,求第二次取到新球的概率.

解 记

A =“第一次取到新球”

B =“第二次取到新球”

由于

$$B = BA \cup B\overline{A} \tag{6.1}$$

且 $BA, B\overline{A}$ 互不相容,则有

$$P(B) = P(BA) + P(B\overline{A})$$

再用乘法公式得

$$\begin{aligned} P(B) &= P(A)P(B|A) + P(\overline{A})P(B|\overline{A}) \\ &= \frac{3}{5}\cdot\frac{2}{4} + \frac{2}{5}\cdot\frac{3}{4} = \frac{3}{5} \end{aligned}$$

从形式上看,分解式(6.1)似乎将 B 复杂化了;但从实质上看,(6.1)将复杂的事件 B 分解为较简单的事件了. 把这个想法一般化,得

定理 6.1(全概公式)[①] 如果事件组 $A_1,A_2,\cdots,A_n$满足:

(1) $A_1,A_2,\cdots,A_n$互不相容而且 $P(A_i)>0(i=1,\cdots,n)$;

(2) $A_1\cup A_2\cup\cdots\cup A_n=U$(完备性),

则对任一事件 B 皆有

$$P(B)=\sum_{i=1}^{n}P(A_i)P(B\mid A_i) \tag{6.2}$$

证 $B=BU=BA_1\cup BA_2\cup\cdots\cup BA_n$

注意到上式右边 n 个事件是互不相容的,于是有

$$\begin{aligned}P(B)&=P(BA_1)+P(BA_2)+\cdots+P(BA_n)\\&=P(A_1)P(B|A_1)+P(A_2)P(B|A_2)\\&\quad+\cdots+P(A_n)P(B|A_n)\end{aligned}$$

事实上,例 6.1 就是利用了 $n=2$ 时的全概公式计算出来的,其中 $A_1=A,A_2=\overline{A}$. 由于 A 和$\overline{A}$满足定理的条件(1)和(2),对于它们可以使用全概公式. 满足定理条件(1)和(2)的事件组 A_1,$A_2,\cdots,A_n$叫做**完备事件组**. 运用全概公式的关键往往在于找出一个完备事件组. 再看一个例子.

例 6.2 甲、乙、丙三人向同一飞机射击. 设甲、乙、丙射中的概率分别为 0.4,0.5,0.7. 又设若只有一人射中,飞机坠毁的概率为 0.2;若二人射中,飞机坠毁的概率为 0.6;若三人射中,飞机必坠毁. 求飞机坠毁的概率.

解 记 $B=$“飞机坠毁”

$A_0=$“三人皆射不中”

$A_1=$“只一人射中”

---

① 更一般的全概公式是:如果一列事件 $A_1,A_2,\cdots$,两两不相容,且 $\bigcup\limits_{n=1}^{\infty}A_n=U$(必然事件),$P(A_n)>0$(一切 $n\geqslant1$),则对任一事件 B 皆有

$$P(B)=\sum_{n=1}^{\infty}P(A_n)P(B|A_n).$$

A_2 = "恰二人射中"

A_3 = "三人皆射中"

显然，A_0, A_1, A_2, A_3是完备事件组. 而按加法与乘法公式有

$$P(A_0)=0.6\times0.5\times0.3=0.09$$

$$\begin{aligned}P(A_1)&=0.4\times0.5\times0.3+0.6\times0.5\times0.3\\&\quad+0.6\times0.5\times0.7\\&=0.36\end{aligned}$$

$$\begin{aligned}P(A_2)&=0.6\times0.5\times0.7+0.4\times0.5\times0.7\\&\quad+0.4\times0.5\times0.3\\&=0.41\end{aligned}$$

$$P(A_3)=0.4\times0.5\times0.7=0.14$$

再由题设有

$$P(B|A_0)=0,\qquad P(B|A_1)=0.2$$

$$P(B|A_2)=0.6,\quad P(B|A_3)=1$$

利用全概公式就得

$$\begin{aligned}P(B)&=\sum_{i=0}^{3}P(A_i)P(B\mid A_i)\\&=0.09\times0+0.36\times0.2+0.41\times0.6+0.14\times1\\&=0.458\end{aligned}$$

例 6.3（赌徒输光问题） 设甲有赌本 M 元，乙有赌本 N 元（M 和 N 都是正整数）. 每一局若甲胜则乙给甲 1 元；若乙胜则甲给乙 1 元（没有和局）. 设每局里甲胜的概率是 $p(0<p<1)$. 问：如果一局一局地赌博下去，甲输光的概率是多少？

解 记 $L=M+N$. L 是固定的正整数，$L\geqslant2$. 当 $L=2$ 时，显然甲输光的概率是 $1-p$，以下设 $L\geqslant3$. 我们来研究更一般的问题：若甲有赌本 i 元，乙有赌本 $L-i$ 元，则甲输光的概率 p_i 是多少？（例 6.3 中要求的是 p_M）.

问题扩大了，反而有利于寻找计算公式.

令 $A_i=\{$甲有赌本 i 元而最后输光$\}(i=1,2,\cdots,L-1)$,$B=\{$甲在第一局取胜$\}$. 当 $2\leqslant i\leqslant L-2$ 时,利用全概公式和条件概率的含义有下列递推公式:

$$\begin{aligned} p_i &= P(B)P(A_i|B)+P(B^c)P(A_i|B^c) \\ &= pp_{i+1}+qp_{i-1} \end{aligned} \tag{6.3}$$

(这里 $q=1-p$,下同.)

容易知道 $p_1=pp_2+q$,$p_{L-1}=qp_{L-2}$. 可见,若令 $p_0=1$,$p_L=0$,则(6.3)式对一切 $1\leqslant i\leqslant L-1$ 均成立.

从(6.3)知 $p_{i+1}-p_i=\dfrac{q}{p}(p_i-p_{i-1})$,于是

$$p_{i+1}-p_i=\left(\frac{q}{p}\right)^i(p_1-p_0)=\left(\frac{q}{p}\right)^i(p_1-1)\text{,所以}$$

$$\begin{aligned} p_{i+1}-p_1 &= \sum_{k=1}^{i}(p_{k+1}-p_k) \\ &= \sum_{k=1}^{i}\left(\frac{q}{p}\right)^k(p_1-1) \end{aligned} \tag{6.4}$$

由于 $p_L=0$,在(6.4)中令 $i=L-1$ 得

$$p_1=\sum_{k=1}^{L-1}\left(\frac{q}{p}\right)^k(1-p_1) \tag{6.5}$$

当 $p\neq\dfrac{1}{2}$时,$p_1=\dfrac{\dfrac{q}{p}-\left(\dfrac{q}{p}\right)^L}{1-\left(\dfrac{q}{p}\right)^L}$

从(6.4)知

$$\begin{aligned} p_i &= p_1+\frac{\dfrac{q}{p}-\left(\dfrac{q}{p}\right)^i}{1-\dfrac{q}{p}}(p_1-1) \\ &= \frac{\left(\dfrac{q}{p}\right)^i-\left(\dfrac{q}{p}\right)^L}{1-\left(\dfrac{q}{p}\right)^L}\quad(2\leqslant i\leqslant L-1). \end{aligned}$$

当 $p=\frac{1}{2}$ 时,从(6.5)知 $p_1=\frac{L-1}{L}$,利用(6.4)知

$$\begin{aligned} p_i &= p_1+\sum_{k=1}^{i-1}(p_1-1) \\ &= \frac{L-i}{L} \quad (2\leqslant i\leqslant L-1) \end{aligned}$$

于是

$$p_M=\begin{cases} \dfrac{\left(\dfrac{q}{p}\right)^M-\left(\dfrac{q}{p}\right)^{M+N}}{1-\left(\dfrac{q}{p}\right)^{M+N}} & \left(p\neq\dfrac{1}{2}\right) \\ \dfrac{N}{M+N} & \left(p=\dfrac{1}{2}\right). \end{cases}$$

这就是甲输光的概率. 这个计算过程中关键的一步是,根据第一局的输赢结果建立方程(6.3). 这种方法可以叫做“首步(局)分析法”,这种方法在许多问题中都得到应用.

例 6.4(敏感性问题的调查) 在竞技性体育运动项目中,为保证竞争的公平性,禁止运动员服用兴奋剂类药品. 但服用违禁药品的行为属于隐私行为. 因此,要调查运动员服用违禁药品的情况,是一件难事. ①这里的关键是要设计一个调查方案,使被调查者愿意作出真实回答,又能保守个人秘密. 经过多年研究与实践,西方的一些心理学家和统计学家设计了一个调查方案,这个方案的核心是如下两个问题:

问题 A:你的生日是否在 7 月 1 日之前(不含 7 月 1 日)?

问题 B:你是否在比赛前服用过违禁药品?

被调查者只需回答其中一个问题,至于回答哪一个问题由被调查者事先从一个罐中随机抽取一个球的颜色而定. 只抽一个球,

---

① 这是指对一个国家或地区的运动员进行宏观调查而言. 对于一些特殊的运动员(例如比赛中成绩居前几位的)可以强制性的进行医学检查以查验其是否服用违禁药品。

看过颜色之后再放回,若抽出白球则回答问题 A;若抽出红球则回答问题 B. 罐中只有白球与红球,且红球的比率 π 是已知的,即 P(抽到红球) $=\pi$,P(抽到白球) $=1-\pi$. 被调查者无论回答问题 A 或问题 B,只需在下面答卷上认可的方框内打勾,然后把答卷放入投票箱内.

上述抽球与答卷都在一间无人的房间内进行,任何外人都不知道被调查者抽到什么颜色的球和在什么地方打勾. 如果向被调查者讲清这个方案的做法并严格执行,那么就很容易使被调查者确信他(她)参加这次调查不会泄露个人秘密,从而愿意参与调查.

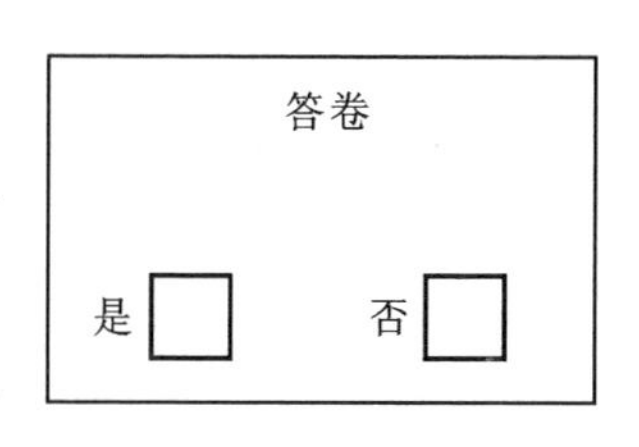

图 1.3

当有较多的人(例如 200 多人)参加调查后,就可打开投票箱进行统计. 设有 n 张答卷,其中 k 张答"是",于是回答"是"的比率 φ 是 k/n,这可作为回答"是"的概率. 这里答"是"有两种情况:一是抽到白球后对问题 A 答"是",这是一个条件概率,它等于生日在 7 月 1 日以前的概率,一般认为是 0.5,即 P(回答"是"|抽到白球) $=0.5$;另一种是抽到红球后对问题 B 回答"是",这也是一个条件概率,它不是别的,正是赛前服用违禁药品的运动员在全体被调查的运动员中的比率 p,即可认为

$$P(\text{回答“是”}\mid\text{抽到红球})=p$$

利用全概公式

P(回答"是") $=P$(抽到白球)P(回答"是"|抽到白球) $+$ P(抽到红球)P(回答"是"|抽到红球)知有下列近似式:

$$\frac{k}{n}=0.5(1-\pi)+p\cdot\pi$$

由此知

$$p=\left(\frac{k}{n}-\frac{1-\pi}{2}\right)\Big/\pi$$

假如在此项调查中，罐里有 50 个球，其中红球 30 个，即 $\pi=0.6$. 某国家的体育部门在五天内安排 15 个项目的运动员共 246 名参加调查，最后开箱统计，答卷全部有效（即没有一张卷上打两个勾者），其中回答“是”的有 54 张，据此可算得

$$p=\left(\frac{54}{246}-\frac{0.4}{2}\right)\Big/0.6=0.0325$$

这表明该国约有 3.25% 的运动员赛前服用过违禁药品.

2. 逆概公式

例 6.5 发报台分别以概率 0.6 和 0.4 发出信号“·”和“－”. 由于通信系统受到干扰，当发出信号为“·”时，收报台未必收到信号“·”，而是分别以概率 0.8 和 0.2 收到信号“·”和“－”. 又若，当发出信号为“－”时，收报台分别以概率 0.9 和 0.1 收到信号“－”和“·”（见图 1.4）. 求当收报台收到信号“·”时，发报台确实发出信号“·”的概率.

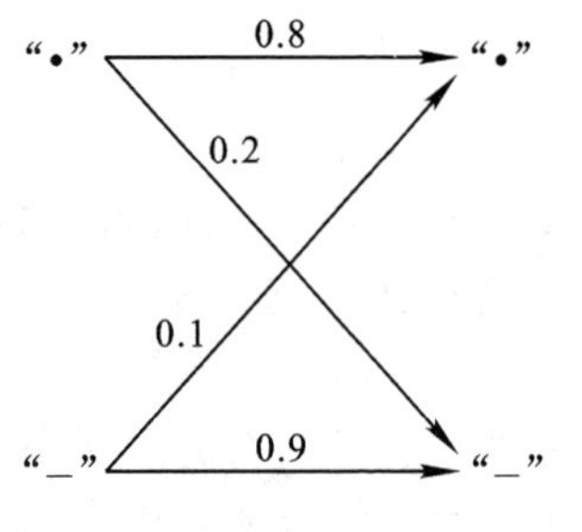

图 1.4

解 设 $A=$“发出信号‘·’”

$B=$“收到信号‘·’”

则所求的是 $P(A|B)$. 由条件概率公式

$$P(A|B)=\frac{P(AB)}{P(B)}$$

再由乘法公式与全概公式，有

$$P(AB)=P(A)P(B|A)$$

$$P(B)=P(A)P(B|A)+P(\overline{A})P(B|\overline{A})$$

而已知 $P(A)=0.6, P(B|A)=0.8, P(B|\overline{A})=0.1$. 故得

$$P(A|B)=\frac{0.6\times0.8}{0.6\times0.8+0.4\times0.1}=\frac{0.48}{0.52}=0.923$$

定理 6.2(逆概公式)①　设 $A_1, A_2, \cdots, A_n$ 为一完备事件组,则对任一事件 B(自然要求 $P(B) \neq 0$)有

$$P(A_j|B)=\frac{P(A_j)P(B\mid A_j)}{\sum_{i=1}^{n}P(A_i)P(B\mid A_i)}\quad(j=1,\cdots,n)\qquad(6.6)$$

证　$$P(A_j|B)=\frac{P(A_jB)}{P(B)}=\frac{P(A_j)P(B\mid A_j)}{\sum_{i=1}^{n}P(A_i)P(B\mid A_i)}$$

逆概公式也称为贝叶斯(Bayes)公式,它在理论上与应用上都十分重要.

例 6.6[8](艾滋病检测)

艾滋病(AIDS)是一种可怕的接触性传染病.为了防止其传播,我们要识别艾滋病病毒的携带者.目前有一种血液试验检测法用于检测身体中是否有艾滋病病毒.尽管这种检测法相当精确,但也可能带来两种误诊.首先,它可能会对某些真有艾滋病的人作出没有艾滋病的诊断,这就是所谓假阴性;其次,它也可能对某些没有艾滋病的人作出有艾滋病的诊断,这就是所谓假阳性.

根据现有的统计资料,我们可以认为上述血液试验检测法的灵敏度如下:假阴性的概率是 0.05(即真有病的人的试验结果呈阴性的概率),假阳性的概率是 0.01(即没有病的人的试验结果呈阳性的概率).

美国是艾滋病较为流行的国家之一,据保守估计大约 1 000 人中就有一人得这种病.为了能有效地控制和减缓这种病的传播速度.几年前,有人就提议应在申请结婚登记的新婚夫妇中进行有

---

① 更一般的逆概公式如下:设 $A_1, A_2, \cdots$ 是一列事件,两两不相容,$P(A_j)>0$ $(j\geqslant 1)$,而且 $\bigcup_{j=1}^{\infty}A_j$ 是必然事件,则对任何事件 B,只要 $P(B)>0$,则一定有

$$P(A_j|B)=\frac{P(A_j)P(B\mid A_j)}{\sum_{i=1}^{\infty}P(A_i)P(B\mid A_i)}\quad(j=1,2,\cdots)$$

无艾滋病病毒的血液试验. 该项普查计划提出后,立刻就遭到许多专家学者的反对,他们认为这是一项既费钱又费力同时收效不大的计划,最终此项计划未被通过. 那么,到底专家学者的意见对不对? 该普查计划该不该执行呢?

假如该计划得以实施,而你又做了血液试验,结果呈阳性,那么你真正得了艾滋病的可能性有多大呢? 我们定义事件:

$$A = \{被检测人带有艾滋病病毒\}$$

$$T = \{试验结果呈阳性\}.$$

我们关心的是条件概率 $P(A|T)$. 由逆概公式(6.6)知

$$P(A|T) = \frac{P(T|A)P(A)}{P(A)P(T|A) + P(A^c)P(T|A^c)} \tag{6.7}$$

注意 $P(A) = 0.001, P(T|A) = 1 - 0.05, P(A^c) = 0.999, P(T|A^c) = 0.01$. 于是 $P(A|T) \approx 0.087$. 这个条件概率是相当小的. 因此,你即使检测结果呈阳性,也不必太紧张. 可见在这种血液检测法下,费钱费力但结果很不可靠. 该普查计划缺乏执行的理由,究其原因,从 $P(A|T)$的表达式看出就是因为 $P(A)$太小. 从(6.7)知

$$\begin{aligned} P(A|T) &= \frac{0.95P(A)}{0.95P(A) + (1 - P(A))0.01} \\ &= \frac{0.95}{0.95 - 0.01 + 0.01\dfrac{1}{P(A)}} \end{aligned}$$

可见 $P(A|T)$是 $P(A)$的严格增函数. 而且 $P(A)$接近 1 时$P(A|T)$也接近 1. 对处于感染艾滋病的"高危"人群,用上述血液检测法进行普查倒是很有效的.

习 题 四

1. 两台机床加工同样的零件,第一台出现废品的概率是 0.03,第二台出现废品的概率是 0.02. 加工出来的零件放在一起,并且已知第一台加工的零

件比第二台加工的零件多一倍,求任意取出的零件是合格品的概率;又:如果任意取出的零件经检查是废品,求它是由第二台机床加工的概率.

2. 盒中放有 12 个乒乓球,其中有 9 个是新的. 第一次比赛时从中任取 3 个来用,比赛后仍放回盒中. 第二次比赛时再从盒中任取 3 个,求第二次取出的球都是新球的概率. 又:已知第二次取出的球都是新球,求第一次取到都是新球的概率.

3. 有三只盒子,在甲盒中装有 2 枝红芯圆珠笔、4 枝蓝芯圆珠笔,乙盒中装有 4 枝红的、2 枝蓝的,丙盒中装有 3 枝红的、3 枝蓝的. 今从其中任取一枝. 设到三只盒子中取物的机会相同,它是红芯圆珠笔的概率为多少? 又若已知取得的是红的,它是从甲盒中取出的概率为多少?

§7 独立试验序列概型

本节再介绍一种概率模型. 在这个模型中,基本事件的概率可以直接计算出来;但它与古典概型不同,这些基本事件不一定是等概的.

先看一个最简单的例子,它可用古典概型的方法来解决.

例 7.1 掷一枚匀称的分币,独立重复地掷五次,求其中恰有两次正面朝上的概率.

解 用古典概型很容易求出.

掷一枚分币,每次可出“上”,“下”(“上”,“下”分别表示正面朝上与正面朝下)两种可能性,独立掷五次,共有 $n=2^5=32$ 个基本事件(它们是上,上,上,上,上;上,上,上,上,下;…;下,下,下,下,下). 而“恰有两次正面朝上”共占 $m=C_5^2=10$ 个基本事件,故所求概率 $p=\frac{m}{n}=\frac{10}{32}\left(=\frac{C_5^2}{2^5}\right)$.

现将上面计算的概率 p 改写为如下形式:

$$p=C_5^2\left(\frac{1}{2}\right)^2\left(\frac{1}{2}\right)^3 \tag{7.1}$$

如何解释(7.1)式呢? $C_5^2=10$ 是“恰有两次正面朝上”的基本事件

数，而这 10 个事件中每一个的概率皆为$\left(\frac{1}{2}\right)^2\cdot\left(\frac{1}{2}\right)^3$ $\Big($前两个$\frac{1}{2}$是发生两次“上”的概率，后三个$\frac{1}{2}$是发生三次“下”的概率. 由于是五次独立试验，所以乘积的概率等于概率的乘积，为$\left(\frac{1}{2}\right)^5\Big)$，显然这 10 个基本事件是互不相容的，由加法公式（3.5）就可推得（7.1）式.

如果我们掷的分币不是匀称的，出现“上”的概率为$\frac{2}{3}$，出现“下”的概率为 1/3，则

$$P(\text{“恰有两次正面朝上”})=\mathrm{C}_5^2\left(\frac{2}{3}\right)^2\left(\frac{1}{3}\right)^3$$

再看一个类似的例子.

例 7.2 设某人打靶，命中率为 0.7. 现独立地重复射击 5 次，求恰好命中两次的概率.

解 和上面同样的分析可以算出：

$$P(\text{“恰命中 2 次”})=\mathrm{C}_5^2(0.7)^2(0.3)^3$$

类似地有

$$P(\text{“恰命中 3 次”})=\mathrm{C}_5^3(0.7)^3(0.3)^2$$

$$P(\text{“恰命中 4 次”})=\mathrm{C}_5^4(0.7)^4(0.3)^1$$

$$P(\text{“恰命中 1 次”})=\mathrm{C}_5^1(0.7)^1(0.3)^4$$

也有

$$P(\text{“恰命中 0 次”})=\mathrm{C}_5^0(0.7)^0(0.3)^5$$

本例用古典概型是不易解决的.

像例 7.2 这样的问题是广泛存在的，其一般提法是：设单次试验中，某事件 A 发生的概率为 $p(0<p<1)$，现将此试验重复进行 n 次，求 A 发生 k 次的概率（$k=0,1,2,\cdots,n$）.

上两例中的 A,p,n,k 如下：

	例 7.1	例 7.2
A	正面朝上	命中
p	0.5	0.7
n	5	5
k	2	2

从例子已看出问题的答案，为明确起见，特别写成定理并给予一般的证明.

定理（独立试验序列概型计算公式）

设单次试验中，事件 A 发生的概率为 $p(0<p<1)$，则在 n 次重复试验中，

$$P(\text{“}A\text{ 发生 }k\text{ 次”})=\mathrm{C}_n^k p^k q^{n-k} \quad (q=1-p)$$
$$(k=0,1,2,\cdots,n)$$

证 在 n 次重复试验中，记 $B_1,B_2,\cdots,B_m$ 为构成事件“A 发生 k 次”的那些试验结果，于是有：

（1）“A 发生 k 次”$=B_1\cup B_2\cup\cdots\cup B_m$；$B_1,\cdots,B_m$ 互不相容；

（2）$P(B_1)=P(B_2)=\cdots=P(B_m)=p^k q^{n-k}$；

（3）$m=\mathrm{C}_n^k$.

因此得

$$\begin{aligned}P(\text{“}A\text{ 发生 }k\text{ 次”})&=P(B_1\cup B_2\cup\cdots\cup B_m)\\&=P(B_1)+P(B_2)+\cdots+P(B_m)\\&=mp^k q^{n-k}=\mathrm{C}_n^k p^k q^{n-k}\end{aligned}$$

注意，“n 次重复试验”中的“重复”二字，是指这 n 次试验中各次试验的条件组是相同的. 因此，这不仅意味着在各次试验中 A 发生的概率都是 p（于是 $\overline{A}$ 发生的概率也都是 q），而且还有各次试验的结果间是互相独立的含义. 定理证明过程中的（2），就是基于这两个含义而得出的. 在具体应用时也要注意这“重复”二字，

请看下列问题：

已知80个产品中有5个次品，现从中每次任取一个，无放回地取20次，求在所取20个中恰有2个次品的概率.

表面上看该问题的提法跟独立试验序列概型是相同的，其实不然. 因为它是"无放回"抽取，因此它各次试验的条件是有差别的，也就不能用上面的概型求解（怎么求？留给读者自行解决）. 如果将问题中的"无放回"改为"有放回"，那么这20次试验的条件就完全相同，于是可用上面的概型求解（作为练习，留给读者）.

在客观世界中，真正的完全重复的现象是不多见的. 比如对于例7.2，一般来讲，这5次射击的条件不可能完全一样，只是近似于完全重复，可用独立试验序列概型来近似处理而已. 还拿抽样问题来讲，当原产品的批量相当大时，"无放回"就可以近似地当作"有放回"来处理，因此，也就可用独立试验序列概型来计算取到的产品中含 k 个次品的概率.

例 7.3 设每次射击打中目标的概率等于0.001，如果射击5 000次，试求至少两次打中目标的概率.

容易看出，

$$
\begin{aligned}
&P\{\text{至少两次打中目标}\} = \sum_{k=2}^{5\,000} P\{\text{恰有 } k \text{ 次打中目标}\} \\
&= 1 - P\{\text{每次都未打中目标}\} - P\{\text{恰有 1 次打中目标}\} \\
&= 1 - (1-0.001)^{5\,000} - C_{5\,000}^{1} \times (0.001)^{1} \times (1-0.001)^{5\,000-1} \\
&= 1 - (0.999)^{5\,000} - 5\,000 \times 0.001 \times (0.999)^{4\,999} \\
&\approx 1 - 0.006\,7 - 0.033\,5 = 0.959\,8
\end{aligned}
$$

我们看到，计算还是很麻烦的. 当 p 很小 n 很大时，可用下列第一近似公式，避免这种麻烦.

第一近似公式：

$$
P\{A \text{ 发生 } k \text{ 次}\} \approx \frac{(np)^k}{k!} e^{-np} \tag{7.2}
$$

用在例7.3上去，$P\{\text{每次都未打中}\} \approx e^{-5\,000 \times 0.001} = e^{-5}$；

$$P\{\text{恰有 1 次打中}\}=\frac{5\ 000\times 0.001}{1!}e^{-5\ 000\times 0.001}$$

$$=5e^{-5}$$

于是 $P\{\text{至少两次打中目标}\}\approx 1-6e^{-5}\approx 0.959\ 6$.

第一近似公式的理论根据是下列事实:如果 $\lim\limits_{n\to\infty} np_n=\lambda>0$,则

$$\lim_{n\to\infty} C_n^k p_n^k (1-p_n)^{n-k}=\frac{\lambda^k}{k!}e^{-\lambda}$$

这个关系式的证明不难,可参阅第二章§2.

当 p 不是很小,而 n 很大时,可用第二近似公式:

$$P\{A\text{ 发生 }k\text{ 次}\}\approx\frac{1}{\sqrt{np(1-p)}}\cdot\frac{1}{\sqrt{2\pi}}e^{-\frac{1}{2}x_k^2}$$

这里 $x_k=\dfrac{k-np}{\sqrt{np(1-p)}}$.

第二近似公式也是有理论根据的,数学证明较长,从略.

例 7.4 设每次射击打中目标的概率等于$\frac{1}{6}$.如果射击 6 000 次,问:射中次数在 900 至 1 100 之间的概率等于多少?

这个问题理论上好回答,所求概率 $=\sum\limits_{k=900}^{1\ 100} C_{6\ 000}^k\left(\frac{1}{6}\right)^k\left(\frac{5}{6}\right)^{6\ 000-k}$

项数太多了,怎么算?以后我们知道,利用著名的中心极限定理(见第三章),可容易算得这概率的近似值是 0.999 46.

在应用中,独立试验序列概型有时以所谓“随机游动”的方式出现.

例 7.5 (自由随机游动)假设一质点在某直线(数轴)上运动,在时刻 0 从原点出发.每隔一个单位时间位置向右或向左移动一个单位,而向右移动的概率总是 p,向左移动的概率总是 $q(p+q=1)$.问:在时刻 n 质点位于 K 的概率是多少(n 是正整数,K 是整数)?

解 不失一般性,我们只考虑 K 为正整数的情形($K\leqslant 0$ 时

可类似地讨论). 为了质点在时刻 n 位于 K,必须且只需在头 n 次游动时向右移动的次数比向左移动的次数多 K 次. 若以 x 表示向右移动的次数,y 表示向左移动的次数,则

$$x+y=n,\quad x-y=K$$

于是 $x=\frac{n+K}{2}$,因 x 是整数,故 K 与 n 具有相同的奇偶性. 可见,n,K 的奇偶性相反时,所求的概率为 0. 当 n,K 的奇偶性相同时,

P(质点在时刻 n 位于 K) $=P$(质点在头 n 次游动时有$\frac{n+K}{2}$次向右,有$\frac{n-K}{2}$次向左) $=C_n^{\frac{n+K}{2}}p^{\frac{n+K}{2}}q^{\frac{n-K}{2}}$

习　题　五

1. 设某种型号的电阻的次品率为 0.01,现在从产品中抽取 4 个,分别求出没有次品、有 1 个次品、有 2 个次品、有 3 个次品、全是次品的概率.

2. 某类电灯泡使用时数在 1 000 h 以上的概率为 0.2,求三个灯泡在使用 1 000 h 以后最多只有一个坏的概率.

3. 有 6 个元件,它们断电的概率第一个为 $p_1=0.6$,第二个为 $p_2=0.2$,其余四个都为 $p_3=0.3$,求线路断电的概率,若

(1) 所有的元件串联;

(2) 元件按图 1.5 连接.

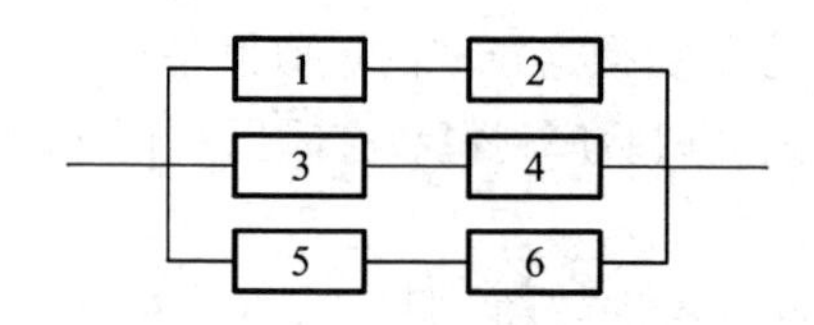

图　1.5

4. 设昆虫生产 k 个卵的概率 $p_k=\frac{\lambda^k}{k!}e^{-\lambda}(k=0,1,2,\cdots)$,又设一个虫卵能孵化为昆虫的概率等于 p. 若卵的孵化是互相独立的,问此昆虫的下一代有 l 条的概率是多少?

第二章　随机变量与概率分布

§1　随机变量

上一章中,我们讨论了随机事件及其概率.为了进一步研究随机现象,我们将引进随机变量的概念.

例 1.1　设有产品 100 件,其中有 5 件次品、95 件正品.现从中随便抽取 20 件,问"抽得的次品件数"(以下简称"次品数")是多少?

我们说,"次品数"可能是 1,也可能是 2,3,4,5,甚至可能是 0(即抽得的 20 件中无次品).它随着不同的抽样批数而可能不同,就是说,"次品数"的值无法在抽样前给出确定性的答案.然而,"次品数"的不确定性只是问题的一个方面;另一方面,作为任何一批抽样的具体结果,即在 100 件产品中随机抽取了 20 件,在该 20 件产品中,"次品数"又是完全确定的.因而,"次品数"是个变量,它是随着抽样结果而变的变量,称为随机变量.下面给出定义.

定义 1.1　对于条件组 S 下的每一个可能结果 ω 都惟一地对应到一个实数值 $X(\omega)$,则称实值变量 $X(\omega)$ 为一个随机变量.简记为 X①.

例 1.2　设盒中 5 个球,其中 2 个白球、3 个黑球,从中随便抽取 3 个球.则"抽得的白球数" X 是一个随机变量.抽取结果 ω 跟"白球数" $X(\omega)$ 的对应关系见下表(①②③为黑球,④⑤为白球):

① 常用大写拉丁字母 X,Y,Z 等(或希腊字母 ξ,η,ζ 等)表示随机变量.

ω			白球数 $X(\omega)$
①	②	③	0
①	②	④	1
①	②	⑤	1
①	③	④	1
①	③	⑤	1
①	④	⑤	2
②	③	④	1
②	③	⑤	1
②	④	⑤	2
③	④	⑤	2

我们看到,X 只可能取 0,1,2 这三个实值,而 $\{X=0\}$,$\{X=1\}$,$\{X=2\}$ 都是随机事件. 不仅如此,我们运用上一章的知识,还可求得:

$$P\{X=0\}=\frac{C_3^3}{C_5^3}=\frac{1}{10}$$

$$P\{X=1\}=\frac{C_3^2C_2^1}{C_5^3}=\frac{6}{10}$$

$$P\{X=2\}=\frac{C_3^1C_2^2}{C_5^3}=\frac{3}{10}$$

例 1.3 设某射手每次射击打中目标的概率是 0.8,现在连续射击 30 次. 则“击中目标的次数”X 是一个随机变量. 它只可能取到 0,1,2,…,30 这 31 个实值. 显然 $\{X=0\}$,$\{X=1\}$,$\{X=2\}$,…,$\{X=30\}$ 都是随机事件.(读者不难算出概率 $P\{X=k\}$ 是多少.)

例 1.4 某射手每次射击打中目标的概率是 0.8,现在连续向一个目标射击,直到第一次击中目标时为止. 则“射击次数”X 是一个随机变量. X 可能取到一切自然数.(请想一想,为什么?)$\{X=k\}$ $(k=1,2,3,\cdots)$ 都是随机事件.

例 1.5 某出租汽车公司共有出租车 400 辆. 设每天每辆出租车出现故障的概率为 0.02,则一天内出现故障的出租车的总数

X 便是一个随机变量，X 可能取的值是 $0,1,2,\cdots,400$.

例 1.6 某公共汽车站每隔 5 分钟有一辆汽车通过；一位乘客对于汽车通过该站的时间完全不知道，他在任一时刻到达车站都是等可能的. 那么，他的候车时间 X 是一个随机变量，显然 $0 \leqslant X < 5$，又 $\{X > 2\}$，$\{X \leqslant 3\}$ 都是随机事件.

和前面五个例子不同，例 1.6 的随机变量 X 所取的值不一定是整数，而且不能一一列举出来，它的取值是“连续的”. 下面的例 1.7也是这样.

例 1.7 一门大炮在一定的条件下向某个地面目标瞄准射击，用 ρ 表示弹着点与目标之间的距离（图 2.1）. 则 ρ 就是一个随机变量. 又若在地平面上取直角坐标系：原点在目标处，将大炮所在地点与目标地点连线的方向为 y 轴方向，与之垂直的方向为 x 轴方向（见图 2.1）. 则弹着点 $M(X,Y)$ 的两个分量 X,Y 也都是随机变量.

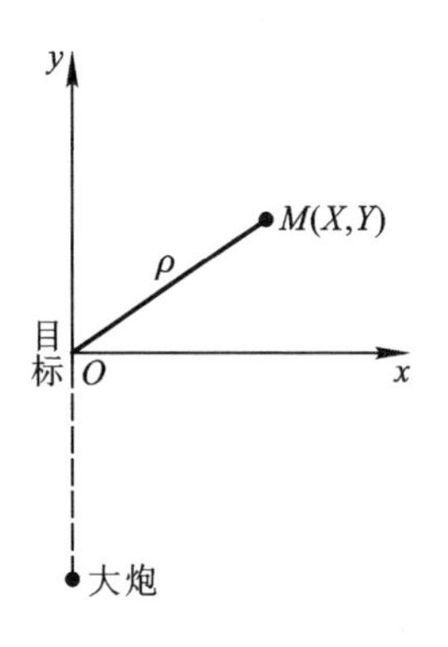

图 2.1

本例中随机变量 ρ,X,Y 的取值都是“连续的”，X,Y 还可能取到负值.

随机变量的概念在概率论和数理统计中既基本又重要. 在实际问题中广泛存在着随机变量. 比如在工业生产中，随便取一件产品，问它的质量指标（强度、硬度、光洁度、粘合力、纤度，……）是多少，这个质量指标就可以看作一个随机变量. 我们要学会把随机变量的概念与实际工作中的具体问题联系起来.

对于随机变量，通常分两类进行讨论. 如果 X 所可能取的值能够一一列举出来，则称 X 为离散型随机变量. 例1.1～1.5 中的随机变量都是离散型的. 如果 X 所可能取的值不能一一列举，则称 X 是非离散型的. 非离散型的随机变量范围很广，而其中最重要的也是实际工作经常遇到的是所谓连续型的随机变量（见 §3）.

下面我们先讨论离散型的随机变量.

§2 离散型随机变量

1. 概率分布

离散型随机变量 X 只可能取有限个或者一串值. 设 X 可能取的值是 $x_1,x_2,\cdots,x_k,\cdots$.

为了完全描述随机变量 X,只知道它可能取的值是远远不够的,更重要的是要知道它取各个值的概率. 也就是说,要知道下列一串概率的值:

$$P\{X=x_1\},P\{X=x_2\},\cdots,P\{X=x_k\},\cdots$$

记 $p_k=P\{X=x_k\}(k=1,2,\cdots)$,将 X 可能取的值及相应的概率列成下表:

X	x_1	x_2	x_3	$\cdots$	x_k	$\cdots$
p	p_1	p_2	p_3	$\cdots$	p_k	$\cdots$

这个表称为 X 的概率分布表. 它清楚而完整地表示了 X 取值的概率的分布情况. 为简单计,概率的分布情况也可直接用一系列等式

$$p_k=P\{X=x_k\} \quad (k=1,2,\cdots) \tag{2.1}$$

来表示. (2.1)称为 X 的**概率分布**.

关于 $p_k(k=1,2,\cdots)$,显然有:

(1) $p_k\geqslant 0 \quad (k=1,2,\cdots)$;

(2) $\sum\limits_k p_k=1$.

(请读者想一想,为什么? 请参看第一章的公式(3.8).)

作为概率分布的一个例子,我们回头看例 1.2 中的 X("抽得的白球数"). 它的概率分布表如下:

X	0	1	2
p	0.1	0.6	0.3

它的概率分布,由下列一组等式表示:

$$P\{X=0\}=0.1$$
$$P\{X=1\}=0.6$$
$$P\{X=2\}=0.3$$

下面我们介绍几类常见的概率分布(简称“分布”).

2. 二点分布

如果随机变量 X 的分布如下:

$$P\{X=1\}=p \quad (0<p<1)$$
$$P\{X=0\}=q=1-p \tag{2.2}$$

则称 X 服从二点分布(p 为参数).二点分布也叫伯努利分布.

例 2.1 100 件产品中,有 95 件正品、5 件次品,现从中随机抽取一件,假如抽得每件的机会都相同,那么:

抽得正品的概率 =0.95,抽得次品的概率 =0.05.

现在定义随机变量 X 如下:

$$X=\begin{cases}1 & \text{当取得正品}\\0 & \text{当取得次品}\end{cases}$$

则有

$$P(X=1)=0.95$$
$$P(X=0)=0.05$$

即 X 服从二点分布.

二点分布虽很简单,但有用.当一组条件下只有两个可能结果,且都有正概率时,能确定一个服从二点分布的随机变量.

3. 二项分布

如果随机变量 X 的分布如下:

$$P\{X=k\}=\mathrm{C}_n^k p^k q^{n-k} \quad (k=0,1,2,\cdots,n) \tag{2.3}$$
$$(0<p<1,q=1-p)$$

则称 X 服从二项分布(参数为 n,p),或用记号

$$X \sim B(n,p)$$

来表示.

利用二项式定理,不难证明按(2.3)式给出的概率值满足:

$$\sum_{k=0}^{n} p_k = \sum_{k=0}^{n} C_n^k p^k q^{n-k} = (p+q)^n = 1^n = 1$$

下面谈谈二项分布的实际背景. 第一章的 §7 讨论了独立试验序列,其中有这样一条定理:

"设单次试验中,事件 A 发生的概率为 $p(0<p<1)$,则在 n 次独立试验中,

$$P(\text{“}A \text{ 发生 } k \text{ 次”}) = C_n^k p^k q^{n-k} \qquad (q = 1-p)$$

$$(k = 0,1,2,\cdots,n)\text{”}$$

由此可见,在 n 次独立试验中,"A 发生的次数"X 这个随机变量服从二项分布(所谓 A 发生 k 次就是"$X=k$"). 顺便提一句,由于

$$\sum_{k=0}^{n} \text{“}A \text{ 发生 } k \text{ 次”} = U$$

则有

$$\sum_{k=0}^{n} C_n^k p^k q^{n-k} = \sum_{k=0}^{n} P(\text{“}A \text{ 发生 } k \text{ 次”})$$

$$= P\left(\sum_{k=0}^{n} \text{“}A \text{ 发生 } k \text{ 次”}\right) = P(U) = 1$$

这是从另一个途径来说明 $\sum_{k=0}^{n} p_k = 1$.

最后,读者不难发现,$n=1$ 时的二项分布就是二点分布.

4. 泊松(Poisson)分布

如果随机变量 X 的概率分布如下:

$$P\{X=k\} = \frac{\lambda^k}{k!} e^{-\lambda} \quad (k=0,1,2,\cdots;\lambda>0) \qquad (2.4)$$

则称 X 服从泊松分布(参数为 λ).

服从泊松分布的随机变量是很不少的,下面举一个例子.

例 2.2 放射性物质在某一段时间内放射的粒子数 X 是服从泊松分布的. Rutherford 和 Geiger 观察了放射性物质放出的 α 粒子个数的情况,一共做了 2 608 次观察,每次观察时间是 7.5 s,总共观察到 10 094 个 α 粒子,列表如下面所示. 从表中,我们看到按(2.4)算出的 $P\{X=k\}$ 跟 $\{X=k\}$ 的频率相当接近.

放射粒子数 X	观察到次数 μ_k	频率 $p_k^* = \frac{\mu_k}{N}$	按泊松分布 $\left(\lambda = \frac{10\ 094}{2\ 608} = 3.87\right)$ 计算之概率 p_k
0	57	0.022	0.021
1	203	0.078	0.081
2	383	0.147	0.156
3	525	0.201	0.201
4	532	0.204	0.195
5	408	0.156	0.151
6	273	0.105	0.097
7	139	0.053	0.054
8	45	0.017	0.026
9	27	0.010	0.011
$\geqslant 10$	16	0.006	0.007
总计	2 608	0.999	1.000

此外,在生物学、医学、工业及公用事业的排队等问题中,泊松分布是常见的. 例如,容器内的细菌数,铸件的疵点数(布的疵点

数),交换台的电话呼唤次数等等,一般都服从泊松分布.

这里,我们来分析推导放射的粒子数 X 为何服从泊松分布.

首先把体积为 V 的某放射性物质设想分割为 n 份相同体积 $\Delta V\left(\Delta V=\frac{V}{n}\right)$ 的小块,并假定:

(1) 对于每个特定的小块而言,在 7.5 s 内放出两个以上 α 粒子的概率为 0(实际上,是放射两个以上的概率很小很小,可以忽略);而放出一个 α 粒子的概率为 p_n:

$$p_n=\mu\Delta V$$

(即 p_n 只跟体积 ΔV 的大小成正比,而跟哪一个小块 ΔV 无关,比例系数为 μ.)

(2) 各小块放出粒子否,是相互独立的.

在这两条假定下,7.5 s 内体积为 V 的某放射性物质放出 k 个粒子,可近似地看作在 V 的 n 个独立的小块中,恰有 k 块放出粒子($n-k$ 块不放出粒子). 于是,放出 k 个粒子的概率,就可按独立试验序列来近似计算:

$$P\{X=k\}\approx \mathrm{C}_n^k p_n^k q_n^{n-k} \quad (q_n=1-p_n)$$

然而,上式只是个近似式. 容易理解,把 V 无限细分,就能得到 $P\{X=k\}$ 的精确式. 也就是说,

$$P\{X=k\}=\lim_{n\to\infty}\mathrm{C}_n^k p_n^k q_n^{n-k}$$

下面,我们来求出这个极限值. 记 $\lambda=\mu V$,将 $p_n=\mu\Delta V=\frac{\mu V}{n}=\frac{\lambda}{n}$ 代入,得

$$\begin{aligned}\mathrm{C}_n^k p_n^k q_n^{n-k}&=\frac{n!}{k!\,(n-k)!}\left(\frac{\lambda}{n}\right)^k\left(1-\frac{\lambda}{n}\right)^{n-k}\\&=\frac{1}{k!}\cdot\frac{n(n-1)\cdots(n-k+1)}{n^k}\lambda^k\frac{\left(1-\frac{\lambda}{n}\right)^n}{\left(1-\frac{\lambda}{n}\right)^k}\end{aligned}$$

当 $n\to\infty$ 时,因 $\frac{n(n-1)\cdots(n-k+1)}{n^k}=\frac{n}{n}\cdot\frac{n-1}{n}\cdots\frac{n-k+1}{n}\to 1$,
$\left(1-\frac{\lambda}{n}\right)^k\to 1$,$\left(1-\frac{\lambda}{n}\right)^n\to e^{-\lambda}$,故得

$$C_n^k p_n^k q_n^{n-k}\to\frac{\lambda^k}{k!}e^{-\lambda},当\ n\to\infty \tag{2.5}$$

即

$$P\{X=k\}=\frac{\lambda^k}{k!}e^{-\lambda}\quad(k=0,1,2,\cdots)$$

从以上的分析推导过程看出,某一具体问题,只要它符合类似于(1),(2)的条件,那么就会出现服从泊松分布的随机变量. 因此,有很多具体问题,它们的性质虽然各不相同,但它们的随机变量都服从泊松分布.

另外,从上面后半部分的推导可进一步看出:如果 $np\to\lambda>0$,(当 $n\to\infty$),则

$$C_n^k p^k q^{n-k}\to\frac{\lambda^k}{k!}e^{-\lambda},(当\ n\to\infty)$$

即泊松分布是二项分布当 $np\to\lambda$ ($n\to\infty$) 情况下的极限分布. 因此,当 n 很大且 p 很小时,可用泊松分布来作二项分布的近似计算. 这在第一章的末尾已经提到过.

5. 超几何分布

设一堆同类产品共 N 个,其中有 M 个次品. 现从中任取 n 个(假定 $n\leqslant N-M$),则这 n 个中所含的次品数 X 是一个离散型随机变量. 我们知道(参见第一章例 2.5),X 的概率分布如下:

$$P\{X=m\}=\frac{C_M^m C_{N-M}^{n-m}}{C_N^n}\quad(m=0,1,2,\cdots,l) \tag{2.6}$$

这里 $l=\min(M,n)$. 这个概率分布称为超几何分布.

下面来讨论超几何分布与二项分布的关系. 我们来证明

若当 $N\to\infty$ 时,$M/N\to p$ (n,m 不变),则

$$\frac{C_M^m C_{N-M}^{n-m}}{C_N^n}\to C_n^m p^m q^{n-m}\quad(N\to\infty) \tag{2.7}$$

证

$$\frac{C_M^m C_{N-M}^{n-m}}{C_N^n}=\frac{M!}{(M-m)!\,m!}\frac{(N-M)!}{[N-M-(n-m)]!\,(n-m)!}\cdot\frac{(N-n)!\,n!}{N!}$$

$$=\frac{n!}{m!\,(n-m)!}\left(\frac{M(M-1)\cdots(M-m+1)}{\underbrace{N\cdot N\cdot\cdots\cdot N}_{m\text{个}}}\right)\cdot$$

$$\left(\frac{(N-M)(N-M-1)\cdots[N-M-(n-m)+1]}{\underbrace{N\cdot N\cdot\cdots\cdot N}_{(n-m)\text{个}}}\right)\cdot$$

$$\left(\frac{\overbrace{NN\cdots N}^{n\text{个}}}{N(N-1)\cdots(N-n+1)}\right)$$

当 $N\to\infty$ 时,不难看出:第一个括号$\to p^m$,

第二个括号$\to(1-p)^{n-m}$,

第三个括号$\to 1$,

因此命题得证.

习　题　六

1. 求例 1.1 中“抽得的次品件数”X 的概率分布.

2. 求例 1.3 中“击中目标次数”X 的概率分布.

3. 求例 1.4 中“所需射击次数”X 的概率分布.

4. 一批零件中有九个正品与三个废品. 安装机器时,从这批零件中任取一个. 如果每次取出的废品不再放回,而再取一个零件,直到取得正品时为止. 求在取得正品以前已取出废品数的概率分布.

5. 抛掷一枚分币,直到出现“正面朝上”时为止. 求抛掷次数的概率分布.

6. 从一副扑克牌中发出五张,求其中黑桃张数的概率分布.

7. 设 X 服从泊松分布,且已知 $P(X=1)=P(X=2)$,求 $P(X=4)$.

8. 已知一电话交换台每分钟的呼唤次数服从参数为 4 的泊松分布. 求:(1) 每分钟恰有 8 次呼唤的概率;(2) 每分钟呼唤次数大于 8 的概率.

9. 设 X 服从泊松分布,分布律为

$$P(X=k)=\frac{\lambda^k}{k!}\mathrm{e}^{-\lambda},k=0,1,2,\cdots$$

问当 k 取何值时 $P\{X=k\}$ 最大?

10. 验证等式

$$\sum_{k=0}^{\infty}\frac{\lambda^k}{k!}\mathrm{e}^{-\lambda}=1\quad(\lambda>0)$$

(泊松分布的"总概率"为 1.)

11. 利用恒等式

$$(1+x)^N=(1+x)^M\cdot(1+x)^{N-M}$$

两边 x^n 的系数相等,验证等式

$$\sum_{m=0}^{l}\frac{\mathrm{C}_M^m\mathrm{C}_{N-M}^{n-m}}{\mathrm{C}_N^n}=1$$

(超几何分布的"总概率"为 1),其中 N,M,n 是正整数,$N\geqslant M,N\geqslant n$,$l=\min(M,n)$.(当 $i>k$ 时规定 $\mathrm{C}_k^i=0$.)

§3 连续型随机变量

1. 概率密度函数

在本章一开始,我们已经遇到过非离散型随机变量的例子,弹着点与目标间的距离就是一个非离散型的随机变量,某人在车站等车的时间也是一个非离散型的随机变量.这两个随机变量的特点是,它们可能取某一区间内所有的值.例如等车时间就可以是区间[0,5)中的任一值.我们知道随机变量 X 取值虽然是"不确定的",但是它具有一定的"概率分布".比如,对于离散型的随机变量 X,对于任何常数 a,b,事件 $\{a<X<b\}$ 也有确定的概率.(为什么?请读者想一想!)对于非离散型的随机变量,考察事件 $\{X=a\}$ 发生的概率往往意义不大,我们干脆直接考察事件 $\{a<X<b\}$ 的概率.为此引进定义:

定义 3.1 对于随机变量 X,如果存在非负可积函数 $p(x)(-\infty<x<+\infty)$,使对任意 $a,b(a<b)$ 都有

$$P\{a < X < b\} = \int_a^b p(x)\,\mathrm{d}x \tag{3.1}$$

则称 X 为**连续型随机变量**;称 $p(x)$ 为 X 的**概率密度函数**(简称概率密度或密度)[①].

这时从(3.1)不难看出,对任何实数 a,$P\{X=a\}=0$[②],从而有

$$\begin{aligned} P\{a<X<b\} &= P\{a\leqslant X<b\} = P\{a<X\leqslant b\} \\ &= P\{a\leqslant X\leqslant b\} = \int_a^b p(x)\,\mathrm{d}x \end{aligned} \tag{3.2}$$

作为概率密度 $p(x)$,不难推知有下列性质:

$$\int_{-\infty}^{+\infty} p(x)\,\mathrm{d}x = 1 \text{[③]} \tag{3.3}$$

在实际工作中遇到的非离散型随机变量大多是连续型的,而且其密度函数$p(x)$至多有有限多个间断点(在非离散型的随机

---

① 由(3.1)式,当 $p(x)$ 在 $x=x_0$ 连续时,利用定积分的性质容易推知

$$\lim_{\Delta x\to 0+} \frac{P\left\{x_0-\dfrac{\Delta x}{2}<X<x_0+\dfrac{\Delta x}{2}\right\}}{\Delta x} = p(x_0)$$

由此可见,当 $p(x_0)$ 大时,X 在 x_0附近取值的概率也就较大. 概率密度的"密度"一词,跟物理学中质量线密度的"密度"有相似之处.

② 实际上,对任何正整数 n,有 $\{X=a\}\subset\left\{a-\dfrac{1}{n}<X<a+\dfrac{1}{n}\right\}$,于是 $P\{X=a\}\leqslant P\left\{a-\dfrac{1}{n}<X<a+\dfrac{1}{n}\right\}=\int_{a-\frac{1}{n}}^{a+\frac{1}{n}} p(x)\,\mathrm{d}x$,但 $\lim\limits_{n\to\infty}\int_{a-\frac{1}{n}}^{a+\frac{1}{n}} p(x)\,\mathrm{d}x=0$,所以 $P\{X=a\}=0$.

③ 可如下证明:令 $A_n=\{n\leqslant X<n+1\}$ $(n=\cdots,-1,0,1,\cdots)$,易知 $\bigcup\limits_{n=-\infty}^{+\infty} A_n$是必然事件,故其概率为 1. 另一方面根据概率的"完全可加性"知,

$$\begin{aligned} P\left(\bigcup_{n=-\infty}^{+\infty} A_n\right) &= \sum_{n=-\infty}^{+\infty} P(A_n) = \lim_{k\to\infty}\sum_{n=-k}^{k} P(A_n) \\ &= \lim_{k\to\infty}\sum_{n=-k}^{k}\int_n^{n+1} p(x)\,\mathrm{d}x = \lim_{k\to\infty}\int_{-k}^{k+1} p(x)\,\mathrm{d}x = \int_{-\infty}^{+\infty} p(x)\,\mathrm{d}x \end{aligned}$$

这就证明了(3.3).

变量中,本讲义只讨论这种连续型的随机变量).

我们强调指出,若将 X 的密度函数在个别点上的值加以改变,得到的仍是 X 的密度函数. 换句话说,密度函数按定义并不是惟一确定的. 但容易看出,若 $p(x)$ 和 $q(x)$ 都是 X 的密度函数,又 $p(x)$,$q(x)$ 都在 $x=x_0$ 处连续,则一定有 $p(x_0)=q(x_0)$(参见上页注①).

下面介绍几个实际工作中常见的连续型随机变量.

2. 均匀分布

如果随机变量 X 的概率密度为

$$p(x)=\begin{cases}\lambda & \text{当 } a\leqslant x\leqslant b\\ 0 & \text{其他}\end{cases}\qquad (a<b)$$

则称 X 服从 $[a,b]$ 区间上的**均匀分布**.

由 $\int_{-\infty}^{+\infty}p(x)\mathrm{d}x=1$ 可知 $\lambda=\dfrac{1}{b-a}$.

如果 X 在 $[a,b]$ 服从均匀分布,则对于任意满足 $a\leqslant c<d\leqslant b$ 的 c,d,按概率密度的定义(即(3.1)式)有:

$$P\{c<X<d\}=\int_c^d p(x)\mathrm{d}x=\lambda(d-c)$$

上式表明,X 取值于 $[a,b]$ 中任一小区间的概率与该小区间的长度成正比,而跟该小区间的具体位置无关. 这就是均匀分布的概率意义.

§1 的例 1.6 中,候车时间 X 是服从均匀分布的(为什么?). 请读者自己写出它的密度函数.

3. 指数分布

如果随机变量 X 的概率密度为

$$p(x)=\begin{cases}\lambda\mathrm{e}^{-\lambda x} & \text{当 } x\geqslant 0\\ 0 & \text{当 } x<0\end{cases}\qquad (\lambda>0)$$

则称 X 服从**指数分布**(参数为 λ).

(指数分布的实际背景在下一节中讨论.)

若 X 服从指数分布(参数为 λ),则按(3.1),对任何 $0\leqslant a<b$,有

$$P\{a<X<b\}=\lambda\int_a^b \mathrm{e}^{-\lambda x}\mathrm{d}x=\int_{\lambda a}^{\lambda b}\mathrm{e}^{-t}\mathrm{d}t$$
$$=\mathrm{e}^{-\lambda a}-\mathrm{e}^{-\lambda b}$$

由此不难看出 $\int_{-\infty}^{+\infty}p(x)\mathrm{d}x=\int_0^{+\infty}p(x)\mathrm{d}x=1$.

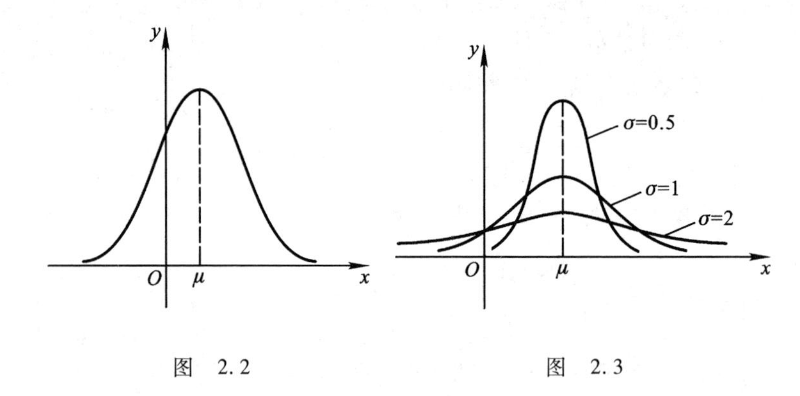

图 2.2　　　　图 2.3

4. 正态分布

如果随机变量 X 的概率密度为

$$p(x)=\frac{1}{\sqrt{2\pi}\sigma}\mathrm{e}^{-\frac{1}{2\sigma^2}(x-\mu)^2}\ (-\infty<x<+\infty)(\sigma>0) \tag{3.4}$$

则称 X 服从正态分布 $N(\mu,\sigma^2)$;简记为 $X\sim N(\mu,\sigma^2)$.

$p(x)$在直角坐标系内的图形(见图 2.2)呈钟形,最大值点在 $x=\mu$,曲线相对于直线 $x=\mu$ 对称;在 $x=\mu\pm\sigma$ 处有拐点;当 $x\to\pm\infty$ 时,曲线以 x 轴为其渐近线. 当 σ 大时,曲线平缓;当 σ 小时,曲线陡峭(见图 2.3).

参数 $\mu=0$ 而 $\sigma^2=1$ 的正态分布,即 $N(0,1)$,称为标准正态分布;它的密度函数为

$$\frac{1}{\sqrt{2\pi}}\mathrm{e}^{-\frac{x^2}{2}}$$

读者利用微积分的知识容易验证下式成立①：

$$\int_{-\infty}^{+\infty} \frac{1}{\sqrt{2\pi}} e^{-\frac{x^2}{2}} dx = 1 \tag{3.5}$$

由(3.5)式，不难验证一般的正态密度，即(3.4)式也满足(3.3)式. 只须设$\frac{x-\mu}{\sigma}=t$，有

$$\int_{-\infty}^{+\infty} \frac{1}{\sqrt{2\pi}\sigma} e^{-\frac{(x-\mu)^2}{2\sigma^2}} dx = \int_{-\infty}^{+\infty} \frac{1}{\sqrt{2\pi}} e^{-\frac{t^2}{2}} dt = 1$$

表达式(3.4)看起来有些复杂，但大量实际经验与理论分析表明，测量误差及很多质量指标，如一批产品的长度、强度等，都可看作或近似看作是服从正态分布的. 正态分布在概率统计的理论与应用中占有特别重要的地位. 这一点我们以后还要谈到.

下面来计算服从正态分布 $N(\mu,\sigma^2)$ 的随机变量 X 落在区间 (a,b) 中的概率. 先介绍标准正态分布的概率计算，然后再谈一般的正态随机变量.

例 3.1 设 $X \sim N(0,1)$，求 $P\{1<X<2\}$，$P\{-1<X<1\}$.

解 由定义知道

$$P\{1<X<2\} = \int_1^2 \frac{1}{\sqrt{2\pi}} e^{-\frac{1}{2}t^2} dt = \int_{-\infty}^2 \frac{1}{\sqrt{2\pi}} e^{-\frac{1}{2}t^2} dt - \int_{-\infty}^1 \frac{1}{\sqrt{2\pi}} e^{-\frac{1}{2}t^2} dt$$

---

① 可用下法证明(3.5).

先计算重积分 $I=\int_{-\infty}^{+\infty}\int_{-\infty}^{+\infty} e^{-\frac{x^2+y^2}{2}} dxdy$，作变数替换：$x=r\cos\varphi$，$y=r\sin\varphi$，$(0\leqslant r<+\infty, 0\leqslant\varphi<2\pi)$. 于是 $I=\int_0^{+\infty}\int_0^{2\pi} e^{-\frac{r^2}{2}} r dr d\varphi = \int_0^{+\infty} e^{-\frac{r^2}{2}} r\left[\int_0^{2\pi} d\varphi\right] dr = 2\pi\int_0^{+\infty} e^{-\frac{1}{2}r^2} r dr = 2\pi\int_0^{+\infty} e^{-u} du = 2\pi$，但是 $I=\int_{-\infty}^{+\infty} e^{-\frac{x^2}{2}} dx \cdot \int_{-\infty}^{+\infty} e^{-\frac{y^2}{2}} dy = \left[\int_{-\infty}^{+\infty} e^{-\frac{x^2}{2}} dx\right]^2$，于是 $\int_{-\infty}^{+\infty} e^{-\frac{x^2}{2}} dx = \sqrt{I} = \sqrt{2\pi}$，就证明了(3.5).

设 $\Phi(x)=\int_{-\infty}^{x}\frac{1}{\sqrt{2\pi}}\mathrm{e}^{-\frac{1}{2}t^2}\mathrm{d}t$，$\Phi(x)$的数值已经算好，列在本书的附表1中. 于是 $P\{1<X<2\}=\Phi(2)-\Phi(1)=0.9773-0.8413=0.1360$.

同样，$P\{-1<X<1\}=\Phi(1)-\Phi(-1)$，由 $\Phi(x)$ 的定义可知 $\Phi(-x)=1-\Phi(x)$①，因此 $P\{-1<X<1\}=\Phi(1)-[1-\Phi(1)]=2\Phi(1)-1=2\times0.8413-1=0.6826$.

例 3.2 设 $X\sim N(\mu,\sigma^2)$，求 $P\{a<X<b\}$.

解 $P\{a<X<b\}=\int_{a}^{b}\frac{1}{\sqrt{2\pi}\sigma}\mathrm{e}^{-\frac{1}{2\sigma^2}(x-\mu)^2}\mathrm{d}x$

设$\frac{x-\mu}{\sigma}=t$，则有

$$\begin{aligned}P\{a<X<b\}&=\int_{\frac{a-\mu}{\sigma}}^{\frac{b-\mu}{\sigma}}\frac{1}{\sqrt{2\pi}}\mathrm{e}^{-\frac{1}{2}t^2}\mathrm{d}t\\&=\Phi\left(\frac{b-\mu}{\sigma}\right)-\Phi\left(\frac{a-\mu}{\sigma}\right)\end{aligned}$$

查附表1，就可求出这个概率的值.

特别，

$P\{\mu-\sigma<X<\mu+\sigma\}=\Phi(1)-\Phi(-1)=0.6826$

$P\{\mu-2\sigma<X<\mu+2\sigma\}=\Phi(2)-\Phi(-2)=0.9544$

---

① $\Phi(-x)=\int_{-\infty}^{-x}\frac{1}{\sqrt{2\pi}}\mathrm{e}^{-\frac{t^2}{2}}\mathrm{d}t$

$\xlongequal{设\ t=-w}-\int_{+\infty}^{x}\frac{1}{\sqrt{2\pi}}\mathrm{e}^{-\frac{1}{2}w^2}\mathrm{d}w$

$=\int_{x}^{\infty}\frac{1}{\sqrt{2\pi}}\mathrm{e}^{-\frac{1}{2}t^2}\mathrm{d}t=1-\Phi(x)$

因此，附表1只对 x 的正值列出函数 $\Phi(x)$ 的值.

这个公式的几何意义见图2.4.

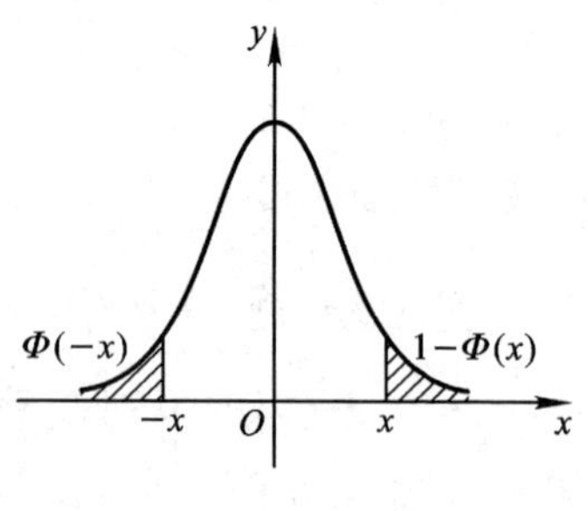

图 2.4

$$P\{\mu-3\sigma<X<\mu+3\sigma\}=\Phi(3)-\Phi(-3)=0.997\ 4$$ ①

由上面可以看出，服从正态分布 $N(\mu,\sigma^2)$ 的随机变量 X 之值基本上落在区间 $(\mu-2\sigma,\mu+2\sigma)$ 之内，而 X 几乎不在 $(\mu-3\sigma,\mu+3\sigma)$ 之外取值.

例 3.3 设 $X\sim N(2,0.3^2)$，求 $P\{X>2.4\}$.

解 $$P\{X>2.4\}=\int_{2.4}^{+\infty}\frac{1}{\sqrt{2\pi}\times 0.3}\mathrm{e}^{-\frac{1}{2\times 0.3^2}(x-2)^2}\mathrm{d}x$$

$$=\int_{\frac{2.4-2}{0.3}}^{\infty}\frac{1}{\sqrt{2\pi}}\mathrm{e}^{-\frac{t^2}{2}}\mathrm{d}t=1-\Phi\left(\frac{2.4-2}{0.3}\right)=1-\Phi(1.33)$$

$=0.091\ 8$（这里对附表 1 用了插补法）.

5. Γ 分布

如果随机变量 X 的概率密度为

$$p(x)=\begin{cases}\dfrac{\beta^{\alpha}}{\Gamma(\alpha)}x^{\alpha-1}\mathrm{e}^{-\beta x} & x>0\\ 0 & x\leqslant 0\end{cases}\quad(\alpha>0,\beta>0)\qquad(3.6)$$

其中 $\Gamma(\alpha)=\int_0^{\infty}x^{\alpha-1}\mathrm{e}^{-x}\mathrm{d}x$ ②，则称 X 服从 Γ 分布. 简记为 $X\sim\Gamma(\alpha,\beta)$.

Γ 分布含 α,β 两个参数，很多常见的分布都是它的特殊情形：

$\Gamma(1,\beta)$ 就是前面介绍的指数分布；

$\Gamma\left(\frac{n}{2},\frac{1}{2}\right)$ 就是所谓自由度为 n 的卡方分布 $\chi^2(n)$.

6. 韦布尔（Weibull）分布

如果随机变量 X 的概率密度为

$$p(x)=\begin{cases}m\dfrac{x^{m-1}}{\eta^m}\exp\left\{-\left(\dfrac{x}{\eta}\right)^m\right\} & ,x>0\\ 0 & ,x\leqslant 0\end{cases}$$

---

① 如利用 $\Phi(x)$ 的更精确的表，这三个概率分别是 0.682 7，0.954 5，0.997 3.

② 不难验证 $\Gamma(1)=1,\Gamma\left(\frac{1}{2}\right)=\sqrt{\pi},\Gamma(\alpha)=(\alpha-1)\Gamma(\alpha-1)\ (\alpha>1)$.

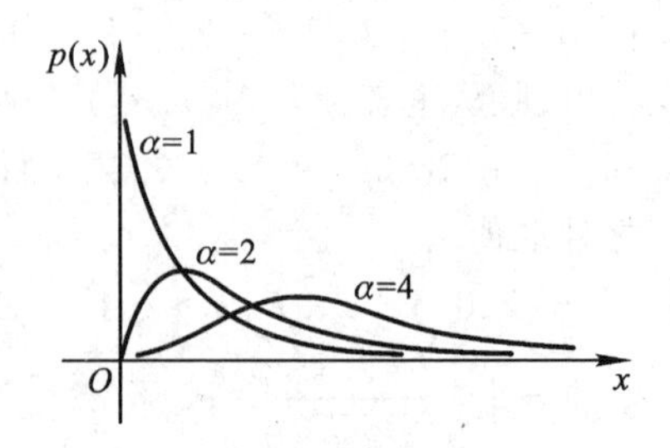

图 2.5　Γ 分布密度函数示意图

($\beta=1;\alpha=1,2,4$)

则称 X 服从韦布尔分布,简记为 $X\sim W(m,\eta)$,其中 $m>0,\eta>0,m$ 称为形状参数,η 称为尺度参数. 许多机电产品(如轴承)的寿命服从韦布尔分布. $W(1,\eta)$便是前面介绍过的指数分布. 韦布尔分布在工业产品的寿命与可靠性研究中有广泛应用.

还有一些在理论上或实际中有用的分布,在此就不一一列举了. 可参看下一章的附表.

§4　分布函数与随机变量函数的分布

本节主要讨论随机变量函数的分布,而分布函数这个概念是处理这个问题的重要工具.

1. 分布函数

定义 4.1　设 X 是一随机变量(可以是连续型的,也可以是离散型的,甚至更一般的),称函数

$$F(x)=P(X\leqslant x)\quad(-\infty<x<+\infty)\tag{4.1}$$

为 X 的**分布函数**[①].

① 有的书上称 $G(x)=P\{X<x\}$ 为 X 的分布函数;近来,越来越多的书上采用(4.1)式的定义. 另外,有的书上称分布函数为"累积分布函数".

$F(x)$有下列几条一般的性质：

(1) $0 \leqslant F(x) \leqslant 1 \quad (-\infty < x < +\infty)$；

(2) $F(x)$是 x 的不减函数；

(3) $\lim\limits_{x \to -\infty} F(x) = 0, \quad \lim\limits_{x \to +\infty} F(x) = 1.$

(4) $F(x)$是 x 的右连续函数.

由(4.1)及概率的性质可立即证明性质(1)和(2). 至于性质(3)和(4),由(4.1)式来看也是明显的;而严格的数学证明要用到概率的完全可加性及其推论(见第一章公式(3.8)、(4.22)及(4.23)),此处从略.

为了区别不同随机变量的分布函数,有时将随机变量 X 的分布函数记作 $F_X(x)$.

例 4.1 设 X 服从二点分布

$$P\{X=1\}=p, P\{X=0\}=q(0<p<1, q=1-p)$$

则有

$$F(x)=\begin{cases}0 & x<0 \\ q & 0 \leqslant x<1 \\ 1 & x \geqslant 1\end{cases}$$

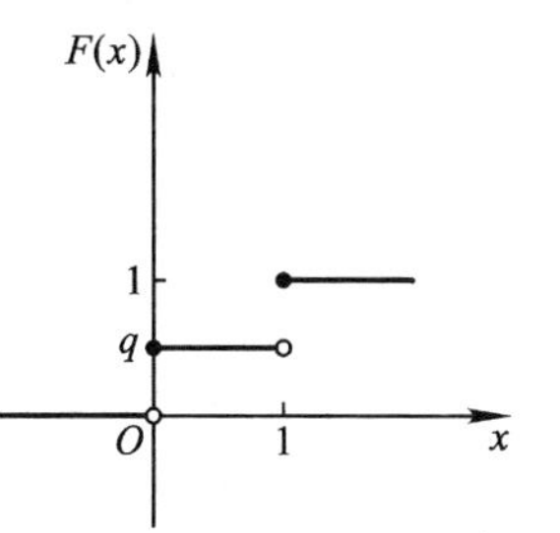

图 2.6

$F(x)$的图形见图 2.6,为阶梯形,显然满足性质(1),(2),(3),(4).

对于连续型的随机变量 X,由(3.1)与(4.1)知道分布函数 $F(x)$跟密度函数 $p(x)$有如下的关系：

$$F(x)=\int_{-\infty}^{x} p(t) \mathrm{d} t \tag{4.2}$$

上式所揭示的 $p(x)$和 $F(x)$这一对函数间的关系,在微积分中是常见的. 用那里的术语来说,$F(x)$是 $p(x)$的可变上限的定积分;因而有

(1) $F(x)$是 x 的连续函数(在整个实轴上)；

(2) 对于 $p(x)$的连续点 x_0而言,有

$$F'(x_0)=p(x_0)$$

在前面曾经提到过,本书只讨论 $p(x)$ 最多有有限多个间断点的情形. 因此,从上面的(2)得知,(除 $p(x)$ 的间断点外)有

$$p(x)=F'(x) \tag{4.3}$$

(4.2)和(4.3)无非表示了 $p(x)$,$F(x)$ 这两者中,由一个可决定另一个. 这本来也是自然的,因为从它们的定义((3.1)和(4.1))来看,它们都是用来刻画随机变量 X 的概率分布的情况的.

作为分布函数的直接应用,我们来看一个例子(指数分布的一个实际背景).

例 4.2 若已使用了 t(h)的电子管在以后的 Δt(h)内损坏的概率为 $\lambda\Delta t+o(\Delta t)$,其中 λ 是不依赖于 t 的数. 假定电子管寿命为零的概率是零. 求电子管在 T(h)内损坏的概率.

设 X 为电子管的寿命,显然对于成批的电子管而言,X 是一个随机变量. 按题意要求 $P\{X\leqslant T\}$;即要求 X 的分布函数$F(T)$.

对于题设中的"已使用了 t 小时的电子管在以后的 Δt(h)内损坏的概率",是一个条件概率,用记号来表示就是

$$P\{t<X\leqslant t+\Delta t\mid X>t\}$$

于是按题设有

$$P\{t<X\leqslant t+\Delta t\mid X>t\}=\lambda\Delta t+o(\Delta t)$$

再由条件概率公式,上式左边等于

$$\begin{aligned}\frac{P\{\text{“}t<X\leqslant t+\Delta t\text{”}\cdot\text{“}X>t\text{”}\}}{P\{X>t\}}&=\frac{P\{t<X\leqslant t+\Delta t\}}{P\{X>t\}}\\&=\frac{F(t+\Delta t)-F(t)}{1-F(t)}\end{aligned}$$

上式最后一个等号中用到 $F(t)=P(X\leqslant t)$. 因而有

$$\frac{F(t+\Delta t)-F(t)}{1-F(t)}=\lambda\Delta t+o(\Delta t)$$

即

$$\frac{F(t+\Delta t)-F(t)}{\Delta t}=[1-F(t)]\left[\lambda+\frac{o(\Delta t)}{\Delta t}\right]$$

让 $\Delta t \to 0$,得

$$F'(t)=\lambda[1-F(t)]$$

这是一个关于 $F(t)$ 的微分方程(一阶线性).联系初始条件

$$F(0)=0$$

解出

$$F(t)=1-\mathrm{e}^{-\lambda t}$$

所以电子管在 T(h)内损坏的概率

$$P\{X\leqslant T\}=F(T)=1-\mathrm{e}^{-\lambda T}$$

不难看出,X 的分布密度为

$$p(t)=\begin{cases}\lambda \mathrm{e}^{-\lambda t} & \text{当 } t>0 \\ 0 & \text{其他}\end{cases}$$

这表明 X 服从参数为 λ 的指数分布.

2. 随机变量函数的分布

设 $f(x)$ 是一个函数,所谓随机变量 X 的函数 $f(X)$ 就是这样的一个随机变量 Y:当 X 取 x 时,它取值 $y=f(x)$;记作

$$Y=f(X)$$

例如,设 X 是分子的速率,而 Y 是分子的动能,则 Y 是 X 的函数:$Y=\frac{1}{2}mX^2$(m 是分子的质量).

我们的任务是,根据已知的 X 的分布来寻求 $Y=f(X)$ 的分布.

(1) X 是离散型.

对于 X 是离散型的情形,$f(X)$ 的分布是不难直接得到的(Y 当然也是一个离散型随机变量).

设 X 的概率分布为:

X	x_1	x_2	$\cdots$	x_k	$\cdots$
$P(X=x_i)$	p_1	p_2	$\cdots$	p_k	$\cdots$

记 $y_i=f(x_i)$ $(i=1,2,\cdots)$,如果诸 y_i 的值也互不相等,则 Y 的概率分布为

Y	y_1	y_2	$\cdots$	y_k	$\cdots$
$P(Y=y_i)$	p_1	p_2	$\cdots$	p_k	$\cdots$

这是因为 $P(Y=y_i)=P(X=x_i)(i=1,2,\cdots)$.

例 4.3 已知 X 的概率分布为:

X	0	1	2	3	4	5
$P(X=x_i)$	$\frac{1}{12}$	$\frac{1}{6}$	$\frac{1}{3}$	$\frac{1}{12}$	$\frac{2}{9}$	$\frac{1}{9}$

则 $Y=2X+1$ 的概率分布为:

Y	1	3	5	7	9	11
$P(Y=y_i)$	$\frac{1}{12}$	$\frac{1}{6}$	$\frac{1}{3}$	$\frac{1}{12}$	$\frac{2}{9}$	$\frac{1}{9}$

在 $f(x_1),f(x_2),\cdots,f(x_k),\cdots$不是互不相等的情形,则应把那些相等的值分别合并,并根据概率加法公式把相应的 p_i相加,就得到 Y 的概率分布.

例 4.4 X 的概率分布同例 4.3. 求 $Y=(X-2)^2$的概率分布.

这时 $f(0),f(1),f(2),f(3),f(4),f(5)$分别为 4,1,0,1,4,9. 不难看出,$Y$ 的概率分布为:

Y	4	1	0	9
$P(Y=y_i)$	$\frac{1}{12}+\frac{2}{9}$	$\frac{1}{6}+\frac{1}{12}$	$\frac{1}{3}$	$\frac{1}{9}$

(2) X 是连续型.

X 为连续型时,如何找出 $Y=f(X)$的分布呢?

例 4.5 已知 $X\sim N(\mu,\sigma^2)$,求 $Y=\dfrac{X-\mu}{\sigma}$的概率密度.

解 设 Y 的分布函数为 $F_Y(y)$,于是

$$F_Y(y)=P(Y\leqslant y)\quad \text{(根据分布函数的定义)}$$

$$=P\left(\frac{X-\mu}{\sigma}\leqslant y\right)\quad \left(\text{因此 } Y=\frac{X-\mu}{\sigma}\right)$$

$$= P(X \leqslant \sigma y + \mu) \quad \text{（不等式变形）}$$

$$= F_X(\sigma y + \mu) \quad \text{（根据分布函数定义）}$$

其中 $F_X(x)$ 为 X 的分布函数. 那么,我们有

$$F_Y(y) = F_X(\sigma y + \mu)$$

将上式两边对 y 求微商,利用密度函数是分布函数导数的关系,我们得到

$$p_Y(y) = p_X(\sigma y + \mu)\sigma$$

上式右端的 σ 是由复合函数求导数得来的. 再将

$$p_X(x) = \frac{1}{\sqrt{2\pi}\sigma} e^{-\frac{(x-\mu)^2}{2\sigma^2}}$$

代入,有

$$p_Y(y) = \frac{1}{\sqrt{2\pi}\sigma} e^{-\frac{[(\sigma y + \mu) - \mu]^2}{2\sigma^2}} \times \sigma = \frac{1}{\sqrt{2\pi}} e^{-\frac{y^2}{2}}$$

这表明 $Y \sim N(0,1)$.

请读者注意,在以上推导过程中,除去用到分布函数的定义以及分布函数和密度函数的关系之外,还用到这样一个等式

$$P\left(\frac{X-\mu}{\sigma} \leqslant y\right) = P(X \leqslant \sigma y + \mu)$$

表面上看,只是把不等式"$\frac{X-\mu}{\sigma} \leqslant y$"变形为"$X \leqslant \sigma y + \mu$",实质上,它们是同一个随机事件,因而概率相等. 这里的关键性作用在于把 $Y = \frac{X-\mu}{\sigma}$ 的分布函数在 y 之值 $F_Y(y)$ 转化为 X 的分布函数在 $\sigma y + \mu$ 之值 $F_X(\sigma y + \mu)$. 这样就建立了分布函数之间的关系,然后通过求导可得到 Y 的密度函数. 这种方法对于求随机变量的分布是很有用的,姑且叫它"分布函数法"吧. 下面几个例子都是用的这个方法.

本例的证明过程中,还用到以下事实:

"如果随机变量 X 的分布函数 $F(x)$ 具有连续的导函数

$F'(x)$,则 $F'(x)$ 就是 X 的分布密度."

这个事实的证明,作为习题(习题七第 16 题)留给读者.

例 4.6 已知 $X\sim N(\mu,\sigma^2)$,$Y=a+bX$(a,b 为常数,$b\neq 0$).求 Y 的概率分布.

解 设 $b>0$,易知 $F_Y(y)=P\{Y\leqslant y\}=P\{a+bX\leqslant y\}$

$$=P\left\{X\leqslant\frac{y-a}{b}\right\}=F_X\left(\frac{y-a}{b}\right).$$

类似地,若 $b<0$,则

$$F_Y(y)=P\left\{X\geqslant\frac{y-a}{b}\right\}=1-F_X\left(\frac{y-a}{b}\right)$$

由于 $F_Y(y)$ 有连续的导函数 $F'_Y(y)$. 故得到 Y 的密度函数:

$$p_Y(y)=F'_Y(y)=\begin{cases}\dfrac{1}{b}p_X\left(\dfrac{y-a}{b}\right) & \text{当 } b>0\\[2ex] -\dfrac{1}{b}p_X\left(\dfrac{y-a}{b}\right) & \text{当 } b<0\end{cases}$$

这里 $p_X(x)$ 是 X 的密度函数. 总之,

$$p_Y(y)=\frac{1}{|b|}p_X\left(\frac{y-a}{b}\right)=\frac{1}{\sqrt{2\pi}|b|\sigma}\mathrm{e}^{-\frac{(y-a-b\mu)^2}{2b^2\sigma^2}}$$

由此知 $Y\sim N(a+b\mu,b^2\sigma^2)$. 本例表明,服从正态分布的随机变量经线性变换后,仍服从正态分布.

特别地,有以下重要事实(正态随机变量的标准化):

如果 $X\sim N(\mu,\sigma^2)$,则 $Y=\dfrac{X-\mu}{\sigma}\sim N(0,1)$.

例 4.7 对圆片直径进行测量,其值在 $[5,6]$ 上均匀分布,求圆片面积的概率分布.

解 设圆片的直径的测量值为 X,面积为 Y,则有

$$Y=\frac{\pi X^2}{4}$$

按已知条件,X 的分布函数为

$$F_X(x)=\begin{cases}0 & \text{当} \quad x<5\\ x-5 & \text{当} \quad 5\leqslant x<6\\ 1 & \text{当} \quad x\geqslant 6\end{cases}$$

于是，当 $y>0$ 时 $F_Y(y)=P\left\{\frac{\pi X^2}{4}\leqslant y\right\}=P\left\{-\sqrt{\frac{4y}{\pi}}\leqslant X\leqslant\sqrt{\frac{4y}{\pi}}\right\}=P\left\{X\leqslant\sqrt{\frac{4y}{\pi}}\right\}=F_X\left(\sqrt{\frac{4y}{\pi}}\right)$. 当 $y\leqslant 0$ 时显然有 $F_Y(y)=0$. 总之可得：

$$F_Y(y)=\begin{cases}0 & \text{当} \quad y<\frac{25}{4}\pi\\ \sqrt{\frac{4y}{\pi}}-5 & \text{当} \quad \frac{25}{4}\pi\leqslant y<9\pi\\ 1 & \text{当} \quad y\geqslant 9\pi\end{cases}$$

可求得密度函数如下：

$$p_Y(y)=\begin{cases}\frac{1}{\sqrt{\pi y}} & \text{当} \quad \frac{25}{4}\pi\leqslant y\leqslant 9\pi\\ 0 & \text{其他}\end{cases}$$

本例的证明过程中，还用到了以下事实：

"如果随机变量 X 的分布函数 $F(x)$ 满足以下条件：

① $F(x)$ 连续；

② 存在 $x_1<x_2<\cdots<x_n(n\geqslant 1)$，在区间 $(-\infty,x_1)$，(x_1,x_2)，…，(x_{n-1},x_n)，(x_n,∞) 上 $F'(x)$ 存在且连续.

令
$$f(x)=\begin{cases}F'(x) & \text{当} \quad F'(x)\text{存在时}\\ 0 & \text{当} \quad F'(x)\text{不存在时}\end{cases}$$

则 $f(x)$ 是 X 的分布密度."（见习题七第 17 题.）

例 4.8 设 X 的密度函数为 $p_X(x)$，又函数 $f(x)$ 的导数 $f'(x)$ 连续且处处大于零. 求 $Y=f(X)$ 的分布密度 $p_Y(y)$.

解 因为 $f(x)$ 是严格增加的连续函数，可设其值域为 $(A,B)(-\infty\leqslant A<B\leqslant\infty)$，反函数为 $g(y)$（它在 (A,B) 上有定

义),当然 $g'(y)$ 存在. 任给定 $y \in (A,B)$,易知 $\{f(X) \leqslant y\} = \{X \leqslant g(y)\}$,故 $F_Y(y) = P\{Y \leqslant y\} = P\{f(X) \leqslant y\} = P\{X \leqslant g(y)\} = F_X[g(y)]$.

当 $y \leqslant A$ 时,$\{f(X) \leqslant y\}$ 是不可能事件,故 $F_Y(y) = P\{f(X) \leqslant y\} = 0$.

当 $y \geqslant B$ 时,$\{f(X) \leqslant y\}$ 是必然事件,故 $F_Y(y) = P\{f(X) \leqslant y\} = 1$.

总之,

$$F_Y(y) = \begin{cases} 0 & \text{当} \quad y \leqslant A \\ F_X[g(y)] & \text{当} \quad y \in (A,B) \\ 1 & \text{当} \quad y \geqslant B \end{cases}$$

利用关系式(4.2),不难知道,Y 的密度函数

$$p_Y(y) = \begin{cases} p_X[g(y)]g'(y) & \text{当} \quad y \in (A,B) \\ 0 & \text{当} \quad y \notin (A,B) \end{cases}$$

如果本例中的条件"$f'(x)$ 连续且处处大于零"改为"$f'(x)$ 连续且处处小于零",则上面的推导过程需要稍作改变,此时求得的密度函数是

$$p_Y(y) = \begin{cases} p_X[g(y)][-g'(y)] & \text{当} \quad y \in (A,B) \\ 0 & \text{当} \quad y \notin (A,B) \end{cases}$$

需要注意的是,本例中的条件"$f'(x)$ 处处大于零"(或"$f'(x)$ 处处小于零")是相当苛刻的,许多常见的函数 $f(x)$ 就不能满足. 此时只好直接去求所要的分布函数,而不要去考虑什么反函数了(参看例 4.7).

作为本节末尾,我们还要给出两个重要例子,由于严格的证明涉及较复杂的数学推理,初学者不必看所述的证明过程. 这两个例子实际是两个定理,在理论上和应用上都相当重要,例 4.10 还是"随机模拟"的理论基础.

* **例 4.9** 设随机变量 X 的分布函数是 $F(x)$ 且 $F(x)$ 是连续

函数，则随机变量 $Y=F(X)$ 服从 $(0,1)$ 上均匀分布.

实际上，Y 取值属于 $(0,1)$. 往下只需证明对一切 $y\in(0,1)$，$P(Y\leqslant y)=y$. 不难知道：对给定的 $y\in(0,1)$，利用连续函数的性质必有 x_0 满足 $F(x_0)=y$ 且 $\{x:F(x)\leqslant y\}=(-\infty,x_0]$[①]. 于是 $P(Y\leqslant y)=P(F(X)\leqslant y)=P(X\leqslant x_0)=F(x_0)=y$.

*例 4.10　设函数 $F(x)$ 具有下列性质：

(1) $0\leqslant F(x)\leqslant 1$　（一切实数 x）

(2) $F(x)$ 是 x 的不减函数

(3) $\lim\limits_{x\to-\infty}F(x)=0,\ \lim\limits_{x\to+\infty}F(x)=1$

(4) $F(x)$ 是右连续函数

$$g(y)=\min\{x:F(x)\geqslant y\}^{②}\quad(0<y<1)$$

若 U 是服从 $(0,1)$ 上均匀分布的随机变量，则随机变量 $X=g(U)$ 的分布函数恰好是上述的 $F(x)$.

实际上，从 $g(y)$ 的定义知，对任何固定的 $y\in(0,1)$，$F(x)\geqslant y$ 的充要条件是 $x\geqslant g(y)$. 于是 $P(X\leqslant x)=P(g(U)\leqslant x)=P(U\leqslant F(x))=F(x)$. 这表明 X 的分布函数是 $F(x)$.

习　题　七

1. 设随机变量 X 的概率密度为

$$p(x)=\begin{cases}Cx & 0\leqslant x\leqslant 1\\ 0 & 其他\end{cases}$$

求(1) 常数 C；(2) X 落在区间 $(0.3,0.7)$ 内的概率.

2. 随机变量 X 的概率密度为

$$p(x)=\begin{cases}\dfrac{C}{\sqrt{1-x^2}} & |x|<1\\ 0 & 其他\end{cases}$$

---

① 任给定 $y\in(0,1)$. 由 $F(x)$ 是连续函数，集合 $\{x:F(x)=y\}$ 中必有最小的数，取 x_0 为这个最小数即可.

② 利用 $F(x)$ 的右连续性，可以证明实数集合 $\{x:F(x)\geqslant y\}$（y 固定，$0<y<1$）里有最小数（记作 $g(y)$）. $g(y)$ 是 $F(x)$ 的（广义）反函数.

求(1) 常数 C;(2) X 落在区间$\left(-\frac{1}{2},\frac{1}{2}\right)$内的概率.

3. 随机变量 X 的概率密度为

$$p(x)=Ce^{-|x|},\ -\infty<x<+\infty$$

求(1) 常数 C;(2) X 落在区间(0,1)内的概率.

4. 设 $X\sim N(1,0.6^2)$,求 $P(X>0)$和 $P(0.2<X<1.8)$.

5. 设 $X\sim N(\mu,\sigma^2)$,对

$$P(\mu-k\sigma<X<\mu+k\sigma)=0.95,0.90,0.99$$

分别找出相应的 k 值(查表). 又对于 k 的什么值有 $P(X>\mu-k\sigma)=0.95$?

6. 乘以什么常数 C 将使 Ce^{-x^2+x}变成概率密度函数?

7. 设 X 的密度为

$$p_X(x)=\begin{cases}\dfrac{2}{\pi(x^2+1)} & x>0\\ 0 & x\leqslant 0\end{cases}$$

求 $Y=\ln X$ 的密度. (当 $x\leqslant 0$ 时,规定 $\ln x=0$.)

8. 设 X 服从自由度为 k 的χ^2分布:

$$p_X(x)=\begin{cases}\dfrac{1}{2^{\frac{k}{2}}\Gamma\left(\frac{k}{2}\right)}x^{\frac{k}{2}-1}e^{-\frac{x}{2}} & x>0\\ 0 & x\leqslant 0\end{cases}$$

求 $Y=\sqrt{X/k}$的密度.

9. 由统计物理学知道分子运动的速率 X 服从麦克斯韦(Maxwell)分布,即密度为

$$p_X(x)=\begin{cases}\dfrac{4x^2}{\alpha^3\sqrt{\pi}}e^{-\frac{x^2}{\alpha^2}} & x>0\\ 0 & x\leqslant 0\end{cases}$$

其中参数 $\alpha>0$. 求分子的动能

$$Y=\frac{1}{2}mX^2$$

的密度.

10. 设 $\ln X\sim N(1,2^2)$,求 $P\left(\frac{1}{2}<X<2\right)$. ($\ln 2=0.693$)

11. 对球的直径作测量,设其值均匀地分布在$[a,b]$内. 求体积的密度函数.

12. 点随机地落在中心在原点,半径为 R 的圆周上,并且对弧长是均匀地分布的. 求落点的横坐标的概率密度.

13. 设随机变量 X 的分布函数为

$$F(x)=\begin{cases}1-e^{-x} & x>0\\ 0 & x\leqslant 0\end{cases}$$

(1) 求 $P\{X\leqslant 2\}$, $P\{X>3\}$;

(2) 求 X 的密度函数 $p(x)$.

14. 设随机变量 X 的分布密度为

(1)
$$p(x)=\begin{cases}\dfrac{2}{\pi}\sqrt{1-x^2} & -1<x<1\\ 0 & \text{其他}\end{cases}$$

(2)
$$p(x)=\begin{cases}x & 0\leqslant x<1\\ 2-x & 1\leqslant x\leqslant 2\\ 0 & \text{其他}\end{cases}$$

求 X 的分布函数 $F(x)$,并作出(2)中 $p(x)$ 与 $F(x)$ 的图形.

15. 某产品的质量指标 $X\sim N(160,\sigma^2)$,若要求 $P\{120<X<200\}\geqslant 0.80$,问:允许 σ 最多为多少?

16. 如果 X 的分布函数 $F(x)$ 具有连续的导函数 $F'(x)$,试证:$F'(x)$ 是 X 的分布密度.

17*. 设 X 的分布函数 $F(x)$ 满足下列条件:

① $F(x)$ 连续;

② 存在 $x_1<x_2<\cdots<x_n\ (n\geqslant 1)$,在区间 $(-\infty,x_1)$, (x_1,x_2), $\cdots$, (x_{n-1},x_n), $(x_n,+\infty)$ 上 $F'(x)$ 存在且连续.

令

$$f(x)=\begin{cases}F'(x) & \text{当 } F'(x) \text{ 存在时}\\ 0 & \text{当 } F'(x) \text{ 不存在时}\end{cases}$$

试证:$f(x)$ 是 X 的分布密度.

18*. 设随机变量 X 的分布函数 $F(x)$ 不是连续函数,试证明:随机变量 $Y=F(X)$ 一定不服从 $(0,1)$ 上的均匀分布.

第三章　随机变量的数字特征

知道了随机变量 X 的概率分布或概率密度(下面统称为概率分布)以后,X 的全部概率特性就都知道了. 但是在实际问题中概率分布较难确定,而它的某些数字特征却比较容易估算出来;并且不少问题中只要知道它的某些数字特征也就够了,而不必细致地了解它的详细的概率特性. 因此在对随机变量的研究中,某些数字特征的确定就很重要. 在这些数字特征中,期望和方差是最常用到的.

§1　离散型随机变量的期望

1. 期望的概念

设随机变量 X 的概率分布是:

X	x_1	x_2	$\cdots$	x_k	$\cdots$
p	p_1	p_2	$\cdots$	p_k	$\cdots$

我们希望能找到这样一个数值(仅仅是“一个数值”),它体现了 X 取值的“平均”大小,就类似通常一堆数字的平均数那样.

对于一堆数,比如: $-1.1, 1.9, 0.2, 0.5, 0.5$ 这 5 个数,它们的平均数是$\frac{1}{5}(-1.1+1.9+0.2+0.5+0.5)=0.4$. 可是,对于随机变量 X 而言,X 的可能值 $x_1, x_2, \cdots, x_k, \cdots$ 的和再除以总个数那种方式的“平均数”,并不真正起到平均的作用(当可能值有无穷多个时,也无法确定那样的“平均数”). 例如,X 的分布如下:

X	100	200
p	0.01	0.99

(1.1)

作为可能值的平均数,是$\frac{1}{2}(100+200)=150$. 但是(从直觉看来)这 150 并不真正体现 X 的取值的平均,这是对 X 的可能值"100","200"一视同仁的结果;然而,实际上,从分布看出,X 取"200"的机会比 X 取"100"的机会多得多. 总之,要真正体现 X 的取值的平均,不能只由它取的什么值来决定,还要考虑到它取那些值的相应的概率.

那么,体现 X 的取值的"平均"那样一个数字特征究竟怎样来确定呢?

我们再来分析一下上一章那个放射性物质放出的粒子数的著名的例子.

我们问:对于这 2 608 次观察而言,放射性物质平均每次放出几个粒子? 由例 2.2 的记录可知,它是:

$$\frac{1}{2\ 608}[0\times 57+1\times 203+2\times 383+3\times 525+\cdots+10\times 16]^{①}=10\ 086/2\ 608=3.87$$

即平均每次放出 3.87 个粒子. 我们可将上面的算式

$$\frac{1}{2\ 608}[0\times 57+1\times 203+2\times 383+3\times 525+\cdots+10\times 16]$$

改写为

$$0\times\frac{57}{2\ 608}+1\times\frac{203}{2\ 608}+2\times\frac{383}{2\ 608}+3\times\frac{525}{2\ 608}+\cdots+10\times\frac{16}{2\ 608}$$
$$=0\times p_0^*+1\times p_1^*+2\times p_2^*+3\times p_3^*+\cdots+10\times p_{10}^*$$

① 这最后一项 10×16 并不准确,但影响很小.

这是一个和式;而每项又都是两个数的乘积,其中一个数是放射粒子数,而另一个数是相应的频率.注意,这对放射粒子数 0,1,2,…,10 而言,形式上是加权平均.由此,我们有

定义 1.1 设离散型随机变量 X 的概率分布是:

X	x_1	x_2	…	x_k	…
p	p_1	p_2	…	p_k	…

(即 $P\{X=x_k\}=p_k, k=1,2,\cdots$),则称和数

$$\sum_k x_k p_k \text{(即 } x_1p_1+x_2p_2+\cdots+x_kp_k+\cdots\text{)}^{①} \qquad (1.2)$$

为随机变量 X 的**期望**(或数学期望),记作 $E(X)$.

对于(1.1)式定义的随机变量 X,它的期望是

$$E(X)=100\times0.01+200\times0.99=199$$

它与 200 非常靠近,而远不是 150.

显然,$E(X)$ 是一个实数.当 X 的概率分布为已知时,$E(X)$ 可由(1.2)式算得.它形式上是 X 的可能值的加权平均,实质上它体现了随机变量 X 取值的真正的"平均".为此,我们也称它为 X 的**均值**.有时也称为分布的均值.

2. 几个常用分布的期望

(1) 二点分布

设 X 服从二点分布:

X	1	0
q	p	p

按(1.2)式,此时有

$$E(X)=1\cdot p+0\cdot q=p$$

(2) 二项分布

---

① 当 X 可能取的值有无穷多个时,定义要求该级数绝对收敛.

设 X 服从二项分布 $B(n,p)$，即

$$P\{X=k\}=\mathrm{C}_n^k p^k q^{n-k} \quad (k=0,1,\cdots,n)$$

按(1.2)式，此时有

$$\begin{aligned}
E(X) &= \sum_{k=0}^{n} k\cdot P\{X=k\} = \sum_{k=1}^{n} k\mathrm{C}_n^k p^k q^{n-k} \\
&= \sum_{k=1}^{n} \frac{kn!}{k!\ (n-k)!} p^k q^{n-k} \\
&= \sum_{k=1}^{n} \frac{np\cdot(n-1)!}{(k-1)!\ [(n-1)-(k-1)]!}\cdot \\
&\quad p^{k-1} q^{(n-1)-(k-1)} \\
&\xlongequal{\text{令 } k'=k-1} np\sum_{k'=0}^{n-1} \frac{(n-1)!}{k'!\ [(n-1)-k']!} p^{k'} q^{(n-1)-k'} \\
&= np(p+q)^{n-1} = np
\end{aligned}$$

(3) 泊松分布

设 X 服从泊松分布，即

$$P\{X=k\}=\frac{\lambda^k}{k!}\mathrm{e}^{-\lambda} \quad (k=0,1,2,\cdots)(\lambda>0)$$

按(1.2)式，此时有

$$\begin{aligned}
E(X) &= \sum_{k=0}^{\infty} k\cdot\frac{\lambda^k}{k!}\mathrm{e}^{-\lambda} = \mathrm{e}^{-\lambda}\sum_{k=1}^{\infty}\frac{\lambda^{k-1}}{(k-1)!}\cdot\lambda \\
&= \lambda\mathrm{e}^{-\lambda}\cdot\mathrm{e}^{\lambda} = \lambda
\end{aligned}$$

(4) 超几何分布

设 X 服从参数为 N,M,n 的超几何分布①，即

$$P\{X=m\}=\frac{\mathrm{C}_M^m \mathrm{C}_{N-M}^{n-m}}{\mathrm{C}_N^n} \quad (m=0,1,2,\cdots,l)$$

这里 $l=\min(M,n)$. 根据(1.2)式，并利用等式

$$\sum_{m=0}^{l} P\{X=m\}=1,$$

① 为简单计，我们假设 $n\leqslant N-M$.

不难推得

$$E(X)=\frac{nM}{N}$$

习 题 八

1. 已知随机变量 X 的概率分布为

$$P\{X=k\}=\frac{1}{10},\ k=2,4,\cdots,18,20$$

求 $E(X)$.

2. 两台生产同一种零件的车床,一天生产中次品数的概率分布分别是

甲	0	1	2	3	(次品数)
p	0.4	0.3	0.2	0.1	

乙	0	1	2	3	(次品数)
p	0.3	0.5	0.2	0	

如果两台机床的产量相同,问哪台机床好?

3. 某射手每次射击打中目标的概率都是 0.8,现连续向一目标射击,直到第一次击中为止. 求"射击次数"X 的期望.

4. 推导超几何分布的期望计算公式.

5. 盒中有五个球,其中有三白二黑,从中随机抽取两个球,求"抽得的白球数"X 的期望.

6. 射击比赛,每人射四次(每次一发),约定全部不中得 0 分,只中一弹得 15 分,中二弹得 30 分,中三弹得 55 分,中四弹得 100 分. 甲每次射击命中率为$\frac{3}{5}$,问他期望能得多少分?

7*. 某射手每次射中目标的概率是 p,现携有 10 发子弹准备对一目标连续射击(每次打一发),一旦射中或子弹打完了就立刻转移到别的地方. 问:他在转移前平均射击几次?

§2 连续型随机变量的期望

我们的目的仍然是想找一个能反映随机变量取值的"平均"的一个数字特征,但是就连续型随机变量而言,显然如(1.2)那样的

和式已无意义. 然而对于熟悉微积分的读者,不难理解下述定义.

定义 2.1 设连续型随机变量 X 的密度为 $p(x)$,称

$$\int_{-\infty}^{+\infty} xp(x)\,\mathrm{d}x \tag{2.1}$$

为 X 的**期望**(或均值)①,记作 $E(X)$.

这里,先对定义作些解释. 设 X 的密度为 $p(x)$. 如图 3.1,在数轴上取分点(为方便起见,取等分点,而记相邻两点的距离为 λ):

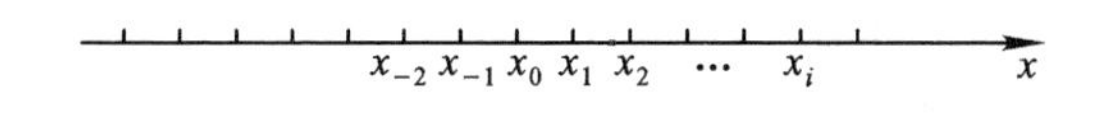

图 3.1

由上章(3.1)式知,X 落在区间$(x_i, x_{i+1}]$中的概率为:

$$P\{x_i < X \leqslant x_{i+1}\} = \int_{x_i}^{x_{i+1}} p(x)\,\mathrm{d}x$$
$$(i=0, \pm 1, \pm 2, \cdots)$$

现将 X 离散化,定义一个新的离散型随机变量:

$$X^* \triangleq x_i \text{当 } X \text{ 取值属于}(x_i, x_{i+1}]\text{时}$$
$$(i=0, \pm 1, \pm 2, \cdots)$$

我们看到,X^* 的取值情况与 X 是相近的. 而且 λ 越小,它们越接近. 按(1.2)有

$$E(X^*) = \sum_{i=-\infty}^{+\infty} x_i P\{X^* = x_i\}$$

注意到 X^* 的定义,我们有

$$P\{X^* = x_i\} = P\{x_i < X \leqslant x_{i+1}\}$$

于是

① 本定义要求 $\int_{-\infty}^{+\infty} |x| p(x)\,\mathrm{d}x$ 收敛.

$$E(X^*) = \sum_i x_i P\{x_i < X \leqslant x_{i+1}\}$$ [1]

$$= \sum_i x_i \int_{x_i}^{x_{i+1}} p(x)\,\mathrm{d}x = \sum_i \int_{x_i}^{x_{i+1}} x_i p(x)\,\mathrm{d}x$$

由微积分有关知识可知，当 $\lambda \to 0$ 时，

$$E(X^*) \to \int_{-\infty}^{+\infty} xp(x)\,\mathrm{d}x$$

这表明数值 $\int_{-\infty}^{+\infty} xp(x)\,\mathrm{d}x$，确实反映了随机变量 X 取值的“平均”.

下面求出几个常用分布的均值.

(1) 均匀分布

设 X 有密度 $p(x)$：

$$p(x) = \begin{cases} \dfrac{1}{b-a} & a \leqslant x \leqslant b \\ 0 & \text{其他} \end{cases} \quad (a < b)$$

按(2.1)，

$$E(X) = \int_{-\infty}^{+\infty} xp(x)\,\mathrm{d}x = \int_a^b x\frac{1}{b-a}\mathrm{d}x$$

$$= \frac{1}{b-a} \cdot \frac{x^2}{2}\bigg|_a^b = \frac{1}{2} \cdot \frac{b^2-a^2}{b-a}$$

$$= \frac{1}{2}(b+a)$$

它恰是区间$[a,b]$的中点. 这跟 $E(X)$ 的概率意义相符.

(2) 指数分布

设 X 有密度 $p(x)$：

---

[1] 类似地，对于任何随机变量 X（不必是连续型的），令

$$m(\lambda) = \sum_{i=-\infty}^{+\infty} x_i P(x_i < X \leqslant x_{i+1}) \text{（假定级数绝对收敛）}$$

若 $\lim\limits_{\lambda \to 0} m(\lambda) = m$ 存在，则称 m 是 X 的期望.

$$p(x)=\begin{cases}\lambda e^{-\lambda x} & x\geqslant 0\\ 0 & 其他\end{cases}\quad(\lambda>0)$$

于是

$$E(X)=\int_{-\infty}^{+\infty}xp(x)\mathrm{d}x=\lambda\int_{0}^{+\infty}xe^{-\lambda x}\mathrm{d}x$$

$$\xlongequal{令 t=\lambda x}\frac{1}{\lambda}\int_{0}^{+\infty}te^{-t}\mathrm{d}t$$

$$=\frac{1}{\lambda}\left[(-te^{-t})\Big|_{0}^{+\infty}+\int_{0}^{+\infty}e^{-t}\mathrm{d}t\right]=\frac{1}{\lambda}$$

(3) 正态分布

设 $X\sim N(\mu,\sigma^2)$,则

$$E(X)=\frac{1}{\sqrt{2\pi}\sigma}\int_{-\infty}^{+\infty}xe^{-\frac{1}{2\sigma^2}(x-\mu)^2}\mathrm{d}x$$

$$\xlongequal{令 x-\mu=t}\frac{1}{\sqrt{2\pi}\sigma}\int_{-\infty}^{+\infty}(t+\mu)e^{-\frac{1}{2\sigma^2}t^2}\mathrm{d}t$$

$$=\frac{1}{\sqrt{2\pi}\sigma}\int_{-\infty}^{+\infty}te^{-\frac{t^2}{2\sigma^2}}\mathrm{d}t+\mu\frac{1}{\sqrt{2\pi}\sigma}\int_{-\infty}^{+\infty}e^{-\frac{t^2}{2\sigma^2}}\mathrm{d}t$$

不难看出上式右边第一项等于零;第二项按上章(3.5)式,等于 μ. 所以,

$$E(X)=\mu$$

这表明,正态分布的参数 μ 恰是该分布的均值.

顺便提一下,对于正态分布 $N(\mu,\sigma^2)$ 的参数 μ,在上一章中已指出,它的几何含义是,密度函数以 $x=\mu$ 为对称轴;这里又给出了它的概率含义,即 μ 是该分布的均值. 其实从均值的定义不难看出,这是具有一般性的:即,若某密度函数以 $x=c$ 为对称轴(如果均值存在),则其均值必是 c.

(4) Γ 分布

设 $X\sim\Gamma(\alpha,\beta)$,即其密度函数为:

$$p(x)=\begin{cases}\dfrac{\beta^{\alpha}}{\Gamma(\alpha)}x^{\alpha-1}\mathrm{e}^{-\beta x} & x>0\\ 0 & x\leqslant 0\end{cases}\qquad(\alpha>0,\beta>0)$$

于是

$$\begin{aligned}E(X)&=\frac{\beta^{\alpha}}{\Gamma(\alpha)}\int_0^{+\infty}x^{\alpha}\mathrm{e}^{-\beta x}\mathrm{d}x\\ &\xlongequal{令\ t=\beta x}\frac{1}{\Gamma(\alpha)\cdot\beta}\int_0^{+\infty}t^{\alpha}\mathrm{e}^{-t}\mathrm{d}t\\ &=\frac{\Gamma(\alpha+1)}{\Gamma(\alpha)\cdot\beta}=\frac{\alpha}{\beta}\end{aligned}$$

§3 期望的简单性质及随机变量函数的期望公式

1. 期望的简单性质

我们在上两节介绍了期望的定义及几个常用分布的期望. 期望是分布的最重要和最基本的数字特征. 这里,对它的性质作一些初步的讨论. 下面先列出这些性质:

(1) $E(c)=c$;

(2) $E(kX)=kE(X)$;

(3) $E(X+b)=E(X)+b$; (3.1)

(4) $E(kX+b)=kE(X)+b$;

其中 k,b,c 都是常数. 我们分别给出证明.

对于(1)式,因为常量 c 作为随机变量而言,是个离散型随机变量,它只有一个可能值 c,概率为 1. 按(1.2)式,

$$E(c)=c\cdot 1=c.$$

对于(2)式. 当 $k=0$ 时,显然成立. 至于 $k\neq 0$ 的情形,先设 X 是离散型随机变量.

设 X 的概率分布是:

X	x_1	x_2	$\cdots$	x_m	$\cdots$
p	p_1	p_2	$\cdots$	p_m	$\cdots$

则随机变量 kX 的概率分布显然是：

kX	kx_1	kx_2	$\cdots$	kx_m	$\cdots$
p	p_1	p_2	$\cdots$	p_m	$\cdots$

于是按(1.2)式有

$$\begin{aligned}E(kX) &= kx_1p_1 + kx_2p_2 + \cdots + kx_mp_m + \cdots \\ &= k(x_1p_1 + x_2p_2 + \cdots + x_mp_m + \cdots) \\ &= kE(X)\end{aligned}$$

现在设 X 是连续型的随机变量，其密度函数为 $p(x)$，此时容易看出随机变量 kX 的密度函数为$\frac{1}{|k|}p\left(\frac{x}{k}\right)$. 于是

$$\begin{aligned}E(kX) &= \int_{-\infty}^{+\infty} x \cdot \frac{1}{|k|}p\left(\frac{x}{k}\right)\mathrm{d}x \xlongequal{\text{令 } x = kt} \int_{-\infty}^{+\infty} ktp(t)\,\mathrm{d}t \\ &= k\int_{-\infty}^{+\infty} tp(t)\,\mathrm{d}t = kE(X)\end{aligned}$$

这表明，对于连续型的随机变量 X，(2)式也成立.

对于(3)式，这里只给出 X 是连续型时的证明.（X 是离散型时的证明，留给读者.）

设 X 的密度函数是 $p(x)$，$X+b$ 作为随机变量 X 的函数，不难看出它的密度函数 $q(y)$ 为：

$$q(y) = p(y-b)$$

于是按(2.1)式有

$$\begin{aligned}E(X+b) &= \int_{-\infty}^{+\infty} yq(y)\,\mathrm{d}y = \int_{-\infty}^{+\infty} yp(y-b)\,\mathrm{d}y \\ &\xlongequal{\text{令 } y-b=x} \int_{-\infty}^{+\infty} (x+b)p(x)\,\mathrm{d}x \\ &= \int_{-\infty}^{+\infty} xp(x)\,\mathrm{d}x + b = E(X) + b\end{aligned}$$

至于(4)式，由(2)、(3)两式可直接推出.

我们看到,(4)式实际上包括了(2)、(3)式. 期望的更深刻的性质将在下一章谈到.

2. 随机变量函数的期望公式

在这里,我们给出两个重要公式.

设 X 的密度是 $p(x)$, Y 是 X 的函数: $Y=f(X)$, 如果下式右边绝对收敛,则

$$E[f(X)]=\int_{-\infty}^{+\infty} f(x)p(x)\,\mathrm{d}x \tag{3.2}$$

当 X 是离散型时,也有类似的公式. 设 X 的概率分布是 $P\{X=x_i\}=p_i(i=1,2,\cdots)$, 则 $Y=f(X)$ 的均值 $E[f(X)]$ 可按下式直接计算:

$$E[f(X)]=\sum_i f(x_i)p_i \tag{3.3}$$

对于公式(3.2)作一点说明.

如果按定义计算 $E[f(X)]$, 先需找出 $Y=f(X)$ 的密度 $p_Y(y)$, 然后计算 $\int_{-\infty}^{+\infty} yp_Y(y)\,\mathrm{d}y$. 然而,找出 $p_Y(y)$ 有时是很麻烦的. 但(3.2)式告诉我们,不必去找 $p_Y(y)$, 而直接利用已知的 $p(x)$ 及 $f(x)$, 相乘后求积分即得.

我们先举些例子说明公式(3.2)如何应用以及(3.2)带来的好处. 然后在后面用小字排印部分给出(3.2)的严格证明.

例 3.1 已知 $X\sim N(0,1)$, 求 $E(X^2)$.

解法 1 用公式(3.2). (注意这里的 $f(x)$ 是 x^2.)

$$\begin{aligned} E(X^2) &= \int_{-\infty}^{+\infty} x^2\frac{1}{\sqrt{2\pi}}\mathrm{e}^{-\frac{x^2}{2}}\mathrm{d}x \\ &= -\int_{-\infty}^{+\infty} x\mathrm{d}\left(\frac{1}{\sqrt{2\pi}}\mathrm{e}^{-\frac{x^2}{2}}\right) \\ &= -\left[x\frac{1}{\sqrt{2\pi}}\mathrm{e}^{-\frac{x^2}{2}}\right]_{-\infty}^{+\infty}+\int_{-\infty}^{+\infty}\frac{1}{\sqrt{2\pi}}\mathrm{e}^{-\frac{x^2}{2}}\mathrm{d}x \end{aligned}$$

因 $x\mathrm{e}^{-\frac{x^2}{2}}\to 0\,(x\to\infty)$, 故第一项为零. 至于第二项,因被积函数是标

准正态分布的密度函数,故为 1. 所以

$$E(X^2)=1$$

解法 2 用分布函数法先求 $Y=X^2$ 的分布密度. 显然,

$$F_Y(y)=P\{Y\leqslant y\}=P\{X^2\leqslant y\}$$

(1) 若 $y<0$,则 $\{X^2\leqslant y\}$ 是不可能事件,故 $F_Y(y)=0$.

(2) 若 $y\geqslant 0$,则 $P\{X^2\leqslant y\}=P\{-\sqrt{y}\leqslant X\leqslant\sqrt{y}\}$

$$=\int_{-\sqrt{y}}^{\sqrt{y}}\frac{1}{\sqrt{2\pi}}\mathrm{e}^{-\frac{t^2}{2}}\mathrm{d}t=2\int_0^{\sqrt{y}}\frac{1}{\sqrt{2\pi}}\mathrm{e}^{-\frac{t^2}{2}}\mathrm{d}t=\int_0^y\frac{1}{\sqrt{2\pi}}x^{-\frac{1}{2}}\mathrm{e}^{-\frac{x}{2}}\mathrm{d}x$$

不难看出 Y 的分布密度是

$$p_Y(y)=\begin{cases}\dfrac{1}{\sqrt{2\pi}}y^{-\frac{1}{2}}\mathrm{e}^{-\frac{y}{2}} & y>0\\ 0 & y\leqslant 0\end{cases}$$

于是

$$E(Y)=\int_{-\infty}^{+\infty}yp_Y(y)\mathrm{d}y=\int_0^{+\infty}y\cdot\frac{1}{\sqrt{2\pi}}y^{-\frac{1}{2}}\mathrm{e}^{-\frac{y}{2}}\mathrm{d}y$$

$$\xlongequal{\text{令 } y=t^2}\int_0^{+\infty}\frac{2t^2}{\sqrt{2\pi}}\mathrm{e}^{-\frac{t^2}{2}}\mathrm{d}t$$

$$=-\int_0^{+\infty}\frac{1}{\sqrt{2\pi}}2t\mathrm{d}(\mathrm{e}^{-\frac{t^2}{2}})=2\int_0^{\infty}\frac{1}{\sqrt{2\pi}}\mathrm{e}^{-\frac{t^2}{2}}\mathrm{d}t$$

$$=\int_{-\infty}^{+\infty}\frac{1}{\sqrt{2\pi}}\mathrm{e}^{-\frac{t^2}{2}}\mathrm{d}t=1$$

比较这两种解法,我们看到,解法 1 比解法 2 简便. 解法 1 由于利用公式(3.2)而不必找出 X^2 的密度.

例 3.2 已知 X 遵从$[0,2\pi]$上的均匀分布,求 $E(\sin X)$.

解 按公式(3.2),

$$E(\sin X)=\int_{-\infty}^{+\infty}\sin x\cdot p_X(x)\mathrm{d}x$$

但已知

$$p_X(x)=\begin{cases}\dfrac{1}{2\pi} & 0\leqslant x\leqslant 2\pi\\ 0 & \text{其他}\end{cases}$$

所以

$$E(\sin X)=\frac{1}{2\pi}\int_0^{2\pi}\sin x\mathrm{d}x=0$$

当然也可先求出 $Y=\sin X$ 的密度 $p_Y(y)$. 再由 $E(Y)=\int_{-\infty}^{+\infty}yp_Y(y)\mathrm{d}y$ 求出 $E(\sin X)=0$. 请读者自己完成,并跟上法比较.

我们还指出,(3.1)式的(4)式,即 $E(kX+b)=kE(X)+b$,也可用公式(3.2)直接得出.

事实上,记 $f(X)=kX+b$,则由公式(3.2)知

$$\begin{aligned}E(kX+b)&=\int_{-\infty}^{+\infty}(kx+b)p_X(x)\mathrm{d}x\\&=k\int_{-\infty}^{+\infty}xp_X(x)\mathrm{d}x+b\int_{-\infty}^{+\infty}p_X(x)\mathrm{d}x\\&=kE(X)+b\end{aligned}$$

这又一次得到(3.1)式的(4).

从以上的说明中,我们看到公式(3.2)确实提供了一个计算随机变量函数的期望的有力工具,望读者学会正确运用它.

均值公式的证明

我们给出公式(3.2)的数学证明. 由于证明中要用到较多的积分知识,只关心应用的读者不必阅读这个证明. 公式(3.3)的证明则比较容易,请读者自己完成.

设随机变量 X 的概率密度为 $p(x)$, $Y=f(X)$. 分两种情况. 首先考虑 Y 是离散型情形,其可能值是 $y_1,y_2,\cdots$(有限个或无穷个). 令 $A_i=\{x:f(x)=y_i\}$,则 $E(Y)=\sum\limits_i y_iP(Y=y_i)=\sum\limits_i y_iP(X$ 取值属于 $A_i)$ $=\sum\limits_i y_i\int_{A_i}p(x)\mathrm{d}x=\sum\limits_i\int_{A_i}f(x)p(x)\mathrm{d}x=\int_{-\infty}^{+\infty}f(x)p(x)\mathrm{d}x$ 这表明公式(3.2)成立. 其次考虑 Y 是连续型情形. 其概率密度为 $g(y)$. 这种情形推理较为复杂,先证下列引理:

引理 设随机变量 Y 有概率密度 $g(y)$ 且 $\int_{-\infty}^{+\infty}yg(y)\mathrm{d}y$ 绝对收敛,则

$$E(Y)=\int_0^{+\infty}P(Y>u)\,\mathrm{d}u-\int_0^{+\infty}P(Y<-u)\,\mathrm{d}u \tag{3.4}$$

实际上 $P(Y>u)=\int_u^{+\infty}g(y)\,\mathrm{d}y, P(Y<-u)=\int_{-\infty}^{-u}g(y)\,\mathrm{d}y$. 利用积分交换次序的性质,知

$$\int_0^{+\infty}P(Y>u)\,\mathrm{d}u=\int_0^{+\infty}\left[\int_u^{+\infty}g(y)\,\mathrm{d}y\right]\mathrm{d}u=\iint\limits_{\{0\leqslant u\leqslant y\}}g(y)\,\mathrm{d}y\mathrm{d}u$$

$$=\int_0^{+\infty}\left[\int_0^{y}\mathrm{d}u\right]g(y)\,\mathrm{d}y=\int_0^{+\infty}yg(y)\,\mathrm{d}y$$

$$\int_0^{+\infty}P(Y<-u)\,\mathrm{d}u=\int_0^{+\infty}\left[\int_{-\infty}^{-u}g(y)\,\mathrm{d}y\right]\mathrm{d}u=\iint\limits_{\{0\leqslant u\leqslant -y\}}g(y)\,\mathrm{d}y\mathrm{d}u$$

$$=\int_{-\infty}^{0}\left[\int_0^{-y}\mathrm{d}u\right]g(y)\,\mathrm{d}y=-\int_{-\infty}^{0}yg(y)\,\mathrm{d}y$$

由此可见(3.4)中等号右端等于 $\int_{-\infty}^{+\infty}yg(y)\,\mathrm{d}y=E(Y)$. 故(3.4)成立.

既然 $Y=f(X)$,从(3.4)知

$$E(Y)=E[f(X)]=\int_0^{+\infty}P(f(X)>y)\mathrm{d}y-\int_0^{+\infty}P(f(X)<-y)\mathrm{d}y. \tag{3.5}$$

利用积分交换次序的性质,知

$$\int_0^{+\infty}P(f(X)>y)\,\mathrm{d}y=\int_0^{+\infty}\left[\int\limits_{\{x:f(x)>y\}}p(x)\,\mathrm{d}x\right]\mathrm{d}y$$

$$=\int\limits_{\{x:f(x)>0\}}\left[\int_0^{f(x)}\mathrm{d}y\right]p(x)\,\mathrm{d}x=\int\limits_{\{x:f(x)>0\}}f(x)p(x)\,\mathrm{d}x$$

类似地, $\int_0^{+\infty}P(f(X)<-y)\,\mathrm{d}y=\int_0^{+\infty}\left[\int\limits_{\{x:f(x)<-y\}}p(x)\,\mathrm{d}x\right]\mathrm{d}y=$

$$\int\limits_{\{x:f(x)<0\}}\left[\int_0^{-f(x)}\mathrm{d}y\right]p(x)\,\mathrm{d}x=-\int\limits_{\{x:f(x)<0\}}f(x)p(x)\,\mathrm{d}x$$

再利用(3.5)知,$EY=\int_{-\infty}^{+\infty}f(x)p(x)\,\mathrm{d}(x)$,即(3.2)成立.

在证明过程中,我们使用了函数在集合上的积分,其含义是: $\int_E h(x)\,\mathrm{d}x\triangleq\int_{-\infty}^{+\infty}I_E(x)h(x)\,\mathrm{d}x$, 这里 $I_E(x)$是 E 的示性函数.

我们还指出,当 $f(X)$ 不是离散型也不是连续型的随机变量时,公式(3.2)仍成立(这时期望的定义见第 82 页上的注). 由于要用到更多的积分知

识，我们就不证了.

习　题　九

1. 设随机变量 X 的概率密度为

$$p(x)=\begin{cases}2x & 0\leqslant x\leqslant 1\\ 0 & \text{其他}\end{cases}$$

求 $E(X)$.

2. 设随机变量 X 的密度为

$$p(x)=\begin{cases}\dfrac{1}{\pi\sqrt{1-x^2}} & |x|<1\\ 0 & \text{其他}\end{cases}$$

求 $E(X)$.

3. 设随机变量 X 的概率密度为

$$p(x)=\frac{1}{2}\mathrm{e}^{-|x|},\ -\infty<x<+\infty$$

求 $E(X)$.

4. 设 $X\sim N(0,\sigma^2)$，求 $E(X^n)$.

5. 对球的直径作近似测量，设其值均匀地分布在区间 $[a,b]$ 内，求球体积的均值.

6. 点随机地落在中心在原点、半径为 R 的圆周上，并对弧长是均匀分布的. 求落点横坐标的均值.

7. 设 X 的密度函数 $p(x)$ 满足：

$$p(c+x)=p(c-x)\quad (x>0)$$

其中 c 为一常数，又 $\int_{-\infty}^{+\infty}|x|p(x)\mathrm{d}x$ 收敛. 求证：

$$E(X)=c$$

§4　方差及其简单性质

1. 方差的概念

随机变量的均值体现了随机变量取值平均的大小，它是随机变量的重要数字特征. 但只知道均值是不够的，还应该知道随机变量的取值如何在均值周围变化. 正如一批统计数字,只知道它们的平均数也是不够的,还要知道它们的分散程度.

举一个通俗的例子,设有甲、乙两个女声小合唱队,都由五名队员组成,她们的身高为

甲队:1 米 60 厘米,1 米 62 厘米,1 米 59 厘米,1 米 60 厘米,1 米 59 厘米.

乙队:1 米 80 厘米,1 米 60 厘米,1 米 50 厘米,1 米 50 厘米,1 米 60 厘米.

不难算出甲、乙两队的平均身高都是 1 米 60 厘米. 但乙队身高波动大,甲队身高波动小. 单从身高来看,甲队比较整齐,演出的效果会好些. 实际工作中,数据的波动程度是反映客观现象的一种指标. 例如,产品的某种特性(如硬度)波动大,说明生产不够稳定. 又如生物的某种特性(如血压,血球)波动大,表示该生物处于病态. 所以对于一批数据,除了研究它的平均值以外,还应该研究它的波动程度.

对于给定的一批数据 $x_1, x_2, \cdots, x_n$,通常用数量

$$\frac{1}{n}[(x_1-\bar{x})^2+(x_2-\bar{x})^2+\cdots+(x_n-\bar{x})^2] \tag{4.1}$$

或

$$\frac{1}{n-1}[(x_1-\bar{x})^2+(x_2-\bar{x})^2+\cdots+(x_n-\bar{x})^2]① \tag{4.1'}$$

来刻画这批数据的分散程度,其中 $\bar{x}=\frac{1}{n}\sum_{i=1}^{n}x_i$.

我们看到:

这个数量((4.1)或(4.1′))综合考虑了这 n 个数值与它们的平均值 $\bar{x}$ 的偏离程度,因而它很好地刻画了这批数据的分散程度. (请读者分别对于甲、乙两个小合唱队的身高,按(4.1)式算出两个数量,并跟直观结果进行比较.)

① 当 n 较大时,(4.1)与(4.1′)所表示的数量差别不大.

同样,对于随机变量的取值情况,我们也希望通过一个数字来反映该随机变量取值的分散程度.

定义 4.1 设离散型随机变量的概率分布是

$$P(X=x_k)=p_k, k=1,2,\cdots$$

则称和数[①]

$$\sum_k [x_k-E(X)]^2 p_k \tag{4.2}$$

为 X 的**方差**. 记作 $D(X)$. [显然, $D(X)\geqslant 0$.]

定义 4.2 设连续型随机变量 X 的密度是 $p(x)$, 则称[②]

$$\int_{-\infty}^{+\infty} [x-E(X)]^2 p(x)\mathrm{d}x \tag{4.2'}$$

为 X 的方差,记作 $D(X)$. [同样有 $D(X)\geqslant 0$.]

由方差的定义,按上节随机变量函数的期望公式(3.2)与(3.3),可知

$$D(X)=E[X-E(X)]^2 \tag{4.3}$$

这表示 X 的方差,就是 $Y=[X-E(X)]^2$ 的均值(注意 $E(X)$ 是一个确定的实数).

其实,也可以直接用(4.3)式作为方差的定义. 这样做可将离散型和连续型随机变量的方差的定义统一起来. 另外,由(4.3)式更能看出,方差是刻画分散性的指标. 我们也常常把随机变量的方差称为它的分布的方差.

为了便于计算方差,我们来推导下列计算公式:

$$D(X)=E(X^2)-[E(X)]^2 \tag{4.4}$$

证 (只就 X 是连续型随机变量的情形给出证明. 当 X 是离散型的情形,由读者自行证明.)

---

① 当 X 的可能值不是有限个时,要求级数 $\sum\limits_k [x_k-E(X)]^2 p_k$ 收敛;如级数发散,则称 X 的方差不存在.

② 若积分发散则称 X 的方差不存在.

$$
\begin{aligned}
D(X) &= \int_{-\infty}^{+\infty} [x - E(X)]^2 p(x)\,\mathrm{d}x \\
&= \int_{-\infty}^{+\infty} [x^2 - 2xE(X) + E^2(X)]p(x)\,\mathrm{d}x \\
&= \int_{-\infty}^{+\infty} x^2 p(x)\,\mathrm{d}x - 2E(X)\int_{-\infty}^{+\infty} xp(x)\,\mathrm{d}x + \\
&\quad E^2(X)\int_{-\infty}^{+\infty} p(x)\,\mathrm{d}x \\
&= E(X^2) - 2E(X)\cdot E(X) + E^2(X)\cdot 1 \\
&= E(X)^2 - [E(X)]^2
\end{aligned}
$$

以上推导中出现的 $E^2(X)$,就是 $[E(X)]^2$ 的另一种记法. 上面倒数第二个等号用到了(3.2)式及 $E(X)$ 的定义.

2. 常用分布的方差

(1) 二点分布

$$E(X^2) = 1^2 \cdot p + 0^2 \cdot q = p$$

由§1 知,$E(X) = p$,于是按(4.4)有

$$D(X) = E(X^2) - [E(X)]^2 = p - p^2 = pq$$

(2) 二项分布

由§1 知,$E(X) = np$.

$$
\begin{aligned}
E(X^2) &= \sum_{k=0}^{n} k^2 \mathrm{C}_n^k p^k q^{n-k} \\
&= \sum_{k=1}^{n} [k(k-1) + k]\frac{n!}{k!\,(n-k)!}p^k q^{n-k} \\
&= \sum_{k=1}^{n} [(k-1) + 1]\frac{n!}{(k-1)!\,(n-k)!}p^k q^{n-k} \\
&= \sum_{k=2}^{n} (k-1)\frac{n(n-1)(n-2)!}{(k-1)!\,(n-k)!}p^2 \cdot p^{k-2} q^{(n-2)-(k-2)} \\
&\quad + \sum_{k=1}^{n} \frac{n!}{(k-1)!\,(n-k)!}p^k q^{n-k} \\
&\xlongequal{\text{令 } k' = k-2} n(n-1)p^2 \sum_{k'=0}^{n-2} \frac{(n-2)!}{k'!\,(n-2-k')!} \cdot
\end{aligned}
$$

$$p^{k'}q^{(n-2)-k'}+E(X)$$
$$=n(n-1)p^2+np$$

于是

$$D(X)=E(X^2)-[E(X)]^2$$
$$=n(n-1)p^2+np-n^2p^2=npq$$

（3）泊松分布

由§1知，$E(X)=\lambda$.

$$E(X^2)=\sum_{k=0}^{\infty}k^2\cdot\frac{\lambda^k}{k!}\mathrm{e}^{-\lambda}$$
$$=\sum_{k=1}^{\infty}(k-1+1)\frac{\lambda^k}{(k-1)!}\mathrm{e}^{-\lambda}$$
$$=\sum_{k=2}^{\infty}\frac{\lambda^{k-2}\cdot\lambda^2}{(k-2)!}\mathrm{e}^{-\lambda}+\sum_{k=1}^{\infty}\frac{\lambda^k}{(k-1)!}\mathrm{e}^{-\lambda}$$
$$=\lambda^2+\lambda$$

于是

$$D(X)=(\lambda^2+\lambda)-\lambda^2=\lambda$$

（4）均匀分布

$$p(x)=\begin{cases}\dfrac{1}{b-a} & a\leqslant x\leqslant b\\ 0 & \text{其他}\end{cases}$$

由§1知，$E(X)=\frac{1}{2}(b+a)$.

$$E(X^2)=\frac{1}{b-a}\int_a^b x^2\mathrm{d}x=\frac{b^3-a^3}{3(b-a)}$$
$$=\frac{1}{3}(b^2+ab+a^2)$$

于是

$$D(X)=\frac{1}{3}(b^2+ab+a^2)-\frac{1}{4}(b^2+2ab+a^2)$$
$$=\frac{1}{12}(b-a)^2$$

(5) 指数分布

$$p(x)=\lambda \mathrm{e}^{-\lambda x},(x \geqslant 0) \quad (\lambda>0)^{①}$$

由 §1 知,$E(X)=\frac{1}{\lambda}$.

$$E(X^2)=\lambda \int_0^{+\infty} x^2 \mathrm{e}^{-\lambda x} \mathrm{d} x=\frac{1}{\lambda^2} \int_0^{+\infty} t^2 \mathrm{e}^{-t} \mathrm{d} t=\frac{2}{\lambda^2}$$

于是

$$D(X)=\frac{2}{\lambda^2}-\frac{1}{\lambda^2}=\frac{1}{\lambda^2}$$

(6) 正态分布

对于 $X \sim N(\mu, \sigma^2)$,由 §1 知,$E(X)=\mu$. 于是

$$D(X)=E(X-\mu)^2=\int_{-\infty}^{+\infty}(x-\mu)^2 \frac{1}{\sqrt{2 \pi} \sigma} \mathrm{e}^{-\frac{1}{2 \sigma^2}(x-\mu)^2} \mathrm{d} x$$

$$\xlongequal{\text{令 } t=\frac{x-\mu}{\sigma}} \frac{\sigma^2}{\sqrt{2 \pi}} \int_{-\infty}^{+\infty} t^2 \mathrm{e}^{-\frac{t^2}{2}} \mathrm{d} t=\frac{-\sigma^2}{\sqrt{2 \pi}} \int_{-\infty}^{+\infty} t \mathrm{d}(\mathrm{e}^{-\frac{t^2}{2}})$$

$$=\frac{-\sigma^2}{\sqrt{2 \pi}}\left[\left(t \mathrm{e}^{-\frac{t^2}{2}}\right)_{-\infty}^{+\infty}-\int_{-\infty}^{+\infty} \mathrm{e}^{-\frac{t^2}{2}} \mathrm{d} t\right]$$

$$=\frac{\sigma^2}{\sqrt{2 \pi}} \int_{-\infty}^{+\infty} \mathrm{e}^{-\frac{t^2}{2}} \mathrm{d} t=\sigma^2$$

(7) Γ 分布

设 $X \sim \Gamma(\alpha, \beta)$,即其密度为

$$p(x)=\frac{\beta^\alpha}{\Gamma(\alpha)} x^{\alpha-1} \mathrm{e}^{-\beta x} \quad (x>0)$$

由 §1 知,$E(X)=\frac{\alpha}{\beta}$.

$$E(X^2)=\int_0^{+\infty} x^2 \frac{\beta^\alpha}{\Gamma(\alpha)} x^{\alpha-1} \mathrm{e}^{-\beta x} \mathrm{d} x$$

$$\xlongequal{\text{令 } t=\beta x} \frac{1}{\Gamma(\alpha) \beta^2} \int_0^{+\infty} t^{\alpha+1} \mathrm{e}^{-t} \mathrm{d} t$$

---

① 当 $x<0$ 时 $p(x)=0$. 以后,为方便计,密度函数等于零的部分常不写出来.

$$=\frac{\Gamma(\alpha+2)}{\Gamma(\alpha)\beta^2}=\frac{(\alpha+1)\alpha}{\beta^2}$$

于是

$$D(X)=E(X^2)-E^2(X)=\frac{\alpha}{\beta^2}$$

3. 方差的简单性质

由均值的性质，当 k,b,c 为常数时，不难推证：

(1) $D(c)=0$；

(2) $D(kX)=k^2D(X)$；

(3) $D(X+b)=D(X)$； (4.5)

(4) $D(kX+b)=k^2D(X)$.

这里只给出(2)的证明，其余的证明留给读者.

证 由(4.3)及(3.1)的(2)，我们有

$$D(kX)=E[kX-E(kX)]^2=E[kX-kE(X)]^2$$
$$=k^2E[X-E(X)]^2=k^2D(X)$$

§5 其　他

1. 切比雪夫不等式

这里顺便介绍一个重要的不等式——切比雪夫不等式.

定理 5.1 设随机变量 X 存在均值 $E(X)$ 与方差 $D(X)$，则有

$$P\{|X-E(X)|\geqslant\varepsilon\}\leqslant\frac{D(X)}{\varepsilon^2}\quad(\varepsilon>0) \tag{5.1}$$

证 (这里仅对连续型给出证明. 离散型的情形，由读者给出.)

$$D(X)=\int_{-\infty}^{+\infty}[x-E(X)]^2p(x)\mathrm{d}x$$
$$\geqslant\int_{-\infty}^{E(X)-\varepsilon}[x-E(X)]^2p(x)\mathrm{d}x+$$

$$\int_{E(X)+\varepsilon}^{+\infty}[x-E(X)]^2 p(x)\mathrm{d}x$$

$$\geqslant \varepsilon^2\int_{-\infty}^{E(X)-\varepsilon} p(x)\mathrm{d}x+\varepsilon^2\int_{E(X)+\varepsilon}^{+\infty} p(x)\mathrm{d}x$$

$$=\varepsilon^2 P\{X\leqslant E(X)-\varepsilon\}+\varepsilon^2 P\{X\geqslant E(X)+\varepsilon\}$$

$$=\varepsilon^2 P\{|X-E(X)|\geqslant\varepsilon\}$$

由此即得(5.1).

在(5.1)中,取 $\varepsilon=k\sqrt{D(X)}$,则有

$$P\{|X-E(X)|\geqslant k\sqrt{D(X)}\}\leqslant\frac{1}{k^2} \tag{5.2}$$

特别地,取 $k=3$,则有

$$P\{|X-E(X)|\geqslant 3\sqrt{D(X)}\}\leqslant\frac{1}{9} \tag{5.3}$$

(请读者想一想当 $X\sim N(\mu,\sigma^2)$时,$P\{|X-E(X)|\geqslant 3\sigma\}=?$ 并与(5.3)式比较.)

由切比雪夫不等式(5.1)知,$D(X)$越小,则 X 取值越集中在 $E(X)$附近. 我们由此进一步体会到特征数方差的概率含义——它刻画了随机变量的取值的分散程度. 以后将会看到,切比雪夫不等式还是著名的大数定律的理论基础.

2. 原点矩与中心矩

这里只介绍一下名词. 称

$$E(X^k)\quad(k=1,2,\cdots)$$

为 X 的 k 阶原点矩,记为 ν_k;称

$$E(X-E(X))^k\quad(k=1,2,\cdots)$$

为 X 的 k 阶中心矩,记为 μ_k.

显然 ν_1 就是均值 $E(X)$;μ_2 是方差 $D(X)$. 高阶原点矩与高阶中心矩较少用到.

3. 分位数与中位数

给定 $p\in(0,1)$. 称 x_p 是随机变量 X 的 p 分位数,若

$P(X<x_p)\leqslant p\leqslant P(X\leqslant x_p)$. 当 $p=\frac{1}{2}$时,p 分位数又叫中位数. 可以证明,p 分位数一定存在,但有时不惟一.

习 题 十

1. 对于习题八的习题 1,3 中的随机变量,分别求出它们的方差.

2. 对于习题九的习题 1,2,3,6 中的随机变量,分别求出它们的方差.

3. 设 X 服从参数为 $N,M,n(n\leqslant N-M)$ 的超几何分布,即

$$P\{X=m\}=\frac{C_M^m C_{N-M}^{n-m}}{C_N^n}\quad (m=0,1,2,\cdots,l)$$

这里 $l=\min(M,n)$. 试证明:

$$D(X)=\frac{nM(N-n)(N-M)}{N^2(N-1)}$$

4. 已知 $X\sim N(\mu,\sigma^2)$, $Y=\mathrm{e}^X$, 求 Y 的分布密度,并计算 $E(Y)$ 和 $D(Y)$.

5. 设轮船横向摇摆的随机振幅 X 的概率密度为

$$p(x)=Ax\mathrm{e}^{-x^2/2\sigma^2}\quad (x>0)$$

求(1) A;(2) 遇到大于其振幅均值的概率是多少?(3) X 的方差.

6. 设 X 的密度为

$$p(x)=\frac{x^m}{m!}\mathrm{e}^{-x}\quad (x\geqslant 0)$$

试证

$$P\{0<X<2(m+1)\}\geqslant\frac{m}{m+1}$$

(提示:用切比雪夫不等式.)

7. 设 $X\sim$ 贝塔分布,即它的密度为

$$p(x)=\frac{\Gamma(\alpha+\beta)}{\Gamma(\alpha)\Gamma(\beta)}x^{\alpha-1}(1-x)^{\beta-1}\quad (0<x<1)$$

$$(\alpha>0,\beta>0)$$

求 $E(X),D(X)$.

8. 对某一目标进行射击,直到击中 r 次为止. 如果每次射击的命中率为 p,求需射击次数的均值与方差.

常用分布表

名称	概率分布	均值	方差	参数的范围
二点分布	$P(X=x)=p^x q^{1-x}$ $(x=0,1)$	p	pq	$0<p<1$ $q=1-p$
二项分布	$P(X=x)=\mathrm{C}_n^x p^x q^{n-x}$ $(x=0,1,\cdots,n)$	np	npq	$0<p<1$ $q=1-p$ n 自然数
泊松分布	$P(X=x)=\dfrac{\lambda^x}{x!}\mathrm{e}^{-\lambda}$ $(x=0,1,2,\cdots)$	λ	λ	$\lambda>0$
超几何分布	$P(X=x)=\dfrac{\mathrm{C}_{N-M}^{n-x}\mathrm{C}_M^x}{\mathrm{C}_N^n}$① $(x=0,1,\cdots,\min(M,n))$	$\dfrac{nM}{N}$	$\dfrac{n(N-n)(N-M)M}{N^2(N-1)}$	n,M,N 自然数 $n\leqslant N$ $M\leqslant N$
负二项分布	$P(X=x)=\mathrm{C}_{r+x-1}^{r-1}p^r q^x$ $(x=0,1,2,\cdots)$	$\dfrac{rq}{p}$	$\dfrac{rq}{p^2}$	$0<p<1$ $q=1-p$ r 自然数
均匀分布	$p(x)=\dfrac{1}{b-a}(a\leqslant x\leqslant b)$	$\dfrac{a+b}{2}$	$\dfrac{(b-a)^2}{12}$	$b>a$
指数分布	$p(x)=\lambda\mathrm{e}^{-\lambda x}(x>0)$	$\dfrac{1}{\lambda}$	$\dfrac{1}{\lambda^2}$	$\lambda>0$
正态分布	$p(x)=\dfrac{1}{\sqrt{2\pi}\sigma}\mathrm{e}^{-\frac{(x-\mu)^2}{2\sigma^2}}$	μ	σ^2	μ 任意 $\sigma>0$
Γ 分布	$p(x)=\dfrac{\beta^\alpha}{\Gamma(\alpha)}x^{\alpha-1}\mathrm{e}^{-\beta x}$ $(x>0)$	$\dfrac{\alpha}{\beta}$	$\dfrac{\alpha}{\beta^2}$	$\alpha>0$ $\beta>0$

续表

名称	概率分布	均值	方差	参数的范围
贝塔分布	$p(x)=\frac{\Gamma(\alpha+\beta)}{\Gamma(\alpha)\Gamma(\beta)}x^{\alpha-1}\cdot(1-x)^{\beta-1}$ $(0<x<1)$	$\frac{\alpha}{\alpha+\beta}$	$\frac{\alpha\beta}{(\alpha+\beta+1)(\alpha+\beta)^2}$	$\alpha>0$ $\beta>0$
对数正态分布	$p(x)=\frac{1}{\sqrt{2\pi}\sigma x}e^{-\frac{(\lg x-\mu)^2}{2\sigma^2}}$ $(x>0)$	$e^{\mu+\frac{1}{2}\sigma^2}$	$e^{2\mu+\sigma^2}(e^{\sigma^2}-1)$	μ 任意 $\sigma>0$
韦布尔分布 (Weibull)	$p(x)=\frac{mx^{m-1}}{\eta^m}e^{-\left(\frac{x}{\eta}\right)^m}$ $(x>0)$	$\eta\Gamma\left(1+\frac{1}{m}\right)$	$\eta^2\left[\Gamma\left(1+\frac{2}{m}\right)-\Gamma^2\left(1+\frac{1}{m}\right)\right]$	$m>0$ $\eta>0$

① 当 $i>k$ 时,规定 $C_k^i=0$.

第四章　随机向量

在第二、三章中，我们讨论了随机变量的分布及其数字特征——均值和方差. 但是，在很多随机现象中往往涉及多个随机变量. 例如打靶时，弹着点就由两个随机变量——弹着点的横坐标 X 和纵坐标 Y——所构成. 又如炼钢厂中炼出的每炉钢中钢的硬度、含碳量、含硫量都必须考察，就要用三个随机变量 X,Y,Z 来描述，这里 X 代表硬度，Y 代表含碳量，Z 代表含硫量. 这类例子多得很，值得强调的是，这些随机变量之间一般说来又有某种联系，因而需要把这些随机变量作为一个整体（即向量）来研究.

定义 0.1　我们称 n 个随机变量 $X_1,X_2,\cdots,X_n$ 的整体 $\boldsymbol{\xi}=(X_1,X_2,\cdots,X_n)$ 为 n 维随机向量.

例如炮弹落点的位置 $\boldsymbol{\xi}=(X,Y)$ 就是一个二维随机向量，每炉钢的基本指标(X,Y,Z)，（硬度、含碳量、含硫量）就是一个三维随机向量. 又若从一大批螺钉中，随机抽取五个，那么它们的直径 $X_1,X_2,\cdots,X_5$ 是五个随机变量，而 $\boldsymbol{\eta}=(X_1,X_2,\cdots,X_5)$ 就是一个五维随机向量.

“维数”的概念表示“共有几个分量”，从几何图形上看，二维随机向量可以看作是平面（二维空间！）上的“随机点”. 三维随机向量可以看成是空间（三维空间！）中的“随机点”. 上两章研究的随机变量是一维“随机向量”.

本章重点讨论二维随机向量.

§1 随机向量的(联合)分布与边缘分布

1. 二维离散型随机向量

和一维随机变量的情形类似.对二维随机向量,我们也只讨论离散型和连续型两大类.

定义 1.1 如果二维随机向量 $\boldsymbol{\xi}=(X,Y)$ 可能取的值(向量!)只有有限个或者可列个(即可排成一个序列),则称 $\boldsymbol{\xi}$ 为离散型的①.

显然,如果 $\boldsymbol{\xi}=(X,Y)$ 是离散型的,则 X,Y 都是一维离散型的随机变量,反过来也成立.

设 X 可能取的值是 $x_1,x_2,\cdots$(有限个或可列个),Y 的可能值是 $y_1,y_2,\cdots$(有限个或可列个),令 $E=\{(x_i,y_j):i=1,2,\cdots,j=1,2,\cdots\}$. 显然 $\boldsymbol{\xi}=(X,Y)$ 取的值都在 E 中. 我们可以把 E 看作是 $\boldsymbol{\xi}=(X,Y)$ 取值的范围,当然对某些 i,j,$\{\boldsymbol{\xi}=(x_i,y_j)\}$ 可能是"不可能事件".

和随机变量的情形一样,我们更关心 $\boldsymbol{\xi}=(X,Y)$ 取值的概率:

$$P\{(X,Y)=(x_i,y_j)\}=p_{ij} \quad \begin{pmatrix} i=1,2,\cdots \\ j=1,2,\cdots \end{pmatrix} \tag{1.1}$$

一般称(1.1)中的 p_{ij}(对一切 i,j)为 $\boldsymbol{\xi}=(X,Y)$ 的概率分布,也称为 (X,Y) 的联合分布,有时用如下的概率分布表来表示:

---

① 数学上更确切的定义是:若存在有限个或可列个向量组成的集合 E,使"$\boldsymbol{\xi}$ 属于 E"为必然事件,则称 $\boldsymbol{\xi}$ 为离散型随机向量.

$X \backslash Y$	y_1	y_2	$\cdots$	y_j	$\cdots$
x_1	p_{11}	p_{12}	$\cdots$	p_{1j}	$\cdots$
x_2	p_{21}	p_{22}	$\cdots$	p_{2j}	$\cdots$
$\vdots$	$\vdots$	$\vdots$		$\vdots$	
x_i	p_{i1}	p_{i2}	$\cdots$	p_{ij}	$\cdots$
$\vdots$	$\vdots$	$\vdots$		$\vdots$	

(1.1′)

这些 p_{ij} 具有性质：

(1) $p_{ij} \geqslant 0 (i=1,2,\cdots,j=1,2,\cdots)$；

(2) $\sum_i \sum_j p_{ij} = 1.$ (1.2)

(1)式是显然的；至于(2)，利用概率的完全可加性（见第一章），就可推导出来. 实际上，

$$\sum_i \sum_j p_{ij} = \sum_i \sum_j P\{(X,Y)=(x_i,y_j)\}$$
$$= P\left\{\sum_i \sum_j \{(X,Y)=(x_i,y_j)\}\right\} = P(U)$$
$$= 1 \text{（这里 } U \text{ 表示必然事件.）}$$

例 1.1 设二维随机向量 (X,Y) 仅取 $(1,1)$，$(1.2,1)$，$(1.4,1.5)$，$(1,1.3)$，$(0.9,1.2)$ 五个点，且取它们的概率相同，则 (X,Y) 的联合分布为：

$$P\{(X,Y)=(1,1)\} = \frac{1}{5}$$

$$P\{(X,Y)=(1.2,1)\} = \frac{1}{5}$$

$$P\{(X,Y)=(1.4,1.5)\} = \frac{1}{5}$$

$$P\{(X,Y)=(1,1.3)\} = \frac{1}{5}$$

$$P\{(X,Y)=(0.9,1.2)\} = \frac{1}{5}$$

概率分布表为：

X \ Y	1	1.5	1.3	1.2
1	$\frac{1}{5}$	0	$\frac{1}{5}$	0
1.2	$\frac{1}{5}$	0	0	0
1.4	0	$\frac{1}{5}$	0	0
0.9	0	0	0	$\frac{1}{5}$

显然，本例中的 p_{ij} 满足(1.2)中的(1)，(2).

例 1.2 设(X,Y)的联合分布是：

$$P\{(X,Y)=(k_1,k_2)\}$$

$$=\frac{n!}{k_1!\ k_2!\ (n-k_1-k_2)!}p_1^{k_1}p_2^{k_2}(1-p_1-p_2)^{n-k_1-k_2}$$

$$k_1=0,1,\cdots,n,k_2=0,1,\cdots,n,k_1+k_2\leqslant n \tag{1.3}$$

其中 n 是给定的正整数；$0<p_1<1,0<p_2<1,p_1+p_2<1$.

它称为三项分布（参数 $n;p_1,p_2$）. 我们来验证它满足(1.2)式. 首先，显然有 $P\{(X,Y)=(k_1,k_2)\}\geqslant 0$，下面验证(1.2)中的(2)：

$$\sum_{k_1=0}^{n}\sum_{k_2=0}^{n-k_1}P\{(X,Y)=(k_1,k_2)\}$$

$$=\sum_{k_1=0}^{n}\sum_{k_2=0}^{n-k_1}\frac{n!}{k_1!\ k_2!\ (n-k_1-k_2)!}\quad p_1^{k_1}p_2^{k_2}(1-p_1-p_2)^{n-k_1-k_2}$$

$$=\sum_{k_1=0}^{n}\sum_{k_2=0}^{n-k_1}\frac{n!\ p_1^{k_1}\qquad\qquad (n-k_1)!}{k_1!\ (n-k_1)!k_2!\ [(n-k_1)-k_2]!}$$

$$\cdot p_2^{k_2}(1-p_1-p_2)^{(n-k_1)-k_2}$$

$$=\sum_{k_1=0}^{n}\frac{n!}{k_1!\ (n-k_1)!}p_1^{k_1}\left\{\sum_{k_2=0}^{n-k_1}\frac{(n-k_1)!}{k_2!\ [(n-k_1)-k_2]!}\right.$$

$$\left.\cdot p_2^{k_2}(1-p_1-p_2)^{(n-k_1)-k_2}\right\}$$

$$= \sum_{k_1=0}^{n} \frac{n!}{k_1!\ (n-k_1)!} p_1^{k_1} [p_2 + (1-p_1-p_2)]^{n-k_1} = 1$$

（最后两个等号的依据是二项式定理.）

例 1.3 （三项分布的实例）一大批粉笔. 其中 60% 是白的，25% 是黄的，15% 是红的. 现从中随机地、顺序地取出 6 支，问这 6 支中恰有 3 支白、1 支黄、2 支红的概率.

解 用（白，白，白，黄，红，红）表示第一支是白的. 第二支是白的，第三支是白的，第四支是黄的，第五支是红的，第六支是红的. 由于是大批量，我们可以认为各次抽取是独立的，且抽取到黄、白、红的概率不变，有

$$\begin{aligned} & P\{(\text{白},\text{白},\text{白},\text{黄},\text{红},\text{红})\} \\ &= P(\text{白})P(\text{白})P(\text{白})P(\text{黄})P(\text{红})P(\text{红}) \\ &= (0.6)^3(0.25)(0.15)^2 \end{aligned}$$

于是

$$\begin{aligned} & P\{6\text{ 支中恰有 3 支白、1 支黄、2 支红}\} \\ &= m \cdot (0.6)^3(0.25)(0.15)^2 \end{aligned}$$

其中 m 是恰有 3 个白、1 个黄、2 个红的六维向量的个数. 用关于组合的知识可知：

$$m = \frac{6!}{3!\ 1!\ 2!} = 60$$

因此，所求的概率为 $60 \cdot (0.6)^3(0.25)(0.15)^2 = 0.072\,9$.

用随机向量的术语来说，若令

$$X = 6\text{ 支中白粉笔的数目}$$

$$Y = 6\text{ 支中黄粉笔的数目}$$

则事件“恰有 3 支白、1 支黄、2 支红”就是事件

$$\{X=3, Y=1\}$$

亦即事件

$$\{(X,Y)=(3,1)\}$$

上面的结果表示为：

$$P\{(X,Y)=(3,1)\} = \frac{6!}{3!\ 1!\ 2!}(0.6)^3(0.25)^1(0.15)^2$$

一般地，有（对于 $0 \leqslant k_1 \leqslant 6, 0 \leqslant k_2 \leqslant 6, k_1+k_2 \leqslant 6$）

$$P\{6\text{ 支中恰有 } k_1 \text{ 支白、} k_2 \text{ 支黄、}(6-k_1-k_2)\text{ 支红}\}$$

$$=P\{(X,Y)=(k_1,k_2)\}$$

$$=\frac{6!}{k_1!\ k_2!\ (6-k_1-k_2)!}(0.6)^{k_1}(0.25)^{k_2}(0.15)^{6-k_1-k_2}$$

这就是例 1.2 中所说的,参数为 $n=6;p_1=0.6,p_2=0.25$ 的三项分布.

2. 边缘分布及其与联合分布的关系

对于二维随机向量(X,Y),分量 X 的概率分布称为(X,Y)的关于 X 的边缘分布;分量 Y 的概率分布称为(X,Y)的关于 Y 的边缘分布.

由于(X,Y)的联合分布全面地反映了(X,Y)的取值情况.因此,当我们已知(X,Y)的联合分布时,是可以求得关于 X 的或关于 Y 的边缘分布的.具体来说,

若已知

$$P\{(X,Y)=(x_i,y_j)\}=p_{ij}\quad\begin{pmatrix}i=1,2,\cdots\\ j=1,2,\cdots\end{pmatrix}$$

则随机变量 X 的概率分布(即关于 X 的边缘分布):

$$P\{X=x_i\}=P\{X=x_i,U\}=P\Big\{X=x_i,\ \sum_j\{Y=y_j\}\Big\}$$

$$=P\Big\{\sum_j\{X=x_i,Y=y_j\}\Big\}=\sum_j P\{X=x_i,Y=y_j\}$$

$$=\sum_j P\{(X,Y)=(x_i,y_j)\}=\sum_j p_{ij}$$

(这里 U 是必然事件)

这样,我们得到了关于 X 的边缘分布:

$$P\{X=x_i\}=\sum_j p_{ij}\quad(i=1,2,\cdots)\tag{1.4}$$

类似可得关于 Y 的边缘分布:

$$P\{Y=y_j\}=\sum_i p_{ij}\quad(j=1,2,\cdots)\tag{1.4'}$$

例 1.4 继续讨论例 1.1.

(X,Y)的概率分布表为:

X \ Y	1	1.5	1.3	1.2	
1	$\frac{1}{5}$	0	$\frac{1}{5}$	0	$\frac{2}{5}$
1.2	$\frac{1}{5}$	0	0	0	$\frac{1}{5}$
1.4	0	$\frac{1}{5}$	0	0	$\frac{1}{5}$
0.9	0	0	0	$\frac{1}{5}$	$\frac{1}{5}$
	$\frac{2}{5}$	$\frac{1}{5}$	$\frac{1}{5}$	$\frac{1}{5}$	

求(X,Y)的边缘分布.

解 这里 X 的全体可能值 x_1,x_2,x_3,x_4 分别是 1,1.2,1.4,0.9;Y 的全体可能值 y_1,y_2,y_3,y_4 分别是 1,1.5,1.3,1.2. 显然有:

$$\begin{pmatrix} p_{11} & p_{12} & p_{13} & p_{14} \\ p_{21} & p_{22} & p_{23} & p_{24} \\ p_{31} & p_{32} & p_{33} & p_{34} \\ p_{41} & p_{42} & p_{43} & p_{44} \end{pmatrix} = \begin{pmatrix} 1/5 & 0 & 1/5 & 0 \\ 1/5 & 0 & 0 & 0 \\ 0 & 1/5 & 0 & 0 \\ 0 & 0 & 0 & 1/5 \end{pmatrix}$$

于是按(1.4)式,

$$\begin{aligned} P\{X=x_1\} &= \sum_{j=1}^{4} p_{1j} = p_{11}+p_{12}+p_{13}+p_{14} \\ &= \frac{1}{5}+0+\frac{1}{5}+0=\frac{2}{5} \end{aligned}$$

(即分布表第一行的数值的和)

类似地,

$$P\{X=x_2\} = \text{分布表第二行的数值的和} = \frac{1}{5}$$

$$P\{X=x_3\} = \text{分布表第三行的数值的和} = \frac{1}{5}$$

$$P\{X=x_4\}=\text{分布表第四行的数值的和}=\frac{1}{5}$$

而按(1.4′)式,

$$P\{Y=y_j\}=\sum_{i=1}^{4}p_{ij}=p_{1j}+p_{2j}+p_{3j}+p_{4j}$$

$$=\text{分布表第}\,j\,\text{列的数值的和}(j=1,2,3,4)$$

其具体值见(X,Y)概率分布表第二个横线的下方.

例 1.5 (继续讨论上一段例 1.2)设(X,Y)的联合分布由(1.3)式给出,求关于X的边缘分布.

解 按(1.4)式,

$$P\{X=k_1\}=\sum_{k_2}P\{(X,Y)=(k_1,k_2)\}$$

$$(k_1=0,1,2,\cdots,n)$$

注意到(1.3)式中要求$k_1+k_2\leqslant n$,即$k_2\leqslant n-k_1$,所以

$$P\{X=k_1\}=\sum_{k_2=0}^{n-k_1}\frac{n!}{k_1!\ k_2!\ (n-k_1-k_2)!}p_1^{k_1}p_2^{k_2}(1-p_1-p_2)^{n-k_1-k_2}$$

$$=\frac{n!}{k_1!\ (n-k_1)!}p_1^{k_1}\sum_{k_2=0}^{n-k_1}\frac{(n-k_1)!}{k_2!\ (n-k_1-k_2)!}\cdot p_2^{k_2}(1-p_1-p_2)^{n-k_1-k_2}$$

(n,k_1等跟求和指标k_2无关)

$$=\frac{n!}{k_1!\ (n-k_1)!}p_1^{k_1}(p_2+1-p_1-p_2)^{n-k_1}$$

(按二项式定理)

$$=\frac{n!}{k_1!\ (n-k_1)!}p_1^{k_1}(1-p_1)^{n-k_1}$$

$$(k_1=0,1,\cdots,n)$$

这表明X服从参数为n,p_1的二项分布.其实,由三项分布的实际背景,这个结果是很自然的.

3. 二维连续型随机向量的分布密度

和一维情形类似,我们给出以下定义:

定义 1.2 对于二维随机向量$\boldsymbol{\xi}=(X,Y)$,如果存在非负函

数 $p(x,y)(-\infty<x<+\infty,-\infty<y<+\infty)$,使对任意一个邻边分别平行于坐标轴的矩形区域 D:"即由不等式 $a<x<b,c<y<d$ 确定的区域",有

$$P\{(X,Y)\in D\}=\iint_D p(x,y)\,\mathrm{d}x\mathrm{d}y \tag{1.5}$$

则称随机向量 $\boldsymbol{\xi}=(X,Y)$ 为连续型的;并称 $p(x,y)$ 为 $\boldsymbol{\xi}$ 的分布密度,也称 $p(x,y)$ 为 (X,Y) 的联合分布密度(简称联合密度).

对于连续型的随机向量 $\boldsymbol{\xi}=(X,Y)$,可以证明,对于平面上相当任意的集合 D,均有

$$P\{(X,Y)\in D\}=\iint_D p(x,y)\,\mathrm{d}x\mathrm{d}y \tag{1.6}$$

这里 $p(x,y)$ 是 (X,Y) 的联合分布密度.

公式(1.6)是本章最重要的公式之一,由于它的证明要用到较多的数学知识(包括对"相当任意的集合"下确切的定义),我们就不证明了.希望读者注意理解这个公式的意义与用法.

下面对于联合密度 $p(x,y)$ 这个概念作几点说明:

(1) 这里的联合密度 $p(x,y)$ 与物理学中的质量面密度的概念相仿,请读者进行比较①.

(2) $p(x,y)$ 是一个全平面(即 $-\infty<x<+\infty,-\infty<y<+\infty$)上有定义的二元非负函数.以下,我们总假定 $p(x,y)$ 在 xy

---

① 由(1.5)式,当 $p(x,y)$ 在 $x=x_0,y=y_0$ 处连续时,利用重积分的性质容易推知

$$\lim_{\substack{\Delta x\to 0^+\\ \Delta y\to 0^+}}\frac{1}{\Delta x\Delta y}P\left\{x_0-\frac{\Delta x}{2}<X<x_0+\frac{\Delta x}{2},y_0-\frac{\Delta y}{2}<Y<y_0+\frac{\Delta y}{2}\right\}$$

$$=\lim_{\substack{\Delta x\to 0^+\\ \Delta y\to 0^+}}\frac{1}{\Delta x\Delta y}\int_{x_0-\frac{\Delta x}{2}}^{x_0+\frac{\Delta x}{2}}\int_{y_0-\frac{\Delta y}{2}}^{y_0+\frac{\Delta y}{2}}p(x,y)\,\mathrm{d}x\mathrm{d}y=p(x_0,y_0)$$

由此可见,若 $p(x,y),q(x,y)$ 都是 (X,Y) 的联合密度,而且两函数都是连续的,则 $p(x,y)\equiv q(x,y)$.

平面上是连续的,或者除个别几条线外是连续的.

(3) 由(1.6)式容易看出

$$\int_{-\infty}^{+\infty}\int_{-\infty}^{+\infty} p(x,y)\mathrm{d}x\mathrm{d}y = 1$$

另外,由(1.6)式又看出,二维随机向量(X,Y)落在平面上任一区域D的概率,就等于联合密度$p(x,y)$在D上的积分.这就把概率的计算转化为一个二重积分的计算.由此,顺便指出$\{(X,Y)\in D\}$的概率,数值上就等于以曲面$z=p(x,y)$为顶、以平面区域D为底的曲顶柱体的体积.这就给出了$p(x,y)$的几何意义.

例 1.6 设(X,Y)的联合密度为

$$p(x,y)=\begin{cases} C\mathrm{e}^{-(x+y)} & \text{当 } x\geqslant 0, y\geqslant 0 \\ 0 & \text{其他} \end{cases}$$

(1) 求常数C,(2)求$P\{0<X<1,0<Y<1\}$.

解 (1) 因为$\int_{-\infty}^{+\infty}\int_{-\infty}^{+\infty} p(x,y)\mathrm{d}x\mathrm{d}y=1$,故

$$1=\int_0^{+\infty}\int_0^{+\infty} C\mathrm{e}^{-(x+y)}\mathrm{d}x\mathrm{d}y = C\cdot\int_0^{+\infty}\mathrm{e}^{-x}\mathrm{d}x\int_0^{+\infty}\mathrm{e}^{-y}\mathrm{d}y$$

于是$C=1$.

(2) 记$D=\{(x,y):0<x<1,0<y<1\}$

则由(1.5)式有

$$\begin{aligned} &P\{0<X<1,0<Y<1\}=P\{(X,Y)\in D\} \\ &=\iint_D p(x,y)\mathrm{d}x\mathrm{d}y=\iint_D \mathrm{e}^{-x-y}\mathrm{d}x\mathrm{d}y \\ &=\int_0^1 \mathrm{e}^{-x}\mathrm{d}x\int_0^1\mathrm{e}^{-y}\mathrm{d}y = \left(1-\frac{1}{\mathrm{e}}\right)^2 \end{aligned}$$

与离散型随机向量相仿,现在来介绍连续型随机向量的边缘分布.

定义 1.3 对于随机向量(X,Y),作为其分量的随机变量X(或Y)的密度函数$p_X(x)$(或$p_Y(y)$),称为(X,Y)的关于

X(或 Y)的边缘分布密度.

当(X,Y)的联合密度 $p(x,y)$ 已知时,由下面定理中的(1.7)式,容易求得 X,Y 的边缘密度 $p_X(x)$,$p_Y(y)$.

定理 1.1 若(X,Y)的联合密度是 $p(x,y)$,则

$$
\begin{aligned}
p_1(x) &= \int_{-\infty}^{+\infty} p(x,y)\,\mathrm{d}y \\
p_2(y) &= \int_{-\infty}^{+\infty} p(x,y)\,\mathrm{d}x
\end{aligned}
\tag{1.7}
$$

分别是 X,Y 的分布密度.

证 由于$\{-\infty<Y<+\infty\}$是必然事件,故

$$
P\{a<X<b\}=P\{a<X<b,-\infty<Y<+\infty\}
$$

令 $D=\{(x,y):a<x<b,-\infty<y<+\infty\}$(带形区域),利用(1.6)式得

$$
\begin{aligned}
P\{a<X<b\} &= \iint_D p(x,y)\,\mathrm{d}x\mathrm{d}y \\
&= \int_a^b \left[\int_{-\infty}^{+\infty} p(x,y)\,\mathrm{d}y\right]\mathrm{d}x
\end{aligned}
$$

再根据随机变量的分布密度的定义(见第二章(3.1)式),不难看出 $p_1(x)=\int_{-\infty}^{+\infty} p(x,y)\,\mathrm{d}y$ 就是 X 的分布密度.同理,

$$
p_2(y)=\int_{-\infty}^{+\infty} p(x,y)\,\mathrm{d}x
$$

就是 Y 的分布密度.证完.

定义 1.4 设 G 是平面上面积为 $a(0<a<+\infty)$的区域,称(X,Y)服从 G 上的均匀分布,若 $P\{(X,Y)\in G\}=1$,而且(X,Y)取值属于 G 之任何部分 A(A 是 G 的子区域)的概率与 A 之面积成正比.

此时,容易推知(X,Y)的联合密度可取为:

$$
p(x,y)=\begin{cases}\dfrac{1}{a} & \text{当}(x,y)\in G \\ 0 & \text{其他}\end{cases}
$$

例 1.7 设(X,Y)服从如图 4.1 区域 G(抛物线 $y=x^2$和直线 $y=x$ 所夹的区域)上的均匀分布,求联合密度与边缘密度.

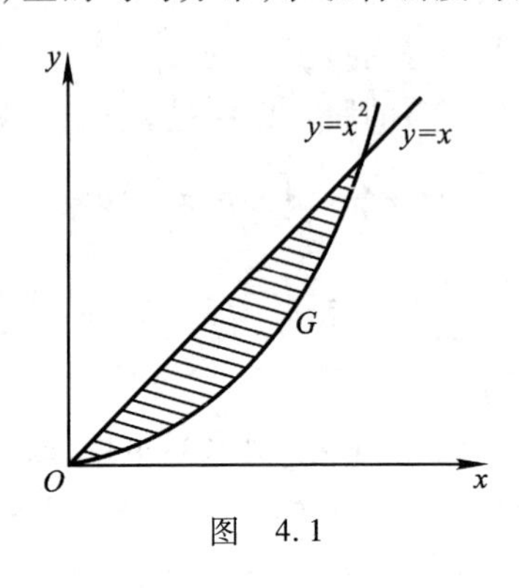

图 4.1

解 由于 G 的面积为

$$\int_0^1 (x-x^2)\,\mathrm{d}x=\frac{1}{6}$$

故联合密度

$$p(x,y)=\begin{cases}6 & (x,y)\in G\\ 0 & \text{其他}\end{cases}$$

再由(1.7)可得(X,Y)的边缘密度

$$p_X(x)=\int_{-\infty}^{+\infty}p(x,y)\,\mathrm{d}y=\int_{x^2}^{x}6\,\mathrm{d}y=6(x-x^2)\quad(0\leqslant x\leqslant 1)$$

$$p_Y(y)=\int_{-\infty}^{+\infty}p(x,y)\,\mathrm{d}x=\int_{y}^{\sqrt{y}}6\,\mathrm{d}x=6(\sqrt{y}-y)\quad(0\leqslant y\leqslant 1)$$

当然,$x\,\overline{\in}\,[0,1]$ 时 $p_X(x)=0$,$y\,\overline{\in}\,[0,1]$时 $p_Y(y)=0$.

4. 随机变量的独立性

随机变量的独立性是概率统计中的一个重要概念.

我们在研究随机现象时,经常碰到这样的一些随机变量:其中一些的取值对其余随机变量没有什么影响. 例如,两个人分别向一目标射击,各自命中的环数 X,Y 就属于这种情形. 为了描述这类情况,引进下列定义.

定义 1.5 设 X,Y 是两个随机变量,如果对任意 $a<b,c<d$,事件 $\{a<X<b\}$ 与 $\{c<Y<d\}$ 相互独立,则称 X 与 Y 是相互独立的. "相互独立"简称"独立".

定理 1.2 设 X,Y 分别有分布密度 $p_X(x),p_Y(y)$,则 X 与 Y 相互独立的充要条件是:二元函数

$$p_X(x)p_Y(y) \tag{1.8}$$

是随机向量 (X,Y) 的联合密度.

证 先证充分性. 设 $p_X(x)p_Y(y)$ 是 (X,Y) 的联合密度,则

$$\begin{aligned}
&P\{\{a<X<b\}\cdot\{c<Y<d\}\}\\
&=P\{a<X<b,c<Y<d\}\\
&=\iint\limits_{\substack{a<x<b\\ c<y<d}} p_X(x)p_Y(y)\,\mathrm{d}x\mathrm{d}y\\
&=\int_a^b p_X(x)\,\mathrm{d}x\cdot\int_c^d p_Y(y)\,\mathrm{d}y\\
&=P\{a<X<b\}\cdot P\{c<Y<d\}
\end{aligned}$$

可见 X 与 Y 是相互独立的.

再证必要性. 设 X 与 Y 相互独立,令 $D=\{(x,y):a<x<b,c<y<d\}$,则

$$\begin{aligned}
&P\{(X,Y)\in D\}=P\{a<X<b,c<Y<d\}\\
&=P\{a<X<b\}\cdot P\{c<Y<d\}\\
&=\int_a^b p_X(x)\,\mathrm{d}x\cdot\int_c^d p_Y(y)\,\mathrm{d}y=\iint\limits_D [p_X(x)p_Y(y)]\,\mathrm{d}x\mathrm{d}y
\end{aligned}$$

根据(1.5)知函数 $p_X(x)p_Y(y)$ 是 (X,Y) 的联合密度. 定理全部证完.

对于离散型随机变量有下列结论:

定理 1.3 设 X 可能取的值是 $x_1,x_2,x_3,\cdots$(有限个或可列

个)，Y 可能取的值是 $y_1,y_2,y_3,\cdots$(有限个或可列个)，则 X 与 Y 相互独立的充分必要条件是：对一切 i,j 成立

$$P\{X=x_i,Y=y_j\}=P\{X=x_i\}P\{Y=y_j\} \tag{1.9}$$

证 只证充分性. 任给定 $a<b,c<d$. 令

$$A=\{x_i:a<x_i<b\},B=\{y_j:c<y_j<d\}$$

从(1.9)知

$$\begin{aligned}&\sum_{x_i\in A}\sum_{y_j\in B}P\{X=x_i,Y=y_j\}\\=&\sum_{x_i\in A}\sum_{y_j\in B}P\{X=x_i\}P\{Y=y_j\}\\=&\left(\sum_{x_i\in A}P\{X=x_i\}\right)\left(\sum_{y_j\in B}P\{Y=y_j\}\right)\\=&P\{a<X<b\}\cdot P\{c<Y<d\}\end{aligned}$$

但

$$\begin{aligned}&\sum_{x_i\in A}\sum_{y_j\in B}P\{X=x_i,Y=y_j\}\\=&P\{X\text{ 取值属于}(a,b),Y\text{ 取值属于}(c,d)\}\\=&P\{a<X<b,c<Y<d\}\end{aligned}$$

这就证明了 X 与 Y 相互独立.

必要性的证明稍微复杂一些，从略. 请读者自行完成(提示：利用第一章(4.23)式).

定理 1.2 是概率统计中的一条重要的定理. 我们在前面已讨论过联合密度与边缘密度的关系：联合密度决定了边缘密度. 反之，边缘密度能否决定联合密度呢？一般来讲是不能的. 然而，这个定理告诉我们，当 X,Y 独立时，两个边缘密度 $p_X(x)$ 和 $p_Y(y)$ 的乘积就是它们的联合密度. 就是说，当 X,Y 独立时，边缘密度也能确定联合密度. 下面看一个例子.

例 1.8 设 $X_1\sim N(\mu_1,\sigma_1^2)$，$X_2\sim N(\mu_2,\sigma_2^2)$，且 X_1 与 X_2 相互独立，求 (X_1,X_2) 的联合密度.

解 按已知条件，X_1,X_2 的分布密度分别是：

$$p_{X_1}(x_1)=\frac{1}{\sqrt{2\pi}\sigma_1}\mathrm{e}^{-\frac{1}{2\sigma_2^2}(x_1-\mu_1)^2}$$

$$p_{X_2}(x_2)=\frac{1}{\sqrt{2\pi}\sigma_2}\mathrm{e}^{-\frac{1}{2\sigma_2^2}(x_2-\mu_2)^2}$$

据定理 1.2 知函数 $p_{X_1}(x_1)\cdot p_{X_2}(x_2)$,即

$$\frac{1}{2\pi\sigma_1\sigma_2}\mathrm{e}^{-\frac{1}{2}\left[\left(\frac{x_1-\mu_1}{\sigma_1}\right)^2+\left(\frac{x_2-\mu_2}{\sigma_2}\right)^2\right]}$$

为(X_1,X_2)的联合密度.

5. 二维正态分布

最常见最重要的二维随机向量是二维正态随机向量.

定义 1.6 称 $\boldsymbol{\xi}=(X,Y)$ 服从二维正态分布,如果它的密度函数是这样的:

$$p(x,y)=\frac{1}{2\pi\sigma_1\sigma_2\sqrt{1-\rho^2}}\mathrm{e}^{-\frac{1}{2(1-\rho^2)}\left[\left(\frac{x-\mu_1}{\sigma_1}\right)^2-\frac{2\rho(x-\mu_1)(y-\mu_2)}{\sigma_1\sigma_2}+\left(\frac{y-\mu_2}{\sigma_2}\right)^2\right]} \tag{1.10}$$

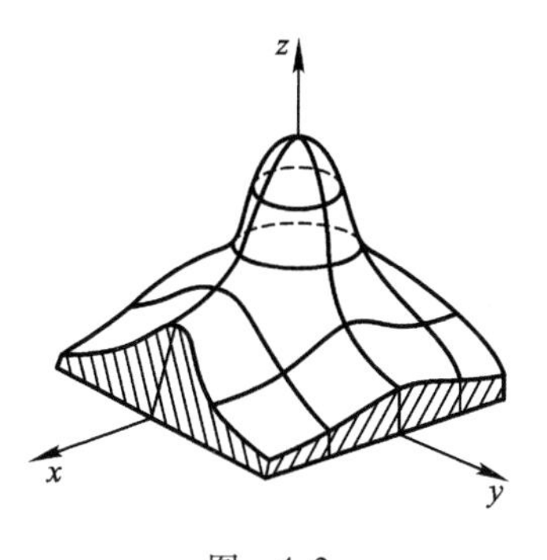

图 4.2

其中 $\mu_1,\mu_2,\sigma_1>0,\sigma_2>0,|\rho|<1$ 是 5 个参数. $p(x,y)$ 称为二维正态密度. 服从二维正态分布的随机向量叫做二维正态随机向量.

(1) 二维正态分布的边缘密度

按(1.7),

$$p_X(x) = \int_{-\infty}^{+\infty} p(x,y)\,\mathrm{d}y$$

$$= \frac{1}{2\pi\sigma_1\sigma_2\sqrt{1-\rho^2}} \mathrm{e}^{-\frac{1}{2(1-\rho^2)}\left(\frac{x-\mu_1}{\sigma_1}\right)^2}$$

$$\cdot \int_{-\infty}^{+\infty} \mathrm{e}^{-\frac{1}{2(1-\rho^2)}\left[\left(\frac{y-\mu_2}{\sigma_2}\right)^2 - 2\rho\frac{(x-\mu_1)(y-\mu_2)}{\sigma_1\sigma_2}\right]}\mathrm{d}y$$

$$\overset{令\, t = \frac{y-\mu_2}{\sigma_2}}{=\!=\!=\!=} \frac{1}{2\pi\sigma_1\sqrt{1-\rho^2}} \mathrm{e}^{-\frac{1}{2(1-\rho^2)}\left(\frac{x-\mu_1}{\sigma_1}\right)^2}$$

$$\cdot \int_{-\infty}^{+\infty} \mathrm{e}^{-\frac{1}{2(1-\rho^2)}\left[t^2 - 2\rho\frac{x-\mu_1}{\sigma_1}t\right]}\mathrm{d}t$$

$$= \frac{1}{2\pi\sigma_1\sqrt{1-\rho^2}} \mathrm{e}^{-\frac{1}{2(1-\rho^2)}\left(\frac{x-\mu_1}{\sigma_1}\right)^2}$$

$$\cdot \int_{-\infty}^{+\infty} \mathrm{e}^{-\frac{1}{2(1-\rho^2)}\left[\left(t-\rho\frac{x-\mu_1}{\sigma_1}\right)^2 - \rho^2\left(\frac{x-\mu_1}{\sigma_1}\right)^2\right]}\mathrm{d}t$$

$$= \frac{1}{\sqrt{2\pi}\sigma_1} \mathrm{e}^{-\frac{1}{2(1-\rho^2)}\left(\frac{x-\mu_1}{\sigma_1}\right)^2} + \mathrm{e}^{\frac{\rho^2}{2(1-\rho^2)}\left(\frac{x-\mu_1}{\sigma_1}\right)^2}$$

$$\cdot \int_{-\infty}^{+\infty} \frac{1}{\sqrt{2\pi}\sqrt{1-\rho^2}} \mathrm{e}^{-\frac{1}{2(1-\rho^2)}\left(t-\rho\frac{x-\mu_1}{\sigma_1}\right)^2}\mathrm{d}t$$

注意到积分号内的被积函数是均值为$\frac{\rho(x-\mu_1)}{\sigma_1}$,方差为 $1-\rho^2$ 的正态分布的密度函数,所以积分值等于 1. 于是,

$$p_X(x) = \frac{1}{\sqrt{2\pi}\sigma_1}\mathrm{e}^{-\frac{(1-\rho^2)}{2(1-\rho^2)}\left(\frac{x-\mu_1}{\sigma_1}\right)^2} = \frac{1}{\sqrt{2\pi}\sigma_1}\mathrm{e}^{-\frac{(x-\mu_1)^2}{2\sigma_1^2}}$$

同样可求得

$$p_Y(y) = \frac{1}{\sqrt{2\pi}\sigma_2}\mathrm{e}^{-\frac{(y-\mu_2)^2}{2\sigma_2^2}}$$

上面的结果表明,二维正态的边缘密度是(一维)正态密度;而

且还顺便告诉我们:二维正态5个参数中的μ_1,μ_2和σ_1^2,σ_2^2分别是两个边缘密度的均值和方差. 除此之外,还可说明由(1.10)式所给出的$p(x,y)$确是一个二维联合密度函数. 这是因为

$$\int_{-\infty}^{+\infty}\int_{-\infty}^{+\infty}p(x,y)\,\mathrm{d}x\mathrm{d}y=\int_{-\infty}^{+\infty}\left[\int_{-\infty}^{+\infty}p(x,y)\,\mathrm{d}y\right]\mathrm{d}x$$

$$=\int_{-\infty}^{+\infty}\frac{1}{\sqrt{2\pi}\sigma_1}\mathrm{e}^{-\frac{(x-\mu_1)^2}{2\sigma_1^2}}\mathrm{d}x=1$$

(2) 分量独立的充要条件

我们指出下列重要事实:若(X,Y)服从二维正态分布(参数为$\mu_1,\mu_2,\sigma_1,\sigma_2,\rho$),则$X$与$Y$相互独立的充分必要条件是$\rho=0$.

先证充分性. 设(X,Y)的密度是

$$p(x,y)=\frac{1}{2\pi\sigma_1\sigma_2\sqrt{1-\rho^2}}\mathrm{e}^{-\frac{1}{2(1-\rho^2)}\left[\left(\frac{x-\mu_1}{\sigma_1}\right)^2-\frac{2\rho(x-\mu_1)(y-\mu_2)}{\sigma_1\sigma_2}+\left(\frac{y-\mu_2}{\sigma_2}\right)^2\right]}$$

其中$\mu_1,\mu_2,\sigma_1>0,\sigma_2>0,|\rho|<1$是5个参数.

此时X,Y的密度分别是

$$p_X(x)=\frac{1}{\sqrt{2\pi}\sigma_1}\mathrm{e}^{-\frac{(x-\mu_1)^2}{2\sigma_1^2}}$$

$$p_Y(y)=\frac{1}{\sqrt{2\pi}\sigma_2}\mathrm{e}^{-\frac{(y-\mu_2)^2}{2\sigma_2^2}}$$

当$\rho=0$时,显然有$p(x,y)=p_X(x)p_Y(y)$. 由定理1.2知X与Y是相互独立的.

下面证明必要性. 设X,Y相互独立,由定理1.2知

$$p_X(x)p_Y(y)=\frac{1}{2\pi\sigma_1\sigma_2}\mathrm{e}^{-\frac{1}{2}\left[\left(\frac{x-\mu_1}{\sigma_1}\right)^2+\left(\frac{y-\mu_2}{\sigma_2}\right)^2\right]}\qquad(1.11)$$

为(X,Y)的联合密度.

于是(1.10)与(1.11)都是(X,Y)的联合密度,由于这两个密度函数都是连续的,它们应该处处相等. 特别应该有$p(\mu_1,\mu_2)=$

$p_X(\mu_1)p_Y(\mu_2)$. 从(1.10)知 $p(\mu_1,\mu_2)=\dfrac{1}{2\pi\sigma_1\sigma_2\sqrt{1-\rho^2}}$, 从(1.11)知 $p_X(\mu_1)p_Y(\mu_2)=\dfrac{1}{2\pi\sigma_1\sigma_2}$, 于是 $\sqrt{1-\rho^2}=1$, 从而 $\rho=0$, 必要性得证.

作为本节的结束,我们介绍一下二维随机向量的分布函数的概念.

定义 1.7 设 $\boldsymbol{\xi}=(X,Y)$ 是二维随机向量,称函数

$$F(x,y)=P\{X\leqslant x,Y\leqslant y\}$$

为它的分布函数.

若 $\boldsymbol{\xi}=(X,Y)$ 的分布函数有二阶连续偏微商,则 $\dfrac{\partial^2 F(x,y)}{\partial x\partial y}$ 就是 $\boldsymbol{\xi}$ 的分布密度.

习 题 十 一

1. 离散型随机向量(X,Y)有如下的概率分布:

X \ Y	0	1	2	3	4	5	6
0	0.202	0.174	0.113	0.062	0.049	0.023	0.004
1	0	0.099	0.064	0.040	0.031	0.020	0.006
2	0	0	0.031	0.025	0.018	0.013	0.008
3	0	0	0	0.001	0.002	0.004	0.011

求边缘分布. 又:随机变量 X,Y 是否独立?

2. 随机向量(X,Y)在矩形区域 $D=\{(x,y):a<x<b,c<y<d\}$ 上服从均匀分布,求联合密度与边缘密度. 又问随机变量 X,Y 是否独立?

3. 随机向量(X,Y)的联合密度

$$p(x,y)=\begin{cases}c(R-\sqrt{x^2+y^2}) & \text{当 } x^2+y^2<R^2\\ 0 & \text{当 } x^2+y^2\geqslant R^2\end{cases}$$

求:(1) 系数 c;(2) 随机向量落在圆 $x^2+y^2\leqslant r^2\ (r<R)$ 内的概率.

4. 设(X,Y)的联合密度是

$$p(x,y)=\frac{c}{(1+x^2)(1+y^2)}$$

求:(1) 系数 c;(2) (X,Y)落在以$(0,0),(0,1),(1,0),(1,1)$为顶点的正方形内的概率;(3) 问 X,Y 是否独立?

5. 设(X,Y)的联合密度是

$$p(x,y)=\begin{cases}A\sin(x+y) & \text{当 } 0<x<\dfrac{\pi}{2},0<y<\dfrac{\pi}{2}\\ 0 & \text{其他}\end{cases}$$

求:(1) 系数 A;(2) 边缘密度.

6. 一机器制造直径为 X 的圆轴,另一机器制造内径为 Y 的轴衬,设(X,Y)的联合密度为

$$p(x,y)=\begin{cases}2\ 500 & \text{当 } 0.49<x<0.51,0.51<y<0.53\\ 0 & \text{其他}\end{cases}$$

若轴衬的内径与轴的直径之差大于 0.004 且小于 0.036,则两者可以相适衬.求任一轴与任一轴衬相适衬的概率.

7. 设(X,Y)服从

$$D=\left\{(x,y):\frac{(x+y)^2}{2a^2}+\frac{(x-y)^2}{2b^2}\leqslant 1\right\}$$

上的均匀分布,求(X,Y)的联合密度 $p(x,y)$.

8. 对于下列三组参数,写出二维正态随机向量的联合密度与边缘密度.

	μ_1	μ_2	σ_1	σ_2	ρ
(1)	3	0	1	1	$\frac{1}{2}$
(2)	1	1	$\frac{1}{2}$	$\frac{1}{2}$	$\frac{1}{2}$
(3)	1	2	1	$\frac{1}{2}$	0

§2 两个随机变量的函数的分布

在第二章中,我们讨论了一个随机变量的函数的分布问题,即:已知 X 的分布,求 X 的函数 $Y=f(X)$的分布问题.在那里,对于 X 是连续型的情形,我们介绍了一个基本方法,该方法的要点是:通过 Y 与 X 的关系,先找出 Y 的分布函数,再利用分布函数与密度函数

的关系,最终找到 Y 的密度函数.

本节要讨论的是两个随机变量的函数的分布问题.具体来说:

已知(X,Y)的联合密度,求

$$Z=f(X,Y)$$

的密度函数(如果密度函数存在的话).

1. 和的分布

已知(X,Y)的联合密度是 $p(x,y)$,求 $Z=X+Y$ 的密度.

还用“分布函数法”,我们先来找出 $P\{Z\leqslant z\}$.显然有

$$P\{Z\leqslant z\}=P\{X+Y\leqslant z\}$$

注意到事件$\{X+Y\leqslant z\}$形式上可以换成我们所熟悉的表达形式:

$$\{X+Y\leqslant z\}=\{(X,Y)\in D\}$$

这里的 $D=\{(x,y):x+y\leqslant z\}$,它是 xy 平面上的一个区域(见图4.3).由于(X,Y)的联合密度是$p(x,y)$,所以有

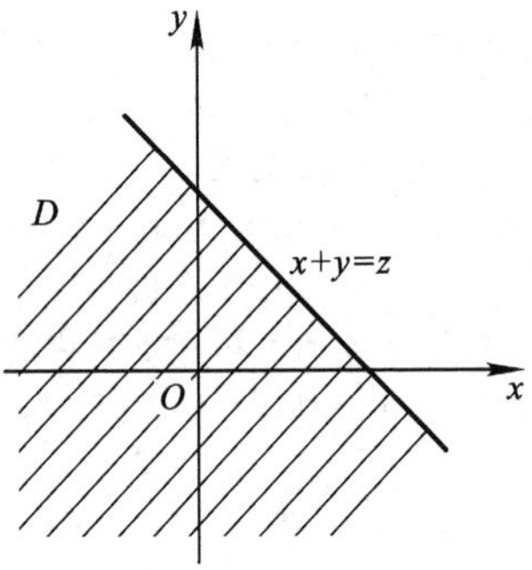

图 4.3

$$\begin{aligned}P\{Z\leqslant z\}&=P\{X+Y\leqslant z\}\\&=P\{(X,Y)\in D\}\\&=\iint_D p(x,y)\mathrm{d}x\mathrm{d}y\\&=\iint_{x+y\leqslant z}p(x,y)\mathrm{d}x\mathrm{d}y\end{aligned}\tag{2.1}$$

至此,对于每个确定的 z,$P\{Z\leqslant z\}$的值已归结为计算一个二重积分,而该积分的被积函数与积分区域都是已知的.利用二重积分与累次积分的关系,我们有

$$\iint_{x+y\leqslant z}p(x,y)\mathrm{d}x\mathrm{d}y=\int_{-\infty}^{+\infty}\mathrm{d}x\int_{-\infty}^{z-x}p(x,y)\mathrm{d}y$$

$$\xlongequal{令\ u=y+x}\int_{-\infty}^{+\infty}\mathrm{d}x\int_{-\infty}^{z}p(x,u-x)\,\mathrm{d}u$$

$$=\int_{-\infty}^{z}\mathrm{d}u\int_{-\infty}^{+\infty}p(x,u-x)\,\mathrm{d}x$$

因此,得

$$F_Z(z)=P\{Z\leqslant z\}=\int_{-\infty}^{z}\left[\int_{-\infty}^{+\infty}p(x,u-x)\,\mathrm{d}x\right]\mathrm{d}u$$

于是,Z 的分布密度 $p_Z(z)$ 求得如下:

$$p_Z(z)=\int_{-\infty}^{+\infty}p(x,z-x)\,\mathrm{d}x \tag{2.2}$$

例 2.1 设 X 与 Y 相互独立,服从相同的分布 $N(\mu,\sigma^2)$,求 $X+Y$ 的分布密度.

解 由题设知(X,Y)的联合密度 $p(x,y)$是

$$\frac{1}{2\pi\sigma^2}\mathrm{e}^{-\frac{1}{2\sigma^2}[(x-\mu)^2+(y-\mu)^2]}$$

于是按(2.2)式,$X+Y$ 的密度 $p(z)$:

$$p(z)=\int_{-\infty}^{+\infty}\frac{1}{2\pi\sigma^2}\mathrm{e}^{-\frac{1}{2\sigma^2}[(x-\mu)^2+(z-x-\mu)^2]}\mathrm{d}x$$

$$\xlongequal{令\ t=x-\mu}\int_{-\infty}^{+\infty}\frac{1}{2\pi\sigma^2}\mathrm{e}^{-\frac{1}{2\sigma^2}[t^2+(z-2\mu-t)^2]}\mathrm{d}t$$

$$=\int_{-\infty}^{+\infty}\frac{1}{2\pi\sigma^2}\mathrm{e}^{-\frac{1}{2\sigma^2}[2t^2-2(z-2\mu)t+(z-2\mu)^2]}\mathrm{d}t$$

$$=\int_{-\infty}^{+\infty}\frac{1}{\sqrt{2\pi}\left(\frac{\sigma}{\sqrt{2}}\right)}\mathrm{e}^{-\frac{1}{2\sigma^2}2\left(t-\frac{z-2\mu}{2}\right)^2}$$

$$\cdot\frac{1}{\sqrt{2\pi}(\sqrt{2}\sigma)}\mathrm{e}^{-\frac{1}{2\sigma^2}\frac{(z-2\mu)^2}{2}}\mathrm{d}t$$

$$=\frac{1}{\sqrt{2\pi}(\sqrt{2}\sigma)}\mathrm{e}^{-\frac{(z-2\mu)^2}{2(\sqrt{2}\sigma)^2}}$$

这表明 $X+Y\sim N(2\mu,2\sigma^2)$,即 $X+Y$ 也服从正态分布,其均值与方差都是原来的两倍.

2. 两个例子

前面推导了二维随机向量(X,Y)之和 $Z=X+Y$ 的分布,得到了公式(2.2),然后利用公式(2.2)很容易推导出正态独立同分布的随机变量之和的分布. 这些推导过程是有一般性的. 为了说明这种一般性,我们先来解剖一下在公式(2.2)的推导过程中的两个特点:

(1) 为了求和的密度,先求和的分布,即

$$P\{X+Y\leqslant z\}$$

(2) 在求 $P\{X+Y\leqslant z\}$ 的过程中,用到下列等式:

$$P\{X+Y\leqslant z\}=\iint\limits_{x+y\leqslant z}p(x,y)\,\mathrm{d}x\mathrm{d}y$$

即(2.1)式,其中 $p(x,y)$ 为(X,Y)的联合密度.

事实上,这(1),(2)两点很容易推广到以下(1′),(2′)两点:

(1′) 为求随机变量函数 $f(X,Y)$ 的密度,先求它的分布,即

$$P\{f(X,Y)\leqslant z\}$$

(2′) 在求 $P\{f(X,Y)\leqslant z\}$ 的过程中,用到下列等式

$$P\{f(X,Y)\leqslant z\}=\iint\limits_{f(x,y)\leqslant z}p(x,y)\,\mathrm{d}x\mathrm{d}y \tag{2.3}$$

其中 $p(x,y)$ 是(X,Y)的联合密度.

下面利用(1′),(2′)两点,计算两个重要的例子.

例 2.2 设 X,Y 相互独立服从相同分布 $N(0,1)$,求 $\sqrt{X^2+Y^2}$ 的密度.

解 记 $Z=\sqrt{X^2+Y^2}$ 的分布函数为 $F_Z(z)$,则

$$F_Z(z)=P\{Z\leqslant z\}=P\{\sqrt{X^2+Y^2}\leqslant z\}$$
$$=\iint\limits_{\sqrt{x^2+y^2}\leqslant z}\frac{1}{2\pi}\mathrm{e}^{-\frac{1}{2}(x^2+y^2)}\,\mathrm{d}x\mathrm{d}y$$

作极坐标变换:$x=r\cos\theta,y=r\sin\theta(r\geqslant 0,0\leqslant\theta<2\pi)$,易知 $z>0$ 时

$$F_Z(z) = \int_0^{2\pi} \mathrm{d}\theta \int_0^z \frac{1}{2\pi} \mathrm{e}^{-\frac{1}{2}r^2} r\mathrm{d}r = \int_0^z r\mathrm{e}^{-\frac{1}{2}r^2} \mathrm{d}r$$

当 $z \leqslant 0$ 时 $F_Z(z) = 0$. 于是 $\sqrt{X^2 + Y^2}$ 的密度 $p(z)$ 是

$$p(z) = \begin{cases} z\mathrm{e}^{-\frac{z^2}{2}} & z > 0 \\ 0 & z \leqslant 0 \end{cases}$$

这就是所谓**瑞利(Rayleigh)分布**

例 2.3 设 X, Y 独立同分布, 共同的密度函数为 $p(\cdot)$,分布函数为 $F(\cdot)$. (对于函数 $h(x)$,如果我们只注意函数关系,而对自变量采用什么记号并不关心时,习惯上就写作 $h(\cdot)$.)求 $Z = \max(X,Y)$ 的密度函数. (为简单计,我们设 $p(\cdot)$ 是连续函数.)

解
$$\begin{aligned} F_Z(z) &= P\{Z \leqslant z\} \\ &= P\{\max(X,Y) \leqslant z\} \end{aligned}$$

注意到事件等式:

$$\{\max(X,Y) \leqslant z\} = \{X \leqslant z\} \cdot \{Y \leqslant z\}$$

(左边的事件发生意味着 X,Y 中的较大者 $\leqslant z$,因而有 $X \leqslant z$ 及 $Y \leqslant z$,即 $\{X \leqslant z\}$ 发生以及 $\{Y \leqslant z\}$ 发生,亦即 $\{X \leqslant z\} \cdot \{Y \leqslant z\}$ 发生;这表明左边 $\subset$ 右边. 类似可证右边 $\subset$ 左边. 于是得上面的等式.)

再由 X,Y 的独立性得:

$$\begin{aligned} P\{\max(X,Y) \leqslant z\} &= P\{X \leqslant z, Y \leqslant z\} \\ &= P\{X \leqslant z\} \cdot P\{Y \leqslant z\} \\ &= F(z) \cdot F(z) = F^2(z) \end{aligned}$$

于是, $\max(X,Y)$ 的密度 $p_Z(z)$ 为

$$p_Z(z) = [F^2(z)]' = 2F(z) \cdot F'(z) = 2F(z) \cdot p(z)$$

随机变量函数的联合密度

已知 (X,Y) 的联合密度,而

$$\begin{cases} U = f(X,Y) \\ V = g(X,Y) \end{cases}$$

如何求出(U,V)的联合密度？我们可以证明下列重要定理，由于严格的数学论述较为抽象，初学者可以略去不读.

定理 2.1 设(X,Y)有联合密度$p(x,y)$，且区域A(可以是全平面)满足：$P\{(X,Y)\in A\}=1$.

又函数$f(x,y)$，$g(x,y)$满足：

① 对任何实数u,v，方程组

$$\begin{cases}f(x,y)=u\\ g(x,y)=v\end{cases} \tag{2.4}$$

在A中至多有一个解$x=x(u,v)$，$y=y(u,v)$.

② f,g在A中有连续偏导数.

③ 雅可比行列式$\frac{\partial(f,g)}{\partial(x,y)}$在$A$中处处不等于0.

设 $U=f(X,Y)$，$V=g(X,Y)$.

$G=\{(u,v)$：方程组(2.4)在A中有解$\}$

$$q(u,v)=\begin{cases}p[x(u,v),y(u,v)]\left|\frac{\partial(x,y)}{\partial(u,v)}\right| & 当(u,v)\in G\\ 0 & 当(u,v)\bar{\in} G\end{cases}$$

这里$\left|\frac{\partial(x,y)}{\partial(u,v)}\right|$是函数$x(u,v)$，$y(u,v)$的雅可比行列式的绝对值. 则$q(u,v)$是$(U,V)$的联合密度.

证 给定$a<b$，$c<d$. 设$D=\{(u,v):a<u<b,c<v<d\}$，$D^*=\{(x,y):(f(x,y),g(x,y))\in D\}$，易知$(f(x,y),g(x,y))$是$D^*\cap A$到$D\cap G$上之一一映射，其逆映射是$(x(u,v),y(u,v))$. 据重积分的变数替换公式知

$$\iint\limits_{D^*\cap A}p(x,y)\mathrm{d}x\mathrm{d}y=\iint\limits_{D\cap G}p[x(u,v),y(u,v)]\left|\frac{\partial(x,y)}{\partial(u,v)}\right|\mathrm{d}u\mathrm{d}v$$

于是

$$P\{(U,V)\in D\}=P\{(f(X,Y),g(X,Y))\in D\}$$

$$=P\{(X,Y)\in D^*\}=P\{(X,Y)\in D^*\cap A\}=\iint\limits_{D^*\cap A}p(x,y)\mathrm{d}x\mathrm{d}y$$

$$=\iint\limits_{D\cap G}p[x(u,v),y(u,v)]\left|\frac{\partial(x,y)}{\partial(u,v)}\right|\mathrm{d}u\mathrm{d}v=\iint\limits_{D}q(u,v)\mathrm{d}u\mathrm{d}v$$

这就证明了$q(u,v)$是(U,V)的联合密度.

例 2.4 设X,Y相互独立，都服从$[0,1]$上的均匀分布，

$$U=\sqrt{-2\ln X}\cos 2\pi Y$$

$$V=\sqrt{-2\ln X}\sin 2\pi Y$$

求(U,V)的联合密度.

解 在定理2.1中令$f(x,y)=\sqrt{-2\ln x}\cos 2\pi y, g(x,y)=\sqrt{-2\ln x}\cdot\sin 2\pi y, A=\left\{(x,y):0<x<1,0<y<1,\text{但 }y\neq\frac{1}{4},\frac{2}{4},\frac{3}{4}\right\}$,易知那里的$G=\{(u,v):u\neq0,v\neq0\}$,$x=x(u,v)=e^{-\frac{1}{2}(u^2+v^2)}$,$y=y(u,v)$的表达式较复杂.当$u>0,v>0$时$y(u,v)=\frac{1}{2\pi}\arctan\frac{v}{u}$;当$u>0,v<0$时,$y(u,v)=1+\frac{1}{2\pi}\arctan\frac{v}{u}$;当$u<0$时,$y(u,v)=\frac{1}{2}+\frac{1}{2\pi}\arctan\frac{v}{u}$.不难推知

$$\frac{\partial(x,y)}{\partial(u,v)}=\frac{1}{2\pi}e^{-\frac{1}{2}(u^2+v^2)}$$

但(X,Y)的联合密度为

$$p(x,y)=\begin{cases}1 & 0\leqslant x\leqslant 1,0\leqslant y\leqslant 1\\ 0 & \text{其他}\end{cases}$$

故(U,V)的联合密度函数为

$$q(u,v)=\begin{cases}\frac{1}{2\pi}e^{-\frac{1}{2}(u^2+v^2)} & \text{当 }u\neq0,v\neq0\text{ 时}\\ 0 & \text{当 }u=0\text{ 或 }v=0\text{ 时}\end{cases}$$

当然,函数$\varphi(u,v)\equiv\frac{1}{2\pi}e^{-\frac{1}{2}(u^2+v^2)}$也是$(U,V)$的联合密度函数.由于$\varphi(u,v)=\frac{1}{\sqrt{2\pi}}e^{-\frac{1}{2}u^2}\cdot\frac{1}{\sqrt{2\pi}}e^{-\frac{1}{2}v^2}$,不难看出,$U,V$是相互独立的而且都服从$N(0,1)$.

例 2.5 设X,Y相互独立,都服从$N(0,1)$,

$$\begin{aligned}X&=R\cos\Theta\\ Y&=R\sin\Theta\end{aligned}\quad\begin{pmatrix}R\geqslant0\\ 0\leqslant\Theta<2\pi\end{pmatrix}$$

求(R,Θ)的联合密度与边缘密度.

解 利用定理2.1.(取$A=\{(x,y):x\neq0,y\neq0\}$并改变密度函数$q(\cdot,\cdot)$在个别点上的值)可以求得$(R,\Theta)$的联合密度为:

$$\varphi(r,\theta)=\begin{cases}\frac{1}{2\pi}re^{-\frac{1}{2}r^2} & r>0,0<\theta<2\pi\\ 0 & \text{其他}\end{cases}$$

如令

$$f(r)=\begin{cases} re^{-\frac{1}{2}r^2} & r>0 \\ 0 & 其他 \end{cases}$$

$$g(\theta)=\begin{cases} \frac{1}{2\pi} & 0<\theta<2\pi \\ 0 & 其他 \end{cases}$$

则有 $\varphi(r,\theta)=f(r)g(\theta)$. 由此不难看出：$R$ 的密度是 $f(r)$，Θ 的密度是 $g(\theta)$，且 R 与 Θ 相互独立.

*** 例 2.6** 设 R 与 Θ 相互独立，都服从 $(0,1)$ 上的均匀分布，r_1 和 r_2 是固定的数 $(0\leqslant r_1<r_2)$，

$$X=r_2\sqrt{\frac{r_1^2}{r_2^2}+\left(1-\frac{r_1^2}{r_2^2}\right)R}\cos(2\pi\Theta)$$

$$Y=r_2\sqrt{\frac{r_1^2}{r_2^2}+\left(1-\frac{r_1^2}{r_2^2}\right)R}\sin(2\pi\Theta)$$

则 (X,Y) 服从环 $\{(x,y):r_1^2\leqslant x^2+y^2\leqslant r_2^2\}$ 上的均匀分布.

实际上，令

$$f(r,\theta)=r_2\sqrt{\frac{r_1^2}{r_2^2}+\left(1-\frac{r_1^2}{r_2^2}\right)r}\cos 2\pi\theta$$

$$g(r,\theta)=r_2\sqrt{\frac{r_1^2}{r_2^2}+\left(1-\frac{r_1^2}{r_2^2}\right)r}\sin 2\pi\theta$$

则
$$X=f(R,\Theta),Y=g(R,\Theta)$$

记 $x=f(r,\theta),y=g(r,\theta)$，则

$$r=\frac{x^2+y^2-r_1^2}{r_2^2-r_1^2}\xlongequal{记}r(x,y)$$

$$\theta=\begin{cases} \frac{1}{2\pi}\arctan\frac{y}{x}, & x>0,y>0 \\ \frac{1}{2\pi}\left(\arctan\frac{y}{x}+\pi\right), & x<0 \\ \frac{1}{2\pi}\left(\arctan\frac{y}{x}+2\pi\right), & x>0,y<0 \end{cases}$$

$$\xlongequal{记}\theta(x,y)$$

易知雅可比行列式 $J=\frac{\partial(r,\theta)}{\partial(x,y)}=\frac{1}{\pi(r_2^2-r_1^2)}$，$(R,\Theta)$ 的联合密度 $p(r,\theta)=$

$I_{[0,1]}(r)I_{[0,1]}(\theta)$,这里

$$I_E(x)=\begin{cases}1 & x\in E\\ 0 & x\overline{\in} E\end{cases}$$

设 D 是环$\{(x,y):r_1^2\leqslant x^2+y^2\leqslant r_2^2\}$中任一区域,则

$$\begin{aligned}P((X,Y)\in D)&=\iint\limits_{\{(f(r,\theta),g(r,\theta))\in D\}}p(r,\theta)\mathrm{d}r\mathrm{d}\theta\\&=\iint\limits_D I_{[0,1]}(r(x,y))I_{[0,1]}(\theta(x,y))|J|\mathrm{d}x\mathrm{d}y\\&=\iint\limits_D|J|\mathrm{d}x\mathrm{d}y=\frac{m(D)}{\pi(r_2^2-r_1^2)}\end{aligned}$$

这里 $m(D)$是 D 的面积. 可见(X,Y)服从环上的均匀分布.

习 题 十 二

1. 设 X,Y 相互独立,其密度分别为

$$p_X(x)=\begin{cases}1 & 0\leqslant x\leqslant 1\\ 0 & 其他\end{cases}$$

$$p_Y(y)=\begin{cases}\mathrm{e}^{-y} & y>0\\ 0 & y\leqslant 0\end{cases}$$

求 $X+Y$ 的密度

2. 设 X,Y 相互独立,分别服从自由度为 k_1,k_2的χ^2分布,即

$$p_X(x)=\begin{cases}\dfrac{1}{2^{\frac{k_1}{2}}\Gamma\left(\dfrac{k_1}{2}\right)}x^{\frac{k_1}{2}-1}\mathrm{e}^{-\frac{x}{2}} & x>0\\ 0 & x\leqslant 0\end{cases}$$

$$p_Y(y)=\begin{cases}\dfrac{1}{2^{\frac{k_2}{2}}\Gamma\left(\dfrac{k_2}{2}\right)}y^{\frac{k_2}{2}-1}\mathrm{e}^{-\frac{y}{2}} & y>0\\ 0 & y\leqslant 0\end{cases}$$

证明 $X+Y$ 也服从χ^2分布,自由度为 k_1+k_2.

3. 设 $X_1\sim N(\mu_1,\sigma_1^2)$,$X_2\sim N(\mu_2,\sigma_2^2)$,且 X_1,X_2相互独立,求证:

(1) $X_1+X_2\sim N(\mu_1+\mu_2,\sigma_1^2+\sigma_2^2)$;

(2) $\dfrac{X_1+X_2}{2}\sim N\left(\dfrac{\mu_1+\mu_2}{2},\dfrac{\sigma_1^2+\sigma_2^2}{4}\right)$.

4. 设 X,Y 独立同分布,密度为 $p(\cdot)$,分布函数为 $F(\cdot)$. 求 $\min\{X,Y\}$ 的密度.

5. 设系统 L 由两个相互独立的子系统 L_1,L_2 联接而成,联接的方式分别为(1)串联,(2)并联,(3)备用(当系统 L_1 损坏时,系统 L_2 开始工作),如图 4.4 所示. 已知 L_1,L_2 的寿命分别为 X 和 Y,概率密度分别为

$$p_X(x)=\begin{cases}\alpha e^{-\alpha x} & x>0\\ 0 & x\leqslant 0\end{cases}$$

$$p_Y(y)=\begin{cases}\beta e^{-\beta y} & y>0\\ 0 & y\leqslant 0\end{cases}$$

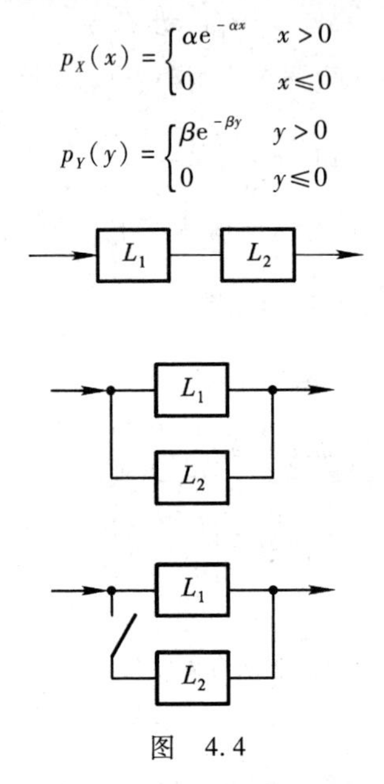

图 4.4

其中 $\alpha>0,\beta>0$ 且 $\alpha\neq\beta$,试分别就这三种联接方式写出系统 L 的寿命 Z 的概率密度.

6. 设某种商品一周的需要量是一个随机变量,其密度为

$$p(x)=\begin{cases}x e^{-x} & x>0\\ 0 & x\leqslant 0\end{cases}$$

如果各周的需要量是互相独立的. 试求(1) 两周,(2) 三周的需要量的概率密度.

§3 随机向量的数字特征

本节讨论二维随机向量的数字特征,并对均值与方差的性质

作进一步的讨论. 作为基本工具,先介绍均值公式.

1. 两个随机变量的函数的均值公式

对于两个随机变量的函数 $Z=f(X,Y)$ 的均值,也有均值公式:

设(X,Y)的联合密度为 $p(x,y)$, $Z=f(X,Y)$,则有①

$$E(Z)=E[f(X,Y)]=\int_{-\infty}^{+\infty}\int_{-\infty}^{+\infty}f(x,y)p(x,y)\mathrm{d}x\mathrm{d}y \quad (3.1)$$

由于(3.1)式的证明中要用到较多的数学知识,我们就不证明了.

例 3.1 设 X,Y 独立同分布,共同分布是 $N(0,1)$,求

$$E[\sqrt{X^2+Y^2}]$$

解法 1 用公式(3.1).

$$E[\sqrt{X^2+Y^2}]=\int_{-\infty}^{+\infty}\int_{-\infty}^{+\infty}\sqrt{x^2+y^2}\frac{1}{2\pi}\cdot \mathrm{e}^{-\frac{1}{2}(x^2+y^2)}\mathrm{d}x\mathrm{d}y$$

$$=\int_0^{2\pi}\mathrm{d}\theta\int_0^{+\infty}r\cdot\frac{1}{2\pi}\mathrm{e}^{-\frac{1}{2}r^2}r\mathrm{d}r\text{(作极坐标变换)}$$

$$=\int_0^{+\infty}r^2\mathrm{e}^{-\frac{1}{2}r^2}\mathrm{d}r=\frac{\sqrt{2\pi}}{2}$$

解法 2 由 §2,此时 $\sqrt{X^2+Y^2}$ 服从瑞利分布. 即 $\sqrt{X^2+Y^2}$ 的密度是

$$p(z)=\begin{cases}z\mathrm{e}^{-\frac{1}{2}z^2} & z>0\\ 0 & z\leqslant 0\end{cases}$$

所以

$$E(\sqrt{X^2+Y^2})=\int_{-\infty}^{+\infty}zp(z)\mathrm{d}z=\int_0^{+\infty}z^2\mathrm{e}^{-\frac{1}{2}z^2}\mathrm{d}z=\frac{\sqrt{2\pi}}{2}$$

---

① 严格地说,还要求该二重积分绝对收敛. (X,Y)为离散型时,也有与(3.1)相应的均值公式.

比较这两种解法可知,利用了公式(3.1)的解法1要方便些,因为它不需要知道 $\sqrt{X^2+Y^2}$ 的分布,而只需直接计算一个二重积分即可.

另外,对于二维随机向量 (X,Y),计算两个分量 X,Y 之和以及它们本身的均值和方差,都可以利用(3.1)式(将在下面2中介绍),由此可见(3.1)式的重要性.

2. 均值与方差的性质

(1) 设 (X,Y) 的联合密度为 $p(x,y)$,X,Y 的边缘密度分别为 $p_X(x)$,$p_Y(y)$,则由上一章的讨论,知道有

$$E(X)=\int_{-\infty}^{+\infty} xp_X(x)\,\mathrm{d}x,E(Y)=\int_{-\infty}^{+\infty} yp_Y(y)\,\mathrm{d}y$$

$$D(X)=\int_{-\infty}^{+\infty} [x-E(X)]^2 p_X(x)\,\mathrm{d}x$$

$$D(Y)=\int_{-\infty}^{+\infty} [y-E(Y)]^2 p_Y(y)\,\mathrm{d}y$$

这里,我们再列出另一套由联合密度 $p(x,y)$ 给出的计算公式[①].

$$E(X)=\int_{-\infty}^{+\infty}\int_{-\infty}^{+\infty} xp(x,y)\,\mathrm{d}x\mathrm{d}y$$

$$E(Y)=\int_{-\infty}^{+\infty}\int_{-\infty}^{+\infty} yp(x,y)\,\mathrm{d}x\mathrm{d}y \tag{3.2}$$

$$D(X)=\int_{-\infty}^{+\infty}\int_{-\infty}^{+\infty} [x-E(X)]^2 p(x,y)\,\mathrm{d}x\mathrm{d}y$$

$$D(Y)=\int_{-\infty}^{+\infty}\int_{-\infty}^{+\infty} [y-E(Y)]^2 p(x,y)\,\mathrm{d}x\mathrm{d}y$$

由公式(3.1)立即可推得(3.2)各式成立,请读者自行完成.

(2) 我们有

$$E(X+Y)=E(X)+E(Y) \tag{3.3}$$

---

① 当 X,Y 是离散型时,也有与(3.2)各式相应的结果.

$$D(X+Y)=D(X)+D(Y)$$
$$+2E\{[X-E(X)][(Y-E(Y)]\} \tag{3.4}$$

当 X,Y 独立时,有

$$E(X\cdot Y)=E(X)\cdot E(Y) \tag{3.5}$$
$$D(X+Y)=D(X)+D(Y) \tag{3.6}$$

证 先证(3.3)式. 由(3.1)式①,

$$\begin{aligned}E(X+Y)&=\int_{-\infty}^{+\infty}\int_{-\infty}^{+\infty}(x+y)p(x,y)\mathrm{d}x\mathrm{d}y\\&=\int_{-\infty}^{+\infty}\int_{-\infty}^{+\infty}xp(x,y)\mathrm{d}x\mathrm{d}y+\int_{-\infty}^{+\infty}\int_{-\infty}^{+\infty}yp(x,y)\mathrm{d}x\mathrm{d}y\\&=E(X)+E(Y)\end{aligned}$$

再证(3.4)式.

$$\begin{aligned}D(X+Y)&=E[(X+Y)-E(X+Y)]^2\\&=E\{[X-E(X)]+[Y-E(Y)]\}^2(\text{由(3.3)式})\\&=E\{[X-E(X)]^2+[Y-E(Y)]^2+\\&\quad 2[X-E(X)][Y-E(Y)]\}\\&=E[X-E(X)]^2+E[Y-E(Y)]^2+\\&\quad 2E\{[X-E(X)][Y-E(Y)]\}\\&=D(X)+D(Y)+2E\{[X-E(X)][Y-E(Y)]\}\end{aligned}$$

(3.4)式得证. 下面来证(3.5)式. 设 X,Y 的密度分别是 $p_X(x),p_Y(y)$. 从 X,Y 独立知,(X,Y) 的联合密度为 $p_X(x)\cdot p_Y(y)$,由(3.1)式知

$$\begin{aligned}E(X\cdot Y)&=\int_{-\infty}^{+\infty}\int_{-\infty}^{+\infty}xyp_X(x)p_Y(y)\mathrm{d}x\mathrm{d}y\\&=\left[\int_{-\infty}^{+\infty}xp_X(x)\mathrm{d}x\right]\cdot\left[\int_{-\infty}^{+\infty}yp_Y(y)\mathrm{d}y\right]\end{aligned}$$

---

① 我们是从均值公式(3.1)出发推导(3.3),即假定了(X,Y)是连续型的二维随机向量. 这个假定显然太苛刻了. 用较多的数学知识可以证明,对任意两个随机变量,只要它们的期望存在,则(3.3)仍成立.

$$=E(X)\cdot E(Y)$$

最后来证(3.6). 由于

$$\begin{aligned}
&E\{[X-E(X)][Y-E(Y)]\}\\
&=E\{XY-XE(Y)-YE(X)+E(X)\cdot E(Y)\}\\
&=E(XY)-E(X)\cdot E(Y)-E(Y)\cdot E(X)+E(X)\\
&\quad\cdot E(Y) \qquad\qquad (由 3.3)\\
&=E(XY)-E(X)\cdot E(Y)=0
\end{aligned}$$

(最后一个等号用到了 X 与 Y 的独立性及(3.5))于是,从(3.4)立即得到(3.6).

定义 3.1 称向量$(E(X),E(Y))$为随机向量(X,Y)的均值,称数值 $E\{[X-E(X)][Y-E(Y)]\}$为 X,Y 的协方差.

3. 协方差(斜方差)

协方差 $E\{[X-E(X)][Y-E(Y)]\}$是二维随机向量(X,Y)的一个重要的数字特征,它刻画了 X,Y 取值间的相互联系. 通常采用的记号为

$$\operatorname{cov}(X,Y)\triangleq E\{[X-E(X)][Y-E(Y)]\}$$

或

$$\sigma_{XY}\triangleq E\{[X-E(X)][Y-E(Y)]\}$$

由公式(3.1)知:

$$\begin{aligned}
\sigma_{XY}&=\operatorname{cov}(X,Y)\\
&=\int_{-\infty}^{+\infty}\int_{-\infty}^{+\infty}[x-E(X)][y-E(Y)]p(x,y)\,\mathrm{d}x\mathrm{d}y \qquad (3.7)
\end{aligned}$$

其中 $p(x,y)$为(X,Y)的联合密度.

与记号 σ_{XY}对应,对于 $D(X),D(Y)$也分别可采用记号 σ_{XX}, σ_{YY}.

根据前面的讨论,当 X 与 Y 相互独立时,协方差 $\sigma_{XY}=0$(如果协方差存在的话). 值得注意的是,由 $\sigma_{XY}=0$ 并不能保证 X 与 Y 独立.

例 3.2 设(X,Y)的联合密度是

$$p(x,y)=\begin{cases}\dfrac{1}{\pi} & x^2+y^2\leqslant 1\\ 0 & 其他\end{cases}$$

求 $\sigma_{XX},\sigma_{YY},\sigma_{XY}$.

解 先求 $E(X),E(Y)$. 由公式(3.2),有:

$$E(X)=\int_{-\infty}^{+\infty}\int_{-\infty}^{+\infty}xp(x,y)\mathrm{d}x\mathrm{d}y$$

$$=\iint\limits_{x^2+y^2\leqslant 1}x\cdot\frac{1}{\pi}\mathrm{d}x\mathrm{d}y$$

同样有

$$E(Y)=\iint\limits_{x^2+y^2\leqslant 1}y\cdot\frac{1}{\pi}\mathrm{d}x\mathrm{d}y$$

由于以上两个积分里被积函数为奇函数,且积分区域有对称性,则有 $E(X)=E(Y)=0$.

对于 $\sigma_{XX},\sigma_{YY},\sigma_{XY}$,有

$$\sigma_{XX}=\int_{-\infty}^{+\infty}\int_{-\infty}^{+\infty}(x-E(X))^2p(x,y)\mathrm{d}x\mathrm{d}y$$

$$=\frac{1}{\pi}\iint\limits_{x^2+y^2\leqslant 1}x^2\mathrm{d}x\mathrm{d}y$$

$$=\frac{1}{\pi}\int_0^{2\pi}\mathrm{d}\theta\int_0^1 r^2\cos^2\theta\cdot r\mathrm{d}r\quad（作极坐标变换）$$

$$=\frac{1}{\pi}\left(\int_0^{2\pi}\cos^2\theta\mathrm{d}\theta\right)\cdot\left(\int_0^1 r^3\mathrm{d}r\right)=\frac{1}{4}$$

自然也有 $\sigma_{YY}=\dfrac{1}{4}$. 而

$$\sigma_{XY}=\int_{-\infty}^{+\infty}\int_{-\infty}^{+\infty}[x-E(X)][y-E(Y)]p(x,y)\mathrm{d}x\mathrm{d}y$$

$$=\frac{1}{\pi}\iint\limits_{x^2+y^2\leqslant 1}xy\mathrm{d}x\mathrm{d}y$$

这个二重积分值,按积分区域 $x^2+y^2\leqslant 1$ 与被积函数 xy 的对称

性，是等于 0 的. 因此有 $\sigma_{XY}=0$.

可是，本例中 X 与 Y 并不相互独立（请读者自行验证）.

例 3.3 设(X,Y)服从二维正态分布，密度函数为

$$p(x,y)=\frac{1}{2\pi\sigma_1\sigma_2\sqrt{1-\rho^2}}\cdot e^{-\frac{1}{2(1-\rho^2)}\left[\left(\frac{x-\mu_1}{\sigma_1}\right)^2-\frac{2\rho(x-\mu_1)(y-\mu_2)}{\sigma_1\sigma_2}+\left(\frac{y-\mu_2}{\sigma_2}\right)^2\right]}$$

求 σ_{XY}.（前面已求得：$E(X)=\mu_1$，$E(Y)=\mu_2$；$\sigma_{XX}=\sigma_1^2$，$\sigma_{YY}=\sigma_2^2$.）

解

$$\begin{aligned}\sigma_{XY}&=\int_{-\infty}^{+\infty}\int_{-\infty}^{+\infty}[x-E(X)][y-E(Y)]p(x,y)\mathrm{d}x\mathrm{d}y\\&=\frac{1}{2\pi\sigma_1\sigma_2\sqrt{1-\rho^2}}\int_{-\infty}^{+\infty}\int_{-\infty}^{+\infty}(x-\mu_1)(y-\mu_2)\\&\quad\cdot e^{-\frac{1}{2(1-\rho^2)}\left[\left(\frac{x-\mu_1}{\sigma_1}\right)^2-\frac{2\rho(x-\mu_1)(y-\mu_2)}{\sigma_1\sigma_2}+\left(\frac{y-\mu_2}{\sigma_2}\right)^2\right]}\mathrm{d}x\mathrm{d}y\\&\xlongequal{\text{令 }u=\frac{x-\mu_1}{\sigma_1},v=\frac{y-\mu_2}{\sigma_2}}\frac{\sigma_1\sigma_2}{2\pi\sqrt{1-\rho^2}}\\&\quad\cdot\int_{-\infty}^{+\infty}\int_{-\infty}^{+\infty}uve^{-\frac{1}{2(1-\rho^2)}(u^2-2\rho uv+v^2)}\mathrm{d}u\mathrm{d}v=\frac{\sigma_1\sigma_2}{2\pi\sqrt{1-\rho^2}}\\&\quad\cdot\int_{-\infty}^{+\infty}\left[\int_{-\infty}^{+\infty}uve^{-\frac{1}{2(1-\rho^2)}[(u-\rho v)^2+(1-\rho^2)v^2]}\mathrm{d}u\right]\mathrm{d}v\\&=\frac{\sigma_1\sigma_2}{\sqrt{2\pi}}\int_{-\infty}^{+\infty}\left[ve^{-\frac{1}{2}v^2}\frac{1}{\sqrt{2\pi}\sqrt{1-\rho^2}}\right.\\&\quad\left.\cdot\int_{-\infty}^{+\infty}ue^{-\frac{1}{2(1-\rho^2)}(u-\rho v)^2}\mathrm{d}u\right]\mathrm{d}v\end{aligned}$$

注意到上式方括号内的因子

$$\frac{1}{\sqrt{2\pi}\sqrt{1-\rho^2}}\int_{-\infty}^{+\infty}ue^{-\frac{1}{2(1-\rho^2)}(u-\rho v)^2}\mathrm{d}u$$

是 $N(\rho v,(\sqrt{1-\rho^2})^2)$ 的均值,所以它等于 ρv. 于是得

$$\sigma_{XY}=\frac{\sigma_1\sigma_2}{\sqrt{2\pi}}\int_{-\infty}^{+\infty}\rho v^2 e^{-\frac{1}{2}v^2}dv=\rho\sigma_1\sigma_2$$

这个结果给出了二维正态密度第五个参数 ρ 的概率意义:

$$\rho=\frac{\sigma_{XY}}{\sqrt{\sigma_{XX}}\sqrt{\sigma_{YY}}} \tag{3.8}$$

对于二维正态来说,由本章 §1 中第 5 段的讨论知道,$\rho=0$ 是 X,Y 独立的充分必要条件. 由上面(3.8)式容易看出 $\rho=0$ 和 $\sigma_{XY}=0$ 是等价的. 所以说,对于二维正态分布,$\sigma_{XY}=0$ 也是 X,Y 独立的充分条件. 而对于一般的二维分布,充分性不成立.

4. 相关系数

(1) **定义 3.2** 称

$$\frac{\sigma_{XY}}{\sqrt{\sigma_{XX}}\sqrt{\sigma_{YY}}}$$

为 X,Y 的**相关系数**(自然要求分母不为 0),记作 ρ_{XY}. 在不会引起混淆的情况下,简记作 ρ. 即

$$\rho_{XY}=\frac{\sigma_{XY}}{\sqrt{\sigma_{XX}}\sqrt{\sigma_{YY}}} \tag{3.9}$$

从定义看到,ρ 跟协方差 σ_{XY} 只差一个常数倍数. 另外,对于二维正态分布,正好有:

$$\rho_{XY}=\rho$$

即二维正态分布的第五个参数 ρ 就是相关系数.

(2) 相关系数 ρ 满足:

$$|\rho|\leqslant 1 \tag{3.10}$$

理由如下:对于任意实数 λ,有

$$\begin{aligned}D(Y-\lambda X)&=E[Y-\lambda X-E(Y-\lambda X)]^2\\&=E\{[Y-E(Y)]-\lambda[X-E(X)]\}^2\\&=E[Y-E(Y)]^2+\lambda^2E[X-E(X)]^2\end{aligned}$$

$$-2\lambda E\{[Y-E(Y)][X-E(X)]\}$$

$$=\lambda^2\sigma_{XX}-2\lambda\sigma_{XY}+\sigma_{YY} \tag{3.11}$$

在上式中令 $\lambda=b\triangleq\dfrac{\sigma_{XY}}{\sigma_{XX}}$,则有

$$D(Y-bX)=\sigma_{YY}\left(1-\frac{\sigma_{XY}^2}{\sigma_{XX}\sigma_{YY}}\right)=\sigma_{YY}(1-\rho^2)$$

由于方差是非负的,故 $\sigma_{YY}(1-\rho^2)\geqslant 0$,所以 $|\rho|\leqslant 1$. 这就证明了(3.10). 我们还看出,$|\rho|=1$ 的充要条件是$D(Y-bX)=0$.

经过数学研究知道,$D(\xi)=0$ 的充要条件是存在常数 a 使 $P\{\xi=a\}=1$. 所以 $|\rho|=1$ 的充要条件是存在常数 a 使 $P\{Y-bX=a\}=1$,即 $P\{Y=a+bX\}=1$.

相关系数 ρ 的实际意义是:它刻画了 X,Y 间线性关系的近似程度. 一般说来,$|\rho|$越接近 1,X 与 Y 越近似地有线性关系. 要注意的是,ρ 只刻画 X 与 Y 间线性关系的近似程度,当 X,Y 之间有很密切的曲线关系时,$|\rho|$的数值也可能很小,例如,X 服从$N(0,1)$,$Y=X^2$,此时 Y 与 X 有很密切的曲线关系,但是 $\rho_{XY}=0$.

线性预测与相关系数

这里介绍一下所谓**线性预测**问题. 以此强调 ρ 只是刻画 X,Y 间线性关系的程度的一个数量特征.

给定两个随机变量 $X,Y(\sigma_{XX}\neq 0,\sigma_{YY}\neq 0)$,如果希望用 X 的线性函数 $a+bX$ 来近似代替 Y(或说来预测 Y),问:a,b 应如何选择,使 $a+bX$ 最接近 Y;接近的程度又如何?

要解决这个问题,首先要对所谓"接近"给出明确而合理的标准. 注意,这里的"接近",是对两个随机变量 $a+bX$ 与 Y 而言的. 一个自然而合理的标准是用量

$$Q\triangleq E[Y-(a+bX)]^2$$

作为 Y 与 $a+bX$ 之间的"距离";它越小就表示 Y 与 $a+bX$ 越接近.

a,b 如何选择呢? 问题已很清楚,就是选这样的 a,b,它们使 Q 达到极小. 下面我们用配方的办法来具体找出这样的 a,b(也可用微积分的办法).

$$
\begin{aligned}
Q &= E[Y-(a+bX)]^2 \\
&= E\{[(Y-E(Y))-b(X-E(X))]+ \\
&\quad [E(Y)-bE(X)-a]\}^2
\end{aligned}
$$

记第一个方括号内的随机变量为 Z,即

$$Z \triangleq Y-E(Y)-b(X-E(X))$$

容易验证有 $E(Z)=0$.

再注意到第二个方括号内的量是常量. 于是有

$$
\begin{aligned}
Q &= E(Z^2)+[E(Y)-bE(X)-a]^2 \\
&= \sigma_{YY}-2b\sigma_{XY}+b^2\sigma_{XX}+[E(Y)-bE(X)-a]^2 \\
&= \sigma_{XX}\left(b-\frac{\sigma_{XY}}{\sigma_{XX}}\right)^2+\left(\sigma_{YY}-\frac{\sigma_{XY}^2}{\sigma_{XX}}\right)+ \\
&\quad [E(Y)-bE(X)-a]^2 \quad (\text{配方})
\end{aligned}
$$

我们看到,Q 由三部分构成:

(i) $\sigma_{YY}-\dfrac{\sigma_{XY}^2}{\sigma_{XX}}$;

(ii) $\sigma_{XX}\left(b-\dfrac{\sigma_{XY}}{\sigma_{XX}}\right)^2$;

(iii) $[E(Y)-bE(X)-a]^2$.

a,b 取什么值能使"(i)"+"(ii)"+"(iii)"最小呢? "(i)"是由 X,Y 本身的量决定的. 不论 a,b 如何选择对它都无影响;"(ii)"是非负的. 显然,选 $b=b^*=\dfrac{\sigma_{XY}}{\sigma_{XX}}$时,它最小,其值为 0;再由"(iii)",决定选 $a=a^*=E(Y)-b^*E(X)$.

综合上述,取

$$b^*=\frac{\sigma_{XY}}{\sigma_{XX}}$$

$$a^*=E(Y)-b^*E(X)$$

可使 Q 达到最小,最小值是

$$Q_{\min}=\sigma_{YY}-\frac{\sigma_{XY}^2}{\sigma_{XX}}=\sigma_{YY}(1-\rho^2) \tag{3.12}$$

回顾 $Q_{\min}$的意义,我们知道它是 X 的线性函数 $a+bX$ 与 Y 之间的最小"距离". 它越小就表示用 X 的线性函数来近似 Y 的程度越高,也即 X,Y 之间的线性关系越密切. 而(3.12)式表明,$|\rho|$越接近 1(即越大),$Q_{\min}$就越小. 这说明$|\rho|$越大,X,Y 间的线性关系越密切. ρ 刻画了 X,Y 间线性关系的密

切程度.

习 题 十 三

1. 设(X,Y)的联合密度

$$p(x,y)=\begin{cases}4xye^{-(x^2+y^2)} & \text{当 } x>0,y>0\\ 0 & \text{其他}\end{cases}$$

求$Z=\sqrt{X^2+Y^2}$的均值(用两种方法).

2. 证明:如果X与Y独立,则

$$D(XY)=D(X)D(Y)+[E(X)]^2D(Y)+[E(Y)]^2D(X)$$

3. 设(X,Y)的联合密度

$$p(x,y)=\frac{A}{(x^2+y^2+1)^2}(A\text{ 是常数})$$

试求出A的数值,并问σ_{XX}与σ_{YY}是否存在?

4. 设(X,Y)服从区域$D=\{(x,y):0<x<1,0<y<x\}$上的均匀分布,求相关系数ρ.

5. 设X_1,X_2独立,概率密度分别为

$$p_1(x)=\begin{cases}2x & 0\leqslant x\leqslant 1\\ 0 & \text{其他}\end{cases}$$

$$p_2(x)=\begin{cases}e^{-(x-5)} & x>5\\ 0 & \text{其他}\end{cases}$$

求$E(X_1\cdot X_2)$.

6. 已知$D(X)=25,D(Y)=36,\rho=0.4$.求$D(X+Y)$及$D(X-Y)$.

7. 设(X,Y)服从二维正态分布,$E(X)=E(Y)=0,D(X)=a^2,D(Y)=b^2,\rho=0$,求$(X,Y)$落在区域$D=\left\{(x,y):\frac{x^2}{a^2}+\frac{y^2}{b^2}\leqslant k^2\right\}$中的概率.$(k>0)$

8. 直接验证:若$Y=a+bX$,则

$$\rho=\begin{cases}1 & \text{当 } b>0\\ -1 & \text{当 } b<0\end{cases}$$

9. 设$X\sim N(0,1)$,而$Y=X^n$(n是正整数).求ρ_{XY}.

§4 关于 n 维随机向量

对于一般的n维随机向量,可仿照二维的情形进行讨论.这

里，我们只是把基本的概念与结果列举出来，读者不难看出这些是二维随机向量情形的推广.

1. 联合密度与边缘密度

定义 4.1 对于 n 维随机向量 $\boldsymbol{\xi}=(X_1,X_2,\cdots,X_n)$，如果存在非负函数 $p(x_1,x_2,\cdots,x_n)$，使对于任意 n 维长方体 $D=\{(x_1,x_2,\cdots,x_n):a_1<x_1<b_1,a_2<x_2<b_2,\cdots,a_n<x_n<b_n\}$ 均成立：

$$P\{\boldsymbol{\xi}\in D\}=\iint\limits_D\cdots\int p(x_1,x_2,\cdots,x_n)\mathrm{d}x_1\mathrm{d}x_2\cdots\mathrm{d}x_n \tag{4.1}$$

则称 $\boldsymbol{\xi}=(X_1,X_2,\cdots,X_n)$ 是连续型的，并称 $p(x_1,x_2,\cdots,x_n)$ 为 $\boldsymbol{\xi}$ 的分布密度，也称 $p(x_1,x_2,\cdots,x_n)$ 为 $(X_1,X_2,\cdots,X_n)$ 的联合分布密度（简称联合密度）.

利用较多的数学知识，从(4.1)出发可以证明，对于 n 维空间中相当任意的集合 D，仍成立

$$P\{\boldsymbol{\xi}\in D\}=\iint\limits_D\cdots\int p(x_1,x_2,\cdots,x_n)\mathrm{d}x_1\mathrm{d}x_2\cdots\mathrm{d}x_n \tag{4.2}$$

(4.2)是连续型的 n 维随机向量的基本公式.

我们还称 $(X_1,X_2,\cdots,X_n)$ 的一部分分量所构成的向量——例如 (X_1,X_2)——的分布密度为边缘密度. 特别地，每个分量 X_i 的分布密度 $p_i(x_i)$ 当然也是 $(X_1,X_2,\cdots,X_n)$ 的边缘密度，称它们为单个密度.

设 $X_1,X_2,\cdots,X_n$ 的联合密度为 $p(x_1,x_2,\cdots,x_n)$，则边缘密度就都可由 $p(x_1,x_2,\cdots,x_n)$ 求得. 例如，X_1 的边缘密度：

$$p_1(x_1)=\int_{-\infty}^{+\infty}\int_{-\infty}^{+\infty}\cdots\int_{-\infty}^{+\infty}p(x_1,x_2,\cdots,x_n)\mathrm{d}x_2\mathrm{d}x_3\cdots\mathrm{d}x_n \tag{4.3}$$

又如 (X_1,X_2) 的边缘密度：

$$p_{12}(x_1,x_2)=\int_{-\infty}^{+\infty}\int_{-\infty}^{+\infty}\cdots\int_{-\infty}^{+\infty}p(x_1,x_2,\cdots,x_n)\mathrm{d}x_3\mathrm{d}x_4\cdots\mathrm{d}x_n$$

在众多的 n 维随机向量中，最重要的是所谓 n 维正态随机向量.

定义 4.2 称随机向量 $\boldsymbol{\xi}=(X_1,X_2,\cdots,X_n)$ 服从 n 维正态分布(也称 $\boldsymbol{\xi}$ 是 n 维正态随机向量),如果它的分布密度是这样的:

$$p(x_1,x_2,\cdots,x_n)=\frac{1}{(2\pi)^{\frac{n}{2}}|\boldsymbol{\Sigma}|^{\frac{1}{2}}}\exp\left\{-\frac{1}{2}(x-\mu)^{\mathrm{T}}\boldsymbol{\Sigma}^{-1}(x-\mu)\right\} \tag{4.4}$$

其中 $\mu=(\mu_1,\mu_2,\cdots,\mu_n)^{\mathrm{T}}$ 是固定的向量,$\boldsymbol{\Sigma}=(\sigma_{ij})_{n\times n}$ 是固定的 n 阶正定矩阵,$\boldsymbol{\Sigma}^{-1}$ 是 $\boldsymbol{\Sigma}$ 的逆矩阵,$|\boldsymbol{\Sigma}|$ 是 $\boldsymbol{\Sigma}$ 的行列式,$x=(x_1,x_2,\cdots,x_n)^{\mathrm{T}}$,T 表示矩阵的转置运算.

当随机向量 $\boldsymbol{\xi}$ 有密度(4.4)时,常记作 $\boldsymbol{\xi}\sim N(\boldsymbol{\mu},\boldsymbol{\Sigma})$. 表达式(4.4)比较复杂,初学者不必记住它.

2. 独立性

定义 4.3 设 $X_1,X_2,\cdots,X_n$ 是 n 个随机变量,如果对任意 $a_i<b_i(i=1,2,\cdots,n)$,事件 $\{a_1<X_1<b_1\},\{a_2<X_2<b_2\},\cdots,\{a_n<X_n<b_n\}$ 相互独立,则称 $X_1,X_2,\cdots,X_n$ 是**相互独立**的.

定理 4.1 设 $X_1,X_2,\cdots,X_n$ 的分布密度分别是 $p_1(x_1)$, $p_2(x_2),\cdots,p_n(x_n)$,则 $X_1,X_2,\cdots,X_n$ 相互独立的充要条件是:n 元函数 $p_1(x_1)p_2(x_2)\cdots p_n(x_n)$ 是 $(X_1,X_2,\cdots,X_n)$ 的联合密度.

证明很容易,和 §1 定理 1.2 的证法相仿,从略.

3. n 个随机变量的函数的分布

这里只列出一个类似于(2.3)的公式,而不进行具体讨论.

$$\begin{aligned}&P\{f(X_1,X_2,\cdots,X_n)\leqslant z\}\\&=\underset{f(x_1,x_2,\cdots,x_n)\leqslant z}{\iint\cdots\int}p(x_1,x_2,\cdots,x_n)\,\mathrm{d}x_1\mathrm{d}x_2\cdots\mathrm{d}x_n\end{aligned} \tag{4.5}$$

公式(4.5)把找 $f(X_1,X_2,\cdots,X_n)$ 的分布函数的问题,归结为一个 n 重积分的计算问题.

4. 数字特征

(1) 均值公式

$$E[f(X_1,X_2,\cdots,X_n)]=\int_{-\infty}^{+\infty}\int_{-\infty}^{+\infty}\cdots\int_{-\infty}^{+\infty}f(x_1,x_2,\cdots,x_n).$$

$$p(x_1,x_2,\cdots,x_n)\mathrm{d}x_1\mathrm{d}x_2\cdots\mathrm{d}x_n \tag{4.6}$$

其中 $p(x_1,x_2,\cdots,x_n)$ 是 $(X_1,X_2,\cdots,X_n)$ 的联合密度(要求右端的积分绝对收敛).

以上的讨论形式上限于连续型;其实对于离散型也有相应的结果. 通常称向量 $(E(X_1),E(X_2),\cdots,E(X_n))$ 为随机向量 $(X_1,X_2,\cdots,X_n)$ 的均值.

(2) 均值与方差的性质

$$E(X_1+X_2+\cdots+X_n)=E(X_1)+E(X_2)+\cdots+E(X_n) \tag{4.7}$$

当 $X_1,X_2,\cdots,X_n$ 独立时有:

$$E(X_1X_2\cdots X_n)=E(X_1)E(X_2)\cdots E(X_n) \tag{4.8}$$

$$D(X_1+X_2+\cdots+X_n)=D(X_1)+D(X_2)+\cdots+D(X_n)$$

(3) 协方差与协差阵

记 $$\sigma_{ij}=E[(X_i-E(X_i))(X_j-E(X_j))]$$

$$(i=1,2,\cdots,n,j=1,2,\cdots,n) \tag{4.9}$$

很明显,对于 $i\neq j$, σ_{ij} 是第 i 个分量 X_i 与第 j 个分量 X_j 的协方差;而 σ_{ii} 是第 i 个分量 X_i 的方差.

称矩阵

$$\begin{pmatrix} \sigma_{11} & \sigma_{12} & \cdots & \sigma_{1n} \\ \sigma_{21} & \sigma_{22} & \cdots & \sigma_{2n} \\ \vdots & \vdots & & \vdots \\ \sigma_{n1} & \sigma_{n2} & \cdots & \sigma_{nn} \end{pmatrix} \tag{4.10}$$

为 $(X_1,X_2,\cdots,X_n)$ 的协差阵,记为 $\boldsymbol{\Sigma}$($\boldsymbol{\Sigma}$ 显然是对称矩阵).

可以验证矩阵 $\boldsymbol{\Sigma}$ 是非负定的[①].

---

① 称 n 阶实对称矩阵 $\boldsymbol{A}=(a_{ij})$ 是非负定的,若对任何实数 $t_1,t_2,\cdots,t_n$ 均有 $\sum\limits_{i,j}a_{ij}t_it_j\geqslant 0$.

(4) 相关系数与相关阵

记

$$\rho_{ij}=\frac{\sigma_{ij}}{\sqrt{\sigma_{ii}}\sqrt{\sigma_{jj}}}(i=1,2,\cdots,n,j=1,2,\cdots,n)$$

显然,对于 $i\neq j$,ρ_{ij}是 X_i,X_j的相关系数;而

$$\rho_{ii}=1\quad(i=1,2,\cdots,n)$$

称矩阵

$$\begin{pmatrix}\rho_{11} & \rho_{12} & \cdots & \rho_{1n}\\ \rho_{21} & \rho_{22} & \cdots & \rho_{2n}\\ \vdots & \vdots & & \vdots\\ \rho_{n1} & \rho_{n2} & \cdots & \rho_{nn}\end{pmatrix}\tag{4.11}$$

为$(X_1,\cdots,X_n)$的相关阵,记为 $\boldsymbol{R}$($\boldsymbol{R}$ 也是对称阵).

若记

$$\boldsymbol{C}\triangleq\begin{pmatrix}\frac{1}{\sqrt{\sigma_{11}}} & & & 0\\ & \frac{1}{\sqrt{\sigma_{22}}} & & \\ & & \ddots & \\ 0 & & & \frac{1}{\sqrt{\sigma_{nn}}}\end{pmatrix}$$

则有

$$\boldsymbol{R}=\boldsymbol{C\Sigma C}$$

作为本节的结束,我们还要介绍一个名词:n 维分布函数.

定义 4.4 设 $\boldsymbol{\xi}=(X_1,X_2,\cdots,X_n)$是 n 维随机向量,称 n 元函数 $F(x_1,x_2,\cdots,x_n)=P\{X_1\leqslant x_1,X_2\leqslant x_2,\cdots,X_n\leqslant x_n\}$为 $\boldsymbol{\xi}$ 的分布函数(也称为 $X_1,X_2,\cdots,X_n$的联合分布函数).

如果 $\boldsymbol{\xi}$ 有分布密度 $p(x_1,x_2,\cdots,x_n)$,则有下列关系式:

$$F(x_1,x_2,\cdots,x_n)=\int_{-\infty}^{x_1}\int_{-\infty}^{x_2}\cdots\int_{-\infty}^{x_n}p(u_1,u_2,\cdots,u_n)\mathrm{d}u_1\mathrm{d}u_2\cdots\mathrm{d}u_n$$

习 题 十 四

1. 已知(X,Y,Z)的联合密度为

$$p(x,y,z)=\begin{cases}e^{-(x+y+z)} & \text{当 } x>0,y>0,z>0\\ 0 & \text{其他}\end{cases}$$

分别求出 X,Y,Z 的单个密度. 又:X,Y,Z 相互独立吗?

2. 设 $X_1,X_2,\cdots,X_n$ 独立同分布,都服从 $N(\mu,\sigma^2)$,求$(X_1,X_2,\cdots,X_n)$的联合密度.

3. 设 X,Y,Z 独立同分布,服从 $N(0,1)$,求 $\sqrt{X^2+Y^2+Z^2}$ 的概率密度.

4. 设 $X_1,X_2,\cdots,X_n$ 独立同分布,分布的均值是 μ,方差是 σ^2. 而 $Y=\frac{1}{n}(X_1+X_2+\cdots+X_n)$,求 $E(Y),D(Y)$.

5. 设 $X_1,X_2,\cdots,X_n$ 独立,都服从参数为 m,η 的韦布尔分布 $\left(p(x)=\frac{m}{\eta^m}x^{m-1}e^{-\left(\frac{x}{\eta}\right)^m},m>0,\eta>0,x>0\right)$,试证明:$\min(X_1,X_2,\cdots,X_n)$ 仍然服从韦布尔分布.

6. 将 n 只球放入 M 只盒子中去,设每只球落入各个盒子是等可能性的. 求有球的盒子数 X 的均值.

(提示:引进随机变量:

$$X_i=\begin{cases}1 & \text{第 } i \text{ 只盒子中有球}\\ 0 & \text{第 } i \text{ 只盒子中无球}\end{cases}$$

显然有 $X=\sum_{i=1}^{M}X_i$.)

7. 求事件在 n 次独立试验中发生次数的均值与方差,如果该事件在第 i 次试验中发生的概率等于 $p_i(i=1,2,\cdots,n)$.

8. 对于随机变量 X,Y,Z,已知

$$E(X)=E(Y)=1,E(Z)=-1$$

$$D(X)=D(Y)=D(Z)=1$$

$$\rho_{XY}=0,\rho_{XZ}=\frac{1}{2},\rho_{YZ}=-\frac{1}{2}$$

求 $E(X+Y+Z),D(X+Y+Z)$.

9. 设 $X_1,X_2,\cdots,X_n$ 相互独立,且 $X_i\sim N(\mu,\sigma^2)\ (i=1,2,\cdots,n)$. 试证明[①]:

$$\frac{X_1+X_2+\cdots+X_n}{n}\sim N\left(\mu,\frac{\sigma^2}{n}\right)$$

(提示:应用习题十二中第3题的结论.)

* §5 条件分布与条件期望

设 X 与 Y 是两个随机变量. 给定实数 y,如果 $P(Y=y)>0$,则称 x 的函数 $P(X\leqslant x|Y=y)$ 为 $Y=y$ 的条件下 X 的条件分布函数,记作 $F_{X|Y}(x|y)$. 显然,根据条件概率的定义有

$$F_{X|Y}(x|y)=P(X\leqslant x,Y=y)/P(Y=y) \tag{5.1}$$

如果 $P(Y=y)=0$(例如 Y 为连续型随机变量),怎样定义 X 的条件分布函数呢? 这就不能从条件概率的初等定义(见第一章§5)出发了. 我们采用下列很自然的处理方法.

定义 5.1 设对任何 $\varepsilon>0$,$P(y-\varepsilon<Y\leqslant y+\varepsilon)>0$. 若极限

$$\lim_{\varepsilon\to 0}P(X\leqslant x|y-\varepsilon<Y\leqslant y+\varepsilon)$$

存在,则称此极限为 $Y=y$ 的条件下 X 的条件分布函数,记作 $P(X\leqslant x|Y=y)$ 或 $F_{X|Y}(x|y)$,即

$$F_{X|Y}(x|y)=\lim_{\varepsilon\to 0}P(X\leqslant x|y-\varepsilon<Y\leqslant y+\varepsilon) \tag{5.2}$$

不难看出,当 $P(Y=y)>0$ 时(5.2)与(5.1)有相同的结果.

应注意的是,条件分布涉及联合分布,由后者所确定. 分两种情形进行讨论.

(一) 离散型情形

设(X,Y)是二维离散型随机向量,其概率分布为

$P(X=x_i,Y=y_j)=p_{ij}(i=1,2,\cdots;j=1,2,\cdots)$,这里 $P(Y=y_j)>0(j\geqslant 1)$. 则在 $Y=y_j$的条件下 X 的条件分布是

---

① 此结论在数理统计中常常用到.

$$P(X=x_i \mid Y=y_j)=\frac{P(X=x_i, Y=y_j)}{P(Y=y_j)}$$

$$=\frac{p_{ij}}{\sum_{k\geqslant 1} p_{kj}} \quad (i=1,2,\cdots) \tag{5.3}$$

例 5.1 一射手进行射击,单发击中目标的概率为 $p(0<p<1)$,射击进行到击中目标两次为止. 设以 X 表示第一次击中目标所需的射击次数,以 Y 表示总共进行的射击次数. 试求(X,Y)的联合分布和条件分布?

解 显然 $P(X=m,Y=n)=p^2q^{n-2}(m=1,2,\cdots,n-1;n=2,3,\cdots)$,这里 $q=1-p$.

对其他的 m,n 显然 $P(X=m,Y=n)=0$.

于是 $$P(X=m)=\sum_{n=m+1}^{\infty} P(X=m,Y=n)$$

$$=\sum_{n=m+1}^{\infty} p^2q^{n-2}=pq^{m-1} \quad (m=1,2,\cdots)$$

$$P(Y=n)=\sum_{m=1}^{n-1} P(X=m,Y=n)=\sum_{m=1}^{n-1} p^2q^{n-2}$$

$$=(n-1)p^2q^{n-2} \quad (n=2,3,\cdots)$$

所以条件分布是:

$$P(X=m \mid Y=n)=\begin{cases}\dfrac{1}{n-1} & (n\geqslant 2, m=1,\cdots,n-1)\\ 0 & \text{其他情形}\end{cases}$$

$$P(Y=n \mid X=m)=\begin{cases}pq^{n-m-1} & (n\geqslant m+1)\\ 0 & (n\leqslant m)\end{cases}$$

(二) 连续型情形

设(X,Y)有联合分布函数 $F(x,y)$,联合密度 $p(x,y)$. 我们在对 $p(x,y)$作出若干假定(这些假定在实际应用中碰到的大多数情形下是满足的)后,可找出条件分布的表达式.

实际上,Y 的分布密度 $p_Y(y)=\int_{-\infty}^{+\infty} p(x,y)\mathrm{d}x$,$Y$ 的分布函

数 $F_Y(y)=\int_{-\infty}^{y} p_Y(u)\mathrm{d}u$. 若 $p_Y(u)$ 在 $u=y$ 处连续,则$\frac{\mathrm{d}F_Y(y)}{\mathrm{d}y}=p_Y(y)$. 从而$\lim\limits_{\varepsilon\to 0}\frac{F_Y(y+\varepsilon)-F_Y(y-\varepsilon)}{2\varepsilon}=p_Y(y)$.

若$\int_{-\infty}^{x} p(u,v)\mathrm{d}u$ 在 $v=y$ 处连续,则$\frac{\partial F(x,y)}{\partial y}=\int_{-\infty}^{x} p(u,y)\mathrm{d}u$, 从而 $\lim\limits_{\varepsilon\to 0}\frac{F(x,y+\varepsilon)-F(x,y-\varepsilon)}{2\varepsilon}=\int_{-\infty}^{x} p(u,y)\mathrm{d}u$. 于是 $F_{X|Y}(x\mid y)=\lim\limits_{\varepsilon\to 0}P(X\leqslant x\mid y-\varepsilon<Y\leqslant y+\varepsilon)$

$$
\begin{aligned}
&=\lim_{\varepsilon\to 0}\frac{P(X\leqslant x,y-\varepsilon<Y\leqslant y+\varepsilon)}{P(y-\varepsilon<Y\leqslant y+\varepsilon)}\\
&=\lim_{\varepsilon\to 0}\frac{F(x,y+\varepsilon)-F(x,y-\varepsilon)}{F_Y(y+\varepsilon)-F_Y(y-\varepsilon)}=\frac{\int_{-\infty}^{x} p(u,y)\mathrm{d}u}{p_Y(y)}\\
&=\int_{-\infty}^{x}\frac{p(u,y)}{p_Y(y)}\mathrm{d}u \quad (\text{当 } p_Y(y)>0 \text{ 时})
\end{aligned}
$$

这就求出了 $Y=y$ 的条件下 X 的条件分布函数. 自然称$\frac{p(x,y)}{p_Y(y)}$为 $Y=y$ 的条件下 X 的条件分布密度,记作 $p_{X|Y}(x|y)$,即

$$
p_{X|Y}(x|y)=\frac{p(x,y)}{p_Y(y)} \tag{5.4}
$$

这与离散型情形下的条件分布的形式(5.3)很相似.(应注意,(5.4)式的前提是假定 $p_Y(y)>0$).

例 5.2 设(X,Y)服从二维正态分布,其联合密度为

$$
p(x,y)=\frac{1}{2\pi\sigma_1\sigma_2\sqrt{1-\rho^2}}\exp\left\{-\frac{1}{2(1-\rho^2)}\left[\left(\frac{x-\mu_1}{\sigma_1}\right)^2-\frac{2\rho(x-\mu_1)(y-\mu_2)}{\sigma_1\sigma_2}+\left(\frac{y-\mu_2}{\sigma_2}\right)^2\right]\right\}
$$

(μ_1,μ_2是实数,$\sigma_1>0,\sigma_2>0,|\rho|<1$).

易知 Y 的分布密度 $p_Y(y)=\frac{1}{\sqrt{2\pi}\sigma_2}\exp\left\{-\frac{(y-\mu_2)^2}{2\sigma_2^2}\right\}$代入(5.4)

得

$$p_{X|Y}(x|y)=\frac{1}{\sqrt{2\pi(1-\rho^2)}\sigma_1}\exp\left\{-\frac{(x-m)^2}{2(1-\rho^2)\sigma_1^2}\right\},$$

其中 $m=\mu_1+\rho\frac{\sigma_1}{\sigma_2}(y-\mu_2)$，它是 y 的线性函数.

定义 5.2 （条件期望）设 X,Y 是两个随机变量，有联合密度 $p(x,y)$，设 $Y=y$ 的条件下 X 有条件分布密度 $p_{X|Y}(x|y)$. 则 $\int_{-\infty}^{+\infty}xp_{X|Y}(x|y)\mathrm{d}x$（当积分绝对收敛时）叫做 $Y=y$ 的条件下 X 的**条件期望**，记作 $E(X|Y=y)$.（当 (X,Y) 是离散型随机向量时，可类似地下定义，从略）.

从(5.4)知

$$E(X|Y=y)=\frac{1}{p_Y(y)}\int_{-\infty}^{+\infty}xp(x,y)\mathrm{d}x \tag{5.5}$$

这里 $p_Y(y)=\int_{-\infty}^{+\infty}p(x,y)\mathrm{d}x$ 是 Y 的分布密度. 条件期望 $E(X|Y=y)$ 的含义是：在 $Y=y$ 的条件下，X 取值的平均大小. 可以证明：

$$E(X)=\int_{\{y:p_Y(y)>0\}}E(X|Y=y)p_Y(y)\mathrm{d}y \tag{5.6}$$

我们首先指出，若 $p_Y(y)=0$，则

$$\int_{-\infty}^{+\infty}xp(x,y)\mathrm{d}x=0$$

实际上，对任何 $A>0$，$\left|\int_{-A}^{A}xp(x,y)\mathrm{d}x\right|\leqslant A\int_{-A}^{A}p(x,y)\mathrm{d}x\leqslant A\int_{-\infty}^{+\infty}p(x,y)\mathrm{d}x=Ap_Y(y)=0$. 于是 $\int_{-\infty}^{+\infty}xp(x,y)\mathrm{d}x=\lim\limits_{A\to+\infty}\int_{-A}^{A}xp(x,y)\mathrm{d}x=0$. 从而(5.6)式等号的右端 $=\int_{\{y:p_Y(y)>0\}}\left[\int_{-\infty}^{+\infty}xp(x,y)\mathrm{d}x\right]\mathrm{d}y=\int_{-\infty}^{+\infty}\left[\int_{-\infty}^{+\infty}xp(x,y)\mathrm{d}x\right]\mathrm{d}y=$

$\int_{-\infty}^{+\infty} x\left[\int_{-\infty}^{+\infty} p(x,y)\,\mathrm{d}y\right]\mathrm{d}x = \int_{-\infty}^{+\infty} xp_X(x)\,\mathrm{d}x = E(X)$（$p_X(x)$ 是 X 的分布密度）. 这就证明了(5.6)成立.

有时把(5.6)写成下列形式

$$E(X) = \int_{-\infty}^{+\infty} E(X \mid Y=y)\,p_Y(y)\,\mathrm{d}y \tag{5.7}$$

这时要注意，当 $p_Y(y)=0$ 时，规定 $E(X \mid Y=y)$ 为 0.

公式(5.6)的意义在于：为求 $E(X)$，有时 $E(X)$ 不便直接求，而条件期望 $E(X \mid Y=y)$ 从含义出发反而易于求出，此时利用(5.6)就可算出 $E(X)$ 来.（5.6）是第一章中全概公式的一种推广.

类似地，可求出 $X=x$ 的条件下 Y 的条件分布密度 $p_{Y|X}(y|x)$，即

$$p_{Y|X}(y|x) = \frac{p(x,y)}{p_X(x)}, \tag{5.8}$$

其中

$$p_X(x) = \int_{-\infty}^{+\infty} p(x,y)\,\mathrm{d}y \tag{5.9}$$

是 X 的分布密度. 在 $X=x$ 的条件下 Y 的条件期望是

$$\begin{aligned} E(Y \mid X=x) &= \int_{-\infty}^{+\infty} yp_{Y|X}(y|x)\,\mathrm{d}y \\ &= \frac{1}{p_X(x)}\int_{-\infty}^{+\infty} yp(x,y)\,\mathrm{d}y \end{aligned} \tag{5.10}$$

与公式(5.6)类似，有公式

$$E(Y) = \int_{\{x:p_X(x)>0\}} E(Y \mid X=x)\,p_X(x)\,\mathrm{d}x \tag{5.11}$$

例 5.3 设 $U_1, U_2, \cdots$ 是相互独立同分布的随机变量列，共同分布是(0,1)上均匀分布，

$$N = \min\left\{n : \sum_{i=1}^{n} U_i > 1\right\}$$

试求出 $E(N)$.

解 对任何 $x \in [0,1]$，令

$$N(x) = \min\left\{n: \sum_{i=1}^{n} U_i > x\right\}$$

$$m(x) = E[N(x)]$$

据公式(5.6)知

$$m(x) = \int_0^1 E[N(x) \mid U_1 = y]\,\mathrm{d}y$$

由于

$$E[N(x) \mid U_1 = y] = \begin{cases} 1 & y > x \\ 1 + m(x-y) & y \leqslant x \end{cases}$$

于是

$$m(x) = \int_x^1 \mathrm{d}y + \int_0^x [1 + m(x-y)]\,\mathrm{d}y$$

$$= 1 + \int_0^x m(u)\,\mathrm{d}u$$

$m'(x) = m(x)$. 由此知 $m(x) = k\mathrm{e}^x$. 因为 $m(0) = 1$. 故 $k = 1$. 所以 $m(x) = \mathrm{e}^x$. 从而 $E(N) = m(1) = \mathrm{e}$①.

例 5.4[8] 设一家供电公司新建不久，生产不够稳定，每月可以供应某工厂的电力服从[10,30]上均匀分布(单位：万度)，而该工厂每月实际生产所需要的电力服从[10,20]上的均匀分布. 如果工厂能从这家供电公司得到足够的电力，则每1万度电可创造30万元的利润. 若工厂从供电公司得不到足够的电力，则不足部分由工厂通过其他途径自行解决，此时每1万度电只能产生10万元的利润. 问：该工厂每月的平均利润是多少？

解 设工厂每月实际生产所需要的电力为 X(万度)，供电公司每月供应该厂的电力为 Y(万度)，工厂每月的利润为 R(万

---

① 对于任何两个随机变量 X 与 Y(不必限制(X,Y)是离散型的或连续型的)，均可定义 $Y=y$ 的条件下 X 的条件分布和条件期望，由于要用到较深的数学知识(测度论)，我们就不去对这种一般情形下定义了.

元).故由题意知

$$R=\begin{cases}30X & 若\ X\leqslant Y\\ 30Y+10(X-Y) & 若\ X>Y\end{cases}$$

于是当 $20\leqslant y\leqslant 30$ 时,有

$$E(R\mid Y=y)=\int_{10}^{20}30x\cdot\frac{1}{10}\mathrm{d}x=450(万元)$$

当 $10\leqslant y<20$ 时,有

$$\begin{aligned}E(R\mid Y=y)&=\int_{10}^{y}30x\cdot\frac{1}{10}\mathrm{d}x+\int_{y}^{20}[30y+10(x-y)]\frac{1}{10}\mathrm{d}x\\&=50+40y-y^2\end{aligned}$$

从(5.6)知

$$\begin{aligned}E(R)&=\int_{10}^{30}E(R\mid Y=y)p_Y(y)\mathrm{d}y\\&=\int_{10}^{20}(50+40y-y^2)\frac{1}{20}\mathrm{d}y+\int_{20}^{30}450\cdot\frac{1}{20}\mathrm{d}y\\&\approx 433(万元)\end{aligned}$$

即该工厂每月的平均利润约为 433 万元.

条件分布和条件期望的概念可以推广到两个随机向量的情形.设 $\boldsymbol{X}=(X_1,X_2,\cdots,X_m)$ 和 $\boldsymbol{Y}=(Y_1,Y_2,\cdots,Y_n)$ 分别是 m 维和 n 维的随机向量,我们也可讨论 $\boldsymbol{Y}=(y_1,y_2,\cdots,y_n)$ 的条件下 $\boldsymbol{X}$ 的条件分布函数.

设对任何 $\varepsilon>0$,$P(y_1-\varepsilon<Y_1\leqslant y_1+\varepsilon,y_2-\varepsilon<Y_2\leqslant y_2+\varepsilon,\cdots,y_n-\varepsilon<Y_n\leqslant y_n+\varepsilon)>0$.如果下列极限

$$\lim_{\varepsilon\to 0}P(X_1\leqslant x_1,X_2\leqslant x_2,\cdots,X_m\leqslant x_m\mid y_1-\varepsilon<Y_1\leqslant y_1+\varepsilon,y_2-\varepsilon<Y_2\leqslant y_2+\varepsilon,\cdots,y_n-\varepsilon<Y_n\leqslant y_n+\varepsilon)$$

存在,则称这个极限为 $Y=(y_1,y_2,\cdots,y_n)$ 的条件下 $\boldsymbol{X}$ 的条件分布函数,记作 $F_{X\mid Y}(x_1,x_2,\cdots,x_n\mid y_1,y_2,\cdots,y_n)$.可以证明,在相当广泛的条件下,若$(\boldsymbol{X},\boldsymbol{Y})$有联合密度 $p(x_1,x_2,\cdots,x_m,y_1,y_2,\cdots,y_n)$,则

$$F_{X|Y}(x_1, x_2, \cdots, x_m \mid y_1, y_2, \cdots, y_n) = \int_{-\infty}^{x_1}\int_{-\infty}^{x_2}\cdots\int_{-\infty}^{x_m}\frac{p(u_1,u_2,\cdots,u_m,y_1,y_2,\cdots,y_n)}{p_Y(y_1,y_2,\cdots,y_n)}\mathrm{d}u_1\mathrm{d}u_2\cdots\mathrm{d}u_m$$

很自然称这里的被积函数为 $\boldsymbol{Y}=(y_1,y_2,\cdots,y_n)$ 的条件下 $\boldsymbol{X}$ 的条件分布密度. 固定 $y=(y_1,y_2,\cdots,y_n)$. 不难推知在 $\boldsymbol{Y}=y$ 的条件下 X_i 的条件分布密度为

$$p_i(u_i|y) = \int_{-\infty}^{+\infty}\int_{-\infty}^{+\infty}\cdots\int_{-\infty}^{+\infty}\frac{p(u_1,u_2,\cdots,u_m,y)}{p_Y(y)}\mathrm{d}u_1\mathrm{d}u_2\cdots\mathrm{d}u_{i-1}\mathrm{d}u_{i+1}\cdots\mathrm{d}u_n \text{（当 } p_Y(y)>0 \text{ 时）}$$

于是在 $\boldsymbol{Y}=y$ 的条件下 X_i 的条件期望为

$$E(X_i|\boldsymbol{Y}=y) = \int_{-\infty}^{+\infty} up_i(u|y)\mathrm{d}u \quad (i=1,2,\cdots,m).$$

自然定义 $E(\boldsymbol{X}|\boldsymbol{Y}=y)$ 为向量 $(E(X_1|\boldsymbol{Y}=y), E(X_2|\boldsymbol{Y}=y),\cdots, E(X_m|\boldsymbol{Y}=y))$.

对离散型随机向量可进行类似的讨论,从略.

最佳预测与条件期望

设 X 和 Y 是两个随机变量,一个重要问题是如何根据 X 的观测值去预测 Y 的值(例如根据成年人的足长(脚趾到脚跟的长度)推测该人的身高,这在刑侦工作中相当重要). 换句话说,如何寻找函数 $\psi(x)$ 使得 $\psi(X)$ 的值最接近 Y. 一个重要提法是:如何找 $\psi(x)$ 使 $E[Y-\psi(X)]^2$ 达到最小(均方误差最小).

定理 5.1 设 (X,Y) 有联合密度 $p(x,y)$,$E(Y^2)$ 存在,令

$$\varphi(x) = \begin{cases} E(Y|X=x) & \text{当 } p_X(x)>0 \\ 0 & \text{当 } p_X(x)=0 \end{cases}$$

这里 $p_X(x)$ 是 X 的分布密度,则

$$E[Y-\varphi(X)]^2 = \min_{\psi} E[Y-\psi(X)]^2 \qquad (5.12)$$

换句话说. 用 $\varphi(X)$ 预测 Y 时均方误差最小(当 (X,Y) 是离散型时,有类似的结论. 从略).

证 不妨设 $E[\psi(X)]^2$ 存在. 易知

$$E[Y-\psi(X)]^2 = E[Y-\varphi(X)+\varphi(X)-\psi(X)]^2$$
$$= E[Y-\varphi(X)]^2 + E[\varphi(X)-\psi(X)]^2 + 2E[Y-\varphi(X)][\psi(X)-\psi(X)]$$

我们指出,上式等号右边第三项等于0. 为此只须证明

$$E\{Y[\varphi(X)-\psi(X)]\} = E\{\varphi(X)[\varphi(X)-\psi(X)]\} \tag{5.13}$$

若 $p_X(x)=0$,则 $\int_{-\infty}^{+\infty} p(x,y)\,\mathrm{d}y=0$. 从而不难推知 $\int_{-\infty}^{+\infty} yp(x,y)\,\mathrm{d}y=0$. 于是利用(5.10)知

$$\int_{-\infty}^{+\infty} yp(x,y)\,\mathrm{d}y = \varphi(x)p_X(x) \qquad (\text{一切 } x)$$

利用均值公式(4.5)知

$$E\{Y[\varphi(X)-\psi(X)]\} = \int_{-\infty}^{+\infty}\int_{-\infty}^{+\infty} y[\varphi(x)-\psi(x)]p(x,y)\,\mathrm{d}x\mathrm{d}y$$
$$= \int_{-\infty}^{+\infty} [\varphi(x)-\psi(x)]\left[\int_{-\infty}^{+\infty} yp(x,y)\,\mathrm{d}y\right]\mathrm{d}x$$
$$= \int_{-\infty}^{+\infty} [\varphi(x)-\psi(x)]\varphi(x)p_X(x)\,\mathrm{d}x = E\{\varphi(X)[\varphi(X)-\psi(X)]\}$$

故(5.13)成立. 于是 $E[Y-\psi(X)]^2 \geqslant E[Y-\varphi(X)]^2$. 从而(5.12)成立. 证毕.

这个定理告诉我们,用条件期望进行预测,均方误差最小.

用 X 表示我国成年人的身高,Y 表示成年人的足长,经过我国公安部门研究,有下列公式

$$E(X|Y=y) = 6.876y$$

一案犯在保险柜前面留下足迹,测得足长 25.3 cm,代入上式算出此案犯的身高大约在 174 cm 左右. 这一信息对于刻画案犯外形有着重要的作用.

例 5.5 若(X,Y)服从二维正态分布,其密度函数见本章(1.10). 易知条件分布密度

$$p_{Y|X}(y|x) = \frac{1}{\sqrt{2\pi(1-\rho^2)}\sigma_2}\exp\left\{-\frac{(y-m)^2}{2(1-\rho^2)\sigma_2^2}\right\},$$

其中 $m=\mu_2+\rho\dfrac{\sigma_2}{\sigma_1}(x-\mu_1)$ (参看例 5.2).

于是 $E(Y|X=x) = \int_{-\infty}^{+\infty} yp_{Y|X}(y|x)\,\mathrm{d}y = \mu_2+\rho\dfrac{\sigma_2}{\sigma_1}(x-\mu_1)$.

这表明用 $\mu_2+\rho\dfrac{\sigma_2}{\sigma_1}(X-\mu_1)$ 去预测 Y,均方误差最小.

若 $X_1, X_2, \cdots, X_m, Y$ 是 $m+1$ 个随机变量,如何根据 $X_1, X_2, \cdots, X_m$ 的值去预测 Y 的值呢？即如何找出 $\psi(x_1, x_2, \cdots, x_m)$ 使得用 $\psi = \psi(X_1, X_2, \cdots, X_m)$ 去预测 Y,均方误差最小. 可以证明下列一般性结论：

设 $E(Y^2)$ 存在, $X = (X_1, X_2, \cdots X_m)$

$$\varphi(x_1, x_2, \cdots, x_m) = E[Y|X = (x_1, x_2, \cdots, x_m)]$$

(这里用到条件期望的一般性定义,由于涉及较深的数学理论,我们不细说了.)则 $E[\varphi(X_1, X_2, \cdots, X_m) - Y]^2 = \min\limits_{\psi} E[\psi(X_1, X_2, \cdots, X_m) - Y]^2$. 这表明用条件期望去预测,均方误差最小.

习 题 十 五

1. 设 X 与 Y 相互独立. X 服从泊松分布, $E(X) = \lambda_1$, Y 也服从泊松分布, $E(Y) = \lambda_2$. 试在 $X + Y = n$ 的条件下求出 X 的条件分布.

2. 一只小猫不幸陷进一个有三扇门洞的大山洞中. 第一个门洞通到一条通道,沿此通道走 2 h 后可到达地面. 第二个门洞通到另一个通道,沿它走 3 h 后又回到原处. 第三个门洞通到第三个通道,沿它走 5 h 后也回到原处. 假定这只小猫总是等可能地在三个门洞中任意选择一个. 试计算这只小猫到达地面的时间的期望.

3. 设 X 和 Y 都是离散型随机变量, $E(Y^2)$ 存在.

$$\varphi(x) = \begin{cases} E(Y|X=x) & \text{当 } P(X=x) > 0 \\ 0 & \text{否则} \end{cases}$$

试证明:对任何非负函数 $\psi(x)$,只要 $E[\psi(X)]^2$ 存在,必成立：

$$E[\varphi(X) - Y]^2 \leqslant E[\psi(X) - Y]^2$$

4. 设一天走进某百货商店的顾客数是均值为 1 200 的随机变量,又设这些顾客所花的钱数是相互独立的,均值为 50 元的随机变量. 又设任一顾客所花的钱数和进入该商店的总人数相互独立. 试问该商店一天的平均营业额是多少？

§6 大数定律和中心极限定理

作为本章的末尾,我们要简略地介绍一下概率论中基本的极限定理——著名的大数定律与中心极限定理. 我们只考虑最基本的情况.

定义 6.1 称随机变量列 $X_1, X_2, \cdots, X_n, \cdots$ 是相互独立的，如果对任何 $n \geqslant 1$，$X_1, X_2, \cdots, X_n$ 是相互独立的，此时，若所有的 X_i 又有相同的分布函数，则说 $X_1, X_2, \cdots, X_n, \cdots$ 是独立同分布的随机变量列.

定理 6.1 （大数定律）设 $X_1, X_2, \cdots, X_n, \cdots$ 是独立同分布的随机变量列，且 $E(X_1)$，$D(X_1)$ 存在，则对任何 $\varepsilon > 0$，有

$$\lim_{n \to \infty} P\left\{ \left| \frac{S_n}{n} - E(X_1) \right| \geqslant \varepsilon \right\} = 0 \tag{6.1}$$

其中 $S_n = X_1 + X_2 + \cdots + X_n$. 换句话说，只要 n 充分大，算术平均值 $\frac{1}{n}(X_1 + X_2 + \cdots + X_n)$ 以很大的概率取值接近于期望.

证 利用切比雪夫不等式知

$$P\left\{ \left| \frac{S_n}{n} - E\left(\frac{S_n}{n}\right) \right| \geqslant \varepsilon \right\} \leqslant \frac{1}{\varepsilon^2} D\left(\frac{S_n}{n}\right)$$

但 $E(S_n) = E(X_1) + E(X_2) + \cdots + E(X_n) = nE(X_1)$，$D(S_n) = D(X_1) + D(X_2) + \cdots + D(X_n) = nD(X_1)$. 故

$$P\left\{ \left| \frac{S_n}{n} - E(X_1) \right| \geqslant \varepsilon \right\} \leqslant \frac{D(X_1)}{n\varepsilon^2}$$

所以 $\lim\limits_{n \to \infty} P\left\{ \left| \frac{S_n}{n} - E(X_1) \right| \geqslant \varepsilon \right\} = 0$，这就证明了定理.

经过细致的数学研究知道，只要 $E(X_1)$ 存在，不管 $D(X_1)$ 是否存在，(6.1) 式仍然成立，而且可以证明比(6.1) 更强的结论：

$$P\left\{ \lim_{n \to \infty} \frac{S_n}{n} = E(X_1) \right\} = 1 \tag{6.2}$$

通常把适合(6.1) 式的服从同一分布的随机变量列 $X_1, X_2, \cdots, X_n, \cdots$ 叫做服从大数定律(或弱大数定律)；把适合(6.2) 式的服从同一分布的随机变量列 $X_1, X_2, \cdots, X_n, \cdots$ 叫做服从强大数定律. 综上所述，具有数学期望的独立同分布的随机变量列是服从

大数定律和强大数定律的.

例 6.1 设条件 S 下事件 A 的概率是 p. 将条件 S 独立地重复 n 次. 设 A 出现的次数是 μ. 令

$$X_i = \begin{cases} 1 & \text{当第 } i \text{ 次重复条件 } S \text{ 时 } A \text{ 出现} \\ 0 & \text{当第 } i \text{ 次重复条件 } S \text{ 时 } A \text{ 不出现} \end{cases}$$

显然 $X_1 + X_2 + \cdots + X_n = \mu, E(X_1) = P\{X_1 = 1\} = p$. 据(6.1)知 $\lim\limits_{n\to\infty} P\left\{\left|\frac{\mu}{n} - p\right| \geqslant \varepsilon\right\} = 0$,即 A 发生的频率与概率 p 可任意接近. 从概率的定义来看,这是很自然的.

定理 6.2 (中心极限定理)设 $X_1, X_2, \cdots, X_n, \cdots$ 是独立同分布的随机变量列,而且 $E(X_1), D(X_1)$ 存在, $D(X_1) \neq 0$,则对一切实数 $a < b$,有

$$\lim_{n\to\infty} P\left\{a < \frac{S_n - nE(X_1)}{\sqrt{nD(X_1)}} < b\right\} = \int_a^b \frac{1}{\sqrt{2\pi}} e^{-\frac{u^2}{2}} du \qquad (6.3)$$

这里 $S_n = X_1 + X_2 + \cdots + X_n$.

由于这个定理的证明很长,用到较多的数学知识,我们就不证了,读者可参阅参考书目[1].

记 $\overline{X} = \frac{1}{n}(X_1 + \cdots + X_n)$, (5.3)也可写成:

$$\lim_{n\to\infty} P\left\{a < \frac{\overline{X} - E(X_1)}{\sqrt{D(X_1)/n}} < b\right\} = \int_a^b \frac{1}{\sqrt{2\pi}} e^{-\frac{u^2}{2}} du$$

这表明,只要 n 充分大,随机变量 $\frac{\overline{X} - E(X_1)}{\sqrt{D(X_1)/n}}$ 就近似地服从标准正态分布,从而 $\overline{X}$ 近似地服从正态分布. 故中心极限定理表达了正态分布在概率论中的特殊地位:尽管 X_1 的概率分布是任意的,但只要 n 充分大,算术平均值 $\overline{X}$ 的分布却是近似正态的. 正态分布在理论上和应用上都具有极大的重要性,在本讲义的后面几章里将多次看到这一点.

一般情形下的大数定律和中心极限定理

对于不服从同一分布甚至不相互独立的随机变量列,也可以讨论相应的“大数定律”、“强大数定律”及“中心极限定理”是否还成立的问题. 设 X_1, X_2,…是随机变量列,$S_n = \sum_{i=1}^{n} X_i (n \geqslant 1)$. 条件(6.1),(6.2),(6.3)分别改为

$$\lim_{n\to\infty} P\left(\left| \frac{S_n - E(S_n)}{n} \right| \geqslant \varepsilon \right) = 0 \quad (一切\ \varepsilon > 0) \tag{6.4}$$

$$P\left(\lim_{n\to\infty} \frac{S_n - E(S_n)}{n} = 0 \right) = 1 \tag{6.5}$$

$$\lim_{n\to\infty} P\left(a < \frac{S_n - E(S_n)}{\sqrt{D(S_n)}} < b \right) = \int_a^b \frac{1}{\sqrt{2\pi}} e^{-\frac{u^2}{2}} du \tag{6.6}$$

(对一切 $a<b$)

若(6.4)成立,则称序列 $\{X_n, n \geqslant 1\}$ 服从大数定律;若(6.5)成立,则称 $\{X_n, n \geqslant 1\}$ 服从强大数定律;若(6.6)成立,则称中心极限定理对序列 $\{X_n, n \geqslant 1\}$ 成立.

设 $X_1, X_2, \cdots$ 是相互独立的随机变量列,方差 $D(X_n)$ 对 n 有界,利用切比雪夫不等式不难推知(6.4)成立,即大数定律成立.

定理 6.3 (Kolmogorov A N)设 $X_1, X_2, \cdots$ 是相互独立的随机变量列,若 $\sum_{n=1}^{\infty} \frac{D(X_n)}{n^2}$ 收敛,则该序列服从强大数定律.

定理 6.4 (Liapunov, A. M). 设 $X_1, X_2, \cdots$ 是相互独立的随机变量列,$\sigma_i^2 = D(X_i)$ 存在 $(i \geqslant 1)$, $B_n = \left(\sum_{i=1}^{n} \sigma_i^2 \right)^{\frac{1}{2}} (n \geqslant 1)$ 且满足条件:

$$\lim_{n\to\infty} \frac{1}{B_n^3} \sum_{i=1}^{n} E|X_i - E(X_i)|^3 = 0 \tag{6.7}$$

则对一切 $a<b$ 有

$$\lim_{n\to\infty} P\left(a < \frac{S_n - E(S_n)}{B_n} < b \right) = \int_a^b \frac{1}{\sqrt{2\pi}} e^{-\frac{u^2}{2}} du$$

即中心极限定理成立.

定理 6.3 和定理 6.4 的证明都用到较深的数学知识,从略.

从定理 6.4 知,只要 n 相当大,$\frac{S_n - E(S_n)}{B_n}$ 近似服从标准正态分布,从而 S_n 近似服从正态分布 $N(E(S_n), B_n^2)$. 这也表示正态分布的极大重要性:虽然

各 X_i 的分布是相当任意的($1\leqslant i\leqslant n$),但总和 $\sum_{i=1}^{n} X_i$ 却近似服从正态分布.

例 6.2 有一条河经过某城市.该河上有一座桥,该桥的强度服从正态分布 $N(300,40)$(强度的单位是吨(t).有很多车要经过此桥.如果各车的平均重量是5 t,方差是2,试问:为了保证此桥不出问题的概率(安全度)不小于0.999 97,最多允许在桥上同时出现多少辆车?

解 用 Y 表示该桥的强度,若有 M 辆车在桥上,第 i 辆的重量是 $X_i(i=1,2,\cdots,M)$.则 M 辆车的总重量为 $S_M=\sum_{i=1}^{M} X_i$.我们可以认为 $Y,X_1,X_2,\cdots,X_M$ 是相互独立的,$E(X_i)=5,D(X_i)=2$.该桥不出问题的概率 R 为

P(M 辆车的总重量不超过桥的强度).显然 $R=P(S_M\leqslant Y)=P(S_M-Y\leqslant 0)$.我们要找满足不等式 $R\geqslant 0.99997$ 的最大的 M,不难想到,这个最大的 M 一定相当大,根据中心极限定理,S_M 近似服从正态分布 $N(M\mu_1,M\sigma_1^2)$,这里 $\mu_1=E(X_i)=5,\sigma_1^2=D(X_i)=2$.又 $Y\sim N(300,40)$.知 S_M-Y 近似服从 $N(M\mu_1-300,M\sigma_1^2+40)$.于是 $R\approx\Phi\left(\dfrac{0-(M\mu_1-300)}{\sqrt{M\sigma_1^2+40}}\right)$.由于 $\Phi(4)=0.99997$,故为了 $R\geqslant 0.99997$ 必须且只需 M 满足

$$\frac{0-(M\mu_1-300)}{\sqrt{M\sigma_1^2+40}}\geqslant 4\quad(\mu_1=5,\sigma_1^2=2)$$

令 $x=\sqrt{2M+40}$,则 $M=\dfrac{x^2-40}{2}$,上述不等式化为

$$\frac{5}{2}x^2+4x-400\leqslant 0$$

由此知 $x\leqslant 11.87$.故 $M\leqslant\dfrac{(11.87)^2-40}{2}=50.5$.由此知,最多允许50辆车同时在桥上.

第五章　统计估值

§1　总体与样本

前面四章我们初步研究了事件的概率和随机变量,很多实际问题(特别是自然现象和技术过程)中的随机现象可以用随机变量来描述. 而要弄清一个随机变量,就必须知道它的概率分布,至少也要知道它的数字特征(期望、方差等). 怎样才能知道或大体知道一个随机变量的概率分布或数字特征呢? 特别是,当我们对所要研究的随机变量知道不多或知之甚少的时候,用什么办法才能确定出这个随机变量的概率分布或数字特征呢?

这确实是应用中很重要的问题. 请看两个简单例子.

例 1.1　某钢铁厂某一天生产 10 000 根 16 Mn 型钢筋,按规定强度小于 52 kg/mm^2 的算作次品,怎样求这批钢筋的次品率 p(也就是任取一根钢筋,它是次品的概率)呢?

例 1.2　灯泡厂生产灯泡,由于种种随机因素的影响,生产出来的灯泡的寿命是不同的. 为了断定所生产灯泡的质量,怎样去估计某天所生产的灯泡的平均寿命以及使用时数长短的相差程度?

怎样解决这类问题呢? 一个很重要的方法就是随机抽样法(或称抽样法). 这个方法的基本思想是,从要研究的对象的全体中抽取一小部分来进行观察和研究,从而对整体进行推断.

这种方法的重要性是很明显的,因为在工业生产和科学研究等领域里,有时普查方法是行不通的:不仅耗费的人力物力太多,时间上不允许;而且遇到检验产品质量是破坏性试验时,根本就不能逐个检验,并且检验的数量还要适当地少.

例如要研究钢筋的强度,就从 10 000 根中抽出几根作为代表,比方说抽 50 根,对这 50 根进行检验,看看有多少根是次品.我们自然把这 50 根中的次品率当作 10 000 根的次品率的近似估计.对于灯泡寿命问题也可类似考虑.现在要讨论,为什么这样做是科学的?

这种随机抽样法(抽样法)是一种从局部推断整体的方法.因为局部是整体的一部分,所以局部的特性在某种程度上能反映整体的特性,另一方面又不能完全精确无误地反映整体的特性.作为研究整体与局部间辩证的数量关系的随机抽样法,包含两个组成部分,一是研究如何抽样,抽多少,怎样抽,这是抽样方法问题;另一是研究如何对抽查的结果(一批数据)进行合理的分析,作出科学的推断,这就是数据处理问题,即所谓统计推断的问题.数理统计学着重研究这两方面的问题.这两个部分又有着特别紧密的联系,研究抽样方法时必须要考虑到对抽查得到的数据能进行分析,抽查量太大是浪费,抽查量太小得不到可靠的结论,抽样的方法不合理(如得到的数据无代表性)根本就不能进行数据处理.所以要评价一个抽样方法,不仅要看它是否简便易行,更重要的是要看它的后果如何,即对抽查得到的一批原始数据能否用比较有效的方法进行数据处理,引出科学的结论.就是说,人们必须根据数据处理的要求,才能设计出好的抽样方法(抽样方案).

由此可见,如何处理数据是一个更为基本的问题.

我们的分析和判断都是根据原始数据(抽查的结果)进行的,是一种统计推断.我们把所研究的对象的全体(包括有形的和潜在的)称为“总体”(例如,例 1.1 中的 10 000 根钢筋是一个总体,例 1.2 中某天所生产的灯泡的全体是一个总体);把总体中每一个基本单位称为“个体”(例如,每一根钢筋都是一个个体).

我们主要关心的是每个个体的某一特性值(即数量指标,例如钢筋的强度、灯泡的寿命)及其在总体中的分布情况(例如强度在

50 kg/mm^2 到 60 kg/mm^2 间的钢筋在 10 000 根中所占的比例，灯泡寿命在1 000小时至2 000小时的占全天生产的灯泡中的百分比）. 要考察总体中个体特性值的分布规律，可以采用这样的观点：将个体特性值看成一个随机变量，亦即从总体中随机抽取一个个体，所得个体的特性值 X 的大小是不能预先确定的，它依赖于被抽到的个体. 很明显，这个随机变量 X 的概率分布正好体现总体中个体特性值的分布规律. 由于我们只研究总体中个体特性值的分布规律，干脆把每一个总体用特性值随机变量 X 代表. 这一段话的目的无非是提醒读者：要善于把你所研究的对象（某个特性值）看成一个“随机变量”.

在一个总体（例如 10 000 根钢筋，考虑其强度）X 中，抽取 n 个个体 $X_1,X_2,\cdots,X_n$（实际上 $X_1,X_2,\cdots,X_n$是所取的 n 根钢筋的强度），这 n 个个体 $X_1,X_2,\cdots,X_n$称为总体 X 的一个容量为 n 的“样本”（或叫**子样**），也称 n 为样本量.

由于 $X_1,X_2,\cdots,X_n$是从总体 X 中随机抽取出来的可能结果，可以看成是 n 个随机变量；但是，在一次抽取之后，它们都是具体的数值，记作 $x_1,x_2,\cdots,x_n$，称作**样本值**. 今后，以 $X_1,X_2,\cdots,X_n$表示 n 个随机变量，以 $x_1,x_2,\cdots,x_n$表示样本值. 在一次具体的抽取之后，$x_1,x_2,\cdots,x_n$都是具体的数值，但在两次抽取（每次取 n 个）中得到的两批数据一般是不同的. 在不会引起混乱的情况下也用 $x_1,x_2,\cdots,x_n$表示 n 个随机变量. 这样，记号 $x_1,x_2,\cdots,x_n$有双重意义：有时指的是某次具体抽取后的样本值，有时泛指任一次抽取后的结果（即看成 n 个随机变量）. 这在初学时会感到有些不习惯.

我们的任务就是根据样本值 $x_1,x_2,\cdots,x_n$的性质，来对总体 X 的某些特性进行估计、推断. 正因为如此，我们要求样本值尽可能地有代表性. 这就对样本如何选取提出了一些要求，最有实用价值也比较自然的是要求样本 $X_1,X_2,\cdots,X_n$是相互独立的而

且与 X 有相同的概率分布．这种样本叫做“简单随机样本”[①]．由于本书主要讨论“简单随机样本”，所以，以后如果不特别声明，凡提到样本，都是指简单随机样本．怎样才能得到“简单随机样本”呢？有两种基本方法．

a．“有放回地逐次随机抽取法”．总体中的每个个体都有同样的机会被抽入样本，且每次抽出的个体，在记下其值后，还要放回到总体中去，以保证在下次抽取时每个个体仍有与第一次抽取时相等的机会被抽入样本．随机性表现在：样本中包含哪些个体，是出自机会，而不是在抽样前预定的．“有放回地抽取”有时很不方便，当总体所含个体的个数很大时可用“无放回地抽取”代替．例如前面所提到的那 10 000 根钢筋这个总体 X，从其中随机地选取 n 根 $X_1, X_2, \cdots, X_n$．只要 n 相对于 10 000 来说很小，那么 $X_1, X_2, \cdots, X_n$ 就可近似地看作一个简单随机样本．

b．对总体 X 进行多次独立的重复观测，这时观测到的值可以看成是总体的所有可能值（无形地存在着）的一部分．例如用仪器对某一物体的长度进行精密测量，我们把测量结果看成随机变量（总体可想像为一切可能值的集合，例如全体正数或更大的集合），把 n 次重复测量的结果记为 $X_1, X_2, \cdots, X_n$，则得到简单随机样本．

从数学上说，所谓总体就是一个随机变量 X，所谓样本就是 n 个相互独立且与 X 有相同概率分布的随机变量 $X_1, X_2, \cdots, X_n$（可看成是一个随机向量）．我们每一次具体的抽样，所得的数据

---

① 在总体只含有限个个体的情形（如有 N 个个体），“随机抽样法”往往指：从总体中随机地抽取 n 个．这里“随机”的含义是：从 N 个个体中任意抽取 n 个，共有 C_N^n 个可能的结果，这些结果有相等的概率，都是 $(C_N^n)^{-1}$．这是无放回的抽取法，得到的样本 $(X_1, X_2, \cdots, X_n)$ 不是这里定义的“简单随机样本”，我们称之为“单纯随机样本”，以示区别．参看参考书[10]的第八章．不难看出，当 N 很大时“单纯随机样本”就和“简单随机样本”性质相近了．

就是这 n 个随机变量的值(样本值),用 $x_1,x_2,\cdots,x_n$来表示．容易看出,如果 X 有分布密度 $p(x)$,则样本 $X_1,X_2,\cdots,X_n$有联合分布密度 $p(x_1)p(x_2)\cdots p(x_n)$．这个事实以后要多次用到．

最后,我们把上面关于总体与样本的讨论,用定义和定理的形式小结一下：

定义 1.1 称随机变量 $X_1,X_2,\cdots,X_n$为来自总体 X 的容量是 n 的(简单随机)样本,如果 $X_1,X_2,\cdots,X_n$相互独立,而且每个 X_i与 X 有相同的概率分布．(单个 X_i叫做来自总体 X 的样品．)这时,若 X 有分布密度 $p(x)$,则常简称 $X_1,X_2,\cdots,X_n$是来自总体 $p(x)$的样本．

定理 1.1① 若 $X_1,X_2,\cdots,X_n$是来自总体 $p(x)$的样本,则 $(X_1,X_2,\cdots,X_n)$有联合密度 $p(x_1)p(x_2)\cdots p(x_n)$．

请读者就 $p(x)$为正态分布、指数分布的情形,分别写出样本 $(X_1,X_2,\cdots,X_n)$的联合密度．

§2 分布函数与分布密度的估计

设 X 是一个随机变量,怎样根据样本值 $x_1,x_2,\cdots,x_n$估计 X 的分布函数 $F(x)$的值呢？给定 x 后,记 v_n为 $x_1,x_2,\cdots,x_n$中不超过 x 的个数,自然用频率 $F_n(x)\triangleq\frac{v_n}{n}$去估计概率 $F(x)=P(X\leqslant x)$．

定义 2.1 称 x 的函数 $F_n(x)$为 X 的经验分布函数.

---

① 若 X 是离散型的随机变量,其可能值是 $a_1,a_2,\cdots$,概率分布为 $p(a_k)\triangleq P\{X=a_k\}(k=1,2,\cdots)$,则 X 的样本 $X_1,X_2,\cdots,X_n$有联合概率分布

$$p(x_1,x_2,\cdots,x_n)=P\{X_1=x_1,X_2=x_2,\cdots,X_n=x_n\}=p(x_1)p(x_2)\cdots p(x_n)$$
$$(x_i=a_{j_i},i=1,2,\cdots,n,j_i\geqslant 1)$$

将样本值 $x_1, x_2, \cdots, x_n$ 从小到大重排，得 $x_{(1)} \leqslant x_{(2)} \leqslant \cdots \leqslant x_{(n)}$（$x_{(1)}$ 是最小的，$x_{(2)}$ 是次小的，…，$x_{(n)}$ 是最大的）. 这里 $x_{(i)}$ 叫做第 i 个次序统计量（$i = 1, 2, \cdots, n$）. 不难看出

$$F_n(x) = \begin{cases} 0 & x < x_{(1)} \\ \dfrac{k}{n} & x_{(k)} \leqslant x < x_{(k+1)} \quad (k = 1, 2, \cdots, n-1) \\ 1 & x \geqslant x_{(n)} \end{cases}$$

从大数定律知，对固定的 x，只要 n 相当大，$F_n(x)$ 与 $F(x)$ 很接近. ①

在实际工作中有时需要估计随机变量的分位数. 设 x_p 是 X 的 p 分位数（$0 < p < 1$），即有 $P(X < x_p) \leqslant p \leqslant P(X \leqslant x_p)$.
若 $x_{(1)}, x_{(2)}, \cdots, x_{(n)}$ 是样本 $x_1, x_2, \cdots, x_n$ 的次序统计量. 令 $r = [pn] + 1$，我们可用第 r 个次序统计量 $x_{(r)}$ 作为 x_p 的估计（数学上可以证明，当方程"$F(x) = p$"至多有一个根时，则 $P(\lim\limits_{n} x_{(r)} = x_p) = 1$，这里 $F(x)$ 是 X 的分布函数. 证明较复杂，从略.）

例 2.1 某食品厂用自动装罐机生产额定净重为 345 克的午餐肉罐头，由于随机性，每个罐头的净重都有差别. 现在从生产线上随机抽取 10 个罐头，秤其净重，得下列结果：

344，336，345，342，340，338，344，343，344，343 （单位：克）

试求该生产线上生产出的罐头的净重的分布函数，并估计其中位数.

解 我们用经验分布函数 $F_{10}(x)$ 作为分布函数 $F(x)$ 的估

---

① 数学上可以证明更强的结论：

定理（Glivenko - Cantelli）设

$$D_n = \sup_x |F_n(x) - F(x)|$$

则 $P(\lim\limits_{n} D_n = 0) = 1$ （证明见[10]的第二章）.

计值. 将样本值从小到大排列,得

336,338,340,342,343,343,344,344,344,345

于是可得经验分布函数 $F_{10}(x)$ 如下:

$$F_{10}(x)=\begin{cases}0 & x<336\\ \dfrac{1}{10} & 336\leqslant x<338\\ \dfrac{2}{10} & 338\leqslant x<340\\ \dfrac{3}{10} & 340\leqslant x<342\\ \dfrac{4}{10} & 342\leqslant x<343\\ \dfrac{6}{10} & 343\leqslant x<344\\ \dfrac{9}{10} & 344\leqslant x<345\\ 1 & x\geqslant 345\end{cases}$$

这就是分布函数的近似值. 注意 $p=\dfrac{1}{2}$ 时, $[pn]+1=6$. 故可用 $x_{(6)}$ 作为中位数 $x_{\frac{1}{2}}$ 的估计. 即罐头净重的中位数约为 343 g.

如果随机变量 X 有分布密度 $p(x)$,则应研究分布密度 $p(x)$ 如何估计,因为密度函数更能直观地刻画出概率分布的特性(如对称性、峰值等等). 特别是对于多维随机向量,分布函数的实际用处较少,又不便于处理,因此估计密度函数的意义更大,在图像识别及多元判决中要经常用到. 这里仅讨论一维随机变量的密度估计问题. 方法有很多种,这里首先介绍历史悠久,现在仍在广泛使用的直方图法,然后简略介绍较晚发展起来的核估计法和最近邻估计法.

直方图法

设 $x_1,x_2,\cdots,x_n$ 是来自密度为 $p(x)$ 的总体的样本,用

$R_n(a,b)$表示样本中落入区间$(a,b]$的个数. 若区间$(a,b]$之长度相当小,则对任何 $x\in(a,b]$,可用$\frac{1}{n(b-a)}R_n(a,b)$作为$p(x)$的估计值. 实际上,可用频率$\frac{1}{n}R_n(a,b)$估计概率$P(a<X\leqslant b)$. 这个概率 $=\int_a^b p(x)\,\mathrm{d}x$,利用中值定理知,有 $x_0\in(a,b)$使 $p(x_0)=\frac{1}{b-a}\int_a^b p(x)\,\mathrm{d}x$. 当 $p(x)$ 连续且 $b-a$ 很小时,$p(x)\approx p(x_0)$. 可见用$\frac{1}{n(b-a)}R_n(a,b)$ 去估计 $p(x)(x\in(a,b])$是合理的.

基于上述思想,可用下法给出密度函数 $p(x)$ 的估计. 设 $t_0<t_1<\cdots<t_m$ 是 $m+1$ 个实数. 通常假定 $t_i-t_{i-1}\equiv h>0(i=1,2,\cdots,m)$ 令

$$p_n(x)=\begin{cases}\frac{1}{nh}R_n(t_{i-1},t_i) & \text{当} x\in(t_{i-1},t_i],(i=1,2,\cdots,m)\\ 0 & \text{当} x\leqslant t_0 \text{或} x>t_m\end{cases}$$

用 $p_n(x)$ 作为 $p(x)$ 的估计. 这就是直方图估计法.

实际使用此法时,有三个步骤. 叙述如下.

(1) 对样本值 $x_1,x_2,\cdots,x_n$ 进行分组.

首先找出 $x_1,x_2,\cdots,x_n$ 中的最小值 $x_{(1)}$ 和最大值 $x_{(n)}$. 取 a 为比 $x_{(1)}$ 略小的数,b 为比 $x_{(n)}$ 略大的数. 将区间$(a,b]$$m$ 等分,分点为

$$t_i=a+i\frac{b-a}{m}\qquad(i=0,1,\cdots,m)$$

(m 的大小没有硬性规定,当样本量 n 小时 m 也应小些,应使得大

多数小区间$(t_{i-1},t_i]$里包含有样本中的值①. 另外,为方便起见,一般使t_i比样本值多一位小数.)

然后用唱票的办法,数出样本值落在区间$(t_{i-1},t_i]$中的个数,记为$\nu_i(i=1,2,\cdots,m)$

(2) 计算样本值落入各组的频率

$$f_i=\frac{\nu_i}{n}\qquad(i=1,2,\cdots,m)$$

(3) 作直方图

对每个$i(i=1,2,\cdots,n)$,在数轴上作以区间$[t_{i-1},t_i]$为底,以f_i/h为高的长方形(这里$h=t_i-t_{i-1}=(b-a)/m$). 这一列长方形叫做直方图. 这个图的好处在于,它大致地描述了X的概率分布情形. 因为每个竖着的长方形的面积,刚好近似地代表了X取值落入"底边"的概率.

注意,图5.1中$(t_i,t_{i+1}]$上的长方形(阴影部分)的面积为:

$$\frac{f_{i+1}}{t_{i+1}-t_i}\cdot(t_{i+1}-t_i)=f_{i+1}$$
$$\approx P\{t_i<X\leqslant t_{i+1}\}$$

再回忆随机变量X的分布密度曲线的直观意义("曲边梯形"的面积代表X取值落入底边的概率),我们可以说,上面竖着的长方形面积近似地等于有同样底边的"曲边梯形"的面积.

大致经过每个竖着的长方形的"上边". 换句话说,直方图提

---

① 有人建议采用下列公式:

$$m\approx1+3.322\lg n$$

也可按下表选择m

n	m
< 50	5 ~ 6
50 ~ 100	6 ~ 10
100 ~ 250	7 ~ 12
> 250	10 ~ 20

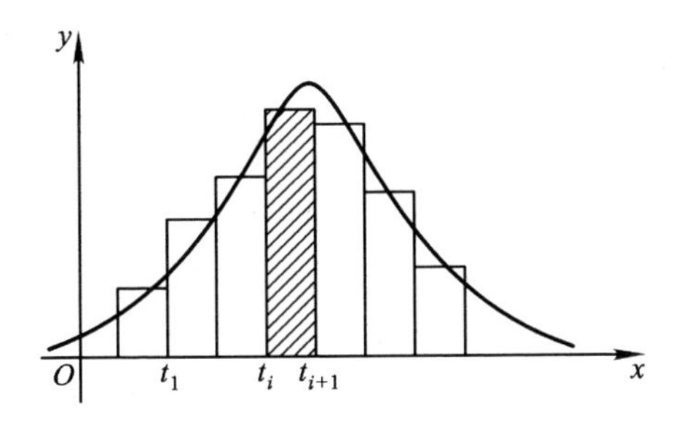

图 5.1

供了分布密度的大致样子. 容易看出,如果样本容量越大(即 n 越大),分组越细(即 m 越大),则直方图就越接近分布密度曲线下的"曲边梯形",因而提供了分布密度更加准确的样子.

对以下例 2.2 的详细叙述,相信可以帮助读者更好地掌握直方图法.

例 2.2 某炼钢厂生产了一种钢种叫 25 MnSi,由于各种偶然因素的影响,各炉钢的含 Si 量是有些差异的,因而应该把含 Si 量 X 看成一个随机变量,现在看看它的概率分布函数是怎样的?

为了确定分布密度,记录了 120 炉正常生产的 25MnSi 钢的含 Si 量的数据(百分数)如下:

0.86	0.83	0.77	0.81	0.81	0.80
0.79	0.82	0.82	0.81	0.81	0.87
0.82	0.78	0.80	0.81	0.87	0.81
0.77	0.78	0.77	0.78	0.77	0.77
0.77	0.71	0.95	0.78	0.81	0.79
0.80	0.77	0.76	0.82	0.80	0.82
0.84	0.79	0.90	0.82	0.79	0.82
0.79	0.86	0.76	0.78	0.83	0.75
0.82	0.78	0.73	0.83	0.81	0.81
0.83	0.89	0.81	0.86	0.82	0.82

0.78	0.84	0.84	0.84	0.81	0.81
0.74	0.78	0.78	0.80	0.74	0.78
0.75	0.79	0.85	0.75	0.74	0.71
0.88	0.82	0.76	0.85	0.73	0.78
0.81	0.79	0.77	0.78	0.81	0.87
0.83	0.65	0.64	0.78	0.75	0.82
0.80	0.80	0.77	0.81	0.75	0.83
0.90	0.80	0.85	0.81	0.77	0.78
0.82	0.84	0.85	0.84	0.82	0.85
0.84	0.82	0.85	0.84	0.78	0.78

下面对这 120 个数据进行分组：

（1）找出它们的最小值为 0.64，最大值为 0.95，其差为 0.31.

（2）取起点 $a=0.635$，终点 $b=0.955$. 共分 16 组，组距 $=0.02$.

（3）分组及频数如下：

分组	频数 ν_i
0.635 ~ 0.655	2
0.655 ~ 0.675	0
0.675 ~ 0.695	0
0.695 ~ 0.715	2
0.715 ~ 0.735	2
0.735 ~ 0.755	8
0.755 ~ 0.775	13
0.775 ~ 0.795	23
0.795 ~ 0.815	24
0.815 ~ 0.835	21
0.835 ~ 0.855	14
0.855 ~ 0.875	6
0.875 ~ 0.895	2
0.895 ~ 0.915	2

0.915 ~ 0.935　　　　　　　0

0.935 ~ 0.955　　　　　　　1

以上用实例介绍了如何分组. 下面根据分组情况及其频数来作直方图:

注意

$$\frac{t_i}{h} = \frac{\nu_i}{nh} \qquad (i = 1,2,\cdots,m)$$

在 x 轴上的每个区间 $[t_{i-1}, t_i]$ 上作高为 ν_i/nh 的长方形($nh = 120 \times 0.02 = 2.4$). 这一列长方形便是我们所要的直方图. 为了方便起见,取纵坐标的单位长为$\frac{1}{nh} = \frac{1}{2.4}$,则直方图中第 i 个长方形的高度正好是 ν_i 个单位(见图 5.2).

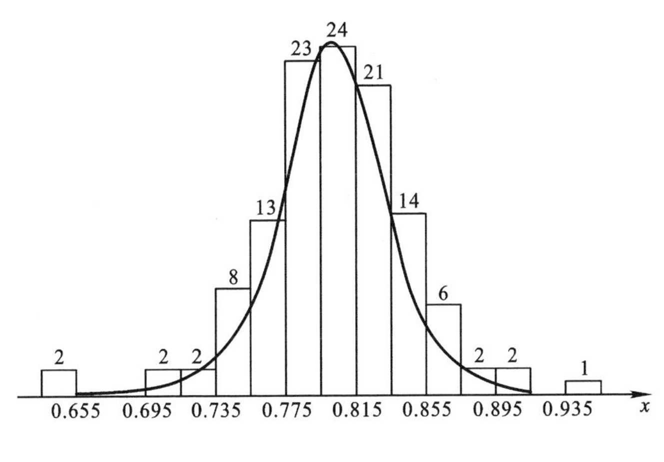

图 5.2

有了直方图,可以看出,X 的分布密度大体是图中曲线的位置. 从图上看,这条曲线很像是正态分布密度的曲线,怎样根据数据判断 X 是否服从正态分布呢?解决这个问题的办法是有的. 请看下一章最后一节.

对于直方图法，不难看出，当 n 无限增大且分点的间距 $h = h_n$ 无限减少时，估计量 $p_n(x)$ 与真正的密度 $p(x)$ 任意接近①.

核估计和最近邻估计

在引进一般的核估计之前，先讲一个特殊情形，以便读者理解核估计的思想. 设随机变量 X 有分布函数 $F(x)$ 和密度函数 $p(x)$，若 $p(x)$ 连续，则 h 很小时有

$$\frac{F(x+h)-F(x-h)}{2h} \approx p(x)$$

而 $F(x)$ 可用经验分布函数 $F_n(x)$ 来估计，从而可用

$$\hat{p}_n(x) = \frac{1}{2h}[F_n(x+h) - F_n(x-h)]$$

来估计 $p(x)$，这叫做 $p(x)$ 的 Rosenblatt 估计，是 M. Rosenblatt 于 1956 年首先提出来的. 不难看出，

$$\hat{p}_n(x) = \frac{1}{nh}\sum_{i=1}^{n} K_0\left(\frac{x-x_i}{h}\right)$$

这里 $x_1, x_2, \cdots, x_n$ 是样本，

$$K_0(x) = \begin{cases} \dfrac{1}{2} & -1 \leqslant x < 1 \\ 0 & \text{其他情形} \end{cases}$$

故 $\hat{p}_n(x)$ 可以通过一个"核函数" $K_0(x)$ 表达出来.

定义 2.2 设 $K(x)$ 是非负函数且 $\int_{-\infty}^{+\infty} K(x)\,\mathrm{d}x = 1$，则称 $K(x)$ 是核函数. 此时称

$$\tilde{p}_n(x) = \frac{1}{nh}\sum_{i=1}^{n} K\left(\frac{x-x_i}{h}\right)$$

为 $p(x)$ 的核估计.

核函数有很大的选择自由，如

---

① 经过数学上的深入研究，可以证明（见[16]）：若密度函数 $p(x)$ 在 $(-\infty, +\infty)$ 上一致连续，对某个 $\delta > 0$，$\int_{-\infty}^{+\infty} |x|^{\delta} p(x)\,\mathrm{d}x$ 收敛，又 $\lim\limits_{n\to\infty} h_n = 0$，$h_n \geqslant \frac{1}{n}(\ln n)^2$，则 $P(\lim\limits_{n\to\infty}\sup\limits_{x} |p_n(x) - p(x)| = 0) = 1$.

$$K_0(x)=\begin{cases}\dfrac{1}{2} & -1\leqslant x<1\\ 0 & \text{其他}\end{cases}$$

$$K_1(x)=\begin{cases}1 & |x|\leqslant\dfrac{1}{2}\\ 0 & \text{其他}\end{cases}$$

$$K_2(x)=\frac{1}{\sqrt{2\pi}}\exp\left\{-\frac{x^2}{2}\right\}$$

$$K_3(x)=\frac{1}{\pi(1+x^2)}$$

$$K_4(x)=\frac{1}{2\pi}\left(\frac{\sin\frac{x}{2}}{\frac{x}{2}}\right)^2$$

可以证明,在一定条件下,当 n 无限增大且 $h=h_n$ 无限减小时,核估计 $\tilde{p}_n(x)$ 与 $p(x)$ 任意接近. ①

只要核函数选得适当,核估计往往比直方图估计有较好的精度. 例如,当 n 很大时,前面介绍的 Rosenblatt 估计(注意,这是一种特殊的核估计!)往往比直方图估计更接近真正的密度函数 $p(x)$.

对于密度函数 $p(x)$,还有一种估计法,就是所谓的最近邻估计. 这是 1965 年提出来的. 方法是:选定自然数 $K(n)$(n 是样本量). 令

$$a_n(x)=\min\{t:t>0,R_n(x-t,x+t)\geqslant K(n)\}$$

$$p_n^*(x)=\frac{K(n)}{2na_n(x)}$$

其中 $R_n(x-t,x+t)$ 是样本 $x_1,x_2,\cdots,x_n$ 中落入区间 $(x-t,x+t]$ 的 x_i 的个数.

定义 2.3 称 $p_n^*(x)$ 为 $p(x)$ 的最近邻估计.

可以证明,在一定条件下,只要 n 充分大,最近邻估计 $p_n^*(x)$ 与 $p(x)$ 任

---

① 经过数学上的深入研究,可以证明下列结论(参看[16]):若密度函数 $p(x)$ 在 $(-\infty,+\infty)$ 上一致连续,且 $\lim\limits_{n\to\infty}h_n=0$, $\sum\limits_{n=1}^{\infty}\exp\{-rnh_n^2\}$ 收敛(对一切 $r>0$),又核函数是有界变差的,则 $P(\lim\limits_{n\to\infty}\sup\limits_{x}|\tilde{p}_n(x)-p(x)|=0)=1$.

意接近.①

虽然核估计和最近邻估计在理论上有许多优点,在实际工作中用得最多的还是直方图估计.

§3 最大似然估计法

上节介绍了分布函数和分布密度的估计方法.这些方法要求样本量很大,即原始数据要很多,一般至少要50个以上,这在一些实际工作中是较难做到的.不过,许多实际工作中碰到的随机变量,其类型我们往往是知道的,只是不知道参数的值,因而写不出确切的密度函数或概率函数.例如,产品的某些指标很多是服从正态分布的,即密度函数是如下类型:

$$p(x;\mu,\sigma^2)=\frac{1}{\sqrt{2\pi}\sigma}e^{-\frac{(x-\mu)^2}{2\sigma^2}}$$

但μ,σ^2的值不知道.为了写出确切的密度函数,可以根据样本值$x_1,x_2,\cdots,x_n$来估计出μ,σ^2的值.

又如产品的寿命,大量实践经验表明,它常常服从韦布尔分布或对数正态分布,服从其他分布的比较少见.问题就在于要根据样本值来估计出韦布尔分布或对数正态分布中的未知参数.

问题的一般提法是,设X的密度函数或概率函数②是$p(x;\theta_1,\theta_2,\cdots,\theta_m)$,其中$\theta_1,\theta_2,\cdots,\theta_m$是未知参数(只知它们属于一定范围$G$内,但具体数值不知).若$X$的样本值是$x_1,x_2,\cdots,x_n$,问:如何估计出参数$\theta_1,\theta_2,\cdots,\theta_m$的值?

---

① 经过数学上的深入研究,可以证明下列结论(参看[16]):若密度函数$p(x)$在$(-\infty,+\infty)$上一致连续,且

$$\lim_{n\to\infty}\frac{K(n)}{n}=0,\quad \lim_{n\to\infty}\frac{K(n)}{\ln n}=\infty$$

则

$$P(\lim_{n\to\infty}\sup_x|p_n^*(x)-p(x)|=0)=1.$$

② 设X是离散型随机变量,$y_1,y_2,\cdots$是其可能值,则y_i的函数$P(X=y_i)$叫做X的概率函数.这个$P(X=y_i)$常写作$p(y_i)$.

这就是数理统计学中的参数估计问题．现代的估计法有很多种，最重要的是矩估计法与最大似然估计法．本节介绍理论上比较优良、适用范围较广的最大似然估计法．至于矩估计法，也很常用，我们将在§4中讲到它．

给定样本值 $x_1,x_2,\cdots,x_n$之后，令

$$L_n(x_1,x_2,\cdots,x_n;\theta_1,\theta_2,\cdots,\theta_m)=\prod_{i=1}^{n}p(x_i;\theta_1,\theta_2,\cdots,\theta_m)$$

（这里符号 $\prod\limits_{i=1}^{n}$ 代表连乘，例如 $\prod\limits_{i=1}^{n}a_i\equiv a_1a_2\cdots a_n$.）

这 $L_n(x_1,x_2,\cdots,x_n;\theta_1,\theta_2,\cdots,\theta_m)$叫做样本 $x_1,x_2,\cdots,x_n$的似然函数（注意，作为 $\theta_1,\theta_2,\cdots,\theta_m$的函数！）.

定义 3.1 如果 $L_n(x_1,x_2,\cdots,x_n;\theta_1,\theta_2,\cdots,\theta_m)$在 $\hat{\theta}_1,\hat{\theta}_2,\cdots,\hat{\theta}_m$达到最大值，则称 $\hat{\theta}_1,\hat{\theta}_2,\cdots,\hat{\theta}_m$分别是 $\theta_1,\theta_2,\cdots,\theta_m$的最大似然估计．

要注意的是，最大似然估计 $\hat{\theta}_i(i=1,2,\cdots,m)$与样本 $x_1,x_2,\cdots,x_n$有关，它是样本的函数，即 $\hat{\theta}_i=\hat{\theta}_i(x_1,x_2,\cdots,x_n)$，$(i=1,2,\cdots,m)$.

为了介绍最大似然估计的基本思想，我们考虑一个非常简单的估计问题．假定一个盒子里有许多黑球和白球，且假定已知它们的数目之比是3∶1，但不知白球多还是黑球多．也就是说抽出一个黑球的概率或者是$\frac{1}{4}$或者是$\frac{3}{4}$. 如果有放回地从盒子里抽3个球，那么黑球数目 X 服从二项分布：

$$P\{X=x\}=\mathrm{C}_3^x p^x(1-p)^{3-x}$$

$$x=0,1,2,3;p=\frac{1}{4},\frac{3}{4}$$

其中，p 是抽到黑球的概率．

现在根据样本中的黑球数，来估计未知参数 p. 在这种情况下估计问题实际上是很简单的，因为我们只要在两个数字$\frac{1}{4}$和

$\frac{3}{4}$之间作一选择．抽样后，共有四种可能结果，它们的概率如下：

X	0	1	2	3
$p=\frac{1}{4}$时 $P\{X=x\}$ 的值	$\frac{27}{64}$	$\frac{27}{64}$	$\frac{9}{64}$	$\frac{1}{64}$
$p=\frac{3}{4}$时 $P\{X=x\}$ 的值	$\frac{1}{64}$	$\frac{9}{64}$	$\frac{27}{64}$	$\frac{27}{64}$

如果样本中黑球数为 0，那么，就应当估计 p 为$\frac{1}{4}$，而不估计为$\frac{3}{4}$，因为概率$\frac{27}{64}$比$\frac{1}{64}$大．就是说，具有 $X=0$ 的样本来自 $p=\frac{1}{4}$ 的总体的可能性比来自 $p=\frac{3}{4}$的总体的可能性要大．一般来说，当 $X=0,1$ 时，我们应当用$\frac{1}{4}$来估计 p；而当$X=2,3$时，应当用$\frac{3}{4}$来估计 p. 估计量 $\hat{p}$ 是：

$$\hat{p}(x)=\begin{cases}\frac{1}{4} & \text{当 } x=0,1\\ \frac{3}{4} & \text{当 } x=2,3\end{cases}$$

也就是说，根据样本的具体情况来选择 $\hat{p}$，使得该样本发生的可能性最大．

怎样求最大似然估计呢？为方便起见，以下把似然函数 $L_n(x_1,x_2,\cdots,x_n;\theta_1,\cdots,\theta_m)$简记为 L_n. 因为 L_n与 $\ln L_n$同时达到最大值，有时只须求 $\ln L_n$的最大值点，这在计算上常常带来方便.

根据微积分的知识，当 $\ln L_n$的一阶偏微商存在时，则 $\ln L_n$在最大值点的一阶偏微商等于0. 即最大似然估计 $\hat{\theta}_1,\hat{\theta}_2,\cdots,\hat{\theta}_m$满足方程组（称为似然方程组）：

$$\begin{cases} \dfrac{\partial \ln L_n}{\partial \theta_1} = 0 \\ \dfrac{\partial \ln L_n}{\partial \theta_2} = 0 \\ \cdots\cdots\cdots\cdots \\ \dfrac{\partial \ln L_n}{\partial \theta_m} = 0 \end{cases} \tag{3.1}$$

数学上可以严格证明,一定条件下(这些条件在大多数实际工作中常得到满足),只要样本量 n 足够大,最大似然估计和未知参数的真值可相差任意小. 而且在一定意义上没有比最大似然估计更好的估计.

下面我们对几类常见的分布,来找出它们的参数的最大似然估计.

(1) 指数分布

$$p(x,\lambda) = \lambda e^{-\lambda x}, x > 0, \lambda > 0$$

样本 $x_1, x_2, \cdots, x_n$ 的似然函数:

$$L_n(x_1, x_2, \cdots, x_n; \lambda) = \lambda^n \prod_{i=1}^{n} e^{-\lambda x_i} = \lambda^n e^{-\lambda \sum_{1}^{n} x_i}$$

于是 $\ln L_n = n \ln \lambda - \lambda \sum_{i=1}^{n} x_i$,

$$\frac{\partial \ln L_n}{\partial \lambda} = \frac{n}{\lambda} - \sum_{i=1}^{n} x_i$$

故似然方程 $\dfrac{\partial \ln L_n}{\partial \lambda} = 0$ 的根 $\hat{\lambda} = \dfrac{n}{\sum_{i=1}^{n} x_i} = \dfrac{1}{\bar{x}}$, 这 $\hat{\lambda}$ 就是 λ 的最大似然估计(数学上容易验证,$\ln L_n$ 在 $\lambda = \hat{\lambda}$ 处确实达到最大值).

例 3.1 已知某种电子设备的使用寿命(从开始使用到出现失效为止)服从指数分布,分布密度是 $p(x;\lambda) =$

$\lambda e^{-\lambda x}(x>0,\lambda>0)$,今随机抽取十八台,测得寿命数据如下(单位:小时):

16,29,50,68,100,130,140

270,280,340,410,450,520,620

190,210,800,1 100

问:如何估计出 λ?

解 采用最大似然估计法,利用公式 $\hat{\lambda}=\frac{1}{\bar{x}}$. 现在 $n=18,\bar{x}=318$. 知 $\hat{\lambda}=\frac{1}{318}$,这就是 λ 的估计值.

(2) 正态分布

分布密度 $p(x;\mu,\delta)=\frac{1}{\sqrt{2\pi\delta}}e^{-\frac{1}{2\delta}(x-\mu)^2}$,其中 $\delta=\sigma^2>0$.

样本 $x_1,x_2,\cdots,x_n$的似然函数

$$L_n(x_1,x_2,\cdots,x_n;\mu,\delta)=\left(\frac{1}{\sqrt{2\pi\delta}}\right)^n\prod_{i=1}^{n}e^{-\frac{1}{2\delta}(x_i-\mu)^2}$$

$$=(2\pi)^{-\frac{n}{2}}\delta^{-\frac{n}{2}}e^{-\frac{1}{2\delta}\sum_{i=1}^{n}(x_i-\mu)^2}$$

于是,

$$\ln L_n=-\frac{n}{2}\ln(2\pi)-\frac{n}{2}\ln\delta-\frac{1}{2\delta}\sum_{i=1}^{n}(x_i-\mu)^2$$

因此,似然方程组:

$$\begin{cases}\dfrac{\partial\ln L_n}{\partial\mu}=\dfrac{1}{\delta}\sum\limits_{i=1}^{n}(x_i-\mu)=0\\ \dfrac{\partial\ln L_n}{\partial\delta}=-\dfrac{n}{2\delta}+\dfrac{1}{2\delta^2}\sum\limits_{i=1}^{n}(x_i-\mu)^2=0\end{cases}$$

其根

$$\hat{\mu}=\frac{1}{n}\sum_{i=1}^{n}x_i=\bar{x}$$

$$\hat{\delta}=\frac{1}{n}\sum_{i=1}^{n}(x_i-\bar{x})^2$$

这就是 μ,δ 的最大似然估计(数学上可以验证,L_n确实在 $\hat{\mu},\hat{\delta}$ 处达到最大值).

(3) 韦布尔分布

$$p(x;m,\eta) = \frac{m}{\eta^m}x^{m-1}\mathrm{e}^{-\left(\frac{x}{\eta}\right)^m}$$

$$(x>0;m>0,\eta>0)$$

这时,样本 $x_1,x_2,\cdots,x_n$的似然函数

$$L_n(x_1,x_2,\cdots,x_n;m,\eta)$$

$$=\left(\frac{1}{\eta^m}\right)^n\cdot m^n\cdot\prod_{i=1}^{n}x_i^{m-1}\mathrm{e}^{-\frac{1}{\eta^m}\sum_{i=1}^{n}x_i^m}$$

于是,

$$\ln L_n = -nm\ln\eta + n\ln m + (m-1)\sum_{i=1}^{n}\ln x_i - \frac{1}{\eta^m}\sum_{i=1}^{n}x_i^m$$

故似然方程组为:

$$\begin{cases}\dfrac{\partial\ln L_n}{\partial m} = -n\ln\eta + \dfrac{n}{m} + \displaystyle\sum_{i=1}^{n}\ln x_i \\ \qquad\qquad -\dfrac{1}{\eta^m}\displaystyle\sum_{i=1}^{n}x_i^m\ln x_i + \dfrac{\ln\eta}{\eta^m}\displaystyle\sum_{i=1}^{n}x_i^m = 0 & (3.2\mathrm{a}) \\ \dfrac{\partial\ln L_n}{\partial\eta} = -\dfrac{nm}{\eta} + \dfrac{m}{\eta^{m+1}}\displaystyle\sum_{i=1}^{n}x_i^m = 0 & (3.2\mathrm{b})\end{cases}$$

从(3.2b)得

$$\eta = \left(\frac{1}{n}\sum_{i=1}^{n}x_i^m\right)^{\frac{1}{m}} \tag{3.3}$$

再代入(3.2a)得

$$\frac{1}{m} + \frac{1}{n}\sum_{i=1}^{n}\ln x_i - \frac{\sum_{i=1}^{n}x_i^m\ln x_i}{\sum_{i=1}^{n}x_i^m} = 0 \tag{3.4}$$

可以证明,(当 $n\geqslant 2,x_1,x_2,\cdots,x_n$不全相等时)方程(3.4)恰

有一个根 $\hat{m}$. 再代入(3.3),得

$$\hat{\eta}=\left(\frac{1}{n}\sum_{i=1}^{n}x_i^{\hat{m}}\right)^{\frac{1}{\hat{m}}} \tag{3.5}$$

这 $\hat{m},\hat{\eta}$ 便是韦布尔分布中参数 m,η 的最大似然估计($\hat{m},\hat{\eta}$ 不仅是似然方程组的解;经过数学上的细致研究知道,似然函数 L_n 在 $m=\hat{m},\eta=\hat{\eta}$ 处达到最大值). 与指数分布、正态分布的情形不同,这里的 $\hat{m}$ 没有明显的数学表达式. 要找它,就需解超越方程(3.4). 应该指出,方程(3.4)中等号左边是 m 的严格减函数(对 m 微商后再利用 Schwarz 不等式即可推知),因而利用二分法极易求出方程的根.

例 3.2 轴承的寿命一般服从韦布尔分布. 我国某工厂对所生产的某型轴承进行质量检查. 随机抽取了 20 件进行寿命试验,测得寿命数据如下(单位:h):

153,223,313,373,378,385,424,232,452

452,547,561,634,699,759,859,1000,1132

1152,1466

试估计该韦布尔分布所含的形状参数 m 和刻度参数 η.

解 利用最大似然估计法. 现在样本量 $n=20$. 解方程(3.4)可求得 m 的最大似然估计 $\hat{m}=1.9$. 再利用(3.5)可求得 η 的最大似然估计 $\hat{\eta}=685$.

应注意的是,在寻找最大似然估计时,碰到似然函数不可微,则要直接研究似然函数的极值.

(4) 均匀分布

$$p(x;a,b)=\begin{cases}\dfrac{1}{b-a} & a\leqslant x\leqslant b\\ 0 & \text{其他}\end{cases}$$

这是$[a,b]$上均匀分布的密度函数,a 和 b 是未知参数,$a<b$.

这时,样本 $x_1,x_2,\cdots,x_n$的似然函数

$$L_n(x_1,x_2,\cdots,x_n;a,b) = \prod_{i=1}^{n} p(x_i;a,b)$$

令

$x_{(1)} = \min(x_1,x_2,\cdots,x_n), x_{(n)} = \max(x_1,x_2,\cdots,x_n)$不难知道

$$L_n(x_1,x_2,\cdots,x_n;a,b) = \begin{cases} \dfrac{1}{(b-a)^n} & \text{当 } a \leqslant x_{(1)} \text{ 且 } x_{(n)} \leqslant b \text{ 时} \\ 0 & \text{其他} \end{cases}$$

这个函数不是 a,b 的连续函数,不能对 a,b 求偏导数. 但容易看出,要使 $L_n(x_1,x_2,\cdots,x_n;a,b)$最大,必须且只需 $b-a$ 最小. 因而 $a = x_{(1)}, b = x_{(n)}$时,似然函数达到最大值. 故 a 的最大似然估计 $\hat{a} = x_{(1)}$, b 的最大似然估计 $\hat{b} = x_{(n)}$.

§4　期望与方差的点估计

从前面的讨论看出,为了求出分布密度函数,直方图法要求数据很多,最大似然估计法又要求解一个有时并不好解的似然方程组,这些都非易事. 好在有许多实际问题只要求对随机变量的一些数字特征(主要是期望和方差)有个恰当的估计值就够了,并不需要求出分布密度来.(当然,当分布密度函数中的未知参数刚好是期望、方差时(例如正态分布的情形),估出了期望和方差,也就估出了整个分布密度函数.)例如§1 例 1.2 中所举的灯泡质量检验问题,常常只需要估计寿命的期望(平均寿命)和寿命的方差(各灯泡寿命长短的相差程度)就可以了. 对离散型随机变量可进行类似的讨论.

1. 期望的点估计

§1 例 1.1 中的钢筋次品率问题,实际上也可以看作是如何估计一个随机变量的期望. 我们可以用一个随机变量 X 来描述任抽一根钢筋的检查结果,如果抽到的钢筋是次品(即强度小于 52 kg/mm^2),则

令 $X=1$,如果抽到的钢筋不是次品,则令 $X=0$. 显然这样定义的 X 是一个离散型的随机变量. 我们要求的次品率 p 就是 $P\{X=1\}$. 但是 $E(X)=1\cdot P\{X=1\}+0\cdot P\{X=0\}=P\{X=1\}=p$,这样求次品率 p 的问题就化成了估计期望 $E(X)$ 的值.

现在来研究一般性问题:如何去估计一个随机变量 X 的期望.

只要想起期望 $E(X)$ 是代表随机变量取值的"平均水平",就不难知道,可以把样本值的平均值 $\dfrac{x_1+x_2+\cdots+x_n}{n}$ 当作 $E(X)$ 的估计量.

人类的长期实践证明,这种用样本平均值去估计总体平均值(期望)的办法是很好的,而且样本容量 n 越大,估计得就越准.

我们今后也是用这个办法来估计 $E(X)$.

估计期望的办法是最简单不过的,无须多说. 值得研究的是,这个办法为什么好? 好在哪里? 这个问题的回答就不那么简单了. 问题在于 $E(X)$ 本身等于多少你不知道,看不见,摸不着,你能看见的只是样本值 $x_1,x_2,\cdots,x_n$. 但样本的具体数值却可以随机而变. (以刚才的灯泡问题为例,检验十只,得到了那样的数据是带有偶然性的,再检查另外十只得到的数据一般就变了样,换一人检查得到的十个数也会和这十个数不一样. 总之,样本本身是随机向量.)

既然样本 $X_1,X_2,\cdots,X_n$ 是随机向量,则样本平均值 $\bar{X}=\dfrac{X_1+X_2+\cdots+X_n}{n}$ 是随机变量. 我们说,$\bar{X}$ 取值虽然有偶然性,有时比 $E(X)$ 大,有时比 $E(X)$ 小,但是有下列定理:

定理 4.1 设 $E(X)$ 存在,则

$$E(\bar{X})=E(X)$$

证 实际上,

$$E(\bar{X})=E\left(\frac{X_1+X_2+\cdots+X_n}{n}\right)=\frac{1}{n}[E(X_1)+E(X_2)+\cdots+E(X_n)]$$

$$=E(X)$$

最后一个等号是因为 $X_1,X_2,\cdots,X_n$ 与 X 有相同的概率分布,从

而期望也相等．证完．

这个定理告诉我们，用 $\bar{X}$ 估计 $E(X)$ 没有"系统偏差".

记 $\bar{X}_n=\frac{1}{n}(X_1+X_2+\cdots+X_n)$，$\bar{X}_1$ 与 $\bar{X}_2$ 作为 $E(X)$ 的估计量都没有"系统偏差"，为什么 $\bar{X}_2$ 比 $\bar{X}_1$ 好呢?

我们自然想到，一个好的估计量应该取值稳定，因而要求方差小．可以证明 $D(\bar{X}_1)>D(\bar{X}_2)$（除非 $D(X)=0$），实际上有

定理 4.2 设 X 的期望、方差都存在，则

$$D(\bar{X}_n)=\frac{D(X)}{n}$$

证 $D(\bar{X}_n)=\frac{1}{n^2}[D(X_1)+D(X_2)+\cdots+D(X_n)]$

$$=\frac{D(X)}{n}$$

从这个定理知道，n 越大，$D(\bar{X})$ 就越小．这也就解释了前面提到的事实：n 越大，$\bar{X}$ 对 $E(X)$ 的估计就越好．

我们还可以把这一点说得更清楚一些．利用切比雪夫不等式：

$$P\{|\bar{X}-E(\bar{X})|<\varepsilon\}\geqslant 1-\frac{D(\bar{X})}{\varepsilon^2}$$

以及 $E(\bar{X})=E(X)$，$D(\bar{X})=\frac{D(X)}{n}$，我们得到：

$$P\{|\bar{X}-E(X)|<\varepsilon\}\geqslant 1-\frac{D(X)}{n\varepsilon^2} \tag{4.1}$$

故

$$\lim_{n\to\infty}P\{|\bar{X}-E(X)|<\varepsilon\}=1 \tag{4.2}$$

这说明，只要 n 足够大，就能以充分大的把握保证：
$|\bar{X}-E(X)|<\varepsilon$，即 $\bar{X}\approx E(X)$.

关系式(4.2)就是所谓大数定律．我们在第四章已讨论过．

设 X 的分布密度是 $p(x;\theta)$,其中 $\theta=(\theta_1,\theta_2,\cdots,\theta_m)\in\Theta$,$\Theta$ 是 m 维空间 R^m 中的某个集合(当 X 是离散型时,可作类似的讨论). 设 $g(\theta)$ 是参数(向量)θ 的函数,$X_1,X_2,\cdots,X_n$ 是 X 的样本. 如何利用样本值对 $g(\theta)$ 进行估计?

定义 4.1 称样本的函数 $\varphi(X_1,X_2,\cdots,X_n)$ 为 $g(\theta)$ 的估计量.

φ 的不同选择就得到不同的估计量. 什么样的 φ 是最优的呢? 这就涉及到优良性的标准了.

由于 $X_1,X_2,\cdots,X_n$ 的联合密度与 θ 有关,故 $\varphi(X_1,X_2,\cdots,X_n)$ 的数学期望与 θ 有关,以下记作 $E_\theta[\varphi(X_1,X_2,\cdots,X_n)]$.

定义 4.2 称 $\varphi(X_1,X_2,\cdots,X_n)$ 是 $g(\theta)$ 的无偏估计,若

$$E_\theta[\varphi(X_1,X_2,\cdots,X_n)]=g(\theta)\quad(\text{一切 }\theta\in\Theta)$$

定义 4.3 若 $\varphi_1(X_1,X_2,\cdots,X_n)$ 和 $\varphi_2(X_1,X_2,\cdots,X_n)$ 都是 $g(\theta)$ 的估计量,满足

$$E_\theta[\varphi_1(X_1,X_2,\cdots,X_n)-g(\theta)]^2\leqslant E_\theta[\varphi_2(X_1,X_2,\cdots,X_n)-g(\theta)]^2$$

(对一切 $\theta\in\Theta$),且存在 $\theta_0\in\Theta$ 使上式左端严格小于右端,则说 φ_1 比 φ_2 有效.

从定理 2.1,2.2 知 $\bar{X}_k=\dfrac{1}{k}\sum\limits_{i=1}^{k}X_i(k\leqslant n)$ 是 $E(X)$(即 $E_\theta(X)$)的无偏估计量,而且 $\bar{X}_k$ 比 $\bar{X}_{k-1}$ 有效(当 $D(X)\neq 0$ 时).

定义 4.4 如果 $\varphi(X_1,X_2,\cdots,X_n)$ 是 $g(\theta)$ 的无偏估计量,而且不存在无偏估计量比 φ 有效,则称 φ 是 $g(\theta)$ 的最小方差无偏估计量.

“最小方差无偏估计量”就是一种最优的估计量,可惜它有时并不存在. 还有别的优良性标准,这里就不介绍了.

2. 方差的点估计

$D(X)$ 是描述 X 取值的分散程度,也就是 X 取值偏离 $E(X)$ 的程度. 设 X 的样本值是 $x_1,x_2,\cdots,x_n$,这些数大小不一的程度(分散性)显然是反映了 X 取值的分散性. 怎样描写 n 个数 $x_1,x_2,\cdots,x_n$ 大小不一的程度呢? 我们说,可以用这样的量:$\dfrac{1}{n-1}\sum\limits_{i=1}^{n}(x_i-\bar{x})^2$. 这个量越大,表明这组数很参差不齐;这个量越小,就表明这组数大小差不多. 特别地,这 n 个数要是全相等,

则$\frac{1}{n-1}\sum_{i=1}^{n}(x_i-\bar{x})^2=0$,这是显而易见的. 为什么要除以$n-1$不除以$n$呢?这个道理见下面定理. 量$\frac{1}{n-1}\sum_{i=1}^{n}(X_i-\bar{X})^2$叫做“样本方差”,记作$S^2$或小写的$s^2$.

定理 4.3 设X的方差存在,则

$$E(S^2)=D(X)$$

证

$$\begin{aligned}\sum_{i=1}^{n}(X_i-\bar{X})^2&=\sum_{i=1}^{n}(X_i^2-2X_i\bar{X}+\bar{X}^2)\\&=\sum_{i=1}^{n}X_i^2-2\bar{X}\sum_{i=1}^{n}X_i+n\bar{X}^2\\&=\sum_{i=1}^{n}X_i^2-n\bar{X}^2\end{aligned}\tag{4.3}$$

于是

$$\begin{aligned}E(S^2)&=E\left[\frac{1}{n-1}\sum_{i=1}^{n}(X_i-\bar{X})^2\right]\\&=\frac{1}{n-1}\sum_{i=1}^{n}E(X_i^2)-\frac{n}{n-1}E(\bar{X}^2)\\&=\frac{n}{n-1}[E(X^2)-E(\bar{X}^2)]\end{aligned}$$

但$E(\eta^2)=D(\eta)+(E\eta)^2$. 故

$$\begin{aligned}E(S^2)&=\frac{n}{n-1}\{D(X)+(EX)^2-[D(\bar{X})+(E\bar{X})^2]\}\\&=\frac{n}{n-1}\left[D(X)+(EX)^2-\frac{D(X)}{n}-(EX)^2\right]^2\\&=D(X)\end{aligned}$$

这个定理告诉我们,用S^2估计方差$D(X)$,虽然有时大些、有时小些,但没有“系统偏差”. 如果采用估计量$\frac{1}{n}\sum_{i=1}^{n}(X_i-\bar{X})^2$,则这个估计量的期望等于$\frac{n-1}{n}D(X)$,总比$D(X)$小. 不过

n 比较大时，这个估计量与 S^2 差异就不大了．所以在 n 比较大时，也常采用$\frac{1}{n}\sum_{i=1}^{n}(X_i-\bar{X})^2$ 作为 $D(X)$ 的估计量．

3. 标准差的估计

如何估计总体的"标准差" $\sqrt{D(X)}$（常记作 σ）呢？既然 $S^2=\frac{1}{n-1}\sum_{i=1}^{n}(X_i-\bar{X})^2$ 是方差 $D(X)$ 的无偏估计量，自然想到用"样本标准差" $S\triangleq\sqrt{\frac{1}{n-1}\sum_{i=1}^{n}(X_i-\bar{X})^2}$ 作为 $\sqrt{D(X)}$ 的估计量．可以用这个办法估计 $\sqrt{D(X)}$，但要注意的是，S 一般不是 $\sqrt{D(X)}$ 的无偏估计量．实际上，对于正态总体（利用附录二定理 5 的系）可以证明

$$E\left[\frac{\Gamma\left(\frac{n-1}{2}\right)\sqrt{n-1}}{\Gamma\left(\frac{n}{2}\right)\sqrt{2}}S\right]=\sqrt{D(X)}=\sigma$$

换句话说，$\frac{\Gamma\left(\frac{n-1}{2}\right)\sqrt{n-1}}{\Gamma\left(\frac{n}{2}\right)\sqrt{2}}S$ 才是 σ 的无偏估计量．（在应用中将 S 前面的系数的数值列成表，以便查用．）

4. 样本平均值 $\bar{x}$ 及样本方差 S^2 的简化算法

当样本量 n 很大时，如何计算出 $\bar{x}$，S^2 很值得考究．技巧运用得好，既省事又准确．下面介绍一种有用的笔算法．

例 4.1 设有下列样本值：

0.497，0.506，0.518，0.524，0.488

0.510，0.510，0.515，0.512

求 $\bar{x}$ 和 S^2.

解 令 $y_i=x_i\times 1\,000-500$，则 $y_i(i=1,2,\cdots,9)$ 为 $-3,6,18,24,-12,10,10,15,12$.

这些数是绝对值较小的整数，便于计算，易知

$$\bar{y}=\frac{1}{9}\sum_{i=1}^{9} y_i=\frac{80}{9}=8.9$$

$$\begin{aligned}\sum_{i=1}^{9}(y_i-\bar{y})^2 &= \sum_{i=1}^{9} y_i^2-\frac{1}{9}\left(\sum_{i=1}^{9} y_i\right)^2 \\ &=[(-1)^2+6^2+\cdots+12^2]-\frac{80^2}{9} \\ &=946.9\end{aligned}$$

容易求得[①]：

$$\bar{x}=\frac{500+\bar{y}}{1\,000}=\frac{500+8.9}{1\,000}=0.508\,9$$

$$\begin{aligned}s^2 &=\frac{1}{1\,000^2}\cdot\frac{1}{9-1}\sum_{i=1}^{9}(y_i-\bar{y})^2 \\ &=\frac{1}{10^6}\cdot\frac{1}{8}\cdot 946.9 \\ &=0.000\,118\end{aligned}$$

作为本节的末尾，我们来简略地介绍一下所谓矩估计法（简称矩法）．

设随机变量 X 的分布密度是 $p(x;\theta_1,\theta_2,\cdots,\theta_m)$，当然 X 的 k 阶原点矩 $\nu_k=E(X^k)$ 也是 $\theta_1,\theta_2,\cdots,\theta_m$ 的函数，记 $g_k(\theta_1,\theta_2,\cdots,\theta_m)=E(X^k)(k=1,2,\cdots,m)$．假定从方程组：

$$\begin{cases}g_1(\theta_1,\theta_2,\cdots,\theta_m)=\nu_1 \\ g_2(\theta_1,\theta_2,\cdots,\theta_m)=\nu_2 \\ \cdots\cdots\cdots\cdots\cdots\cdots \\ g_m(\theta_1,\theta_2,\cdots,\theta_m)=\nu_m\end{cases}$$

---

① 我们用到下列事实：若 $y_i=bx_i-a(b\neq 0,i=1,2,\cdots,n)$，则

$$\frac{\sum_1^n x_i}{n}=\frac{1}{b}\left(\frac{\sum_1^n y_i}{n}+a\right)$$

$$\sum_1^n (x_i-\bar{x})^2=\frac{1}{b^2}\sum_1^n (y_i-\bar{y})^2$$

可求出：

$$\begin{cases}\theta_1 = f_1(\nu_1, \nu_2, \cdots, \nu_m) \\ \theta_2 = f_2(\nu_1, \nu_2, \cdots, \nu_m) \\ \cdots\cdots\cdots\cdots\cdots\cdots\cdots\cdots \\ \theta_m = f_m(\nu_1, \nu_2, \cdots, \nu_m)\end{cases}$$

设 $x_1, x_2, \cdots, x_n$ 是 X 的样本值，用

$$\hat{\nu}_k = \frac{1}{n}\sum_{i=1}^{n} x_i^k$$

来估计 $\nu_k(k = 1, 2, \cdots, m)$. 然后，用

$$\hat{\theta}_k = f_k(\hat{\nu}_1, \hat{\nu}_2, \cdots, \hat{\nu}_m)$$

来估计 $\theta_k(k = 1, 2, \cdots, m)$.

这种估计未知参数的办法叫做矩估计法.（刚才考虑的是原点矩，某些 ν_k 也可用中心矩 $\mu_k = E[X - E(X)]^k$ 代替，然后进行相类似的讨论，仍称矩法.）

例 4.2 设 $X \sim N(\mu, \sigma^2)$，$x_1, x_2, \cdots, x_n$ 是其样本值. 求 μ, σ^2 的矩估计量.

解 易知 $\nu_1 = E(X) = \mu$，$\nu_2 = E(X^2) = \sigma^2 + \mu^2$，由这两个方程解得

$$\begin{cases}\mu = \nu_1 \\ \sigma^2 = \nu_2 - \nu_1^2\end{cases} \tag{4.4}$$

用 $\hat{\nu}_1 = \frac{1}{n}\sum_{i=1}^{n} x_i$ 和 $\hat{\nu}_2 = \frac{1}{n}\sum_{i=1}^{n} x_i^2$ 分别估计 ν_1 和 ν_2，代入(4.4)就可得到 μ, σ^2 的矩估计量：

$$\hat{\mu} = \frac{1}{n}\sum_{i=1}^{n} x_i = \bar{x}$$

$$\begin{aligned}\hat{\sigma}^2 &= \hat{\nu}_2 - \hat{\nu}_1^2 = \frac{1}{n}\sum_{i=1}^{n} x_i^2 - \left(\frac{1}{n}\sum_{i=1}^{n} x_i\right)^2 \\ &= \frac{1}{n}\sum_{i=1}^{n}(x_i - \bar{x})^2\end{aligned}$$

对于正态分布的参数 μ 和 σ^2 来说,矩估计量和最大似然估计量完全相同. 但对不少分布,它们并不一样,通常用矩法估计参数较方便,但样本量 n 较大时,矩估计量的精度一般不及最大似然估计量的高.

例 4.3 设 X 的密度函数是

$$p(x,\theta)=\begin{cases}\dfrac{1}{\theta} & 0\leqslant x\leqslant\theta\\ 0 & \text{其他}\end{cases}$$

这里 θ 是未知的正数. 设 $x_1,x_2,\cdots,x_n$ 是 X 的样本. 不难看出 $E(X)=\dfrac{\theta}{2}$. 故 θ 的矩估计 $\tilde{\theta}=\dfrac{2}{n}\sum\limits_{i=1}^{n}x_i$,可以证明,$\tilde{\theta}$ 与 $\hat{\theta}$ 并不一样.

***例 4.4** 台风可以引起内陆降雨. 下列 36 个数是 24 小时降雨量的实际观测数据(单位:mm):

31.00, 2.82, 3.98, 4.02, 9.50, 4.50, 11.40,
10.71, 6.31, 4.95, 5.64, 5.51, 13.40, 9.72,
6.47, 10.16, 4.21, 11.60, 4.75, 6.85, 6.25,
3.42, 11.80, 0.80, 3.69, 3.10, 22.22, 7.43,
5.00, 4.58, 4.46, 8.00, 3.73, 3.50, 6.20, 0.67

凭以往知识知道这种降雨量一般服从 Γ 分布,其分布密度为

$$p(x;\alpha,\beta)=\begin{cases}0, & x\leqslant 0\\ \dfrac{\beta^2}{\Gamma(\alpha)}x^{\alpha-1}\mathrm{e}^{-\beta x}, & x>0\end{cases}$$

我们可用矩法估计参数 α,β. 用 X 表示降雨量,$x_1,x_2,\cdots,x_{36}$ 表示上述 36 个数. 易知 $\nu_1=E(X)=\alpha/\beta$,$\nu_2=E(X^2)=\alpha(\alpha+1)/\beta^2$,$\hat{\nu}_1=\dfrac{1}{36}\sum\limits_{i=1}^{36}x_i=7.29$,$\hat{\nu}_2=\dfrac{1}{36}\sum\limits_{i=1}^{36}x_i^2=85.59$.

解方程组

$$\begin{cases}\alpha/\beta=7.29\\ \alpha(\alpha+1)/\beta^2=85.59\end{cases}$$

得 $\hat{\alpha}=1.64$，$\hat{\beta}=0.22$，这些分别是 α,β 的估计值.

§5 期望的置信区间

从上节知道，可以用 $\bar{X}$ 来估计 $E(X)$，用 S^2 来估计 $D(X)$，并且这些估计是相当好的．读者对此可能还会有不满足之处．到底 $\bar{X}$ 与 $E(X)$ 相差多少？（还有，S^2 与 $D(X)$ 相差多少？）这个问题可以换成一种提法：估计 $E(X)$ 所在的范围（区间），而且希望范围越小越好（对 $D(X)$ 也一样）.

这就是对期望和方差的区间估计问题．

我们下面先讨论如何对期望 $E(X)$ 进行区间估计，这在实际应用中相当重要．至于方差，下节再讲．

我们的讨论分两种情形进行：

(1) 已知方差 $D(X)$，对 $E(X)$ 进行区间估计；

(2) 未知方差 $D(X)$，对 $E(X)$ 进行区间估计；

由于正态随机变量广泛存在，特别是很多产品的指标服从正态分布，我们重点研究正态随机变量情形的区间估计．先研究第一种情形，即已知方差 $D(X)$ 的情形．设 X 是一个正态随机变量，可以证明样本平均 $\bar{X}=\frac{1}{n}(X_1+X_2+\cdots+X_n)$ 也是正态随机变量，且 $E(\bar{X})=E(X)$，$D(\bar{X})=\frac{1}{n}D(X)$（参看习题十四第 9 题，也可参看附录二定理 5 的系）.

于是随机变量

$$\eta=\frac{\bar{X}-E(X)}{\sqrt{\frac{D(X)}{n}}}$$

是服从标准正态分布的．查附表 1 知

$$P\{|\eta|\leqslant 1.96\}=0.95$$

即

$$P\left\{|\bar{X}-E(X)|\leqslant 1.96\sqrt{\frac{D(X)}{n}}\right\}=0.95 \tag{5.1}$$

从(5.1)式看出,我们有 95 % 的把握保证:

$$|\bar{X}-E(X)|\leqslant 1.96\sqrt{\frac{D(X)}{n}}$$

即

$$\bar{X}-1.96\sqrt{\frac{D(X)}{n}}\leqslant E(X)\leqslant \bar{X}+1.96\sqrt{\frac{D(X)}{n}}$$

这就是说:虽然 $\bar{X}$ 是随机变量(取值随抽样的具体结果而定). 但是随机区间

$$\left[\bar{X}-1.96\sqrt{\frac{D(X)}{n}},\bar{X}+1.96\sqrt{\frac{D(X)}{n}}\right] \tag{5.2}$$

以很大的概率包含 $E(X)$. 具体来说,如果做 100 次抽样(每次抽 n 个样品),则从平均的意义讲,算出的 $\bar{x}$ 值将有 95 次,使得区间(5.2)包含 $E(X)$.

根据上述,我们可以总结如下:随便作一次抽样,得到样本值 $x_1,x_2,\cdots,x_n$. 计算 $\bar{x}$. 我们可以认为 $E(X)$ 是落在区间(5.2)中,这就给出了 $E(X)$ 的区间估计,该区间称为置信区间.

当然,也可能碰上这个区间并不包含 $E(X)$ 的偶然情形,此时我们就犯了错误. 不过,出现这种情况的可能性比较小,约为 5 %.

我们还要注意,置信区间的长度与 n 有关. 当然希望置信区间的长度越短越好,但为此需花费代价:即 n 必须大. 故在实际问题里要具体分析,适当掌握,不能走极端.

例 5.1 某车间生产滚珠,从长期实践中知道,滚珠直径 X 可以认为是服从正态分布的. 从某天的产品里随机抽取 6 个,量得直径如下(单位:mm):

14.70,15.21,14.90,14.91,15.32,15.32

试估计该天产品的直径的平均值？

如果知道该天产品的直径的方差是0.05，试找出平均直径的置信区间？

解 用 X 表示该天产品的直径，要估计的就是 $E(X)$.

根据所给的样本值进行计算.

$$\bar{x}=\frac{1}{6}(14.70+15.21+14.90+14.91+15.32+15.32)$$
$$=15.06(\text{mm})$$

这就是 $E(X)$ 的近似值.

为了找 $E(X)$ 的置信区间，我们来计算 $1.96\sqrt{\frac{D(X)}{n}}$. 现在 $n=6, D(X)=0.05$，于是

$$1.96\sqrt{\frac{D(X)}{n}}=1.96\times\sqrt{\frac{0.05}{6}}=0.18$$

由(5.2)式，可以认为 $E(X)$ 在区间 $[15.06-0.18, 15.06+0.18]$ 里. 换句话说，滚珠直径的均值 $E(X)$ 的置信区间是 $[14.88, 15.24]$.

对于不是服从正态分布的随机变量，如果 n 相当大，即所谓大样本(或大子样)的情形，仍可用(5.2)来对 $E(X)$ 进行比较准的估计. 这是为什么呢？原因在于有这样一个重要事实：无论 X 是怎样的随机变量，只要 n 充分大，随机变量 $\eta=\dfrac{\bar{X}-E(X)}{\sqrt{\dfrac{D(X)}{n}}}$ 就和标准正态随机变量差别很小.

这就是概率论中有名的中心极限定理，我们在第四章里已介绍过了.

由此看来，只要 n 充分大，就可认为 η 是服从标准正态分布. 于是 $P\{|\eta|\leqslant 1.96\}=0.95$，故又得到(5.2)式. 这样，可以用 $\left[\bar{X}-1.96\times\sqrt{\frac{D(X)}{n}}, \bar{X}+1.96\times\sqrt{\frac{D(X)}{n}}\right]$ 作为 $E(X)$ 的置信区

间.

n 多大可以算作是“充分大”呢？很难提个绝对的标准，一般认为 n 不应小于 50.

以上找出的置信区间的可靠程度是 95%. 我们也说置信水平(或置信度)是 95%. 通常的工业生产和科学研究中是采取这个置信水平的，但有时嫌 95% 偏低或偏高，而采取 99% 或 90% 的置信水平. 置信水平定得不同，置信区间的长短就不同，但求置信区间的办法完全类似. 请读者自己想一想.

上面的讨论是在已知方差 $D(X)$ 的情况下进行的. 在实际应用中经常遇到不知道方差的情况，此时怎样对 $E(X)$ 找置信区间呢？现在就来研究与解决这个重要问题.

一个很自然的想法是，利用 $D(X)$ 的估计量

$$S^2=\frac{1}{n-1}\sum_{i=1}^{n}(X_i-\bar{X})^2$$

来代替 $D(X)$. 就是说，研究

$$T=\frac{\bar{X}-E(X)}{\sqrt{\frac{S^2}{n}}}$$

的分布.

我们说，当 X 是正态随机变量时，随机变量 T 的分布确实能算出来. 更确切些说，设 $X\sim N(\mu,\sigma^2)$，$X_1,X_2,\cdots,X_n$ 相互独立且与 X 有同样的概率分布. 经过较长的数学推导(见附录二定理 7)，可以证明

$$T=\frac{\frac{X_1+X_2+\cdots+X_n}{n}-\mu}{\sqrt{\frac{\sum_{i=1}^{n}(X_i-\bar{X})^2}{n(n-1)}}} \tag{5.3}$$

的分布密度是

$$p_n(t)=\frac{\Gamma\left(\frac{n}{2}\right)}{\sqrt{(n-1)\pi}\,\Gamma\left(\frac{n-1}{2}\right)}\left(1+\frac{t^2}{n-1}\right)^{-\frac{n}{2}} \tag{5.4}$$

显然,这个分布密度函数关于 $t=0$ 是对称的,它的图形如下:

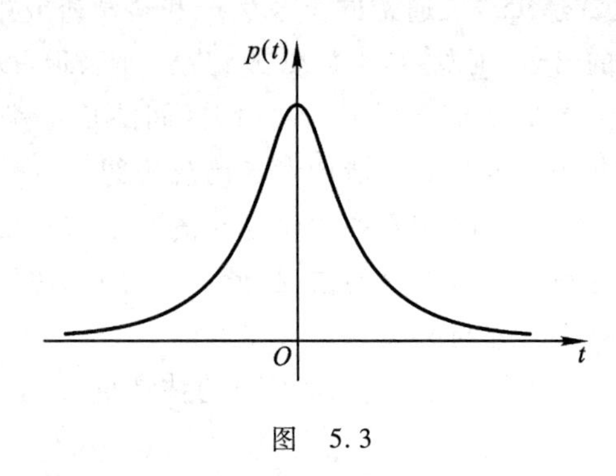

图 5.3

值得注意的是,这个分布密度与原来随机变量的期望 μ,方差 σ^2 无关,只与样本容量 n 有关. n 是惟一的参数. 知道了 n,$p_n(t)$ 就完全确定了.

既然 $T=\dfrac{\overline{X}-E(X)}{\sqrt{\dfrac{S^2}{n}}}$ 的分布密度是(5.4),即:

$$P\{a\leqslant T\leqslant b\}=\int_a^b p_n(t)\,\mathrm{d}t$$

取数 λ 满足:

$$\int_{-\lambda}^{\lambda} p_n(t)\,\mathrm{d}t=0.95 \tag{5.5}$$

于是

$$P\left\{\left|\frac{\overline{X}-E(X)}{\sqrt{S^2/n}}\right|\leqslant\lambda\right\}=0.95 \tag{5.5$'$}$$

这就是说,以 95% 的把握保证: $E(X)$ 在区间 $\left[\overline{X}-\lambda\sqrt{\dfrac{S^2}{n}},\right.$

$\overline{X}+\lambda\sqrt{\frac{S^2}{n}}\Big]$中．这就给出了 $E(X)$的置信区间．

怎样具体找 λ 呢？经过数学工作者的研究，已把满足(5.5)的数值 λ 计算好了，并且列成了表，见本讲义附表 2. 注意，对不同的 n，λ 的值也不同．这里我们来介绍一个名词：t 分布．

定义 5.1 如果随机变量 Y 的分布密度是：

$$p(t)=\frac{\Gamma\left(\frac{n+1}{2}\right)}{\Gamma\left(\frac{n}{2}\right)\cdot\sqrt{n\pi}}\left(1+\frac{t^2}{n}\right)^{-\frac{n+1}{2}} \tag{5.6}$$

则称 Y 服从 n 个自由度的 t 分布．

“自由度”的名字有点怪，大家记住这里是指表达式(5.6)中的参数 n. 从(5.4)知道，我们关心的 T 正是服从 $n-1$ 个自由度的 t 分布．注意：自由度是样本容量减 1.

我们举例说明如何用上述理论去找置信区间．

例 5.2 用某仪器间接测量温度，重复测量 5 次，得到的结果如下(单位：℃)：

1 250，1 265，1 245，1 260，1 275

试问，温度的真值在什么范围内？

我们很容易把这个问题化成数学问题．用 μ 表示温度的真值，X 表示测量值．X 通常是一个正态随机变量，$E(X)=\mu$(假定仪器无系统偏差)．现在重复测量 5 次，得到 X 的 5 个值 $x_1=1\ 250,\cdots,x_5=1\ 275$，这就是样本值．问题就是未知方差(仪器的精度)的情况下，找期望(真值)的置信区间.

利用上述一般理论，知 μ 在区间$\left[\bar{x}-\lambda\sqrt{\frac{S^2}{n}},\bar{x}+\lambda\sqrt{\frac{S^2}{n}}\right]$中.

现在 $n=5$.

$$\bar{x}=\frac{1\ 250+1\ 265+1\ 245+1\ 260+1\ 275}{5}=1\ 259$$

$$\begin{aligned}S^2&=\frac{1}{5-1}[(1\ 250-1\ 259)^2+(1\ 265-1\ 259)^2+\\&\quad(1\ 245-1\ 259)^2+(1\ 260-1\ 259)^2+\\&\quad(1\ 275-1\ 259)^2]\\&=\frac{1}{4}[9^2+6^2+14^2+1^2+16^2]=\frac{570}{4}\end{aligned}$$

于是$\sqrt{\frac{S^2}{n}}=\sqrt{\frac{570}{5\times4}}=\sqrt{28.5}=5.339$. 自由度 = 样本容量 $-1=5-1=4$,查t分布的临界值表($\alpha=0.05$),得 $\lambda=2.776$. 故

$$\lambda\sqrt{\frac{S^2}{n}}=2.776\times5.339\approx14.8$$

$$\bar{x}-\lambda\sqrt{\frac{S^2}{n}}=1\ 259-14.8=1\ 244.2$$

$$\bar{x}+\lambda\sqrt{\frac{S^2}{n}}=1\ 259+14.8=1\ 273.8$$

于是得到温度真值的置信度为 0.95 的置信区间[1 244.2, 1 273.8].

例 5.3 对飞机的飞行速度进行 15 次独立试验,测得飞机的最大飞行速度($\mathrm{m\cdot s^{-1}}$)如下:

422.2,418.7,425.6,420.3,425.8
423.1,431.5,428.2,438.3,434.0
412.3,417.2,413.5,441.3,423.7

根据长期的经验,可以认为最大飞行速度服从正态分布,试对最大飞行速度的期望进行区间估计?

用 X 表示最大飞行速度,现在不知道 $D(X)$,要找 $E(X)$ 的置信区间. 由上面的一般讨论知,$E(X)$ 的置信区间是 $\left[\bar{x}-\lambda\sqrt{\frac{S^2}{n}},\bar{x}+\lambda\sqrt{\frac{S^2}{n}}\right]$.

现在来具体计算 $\bar{x}$ 和 S^2，先将数据简化，令 $y_i = x_i - 420 (i = 1,2,\cdots,15)$，则有

$$\begin{aligned}\sum_{i=1}^{15} y_i &= 2.2 - 1.3 + 5.6 + 0.3 + 5.8 + 3.1 + 11.5 + 8.2 + \\ &\quad 18.3 + 14.0 - 7.7 - 2.8 - 6.5 + 21.3 + 3.7 \\ &= 75.7\end{aligned}$$

$$\bar{x} = \bar{y} + 420 = \frac{75.7}{15} + 420 = 425.047$$

且有

$$\begin{aligned}S^2 &= \frac{1}{14} \sum_{i=1}^{15} (x_i - \bar{x})^2 = \frac{1}{14} \sum_{i=1}^{15} (y_i - \bar{y})^2 \\ &= \frac{1}{14} \left[\sum_{i=1}^{15} y_i^2 - \frac{1}{15}\left(\sum_{i=1}^{15} y_i\right)^2 \right] \\ &= \frac{1}{14}\left[1\ 388.37 - \frac{(75.7)^2}{15}\right] \\ &= \frac{1\ 006.34}{14}\end{aligned}$$

查自由度为 14 的 t 分布临界值表，得 $\lambda = 2.145$. 于是

$$\begin{aligned}\bar{x} - \lambda \sqrt{\frac{S^2}{n}} &= 425.047 - 2.145 \sqrt{\frac{1\ 006.34}{15 \times 14}} \\ &= 425.047 - 2.145 \times \sqrt{4.792} \\ &= 425.047 - 4.696 = 420.35\end{aligned}$$

$$\bar{x} + \lambda \sqrt{\frac{S^2}{n}} = 425.047 + 4.696 = 429.74$$

故得 $E(X)$ 的置信度为 0.95 的置信区间为 $[420.35, 429.74]$.

现将这部分内容总结如下：设 $X \sim N(\mu, \sigma^2)$，未知方差，找 μ 的置信区间的步骤是

① 由样本值 $x_1, x_2, \cdots, x_n$ 计算出 $\bar{x}, S^2$.

② 查 t 分布临界值表（本讲义附表 2），注意自由度 $= n - 1$，$\alpha = 1 -$ 置信度，得临界值 λ.

③ 计算 $\lambda\sqrt{\frac{S^2}{n}}$(记作 d).

④ 得 μ 的置信区间 $[\bar{x}-d,\bar{x}+d]$(置信度为 $1-\alpha$).

§6 方差的置信区间

上节我们研究了期望 $E(X)$ 的区间估计,找出了 $E(X)$ 的置信区间. 但有的实际问题是要求对方差 $D(X)$(或标准差 $\sqrt{D(X)}$)进行区间估计,即根据样本找出 $D(X)$ 的置信区间,这在研究生产的稳定性与精度问题时是需要的.

例 6.1 某自动车床加工零件. 抽查 16 个零件,测得长度如下(单位:mm):

12.15,12.12,12.01,12.08,12.09,12.16

12.03,12.01,12.06,12.13,12.07,12.11

12.08,12.01,12.03,12.06

怎样去估计该车床所加工零件的长度的方差?

按 §4 中的办法,当然可给出方差的一个近似值. 先算样本平均值,得 $\bar{x}=12.075$. 再用简化法计算方差 $D(X)$ 的点估计值.

$$S^2=\frac{1}{10\,000(16-1)}[15^2+12^2+\cdots+6^2-16\times 7.5^2]$$

$$=\frac{366}{15\times 10\,000}=0.002\,44$$

这是零件长度的真实方差的近似值. 到底这近似值与真值相差多少呢? 这就需要给出方差真值的置信区间.

现在来研究一般性的理论,然后再把理论用到刚才所举的例子上去. 我们只研究总体是正态随机变量的情形.

设 $X\sim N(\mu,\sigma^2)$,$X_1,X_2,\cdots,X_n$ 是来自这个总体的样本,我们的任务就是利用样本值 $x_1,x_2,\cdots,x_n$ 来给出 σ^2 的置信区间.

我们已经知道，可用样本方差 $S^2=\frac{1}{n-1}\sum_{i=1}^{n}(X_i-\bar{X})^2$ 来对 σ^2 进行估计，这是一个无偏估计．但是不知道 S^2 离 σ^2 差多少．

容易看出，如果把$\frac{S^2}{\sigma^2}$看成随机变量，又能够找出它的概率分布，则我们的问题便迎刃而解了．

经过仔细的研究，可以证明（可参阅附录二定理 5 的系）随机变量 $\eta=\frac{(n-1)S^2}{\sigma^2}$的分布密度 $p(u)$ 是这样的：

$$p(u)=\begin{cases}\frac{1}{2^{\frac{n-1}{2}}\Gamma\left(\frac{n-1}{2}\right)}u^{\frac{n-3}{2}}\mathrm{e}^{-\frac{u}{2}} & u>0\\ 0 & u\leqslant 0\end{cases}\tag{6.1}$$

其图形如下（$n>3$）：

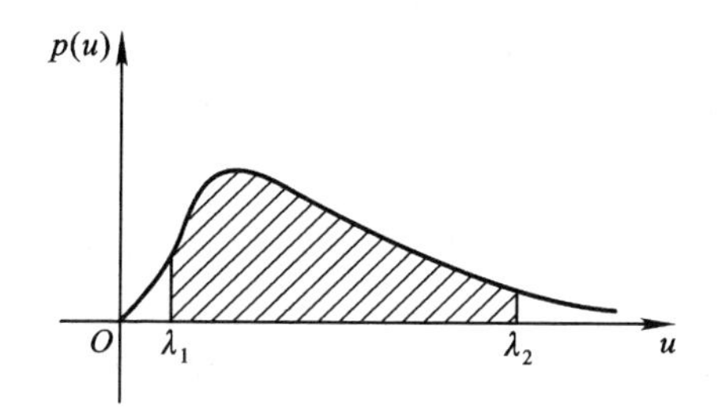

图　5.4

我们可选 $\lambda_1,\lambda_2(0<\lambda_1<\lambda_2)$满足：

$$P\{\lambda_1\leqslant\eta\leqslant\lambda_2\}=0.95\tag{6.2}$$

即

$$\int_{\lambda_1}^{\lambda_2}p(u)\,\mathrm{d}u=0.95$$

换句话说，选 λ_1,λ_2 使得上面图中阴影部分的面积等于 0.95.

但合乎这个要求的 λ_1,λ_2 有很多对，究竟怎样选呢?① 通常的办法是，使得阴影部分的左方的面积与右方的面积相等，都是 0.025. 用式子来写，就是选 λ_1,λ_2 满足：

$$\int_0^{\lambda_1} p(u)\mathrm{d}u = 0.025 \tag{6.3}$$

$$\int_{\lambda_2}^{+\infty} p(u)\mathrm{d}u = 0.025 \tag{6.4}$$

注意，(6.3)相当于

$$\int_{\lambda_1}^{+\infty} p(u)\mathrm{d}u = 0.975 \tag{6.5}$$

数学工作者已经把满足(6.5)和(6.4)的 λ_1,λ_2 计算出来了，我们只要学会查表就行了. 这里我们介绍一个名词，它在统计里常遇到.

定义 6.1 如果随机变量 Y 的分布密度函数是这样的：

$$k_n(u) = \begin{cases} \dfrac{1}{2^{\frac{n}{2}}\Gamma\left(\dfrac{n}{2}\right)} u^{\frac{n}{2}-1}\mathrm{e}^{-\frac{u}{2}} & u > 0 \\ 0 & u \leqslant 0 \end{cases}$$

---

① 为了得到 σ^2 的 $1-\alpha$ 水平置信区间，应该选 $\lambda_1,\lambda_2(0<\lambda_1<\lambda_2)$ 满足

$$P(\lambda_1 \leqslant \eta \leqslant \lambda_2) = 1-\alpha \tag{注 6.1}$$

其中 η 的分布密度是(6.1). 从而可以得到 σ^2 的 $1-\alpha$ 水平置信区间

$$\left[\frac{1}{\lambda_2}\sum_{i=1}^{n}(X_i-\bar{X})^2, \frac{1}{\lambda_1}\sum_{i=1}^{n}(X_i-\bar{X})^2\right] \qquad \text{(参看(6.6))}$$

这个区间的长度为 $\left(\dfrac{1}{\lambda_1}-\dfrac{1}{\lambda_2}\right)\sum\limits_{i=1}^{n}(X_i-\bar{X})^2$. 很自然想到，应选择 λ_1,λ_2 不仅满足(注 6.1)，而且应使得 $\dfrac{1}{\lambda_1}-\dfrac{1}{\lambda_2}$ 达到最小值. 数学上可以证明，当 λ_1,λ_2 满足(注 6.1)且 $\lambda_1^{\frac{n+3}{2}}\mathrm{e}^{-\frac{\lambda_1}{2}} = \lambda_2^{\frac{n+3}{2}}\mathrm{e}^{-\frac{\lambda_2}{2}}$ 时 $\dfrac{1}{\lambda_1}-\dfrac{1}{\lambda_2}$ 达到了最小值. 但用这个最优化原则确定 λ_1 和 λ_2 很不方便(当然，利用计算机总可以这样确定 λ_1,λ_2)，在实际工作中常常不追求"最优"，而是采用平分法，即选 λ_1 和 λ_2 分别满足：

$$\int_0^{\lambda_1} p(u)\mathrm{d}u = \frac{\alpha}{2}, \int_{\lambda_2}^{+\infty} p(u)\mathrm{d}u = \frac{\alpha}{2}.$$

则称 Y 服从 **n 个自由度的 χ^2 分布**.

从(6.1)式来看,$\eta=\frac{(n-1)S^2}{\sigma^2}$正是服从 $n-1$ 个自由度的 χ^2 分布.

χ^2 分布的临界值 λ 可从附表 3 中查到.

既然有了 λ_1 和 λ_2,根据(6.2)知,以 95 % 的把握保证:

$$\lambda_1 \leqslant \frac{(n-1)S^2}{\sigma^2} \leqslant \lambda_2$$

换句话说,

$$\frac{(n-1)S^2}{\lambda_2} \leqslant \sigma^2 \leqslant \frac{(n-1)S^2}{\lambda_1}$$

但

$$(n-1)S^2=\sum_{i=1}^{n}(X_i-\bar{X})^2$$

故得

$$\frac{\sum_{i=1}^{n}(X_i-\bar{X})^2}{\lambda_2} \leqslant \sigma^2 \leqslant \frac{\sum_{i=1}^{n}(X_i-\bar{X})^2}{\lambda_1} \tag{6.6}$$

这就给出了 σ^2 的置信度是 0.95 的置信区间. 顺便还看出,σ 的置信区间是

$$\left[\sqrt{\frac{\sum_{i=1}^{n}(X_i-\bar{X})^2}{\lambda_2}},\sqrt{\frac{\sum_{i=1}^{n}(X_i-\bar{X})^2}{\lambda_1}}\right]$$

现在把上述理论用到上面的例 6.1 上去.

$$\sum_{i=1}^{n}(x_i-\bar{x})^2=0.036\ 6$$

自由度是 15,查表知 $\lambda_1=6.26$,$\lambda_2=27.5$.

$$\frac{0.036\ 6}{\lambda_1}=0.005\ 8,\frac{0.036\ 6}{\lambda_2}=0.001\ 3$$

故 σ^2 的置信区间是[0.001 3,0.005 8],σ 的置信区间是[0.036,

0.076].

* §7 寻求置信区间和置信限的一般方法

上面我们就正态分布介绍了期望和方差的置信区间的寻找方法. 那么对于其他分布情形呢? 而且未知参数也不一定是期望或方差. 怎样去求未知参数或参数的函数的置信区间? 更确切地说, 设随机变量 X 的分布函数是 $F(x,\theta_1,\theta_2,\cdots,\theta_m)$, 其中 $\boldsymbol{\theta}=(\theta_1,\theta_2,\cdots,\theta_m)$ 是未知参数向量, 只知 $\boldsymbol{\theta}$ 属于某个集合 G, $g(\theta)$ 是实值函数. 又设 $X_1,X_2,\cdots,X_n$ 是 X 的样本, 我们有如下定义:

定义 7.1① 设 $\alpha\in(0,1)$, $\varphi_1(X_1,X_2,\cdots,X_n)$ 和 $\varphi_2(X_1,X_2,\cdots,X_n)$ 是两个统计量, $\varphi_1\leqslant\varphi_2$, 称 $[\varphi_1,\varphi_2]$ 是 $g(\theta)$ 的置信水平是 $1-\alpha$ 的置信区间(或叫区间估计), 若对一切 θ 均有

$$P[\varphi_1(X_1,X_2,\cdots,X_n)\leqslant g(\theta)\leqslant\varphi_2(X_1,X_2,\cdots,X_n)]\geqslant 1-\alpha, \tag{7.1}$$

应注意的是, (7.1)式中的概率 P 与 θ 有关, 因为总体 X 的分布依赖于 θ. 有时为确切计, 用 P_θ 代替 P. 若(7.1)式的左端的下确界(对一切 θ)恰好是 $1-\alpha$, 则称区间 $[\varphi_1,\varphi_2]$ 的置信系数是 $1-\alpha$.

置信区间 $[\varphi_1,\varphi_2]$ 的好处在于: 它以一定把握保证该区间包含 $g(\theta)$.

在(7.1)中的 φ_1,φ_2 分别称为 $g(\theta)$ 的置信下限、置信上限. 在某些问题里只关心置信下限(例如产品的强度), 此时取 $\varphi_2=+\infty$; 在另一些问题里只关心置信上限(例如食品中某种有害细菌的数量), 此时取 $\varphi_1=-\infty$.

寻找置信区间是一件重要的工作, 当然应该限于寻找优良的置信区间. 若不考虑优良性, 取 $\varphi_1\to-\infty$, $\varphi_2\to+\infty$, $(-\infty,+\infty)$ 永远是 $g(\theta)$ 的 $1-\alpha$ 水平置信区间. 很明显, 这个置信区间毫无用处, 它没有提供 $g(\theta)$ 的任何信息. 那么, 什么是优良的置信区间呢? 这就涉及优良性的标准. 我们这里不进行深入的讨论, 只是指出: 优良的置信区间其区间长度(即 $\varphi_2-\varphi_1$)应该是比

---

① 粗一看, 在定义 7.1 的(7.1)式中出现"≥"有些不顺眼(在前两节讨论正态分布期望和方差的置信区间时, 均是"="号). 能否把(7.1)中的"≥"改为"="呢? 我们指出, 若在定义里将"≥"改为"=", 则对某些常见的分布(例如伯努利分布), 参数的置信区间不存在. 这一点以后将会看到.

较小的(如果只关心置信下限,则这种下限越大越好;如果只关心置信上限,则这种上限越小越好).

怎样寻找优良的置信区间呢?这不是容易的事,要具体问题具体分析,有三个一般性方法可指导我们对具体问题进行分析,有助于找出优良的置信区间.本节介绍枢轴量方法和统计量方法,第三个方法是借助于假设检验理论的接受域方法,将在第六章中叙述.

(一) 枢轴量方法

这个方法是初等统计学中最常用的,前两节我们对正态分布寻求期望和方差的置信区间时用的就是这个方法.这个一般性方法叙述如下.为了寻找 $g(\theta)$ 的置信区间,我们设法选择与样本 $X_1,X_2,\cdots,X_n$ 及 $g(\theta)$ 有关的函数 $h[X_1,X_2,\cdots,X_n;g(\theta)]$,使得这个函数(实际是随机变量)的概率分布函数 $H(x)$ 与 θ 无关.在此基础上,找 $\lambda_1<\lambda_2$ 满足 $H(\lambda_2)-H(\lambda_1)\geqslant 1-\alpha$.于是 $P\{\lambda_1\leqslant h[X_1,X_2,\cdots,X_n;g(\theta)]\leqslant\lambda_2\}\geqslant 1-\alpha$,解不等式 $\lambda_1\leqslant h(x_1,x_2,\cdots,x_n;u)\leqslant\lambda_2$,得到 $\varphi_1(x_1,x_2,\cdots,x_n)\leqslant u\leqslant\varphi_2(x_1,x_2,\cdots,x_n)$.于是 $[\varphi_1(X_1,X_2,\cdots,X_n),\varphi_2(X_1,X_2,\cdots,X_n)]$ 便是 $g(\theta)$ 的置信水平为 $1-\alpha$ 的置信区间.

上述的 $h[X_1,X_2,\cdots,X_n;g(\theta)]$ 一般称为枢轴量(pivotal),它含有样本 $X_1,X_2,\cdots,X_n$ 及 $g(\theta)$,但其概率分布与未知参数 θ 无关.如何找到合适的枢轴量就是问题的关键.在前两节里关于正态分布的讨论中正是由于找到了合适的枢轴量,才顺利地求出了期望和方差的置信区间.这里再举一例.

例 7.1(指数分布的参数的置信区间) 设 X 的密度函数是

$$p(x,\theta)=\begin{cases}\dfrac{1}{\theta}\mathrm{e}^{-\frac{1}{\theta}x}, & x>0\\ 0 & x\leqslant 0\end{cases}$$

其中 θ 是未知的正数.如何从样本 $X_1,X_2,\cdots,X_n$ 出发找出 θ 的置信区间?

易知 θ 的最大似然估计为 $\hat{\theta}=\dfrac{1}{n}\sum\limits_{i=1}^{n}X_i$.可以求出 $\sum\limits_{i=1}^{n}X_i$ 的分布密度为

$$g(x,\theta)=\begin{cases}\dfrac{1}{(n-1)!}\dfrac{1}{\theta^n}x^{n-1}\exp\left\{-\dfrac{x}{\theta}\right\}, & x>0\\ 0 & x\leqslant 0\end{cases}$$

(读者可用数学归纳法验证)

令 $h(X_1,X_2,\cdots,X_n;\theta)=2\sum\limits_{i=1}^{n}X_i/\theta$,则 h 的分布密度是

$$p(x)=\begin{cases}\dfrac{1}{2^n\Gamma(n)}x^{n-1}\mathrm{e}^{-\frac{x}{2}} & x>0\\ 0 & x\leqslant 0\end{cases}\tag{7.2}$$

这表明 h 是一个枢轴量,而且 h 服从 $2n$ 个自由度的 χ^2 分布. 取 $\lambda_1,\lambda_2(0<\lambda_1<\lambda_2)$满足 $P(\lambda_1\leqslant 2\sum\limits_{i=1}^{n}X_i/\theta\leqslant\lambda_2)=1-\alpha$(通过查 χ^2 分布的数值表可找出 λ_1,λ_2). 解不等式 $\lambda_1\leqslant 2\sum\limits_{i=1}^{n}X_i/\theta\leqslant\lambda_2$,可得到 θ 的 $1-\alpha$ 水平置信区间 $\left[\dfrac{2}{\lambda_2}\sum\limits_{i=1}^{n}X_i,\dfrac{2}{\lambda_1}\sum\limits_{i=1}^{n}X_i\right]$.

这个置信区间的长度是$\left(\dfrac{1}{\lambda_1}-\dfrac{1}{\lambda_2}\right)2\sum\limits_{i=1}^{n}X_i$. 很自然想到,选择 $\lambda_1<\lambda_2$ 还应使得$\dfrac{1}{\lambda_1}-\dfrac{1}{\lambda_2}$到最小值. 可以证明,达到最小值的 λ_1,λ_2 满足两个方程

$$\begin{cases}\displaystyle\int_{\lambda_1}^{\lambda_2}p(x)\,\mathrm{d}x=1-\alpha\\ \lambda_1^{n+1}\mathrm{e}^{-\frac{\lambda_1}{2}}=\lambda_2^{n+1}\mathrm{e}^{-\frac{\lambda_2}{2}}\end{cases}$$

这里 $p(x)$是 $2n$ 个自由度的 χ^2 分布的密度函数(见(7.2)). 从这两个方程就可以确定 λ_1 和 λ_2,但在实际工作中颇嫌不便. 人们通常利用 χ^2 分布数值表,找 λ_1 和 λ_2 使之分别满足

$$\int_0^{\lambda_1}p(x)\,\mathrm{d}x=\frac{\alpha}{2},\ \int_{\lambda_2}^{+\infty}p(x)\,\mathrm{d}x=\frac{\alpha}{2}$$

而不去追求 λ_1,λ_2 的最优选择.

还应指出,指数分布常用来描述产品的寿命或生物的生存时间,这时参数 θ 就是平均寿命或平均生存时间. 实际工作中最关心的是 θ 的置信下限,即要找 $\varphi_1(X_1,X_2,\cdots,X_n)$满足 $P[\theta\geqslant\varphi_1(X_1,X_2,\cdots,X_n)]\geqslant 1-\alpha$(对一切 θ),而且要 φ_1 尽可能的大. 既然上述的 $h=2\sum\limits_{i=1}^{n}X_i/\theta$ 是枢轴量,利用 χ^2 分布数值表可找到 λ_0 满足 $P\left(2\sum\limits_{i=1}^{n}X_i/\theta\leqslant\lambda_0\right)=1-\alpha$ 解不等式 $2\sum\limits_{i=1}^{n}X_i/\theta$

$\leqslant \lambda_0$,得 $\theta \geqslant \dfrac{2}{\lambda_0} \sum\limits_{i=1}^{n} X_i$. 这表明 θ 的 $1-\alpha$ 水平置信下限为$\dfrac{2}{\lambda_0} \sum\limits_{i=1}^{n} X_i$.

枢轴量方法有两个明显的缺点:① 怎样寻找枢轴量? 没有统一的方法;② 利用枢轴量方法得到的置信区间有何优良性质? 没有一般性的结论.

（二）统计量方法

设 $X_1, X_2, \cdots, X_n$ 是来自分布函数为 $F(x,\theta)(\theta \in \Theta)$ 的总体的样本,Θ 是任意的非空集合,$g(\theta)$ 是 Θ 上的实值函数. 设 $\varphi(X_1, X_2, \cdots, X_n)$ 是任何统计量①(即样本 $X_1, X_2, \cdots, X_n$ 的函数),令

$$G(u,\theta) = P_\theta[\varphi(X_1, X_2, \cdots, X_n) \geqslant u] \tag{7.3}$$

$$H(u,\theta) = P_\theta[\varphi(X_1, X_2, \cdots, X_n) > u] \tag{7.4}$$

这里 $P_\theta(A)$ 是参数为 θ 时事件 A 的概率, $-\infty \leqslant u \leqslant +\infty$.

给定 $0<\alpha<1$,令

$$g_L(u) = \inf\{g(\theta): \theta \in \Theta \text{ 且 } G(u,\theta) > \alpha\} \tag{7.5}$$

$$g_U(u) = \sup\{g(\theta): \theta \in \Theta \text{ 且 } H(u,\theta) < 1-\alpha\} \tag{7.6}$$

(当集合 $\{\theta: \theta \in \Theta$ 且 $G(u,\theta) > \alpha\}$ 是空集时,定义 $g_L(u) = +\infty$;当 $\{\theta: \theta \in \Theta$ 且 $H(u,\theta) < 1-\alpha\}$ 是空集时,定义 $g_U(u) = -\infty$).

我们有下列重要结论.

定理 7.1 (1) $g_L[\varphi(X_1, X_2, \cdots, X_n)]$ 是 $g(\theta)$ 的 $1-\alpha$ 水平(单侧)置信下限,即

$$P_\theta\{g(\theta) \geqslant g_L[\varphi(X_1, X_2, \cdots, X_n)]\} \geqslant 1-\alpha (\text{一切 } \theta \in \Theta) \tag{7.7}$$

(2) $g_U[\varphi(X_1, X_2, \cdots, X_n)]$ 是 $g(\theta)$ 的 $1-\alpha$ 水平(单侧)置信上限,即

$$P_\theta\{g(\theta) \leqslant g_U[\varphi(X_1, X_2, \cdots, X_n)]\} \geqslant 1-\alpha \quad (\text{一切 } \theta \in \Theta) \tag{7.8}$$

(3) 设 $g_1 = \min\{g_L[\varphi(X_1, X_2, \cdots, X_n)], g_U[\varphi(X_1, X_2, \cdots, X_n)]\}$, $g_2 = \max\{g_L[\varphi(X_1, X_2, \cdots, X_n)], g_U[\varphi(X_1, X_2, \cdots, X_n)]\}$, 则 $[g_1, g_2]$ 是 $g(\theta)$ 的$1-2\alpha$ 水平置信区间(当 $0<\alpha<0.5$).

证 固定 $\theta \in \Theta$. 我们来证明

$$P_\theta\{g(\theta) < g_L[\varphi(X_1, X_2, \cdots, X_n)]\} \leqslant \alpha \tag{7.9}$$

为简单计,记 $Z = \varphi(X_1, X_2, \cdots, X_n)$,则 $G(u,\theta) = P_\theta(Z \geqslant u)$ 是 u 的减

① 这里的统计量是广义实值的,即取值是实数,也可以是 $+\infty$ 或 $-\infty$. 这种较广的定义有好处. 初学者不妨只考虑 $\varphi(X_1, X_2, \cdots, X_n)$ 取实数值的情形.

函数. 令

$$C=\inf\{u:-\infty\leqslant u\leqslant+\infty,G(u,\theta)\leqslant\alpha\}$$

分两种情况进行讨论.

(Ⅰ) $G(C,\theta)\leqslant\alpha$.

此时,$P_\theta[g(\theta)<g_L(Z)]\leqslant P_\theta[G(Z,\theta)\leqslant\alpha]=P_\theta(Z\geqslant C)=G(C,\theta)\leqslant\alpha$,故(7.9)成立.

(Ⅱ) $G(C,\theta)>\alpha$

此时 $P_\theta[g(\theta)<g_L(Z)]\leqslant P_\theta[G(Z,\theta)\leqslant\alpha]=P_\theta(Z>C)\xlongequal{\text{记}}A$. 分三种情形.

(i) $C=+\infty$. 此时 $A=0$;

(ii) $C=-\infty$,此时 $A=\lim\limits_{n\to\infty}P_\theta(Z\geqslant-n)=\lim\limits_{n\to\infty}G(-n,\theta)\leqslant\alpha$;

(iii) $-\infty<C<+\infty$,此时 $A=\lim\limits_{n\to\infty}P_\theta\left(Z\geqslant C+\dfrac{1}{n}\right)=\lim\limits_{n\to\infty}G\left(C+\dfrac{1}{n},\theta\right)\leqslant\alpha$. 总之,$A\leqslant\alpha$. 故(7.9)成立. 从(7.9)直接推知(7.7)成立.

同理可证明(7.8)成立.

从(7.7)和(7.8)知 $P_\theta[g(\theta)\geqslant g_1]\geqslant1-\alpha,P_\theta[g(\theta)\leqslant g_2]\geqslant1-\alpha$. 于是 $P_\theta[g(\theta)<g_1]\leqslant\alpha,P_\theta[g(\theta)>g_2]\leqslant\alpha$. 从而 $P_\theta[g(\theta)<g_1$ 或 $g(\theta)>g_2]\leqslant2\alpha$. 故 $P_\theta[g_1\leqslant g(\theta)\leqslant g_2]\geqslant1-2\alpha$.

定理 7.1 全部证完.

从一个统计量 $\varphi=\varphi(X_1,X_2,\cdots,X_n)$ 出发,利用定理 7.1 得到 $g(\theta)$ 的置信下(上)限及置信区间的方法,叫做统计量方法. 实际应用此方法时,通常取 $g(\theta)$ 的一个估计量或估计量的一个增函数作为统计量 $\varphi(X_1,X_2,\cdots,X_n)$,而且要使得 $G(u,\theta)$ 和 $H(u,\theta)$,$g_L(u)$,$g_U(u)$ 都比较好计算,才便于获得具体的置信限或置信区间. 这些都需要具体问题具体分析.

例 7.2 设 X 服从伯努利分布,即

$$P(X=1)=p=1-P(X=0)$$

其中 p 是未知参数,$0\leqslant p\leqslant1$,问:如何从 X 的样本 $X_1,X_2,\cdots,X_n$ 找出 p 的置信下限(置信水平是 $1-\alpha$)?

易知 p 的矩估计 $\hat{p}=\sum\limits_{i=1}^{n}X_i/n$,取统计量 $\varphi(X_1,X_2,\cdots,X_n)=\sum\limits_{k=1}^{n}X_k$. 令 $g(p)=p$,

$G(k,p)=P[\varphi(X_1,X_2,\cdots,X_n)\geqslant k]\ (k=0,1,\cdots,n)$则

$G(k,p)=P\left(\sum_{i=1}^{n}X_i\geqslant k\right)=\sum_{i=k}^{n}\mathrm{C}_n^i p^i(1-p)^{n-i}$多次使用分部积分公式得

$$G(k,p)=\frac{n!}{(k-1)!\ (n-k)!}\int_0^p x^{k-1}(1-x)^{n-k}\mathrm{d}x\quad(k\geqslant 1).\tag{7.10}$$

由此可见,$1\leqslant k\leqslant n$ 时,$G(k,p)$是p 的严格增连续函数. 设 $p(k)$ 是方程 $G(k,p)=\alpha$ 的惟一根,则 $k\geqslant 1$ 时从(7.5)知

$$\begin{aligned}g_L(k)&=\inf\{p:0\leqslant p\leqslant 1,G(k,p)>\alpha\}\\&=p(k)\end{aligned}$$

另一方面,$g_L(0)=\inf\{p:0\leqslant p\leqslant 1,G(0,p)>\alpha\}=0$(因 $G(0,p)=1$). 令 $p(0)=0$. 从定理7.1 知 p 的 $1-\alpha$ 水平置信下限 $p_L=p\left(\sum_{i=1}^{n}X_i\right)$.

易知,$G(1,p)=1-(1-p)^n$,$G(n,p)=p^n$,故很易求出 $p(1)=1-(1-\alpha)^{\frac{1}{n}}$,$p(n)=\alpha^{\frac{1}{n}}$,当 $1<k<n$ 时,$p(k)$无显式表达,下一章将给出计算公式.

我们特别指出,$p(n)=\alpha^{\frac{1}{n}}$是工程上应用颇广的重要公式. 例如,为了估计某种炮弹的发射成功率 p,进行了 20 次试验,结果每次都成功,则 p 的0.80水平置信下限 $p_L=(0.2)^{\frac{1}{20}}=0.922\ 7$.

$\alpha^{\frac{1}{n}}$是无失效情形下成功率的 $1-\alpha$ 水平置信下限.

(7.7) 告诉我们 $P_p\left[p\geqslant p\left(\sum_{i=1}^{n}X_i\right)\right]\geqslant 1-\alpha$. 数学上可以证明,$\inf\limits_{0<p<1}P_p\left[p\geqslant p\left(\sum_{i=1}^{n}X_i\right)\right]=1-\alpha$.(由于证明较长,从略).

上述结论自然会引起这样的问题:是否有 $\psi(X_1,X_2,\cdots,X_n)$满足

$$P_p[p\geqslant\psi(X_1,X_2,\cdots,X_n)]\equiv 1-\alpha(一切\ 0<p<1).\tag{7.11}$$

我们指出,这样的 $\psi(X_1,X_2,\cdots,X_n)$是不存在的. 我们用反证法加以证明. 设有这样的 ψ. 记 $a=\psi(1,1,\cdots,1)$(自变量全是 1). 分两种情况:

(Ⅰ) $a<1$,此时当 $p\in(a,1)$时 $1-\alpha\equiv P_p[p\geqslant\psi(X_1,X_2,\cdots,X_n)]\geqslant P_p[p\geqslant\psi(X_1,X_2,\cdots,X_n),X_1=X_2=\cdots=X_n=1]=P_p[p\geqslant a,X_1=X_2=\cdots=X_n=1]=p^n$. 令 $p\to 1$ 得 $1-\alpha\geqslant 1$. 这就产生了矛盾.

(Ⅱ) $a\geqslant 1$,此时对一切 $p\in(0,1)$,有 $\alpha\equiv P_p[p<\psi(X_1,X_2,\cdots,X_n)]\geqslant$

$P_p[p<\psi(X_1,X_2,\cdots,X_n),X_1=X_2=\cdots=X_n=1]=P_p[p<a,X_1=X_2=\cdots=X_n=1]=p^n$. 令 $p\to 1$ 得 $\alpha\geqslant 1$,这与 $\alpha<1$ 相矛盾. 总之,不可能有 $\psi(X_1,X_2,\cdots,X_n)$ 使(7.11)成立.

我们指出,对任何 $0<\alpha<1$,不存在 $\psi_1(X_1,X_2,\cdots,X_n)\leqslant\psi_2(X_1,X_2,\cdots,X_n)$ 满足

$$P_p[\psi_1(X_1,X_2,\cdots,X_n)\leqslant p\leqslant\psi_2(X_1,X_2,\cdots,X_n)]\equiv 1-\alpha \tag{7.12}$$

(对一0 切 $p\in(0,1)$)

我们用反证法证明这一点. 假设有这样的 $\psi_1(X_1,X_2,\cdots,X_n)$ 和 $\psi_2(X_1,X_2,\cdots,X_n)$. 不妨设 $\psi_2(X_1,X_2,\cdots,X_n)\leqslant 1$, $\psi_1(X_1,X_2,\cdots,X_n)\geqslant 0$, 记 $a=\psi_1(1,1,\cdots,1)$, $b=\psi_2(1,1,\cdots,1)$(自变量全是1). 则 $0\leqslant a\leqslant b\leqslant 1$.

分三种情况讨论.

(Ⅰ) $b<1$

从(7.12)知,对一切 $p\in(b,1)$ 有

$$\begin{aligned}\alpha &= P_p[\psi_1>p \text{ 或 } \psi_2(X_1,X_2,\cdots,X_n)<p]\\ &\geqslant P_p[\psi_2(X_1,X_2,\cdots,X_n)<p,X_1=X_2=\cdots=X_n=1]\\ &= P_p(X_1=X_2=\cdots=X_n=1)=p^n\end{aligned}$$

令 $p\to 1$ 得 $\alpha\geqslant 1$,与已知条件 $0<\alpha<1$ 矛盾.

(Ⅱ) $b=1,a<1$.

从(7.12)知,对一切 $p\in(a,1)$ 有

$1-\alpha\geqslant P_p[\psi_1(X_1,X_2,\cdots,X_n)\leqslant p\leqslant\psi_2(X_1,X_2,\cdots,X_n),X_1=X_2=\cdots=X_n=1]=P_p(X_1=X_2=\cdots=X_n=1)=p^n$ 令 $p\to 1$ 得 $1-\alpha\geqslant 1$. 与 $0<\alpha<1$ 矛盾.

(Ⅲ) $b=1,a=1$.

从(7.12)知,$\alpha\equiv P_p[p<\psi_1(X_1,X_2,\cdots,X_n)$ 或 $p>\psi_2(X_1,X_2,\cdots,X_n)]\geqslant P_p[p<\psi_1(X_1,X_2,\cdots,X_n)]\geqslant P_p[p<\psi_1(X_1,X_2,\cdots,X_n),X_1=X_2=\cdots=X_n=1]=P_p(X_1=X_2=\cdots=X_n=1)=p^n$.

令 $p\to 1$ 得 $\alpha\geqslant 1$. 这与 $\alpha<1$ 相矛盾.

可见,不存在 $\psi_1(X_1,X_2,\cdots,X_n)\leqslant\psi_2(X_1,X_2,\cdots,X_n)$ 满足(7.12).

例 7.3 设 X 服从泊松分布,

$$P_\lambda(X=i)=\frac{e^{-\lambda}\lambda^i}{i!}\quad(i=0,1,\cdots)$$

其中 λ 是未知的正数. 问:如何从 X 的样本 $X_1,X_2,\cdots,X_n$ 找出 λ 的单侧置信下限和置信上限?(置信水平是 $1-\alpha$).

易知 λ 的矩估计是 $\hat{\lambda}=\frac{1}{n}\sum_{i=1}^{n}X_i$. 取统计量 $\varphi(X_1,X_2,\cdots,X_n)=\sum_{i=1}^{n}X_i$, 令

$$G(k,\lambda)=P_\lambda(\varphi(X_1,X_2,\cdots,X_n)\geqslant k)\quad(k=0,1,2,\cdots)$$
$$H(k,\lambda)=P_\lambda(\varphi(X_1,X_2,\cdots,X_n)>k)$$

由于 $\sum_{i=1}^{n}X_i$ 服从参数是 $n\lambda$ 的泊松分布,故

$$G(k,\lambda)=\sum_{m=k}^{\infty}\frac{e^{-n\lambda}(n\lambda)^m}{m!}$$
$$H(k,\lambda)=\sum_{m=k+1}^{\infty}\frac{e^{-n\lambda}(n\lambda)^m}{m!}$$

可以证明恒等式:

$$\sum_{m=k}^{\infty}\frac{e^{-A}A^m}{m!}=\int_0^{2A}g_{2k}(x)\,dx\quad(\text{一切 }A>0)\tag{7.13}$$

这里 $g_{2k}(x)$ 是 $2k$ 个自由度的 χ^2 分布的密度函数,即

$$g_{2k}(x)=\frac{x^{k-1}e^{-\frac{x}{2}}}{2^k\Gamma(k)}\qquad(x>0)$$

最简单的证明方法是直接验证(7.13)式中等号两端的函数对 A 微商后处处相等. 从略.

利用(7.13)得

$$G(k,\lambda)=\int_0^{2n\lambda}g_{2k}(x)\,dx$$
$$H(k,\lambda)=\int_0^{2n\lambda}g_{2k+2}(x)\,dx$$

令

$$\lambda_L(k)=\inf\{\lambda:\lambda>0\text{ 且 }G(k,\lambda)>\alpha\}$$
$$\lambda_U(k)=\sup\{\lambda:\lambda>0\text{ 且 }H(k,\lambda)<1-\alpha\}$$

则

$\lambda_L(k)=$方程"$G(k,\lambda)=\alpha$"的惟一根,$\lambda_U(k)=$方程"$H(k,\lambda)=1-\alpha$"的惟一根. 于是 $2n\lambda_L(k)=\chi^2_\alpha(2k)$, $2n\lambda_U(k)=\chi^2_{1-\alpha}(2k+2)$. 这里 $\chi^2_r(m)$ 是 m

个自由度的χ^2分布的r分位数(可通过查表得到具体数值),即$\chi_r^2(m)$是满足下列等式的惟一的数.

$$\int_0^{\chi_r^2(m)} g_m(x)\mathrm{d}x = r \quad (g_m(x)\text{是 } m \text{ 个自由度的}\chi^2\text{分布的密度函数}).$$

由此可见,$\lambda_L(k) = \frac{1}{2n}\chi_\alpha^2(2k)$,$\lambda_U(k) = \frac{1}{2n}\chi_{1-\alpha}^2(2k+2)$. 跟据定理 7.1,$\lambda$ 的 $1-\alpha$ 水平置信下限是

$$\lambda_L = \frac{1}{2n}\chi_\alpha^2\left(2\sum_{i=1}^n X_i\right) \tag{7.14}$$

λ 的 $1-\alpha$ 水平置信上限是

$$\lambda_U = \frac{1}{2n}\chi_{1-\alpha}^2\left(2\sum_{i=1}^n X_i + 2\right) \tag{7.15}$$

λ 的 $1-2\alpha$ 水平置信区间是$[\lambda_L, \lambda_U]$,泊松分布的用处很广. 例如,为了考查某工厂所生产的布(或毛料)的质量,常用一定面积(如每平方米)上的疵点数来刻画. 疵点数 X 一般服从泊松分布,参数 λ 是平均疵点数. 利用(7.15)就可得到 λ 的置信上限.

从定理 7.1 的证明过程知道,我们并没有利用 $X_1, X_2, \cdots X_n$ 是"简单随机样本"的性质,只要$(X_1, X_2, \cdots, X_n)$是随机向量其概率分布依赖于参数 θ 即可. 因而,统计量方法应用极广. 既然从任何一个统计量 $\varphi(X_1, X_2, \cdots, X_n)$ 出发都可用来寻找 $g(\theta)$ 的置信限(下限或上限),那么自然要问:这样得到的置信限有何优良性?

为了表述优良性,先下一定义:

定义 7.2 设 $\varphi(x_1, x_2, \cdots, x_n)$ 和 $\psi(x_1, x_2, \cdots, x_n)$ 是两个函数. 称 ψ 对 φ 是保序的,若对任何$(x_1, x_2, \cdots, x_n)$和$(x'_1, x'_2, \cdots, x'_n)$只要 $\varphi(x_1, x_2, \cdots, x_n) \leqslant \varphi(x'_1, x'_2, \cdots, x'_n)$ 就一定成立 $\psi(x_1, x_2, \cdots, x_n) \leqslant \psi(x'_1, x'_2, \cdots, x'_n)$.

我们可证明下列定理:

定理 7.2 设 $\varphi(X_1, X_2, \cdots, X_n)$ 是任何统计量,$g(\theta)$ 是 θ 的函数. $g_L[\varphi(X_1, X_2, \cdots, X_n)]$,$g_U[\varphi(X_1, X_2, \cdots, x_n)]$ 由(7.5)和(7.6)确定. 若 $\psi_1(X_1, X_2, \cdots, X_n)$ 是 $g(\theta)$ 的任何 $1-\alpha$ 水平置信下限,且 $\psi_1(x_1, x_2, \cdots, x_n)$ 对 $\varphi(x_1, x_2, \cdots, x_n)$ 保序,则

$$\psi_1(X_1, X_2, \cdots, X_n) \leqslant g_L[\varphi(X_1, X_2, \cdots, X_n)]$$

若 $\psi_2(X_1, X_2, \cdots, X_n)$ 是 $g(\theta)$ 的任何 $1-\alpha$ 水平置信上限，且 $\psi_2(x_1, x_2, \cdots, x_n)$ 对 $\varphi(x_1, x_2, \cdots, x_n)$ 保序，则

$$\psi_2(X_1, X_2, \cdots, X_n) \geqslant g_U[\varphi(X_1, X_2, \cdots, X_n)]$$

换句话说，由统计量 $\varphi(X_1, X_2, \cdots, X_n)$ 确定的置信下限是所有对 φ 保序的置信下限中最大的，所确定的置信上限是所有对 φ 保序的置信上限中最小的.

我们不叙述这个定理的证明了，读者如有兴趣，可参看[18]中的第六章.

习题十六

1. 某食品厂为加强质量管理，对某天生产的罐头抽查了 100 个(数据如下表). 试画直方图；它是否近似服从正态分布？

100 个罐头样品的净重数据(单位:g)：

342	340	348	346	343
342	346	341	344	348
346	346	340	344	342
344	345	340	344	344
343	344	342	343	345
339	350	337	345	349
336	348	344	345	332
342	342	340	350	343
347	340	344	353	340
340	356	346	345	346
340	339	342	352	342
350	348	344	350	335
340	338	345	345	349
336	342	338	343	343
341	347	341	347	344
339	347	348	343	347
346	344	345	350	341
338	343	339	343	346
342	339	343	350	341

$$346 \quad 341 \quad 345 \quad 344 \quad 342$$

2. 设 $x_1,x_2,\cdots,x_n$ 是来自正态分布 $N(\mu,\sigma^2)$ 的样本值，μ 已知，求 σ^2 的最大似然估计量.

3. 设 $x_1,x_2,\cdots,x_n$ 是来自正态分布 $N(\mu,1)$ 的样本值，求 μ 的最大似然估计量.

4. 设 X 服从区间 $[0,\lambda]$ $(\lambda>0)$ 上的均匀分布，λ 是未知参数. 而 x_1, $x_2,\cdots,x_n$ 是 X 的样本值，试求出 λ 的最大似然估计量和矩估计量.

5. 对§5 的例 5.1，分别对置信度 0.99，0.90 找出均值的置信区间.

6. 对§5 的例 5.2，分别对置信度 0.99 与 0.90，找出均值的置信区间.

7. 已知样本 3.3，-0.3，-0.6，-0.9，求具有 $\sigma=3$ 的正态分布的均值的置信区间(置信度为 0.95). 如果 σ 未知，问均值的置信区间为何?

8. 对某一距离进行 5 次独立测量，得(单位:m):

$$2\,781, 2\,836, 2\,807, 2\,763, 2\,858$$

已知测量无系统误差，求该距离的置信度为 0.95 的置信区间(测量值可认为服从正态分布).

9. 为了估计灯泡使用时数的均值 μ 及标准差 σ，测试 10 个灯泡. 得 $\bar{x}=1\,500$ h，$S=20$ h. 如果已知灯泡使用时数是服从正态分布的，求 μ 及 σ 的置信区间(置信度为 0.95).

10. 测量铝的比重 16 次，测得 $\bar{x}=2.705$，$S=0.029$，试求铝的比重的置信区间(设测量值服从正态分布，置信度为 0.95).

11. 设 $X\sim N(\mu,\sigma^2)$，$x_1,x_2,\cdots,x_n$ 是其样本值. 如果 σ^2 已知，问:n 取多大时方能保证 μ 的置信度为 0.95 的置信区间的长度不大于给定的 L?

12. 随机地从甲批导线中抽取 4 根，从乙批导线中抽取 5 根，测得其电阻为(单位:Ω):

甲批导线:0.143，0.142，0.143，0.137

乙批导线:0.140，0.142，0.136，0.138，0.140

设甲、乙两批导线的电阻分别服从 $N(\mu_1,\sigma^2)$、$N(\mu_2,\sigma^2)$(并且它们相互独立)，σ^2 已知，等于 $0.002\,5^2$，但 μ_1、μ_2 均未知. 试求 $\mu_1-\mu_2$ 的置信度为 0.95 的置信区间.

第六章　假设检验

§1　问题的提法

上一章我们介绍了估计参数和估计分布密度的方法,但在实践中还有许多重要问题与估计问题的提法不同,也需要我们去解决.请看下列简单的例子.

例 1.1　某厂有一批产品,共 200 件,须经检验合格才能出厂,按国家标准,次品率不得超过 1 %,今在其中任意抽取 5 件,发现这 5 件中含有次品.问这批产品是否能出厂?

从直观上看,这批产品是不能出厂的.但理由何在?

设这批产品的次品率是 p.问题化为:如何根据抽样的结果来判断不等式"$p\leqslant 0.01$"成立与否?

例 1.2　用某仪器间接测量温度,重复五次,所得数据如下:(单位:℃)1 250,1 265,1 245,1 260,1 275,而用别的精确办法测得温度为 1 277(可看作温度的真值),试问此仪器间接测量有无系统偏差?

用 X 代表用这个仪器测得的数值,当然这是一个随机变量,得到的 5 个数据是 X 的一个样本.问题化为:如何判断等式"$E(X)=1\ 277$"成立与否?

例 1.3　某工厂近 5 年来发生了 63 次事故,这些事故在工作日的分布如下

星期	一	二	三	四	五	六
次数	9	10	11	8	13	12

问:事故的发生是否与星期几有关?

用 X 表示这样的随机变量:若事故发生在星期 i,则 $X=i$. 显然 X 的可能值是 $1,2,\cdots,6$(星期日是该厂厂休日). 问题化为如何判断 $P(X=i)\equiv\frac{1}{6}(i=1,2,\cdots,6)$是否成立?

例 1.4 在针织品的漂白工艺过程中,要考察温度对针织品断裂强力(主要质量指标)的影响. 为了比较 70℃ 与 80 ℃ 的影响有无差别,在这两个温度下,分别重复作了八次试验,得数据如下:(单位:千克力)

70℃时的强力:20.5,18.8,19.8,20.9,21.5,19.5,21.0,21.2

80℃时的强力:17.7,20.3,20.0,18.8,19.0,20.1,20.2,19.1

究竟 70 ℃下的强力与 80℃下的强力有没有差别?

用 X 表示 70 ℃下的强力,Y 表示 80 ℃下的强力,问题变成:如何判断等式"$E(X)=E(Y)$"成立与否?(还可进一步问等式"$D(X)=D(Y)$"成立与否?)

例 1.5 某公司生产一种头发干燥机(吹风机),销售情况一向良好,但现在面临激烈的市场竞争,压力很大. 该公司研究与开发部研制出一种新型干燥机,单机的成本比原先的减少 15 %,但公司的副总裁不愿批准此项新产品上市销售,担心新产品的可靠性不如原产品.(该公司对商品销售有一年的保质期,在保质期内失效的商品(即失去规定功能的商品)可以免费更换). 为此该公司进行了可靠性试验. 将新产品和原产品各取 250 件在模拟一年使用的条件下进行试验,发现新产品中有 11 个失效,原产品中有 20 个失效. 问:新产品的可靠性是否不比原产品的差?

用 p_1 表示新产品的失效率,p_2 表示原产品的失效率,问题化为判断"$p_1\leqslant p_2$"是否成立?

例 1.6 怎样根据一个随机变量的样本值,判断该随机变量是否服从正态分布 $N(\mu,\sigma^2)$?

更一般地,如何根据样本的特性去判断随机变量是否以给定

的函数 $F(x)$ 为其分布函数？

这些例子所代表的问题是很广泛的，其共同点就是要从样本值出发去判断一个“看法”是否成立. 例 1.1 的看法是“次品率 $p \leqslant 0.01$”，例 1.2 的看法是“$E(X)=1\ 277$”，例 1.3 的看法是“$P(X=i) \equiv \frac{1}{6}(i=1,2,\cdots,6)$”，例 1.4 的看法是“$E(X)=E(Y)$”，例 1.5 的看法是“$p_1 \leqslant p_2$”，例 1.6 的看法是“$X$ 的分布函数是$F(x)$”.

“看法”又叫“假设”. 这些就是所谓假设检验问题（或叫假设的鉴定问题）.

本章的任务就是介绍一些常用的检验办法，判断所关心的“假设”是否成立.

例 1.1、例 1.2 和例 1.3 中的“假设”都是关于一个随机变量的参数的判断，这叫做一个总体的参数检验问题. 例 1.6 也是一个总体的检验问题，不过它一般不是参数检验，而是概率分布的检验问题.

例 1.4 和例 1.5 中的“假设”是关于两个随机变量的判断，这叫二总体的检验问题. 也可以考虑三个或更多个总体的检验问题.

怎样对“假设”进行检验呢？无论“假设”的类型多么复杂，进行检验的基本思想却是很简单的，是某种带有概率性质的反证法. 掌握这个基本思想是很重要的. 下面我们通过例 1.1 来说明假设检验的基本思想.

例 1.1 要检验的假设是“$p \leqslant 0.01$”. 如果假设 $p \leqslant 0.01$ 成立，看看会出现什么后果. 此时，200 件中最多有两件是次品，任抽取 5 件，我们先来求这 5 件中“无次品”的概率. 在第一章中我们已熟知这类问题的解法.

$$
P\{\text{无次品}\}=\begin{cases}\dfrac{C_{198}^{5}}{C_{200}^{5}} & \text{当 200 件中有两件次品时}\\ \dfrac{C_{199}^{5}}{C_{200}^{5}} & \text{当 200 件中有一件次品时}\\ \dfrac{C_{200}^{5}}{C_{200}^{5}} & \text{当 200 件中没有次品时}\end{cases}
$$

显然

$$
P\{\text{无次品}\}\geqslant\frac{C_{198}^{5}}{C_{200}^{5}}=\frac{198\times197\times\cdots\times194}{200\times199\times\cdots\times196}\geqslant0.95
$$

于是,任抽 5 件,“出现次品”的概率$\leqslant 1-0.95=0.05$. 以上结果表明,如果次品率$\leqslant 0.01$,那么抽 5 件样品,出现次品的机会是很少的,平均在 100 回抽样中,出现不到 5 回. 也就是说,如果 $p\leqslant 0.01$ 成立,则在一次抽样中,人们实际上很少遇到出现次品的情形. 然而,现在的事实是,在这一次具体的抽样实践中,竟然发生了这种情形. 这是“不合理”的. 产生这种不合理现象的根源在于假设 $p\leqslant 0.01$;因此假设“$p\leqslant 0.01$”是不能接受的. 故按国家标准,这批产品不能出厂.

从上面的分析讨论中,可以看到,我们的推理方法有两个特点:

(1) 用了反证法的思想.

为了检验一个“假设”(“$p\leqslant 0.01$”)是否成立,我们就先假定这个“假设”是成立的,而看由此会产生什么后果. 如果导致了一个不合理现象的出现,那就表明原先的假定是不正确的,也就是说,“假设”是不能成立的. 因此,我们拒绝这个“假设”. 如果由此没有导出不合理的现象发生,则**不能拒绝**原来的“假设”,称原假设是相容的.

(2) 它又区别于纯数学中的反证法. 因为我们这里的所谓“不合理”,并不是形式逻辑中的绝对的矛盾,而是基于人们在实践中广泛采用的一个原则:小概率事件在一次观察中可以认为基本上不会发生.

这个原则在我们日常生活中是不自觉地使用的. 就以刚才举的产品验收问题来看,每个稍有经验的人都会否定假设“$p \leq 0.01$”,其原因实际上就是利用了上述原则.

自然会产生这样的问题:概率小到什么程度才能当作“小概率事件”呢? 通常把概率不超过 0.05 的事件当作“小概率事件”,有时把不超过 0.01(也有把不超过 0.10)的事件当作“小概率事件”.

以上讲的关于假设检验的基本思想的两个特点,可以概括成一句话:“概率性质的反证法”①.

以下各节就是把这个基本思想运用到各种类型的问题中去. 由于正态随机变量最经常出现,所以,我们重点讨论有关正态总体的假设检验问题. 下面 §2 先讲一个正态总体的情形,然后在 §3 中介绍假设检验的某些一般概念与数学描述; §4 中再讲两个正态总体的假设检验; §5 中叙述比率的假设检验(包括一个总体和两个总体的情形),最后在 §6 中讲关于一般概率分布的检验.

§2 一个正态总体的假设检验

设 $X \sim N(\mu, \sigma^2)$,关于它的假设检验问题,主要是下列四种:

① 已知方差 σ^2,检验假设 $H_0: \mu = \mu_0$(μ_0 是已知数).

② 未知方差 σ^2,检验假设 $H_0: \mu = \mu_0$(μ_0 是已知数).

③ 未知期望 μ,检验假设 $H_0: \sigma^2 = \sigma_0^2$($\sigma_0$ 是已知数).

④ 未知期望 μ,检验假设 $H_0: \sigma^2 \leq \sigma_0^2$($\sigma_0$ 是已知数).

1. 已知方差 $\boldsymbol{\sigma^2}$,检验假设 $\boldsymbol{H_0: \mu = \mu_0}$.

先从具体例子谈起.

例 2.1 某车间生产铜丝. 铜丝的主要质量指标是折断力大

---

① 我们在这里对“假设检验”采取初学者易于理解的说法. 至于数学上比较确切的陈述,请参看 §3 中“检验法与功效函数”.

小. 用 X 表示该车间生产的铜丝的折断力. 根据过去的资料来看, 可以认为 X 服从正态分布, 期望是 570 千克力, 标准差是 8 千克力. 今换了一批原材料, 从性能上看, 估计折断力的方差不会有什么变化, 但不知道折断力的大小和原先有无差别? 这个问题就是已知方差 $\sigma^2 = 8^2$, 检验假设 H_0: "$\mu = 570$". 设抽出 10 个样品, 测得折断力(千克力)为: 578, 572, 570, 568, 572, 570, 570, 572, 596, 584, 怎样进行检验?

按 §1 中说的基本思想, 我们先提出假设 H_0: "$\mu = 570$", 看在 H_0 成立的条件下, 会不会产生不合理的现象.

在"$\mu = 570$"的条件下, $X \sim N(570, 8^2)$, 设 $X_1, X_2, \cdots, X_n$ 是 X 的一个样本, 把它们看成随机变量[①], 则

$$\bar{X} = \frac{X_1 + X_2 + \cdots + X_{10}}{10} \sim N(570, 8^2/10)$$

于是

$$U = \frac{\bar{X} - 570}{\sqrt{8^2/10}} \sim N(0, 1)$$

查正态分布表知

$$P\left\{\left|\frac{\bar{X} - 570}{\sqrt{8^2/10}}\right| > 1.96\right\} = 0.05$$

这就是说, 事件$\left\{\left|\frac{\bar{X} - 570}{\sqrt{8^2/10}}\right| > 1.96\right\}$是一个小概率事件.

---

① 我们一般用大写拉丁字母 $X_1, X_2, \cdots, X_n$ 表示随机变量, 用相应的小写拉丁字母 $x_1, x_2, \cdots, x_n$ 表示观察值(样本值). 类似地, $\bar{X} = \frac{1}{n}\sum_{i=1}^{n} X_i$, $\bar{x} = \frac{1}{n}\sum_{i=1}^{n} x_i$, 后者是前者的值. 下面不再声明. 但在不引起误会的情况下, 有时同一个符号一会儿用来代表随机变量, 一会儿又用来表示随机变量取的某个值.

现在根据所给的10个样本值计算$\bar{x}$,知$\bar{x}=575.2$,且

$$\left|\frac{\bar{x}-570}{\sqrt{8^2/10}}\right|=\frac{(575.2-570)\times 3.16}{8}=2.05$$

这说明小概率事件竟在一次观察中发生了,故认为是不合理的. 这就表明原先的假设$H_0:\mu=570$不能成立. 习惯上说"折断力的大小和原先有显著性差异". 这就解决了例2.1的问题.

例2.2 根据长期的经验和资料的分析,某砖瓦厂所生产的砖的"抗断强度"X服从正态分布,方差$\sigma^2=1.21$,今从该厂所生产的一批砖中,随便抽取6块,测得抗断强度(单位:kg·cm^{-2})如下:

32.56,29.66,31.64,30.00,31.87,31.03

现在问:这一批砖的平均抗断强度可否认为是32.50?

解 待检验的假设是:$\mu=32.50$.

根据所给的样本值,计算统计量U.

$$U=\frac{\bar{x}-32.50}{\sqrt{\frac{\sigma^2}{n}}}=\frac{31.13-32.50}{\sqrt{\frac{1.21}{6}}}$$

$$=\frac{-1.37}{1.1}\times\sqrt{6}=\frac{-1.37}{1.1}\times 2.45\approx -3$$

既然$|U|=3>1.96$,故应否定假设$H_0:\mu=32.50$. 也就是说这批砖的平均抗断强度不能认为是32.50[①].

在例2.1和例2.2中,我们都是把概率为0.05的事件当作"小概率事件". 就是说,取的**检验标准**是$\alpha=0.05$. 而有些实际问

① 本例中对于$\alpha=0.05$否定了假设"$\mu=32.50$",实际上利用不等式$\bar{x}=31.13<32.50$还可以否定假设"$\mu\geqslant 32.50$". 因而可以认为这批砖的平均抗断强度比32.50公斤/厘米^{2}小.

同样地,对于例2.1,不仅否定了假设"$\mu=570$",利用样本平均$\bar{x}=575.2>570$,还可以否定假设"$\mu\leqslant 570$". 这样做的理由请读者自己想一想.

题中,应把检验标准取得更小些,例如取 $\alpha=0.01$. 同一问题,采用不同的检验标准,常常得到不同的结论. 以例 2.1 来说,如果取 $\alpha=0.01$,查正态分布表得到临界值 2.58,即

$$P\left\{\left|\frac{\bar{X}-570}{\sqrt{8^2/10}}\right|>2.58\right\}=0.01$$

从样本值算出

$$\bar{x}=575.2,\ \left|\frac{\bar{x}-570}{\sqrt{8^2/10}}\right|=2.05$$

就是说概率为 0.01 的"小概率事件"没有发生. 可见,当 $\alpha=0.01$ 时未发现不合理的现象,此时也说假设 H_0 与数据是相容的,简称 H_0 是相容的. 于是我们不否定 H_0. 这与 $\alpha=0.05$ 时的结论不同. 可见,检验的结果依赖于 α 的选择.

检验标准 α 的直观意义在于:把概率不超过 α 的事件当作一次观察时不会发生的"小概率事件". α 通常取为 0.05,有时也取作 0.01(或 0.10).

α 的意义,还可以解释得更确切些:对于 α,找临界值 λ,满足(在 H_0 成立的假定下):

$$P\left\{\left|\frac{\bar{X}-570}{\sqrt{8^2/n}}\right|>\lambda\right\}=\alpha \tag{2.1}$$

根据我们的规则,当不等式

$$\left|\frac{\bar{x}-570}{\sqrt{8^2/n}}\right|>\lambda$$

成立时,就否定假设 H_0.

这样下结论当然不能保证绝对不犯错误(请读者注意,我们是通过样本来推断总体的性质,也就是由部分来推断整体. 这本身就决定了:"不能保证绝对不犯错误"). 而从(2.1)看,α 正是犯这样

一种错误的概率;这种把客观上符合假设 H_0 判为不符合假设 H_0,即“以真为假”的错误,称为**第一类错误**. α 就是犯第一类错误的概率;称为**检验标准**或**检验水平**. 自然,我们希望 α 小些. 不过,也还有另一方面的问题.

当不等式

$$\left|\frac{\bar{x}-570}{\sqrt{8^2/n}}\right| \leqslant \lambda$$

成立时,假设 $H_0(\mu=570)$ 是相容的[①](即未发现什么不合理的现象),我们不能否定 H_0. 这时如果接受假设 H_0 也可能犯错误,因为当 H_0 不成立时,也可能出现满足不等式:

$$\left|\frac{\bar{x}-570}{\sqrt{8^2/n}}\right| \leqslant \lambda$$

的样本值 $x_1, x_2, \cdots, x_n$.

这样一种把不符合 H_0 的总体当作符合 H_0 而加以接受所犯的错误,即所谓犯“以假为真”的错误,叫做犯**第二类错误**. 用 β 表示犯第二类错误的概率. 自然我们也希望越小越好.

遗憾的是,对一定的样本容量 n 来讲,一般而论,α 小时 β 就大,β 小时 α 就大. 因而不能做到 α,β 同时非常的小. 所以问题的正确提法是:α,β 要尽量小些. 对于固定的 α,主要通过增加样本容量来减小 β.

通常取 $\alpha=0.05$ 或 0.01. 样本容量 n 不能太小,n 不能小于 5(最好是 $n \geqslant 10$,n 越大越好),否则 β 就会太大了.

---

① 这里以及下面的各种假设检验问题中,遇到这种相容的情形,应如何对待假设 H_0 呢? 在实际工作需要我们迅速作出明确表态的情况下,常常采取接受假设 H_0 的态度. 有时为了更慎重些,暂不表态,继续进行一些观察(即增加样本容量),再进行检验. 当然,在样本容量较大时,不应该再不表态了.

上面关于例 2.1 所说的话，对于其他类型的假设检验问题也是适用的.

2. 未知方差 σ^2，检验假设 $H_0:\mu=\mu_0$.

这类问题在实际中更常见，§1 中的例 1.2 就是一个代表. 例 1.2 是用仪器间接测量温度，得到 5 个数据：1 250，1 265，1 245，1 260，1 275. 测量值 X 是服从 $N(\mu,\sigma^2)$ 的. 现在根据别的精确方法得到温度的真值是 1 277，我们的问题是，这台仪器测量温度有无系统偏差？

前面说过，这就是检验假设 $H_0:\mu=1\ 277$ 是否成立的问题. 注意，σ^2 等于多少不知道（即仪器的精度不知道），怎么办呢？

记样本为 $X_1,X_2,\cdots,X_5$，很自然想到，用 σ^2 的估计量

$$S^2=\frac{1}{5-1}\sum_{i=1}^{5}(X_i-\bar{X})^2$$

代替 σ^2，选用样本的函数

$$T=\frac{\bar{X}-1\ 277}{\sqrt{S^2/5}}$$

作为检验的统计量. 从第五章我们知道，当 $X\sim N(1\ 277,\sigma^2)$ 时，

$$\frac{\bar{X}-1\ 277}{\sqrt{S^2/5}}$$

服从 4 个自由度的 t 分布. 换句话说，如果假设 $H_0:\mu=1\ 277$ 成立，则统计量 T 的概率分布能够求出来，而且是有表可查的 t 分布.

查附表 2，知

$$P\left\{\left|\frac{\bar{X}-1\ 277}{\sqrt{S^2/5}}\right|>2.776\right\}=0.05$$

换句话说，如果 H_0 成立，则事件$\left\{\left|\frac{\bar{X}-1\ 277}{\sqrt{S^2/5}}\right|>2.776\right\}$是一个概率为 0.05 的小概率事件.

根据所给的样本值,可算得

$$\bar{x} = \frac{1\ 250 + \cdots + 1\ 275}{5} = 1\ 259$$

$$\sqrt{\frac{S^2}{5}} = \sqrt{\frac{570}{5 \times 4}} = \sqrt{28.5} = 5.339$$

于是

$$\left|\frac{\bar{x} - 1\ 277}{\sqrt{S^2/5}}\right| = \left|\frac{-18}{5.339}\right| > \frac{18}{6} = 3 > 2.776$$

这说明,所给的样本值竟使“小概率事件”发生了,这是不合理的. 产生这个不合理现象的根源在于假定了 H_0 是成立的. 故应否定假设 H_0. 换句话说,该仪器间接测量有系统偏差.

我们把上列检验方法加以总结和概括,得到:

当正态总体的方差未知时,关于期望的检验程序:

(1) 提出待检验的假设 $H_0: \mu = \mu_0$(μ_0 已知)

(2) 根据样本值 $x_1, x_2, \cdots, x_n$ 计算统计量

$$T = \frac{\bar{x} - \mu_0}{\sqrt{S^2/n}}$$

的数值.

(3) 对于检验水平 α,自由度 $= n-1$,查 t 分布临界值表(附表 2),得临界值 λ.

(4) 将 $|T|$ 与 λ 进行比较,作出判断. [当 $|T| > \lambda$ 时拒绝 H_0;当 $|T| \leqslant \lambda$ 时,H_0 是相容的(此时常接受 H_0).]

关于正态总体方差已知时期望的检验程序,请读者自己给出.

例 2.3 根据长期资料的分析,知道某种钢生产出的钢筋的强度服从正态分布. 今随机抽取六根钢筋进行强度试验,测得强度为(单位:$\mathrm{kg \cdot mm^{-2}}$):

48.5,49.0,53.5,49.5,56.0,52.5

问:能否认为该种钢生产的钢筋的平均强度为 52.0?

解 用 X 表示钢筋强度,$X \sim N(\mu, \sigma^2)$.

(1) 要检验的假设是 $H_0:\mu=52.0$.

(2) 计算统计量 T 的值. 算得 $\bar{x}=51.5$, $S^2=\dfrac{44.50}{5}$,

$$T=\frac{\bar{x}-52.0}{\sqrt{S^2/n}}\approx -0.41$$

(3) 查附表 2, $\alpha=0.05$, 自由度 $=6-1=5$, 得 $\lambda=2.571$.

(4) 下判断. 现在 $|T|\approx 0.41<2.571$, 故 H_0 是相容的. 即不能否定钢筋的平均强度为 52.0 $\mathrm{kg\cdot mm^{-2}}$.

顺便指出,这个检验与 $E(X)$ 的区间估计之间有密切的联系:

由上一章 §5 的(5.5′)式知, $E(X)$ 的置信度为 $1-\alpha$ 的置信区间是满足不等式

$$\left|\frac{\bar{x}-\mu}{\sqrt{S^2/n}}\right|\leqslant\lambda$$

的 μ 值的集合. 因此"$H_0:\mu=\mu_0$"的检验等价于下述检验:找出总体均值的置信区间,如果 μ_0 不在置信区间中$\left(\text{亦即}\left|\dfrac{\bar{x}-\mu_0}{\sqrt{S^2/n}}\right|>\lambda\right)$,则拒绝 H_0;否则 H_0 就是相容的.

(读者试将上面例 1.2 的假设检验与上章 §5 例 5.2 的区间估计进行比较.)

3. 未知期望 μ, 检验假设 $H_0:\sigma^2=\sigma_0^2$.

我们还是从一个具体例子谈起. 我们把例 2.1 的提法改变一下.

例 2.4 某车间生产铜丝,生产一向比较稳定,今从产品中随便抽出 10 根检查折断力,得数据如下(单位:千克力):

578, 572, 570, 568, 572, 570, 570, 572, 596, 584

问:是否可相信该车间的铜丝的折断力的方差为 64?

用 X 表示铜丝的折断力,当然 $X\sim N(\mu,\sigma^2)$,我们的任务就是根据上述 10 个样本值,来检验假设 $H_0:\sigma^2=64$.

很自然想到,看 σ^2 的估计量 S^2 有多大. 如果$\frac{S^2}{64}$很大或很小,则应该否定 H_0,为了数学上处理方便,我们取统计量

$$W=\frac{\sum_{i=1}^{10}(X_i-\bar{X})^2}{64}$$

注意 $W=9\cdot\frac{S^2}{64}$. 显然 W 很大或很小时,应该否定 H_0.

从第五章知道,如果 H_0 成立则 W 服从 9 个自由度的 χ^2 分布. 和区间估计时的情况一样,通过查 χ^2 分布的临界值表,找到 λ_1,λ_2 满足:

$$P\{W<\lambda_1\}=0.025$$

$$P\{W>\lambda_2\}=0.025$$

于是事件 $\{W<\lambda_1$ 或 $W>\lambda_2\}$ 是小概率事件.

现在根据所给的样本值,计算统计量 W 的数值:

$$\bar{x}=575.2,\quad \sum_{i=1}^{10}(x_i-\bar{x})^2=681.6$$

故

$$W=\frac{681.6}{64}=10.65$$

查 χ^2 分布表,得 $\lambda_1=2.70$, $\lambda_2=19.0$. 现在 $\lambda_1=2.70<10.65<19.0=\lambda_2$,故下结论:假设 $H_0:\sigma^2=64$ 是相容的.

(如果算得 W 的值比 $\lambda_1=2.70$ 小或比 $\lambda_2=19.0$ 大,则否定假设 H_0.)

4. 未知期望 μ,检验假设 $H_0:\sigma^2\leqslant\sigma_0^2$.

这种情况在实际应用中比 3 更重要. 生产中为了了解加工精度有无变化,进行抽样,如算得样本方差 S^2 比原先的方差 σ_0^2 大,这时可检验假设 $H_0:\sigma^2\leqslant\sigma_0^2$. 经过检验,如能否定 H_0,说明精度变差了,须停产检查原因.

我们来分析一下这个问题. 设 $X_1, X_2, \cdots, X_n$ 是来自总体 $X \sim N(\mu, \sigma^2)$ 的样本.

很自然想到,如果$\frac{S^2}{\sigma_0^2}$很大,则有理由否定假设:$\sigma^2 \leqslant \sigma_0^2$,否则,可以接受这个假设.

但在假设 $\sigma^2 \leqslant \sigma_0^2$ 成立的条件下,比值

$$\frac{S^2}{\sigma_0^2} = \frac{\sum_{i=1}^{n}(X_i - \bar{X})^2}{(n-1)\sigma_0^2}$$

的概率分布并不能算出来. 因而我们遇到前所未有的困难. 怎么办呢? 命

$$Y = \frac{\sum_{i=1}^{n}(X_i - \bar{X})^2}{\sigma^2}$$

我们从第五章知道(可参看附录二定理 5 的系),Y 服从 $n-1$ 个自由度的 χ^2 分布,于是可找到 λ 满足:

$$P\{Y > \lambda\} = \alpha$$

于是 $\left\{\frac{\sum_{i=1}^{n}(X_i - \bar{X})^2}{\sigma^2} > \lambda\right\}$ 是一个"小概率事件". 可惜的是,$\frac{\sum_{i=1}^{n}(x_i - \bar{x})^2}{\sigma^2}$ 算不出来(因不知 σ 等于多少). 但是在假设 $\sigma^2 \leqslant \sigma_0^2$ 之下,有不等式:

$$\frac{\sum_{i=1}^{n}(x_i - \bar{x})^2}{\sigma_0^2} \leqslant \frac{\sum_{i=1}^{n}(x_i - \bar{x})^2}{\sigma^2}$$

因此

$$P\left\{\frac{\sum_{i=1}^{n}(X_i-\bar{X})^2}{\sigma_0^2}>\lambda\right\}\leqslant P\left\{\frac{\sum_{i=1}^{n}(X_i-\bar{X})^2}{\sigma^2}>\lambda\right\}=\alpha$$

这就表明，事件 $\left\{\frac{\sum_{i=1}^{n}(X_i-\bar{X})^2}{\sigma_0^2}>\lambda\right\}$ 更是一个“小概率事件”.

如果根据所给的样本值 $x_1,x_2,\cdots,x_n$，算出

$$\frac{\sum_{i=1}^{n}(x_i-\bar{x})^2}{\sigma_0^2}>\lambda$$

则应该否定假设“$\sigma^2\leqslant\sigma_0^2$”.

如果 $\frac{\sum_{i=1}^{n}(x_i-\bar{x})^2}{\sigma_0^2}\leqslant\lambda$，则假设“$\sigma^2\leqslant\sigma_0^2$”是相容的.

现将上面3、4两段所讨论的内容加以总结，得到下列关于正态总体的方差 σ^2 的假设检验程序：

(1) 提出待检验的假设 $H_0:\sigma^2=\sigma_0^2$（或 $\sigma^2\leqslant\sigma_0^2$）.

(2) 计算统计量

$$W=\frac{\sum_{i=1}^{n}(x_i-\bar{x})^2}{\sigma_0^2}$$

的数值.

(3) 查 χ^2 分布临界值表（附表3），注意自由度 $=n-1$，得 λ_1,λ_2（或 λ）满足

$$P\{\chi^2<\lambda_1\}=P\{\chi^2>\lambda_2\}=\frac{\alpha}{2}$$

$$(\text{或 } P\{\chi^2>\lambda\}=\alpha)$$

其中 α 是检验水平.

(4) 比较 W 与 λ_1,λ_2(或 λ)的值,作出判断.

作为本节的末尾,我们再举一个单边检验的例子.

例 2.5 已知罐头番茄汁中,维生素 C(Vc)含量服从正态分布. 按照规定,Vc 的平均含量不得少于 21 毫克. 现从一批罐头中抽了 17 罐,算得 Vc 含量的平均值 $\bar{x}=23, S^2=3.98^2$,问该批罐头 Vc 含量是否合格?

解 Vc 含量 $X\sim N(\mu,\sigma^2)$. 我们来检验假设 H_0:

$$\mu<21.$$

如果能否定 H_0,则可以认为 $\mu\geqslant 21$,从而该批罐头 Vc 含量合格.

现来分析一下这个假设 H_0 如何进行检验. 设 $X_1,\cdots,X_n$ 是来自 X 的样本(现在 $n=17$),如果 H_0 成立,即 $\mu<21$,则有

$$\frac{\bar{X}-21}{\sqrt{\frac{S^2}{n}}}<\frac{\bar{X}-\mu}{\sqrt{\frac{S^2}{n}}}$$

于是

$$P\left\{\frac{\bar{X}-21}{\sqrt{S^2/n}}>\lambda\right\}\leqslant P\left\{\frac{\bar{X}-\mu}{\sqrt{S^2/n}}>\lambda\right\} \tag{2.2}$$

但 $\dfrac{\bar{X}-\mu}{\sqrt{\frac{S^2}{n}}}$ 服从 $n-1$ 个自由度的 t 分布,查附表 2 知

$$P\left\{\left|\frac{\bar{X}-\mu}{\sqrt{S^2/n}}\right|>1.746\right\}=0.10 .$$

从而

$$P\left\{\frac{\bar{X}-\mu}{\sqrt{S^2/n}}>1.746\right\}=0.05$$

从(2.2)知

$$P\left\{\frac{\bar{X}-21}{\sqrt{S^2/n}}>1.746\right\}\leqslant 0.05$$

这表明,如果 H_0 成立,则 $\left\{\frac{\bar{X}-21}{\sqrt{S^2/n}}>1.746\right\}$ 是一个小概率事件.

现将 $\bar{x}=23, S^2=3.98^2$ 代入,有

$$\frac{\bar{x}-21}{\sqrt{\frac{S^2}{n}}}=2.07>1.746$$

这个小概率事件竟发生了,于是否定 H_0. 从而认为该批罐头合格.

以上我们讨论了一个正态总体的假设检验问题,这是实际工作中碰到比较多的情形. 至于非正态总体的情形,除了运用其他检验方法以外,当样本容量 n 很大时,可以这样近似地考虑,把它形式上当作正态总体来处理,检验的方法和步骤和本节讲的完全一样. 样本容量 n 一般不得小于 30,最好是 50 以上,或 100 以上. 这样做的理论根据,是基于概率论中的"中心极限定理",详细情况我们不说了.

* §3 假设检验的某些概念和数学描述

本节对假设检验问题及有关的基本概念进行概括的数学描述. 由于叙述较抽象,初学者不必阅读.

首先介绍检验法与功效函数,然后介绍临界值与 p 值,最后介绍假设检验与置信区间的联系.

1. 检验法与功效函数

把我们要检验的"假设"记作 H_0(有时叫做零假设). H_0 是关于随机变量 X(总体)的分布的一个"看法". 说得更确切些,设 X 的分布函数为 $F(x,\theta)$,其中 θ 属于 Θ,这里 Θ 是实数(或向量,或其他符号)组成的已知集合. "看法" H_0 通常可表示成这样的形式: $\theta\in\Theta_0$,这里 Θ_0 是 Θ 的非空子集,且 $\Theta_0\neq\Theta$. 通常也把" $\theta\in\Theta-\Theta_0$ "叫做对立假设(或叫做备择假设),记作 H_a.

例如,在例 2.1 中, $X\sim N(\mu,8^2)$, $\mu=\theta$, $\Theta=(-\infty,+\infty)$, $\Theta_0=\{570\}$,

$\Theta - \Theta_0 = (-\infty, 570) \cup (570, +\infty)$. 要检验的假设“$\mu = 570$”是“$\theta \in \Theta_0$”.

怎样根据样本值对 H_0 进行检验呢？这就需要对“检验法”给出合理的定义. 直观上说，所谓一个检验法，就是给出一个规则，对给定的样本值 $x_1, x_2, \cdots, x_n$ 进行明确表态：接受假设 H_0 还是拒绝假设 H_0.

这一点用数学语言可以说得更清楚些. 设 S 是所有可能的样本值 $(x_1, x_2, \cdots, x_n)$（n 固定）组成的集合（样本空间），不失一般性，常设 $S = R^n$（我们讨论连续型随机变量的情形）. 所谓一个检验法就是指空间 S 的一个划分：$S = S_1 \cup S_2$（这里 S_1 与 S_2 无共同元素）. 当 $(x_1, x_2, \cdots, x_n) \in S_1$ 时，接受假设 H_0；当 $(x_1, x_2, \cdots, x_n) \in S_2$ 时，拒绝 H_0. 这 S_1 叫接受域，S_2 叫否定域. 因为 $S_1 = S - S_2$，故只要知道了否定域，就知道了检验法. 每个检验法对应一个否定域；反之，任给定 S 的一个子集 W，则有惟一的检验法以 W 作为它的否定域. 故研究检验法就相当于研究否定域.

S 中的子集太多了，因而否定域多得很①. 究竟应该选哪一个对于检验 H_0 是最合适的呢？这就涉及到优良性的标准. 为了分析这个问题，我们看看在取定一个否定域 W（即一个检验法）之后，有什么后果.

零假设 H_0 在客观上只有两种可能性：真、假. 样本值 $(x_1, x_2, \cdots, x_n)$ 只有两种可能性：属于否定域 W、不属于 W. 若采用 W 作否定域，则在观察样本值 $(x_1, x_2, \cdots, x_n)$ 时只可能有下列四种情况：

① H_0 真，但 $(x_1, x_2, \cdots, x_n)$ 属于 W；

② H_0 真，但 $(x_1, x_2, \cdots, x_n)$ 不属于 W；

③ H_0 假，但 $(x_1, x_2, \cdots, x_n)$ 属于 W；

④ H_0 假，但 $(x_1, x_2, \cdots, x_n)$ 不属于 W.

根据我们的规则，在情形①、③应拒绝 H_0，在情形②、④应接受 H_0. 情形②、③当然很好，对 H_0 的表态与客观实际相符. 但在①、④两种情形下，表态犯了错误：与客观实际不相符.

在情形①下出现的错误就是所谓第一类错误（它把本来真实的看法 H_0 进行了否定），在情形④下出现的错误是所谓第二类错误（它把本来虚假的看

---

① 为了便于数学处理，通常要求否定域是 n 维空间中的所谓“Borel 集”. 学过实变函数论的读者知道，Borel 集是个很广的概念，我们通常遇到的规则集合都是 Borel 集.

法 H_0 接受下来). 由于样本取值有随机性,这两种错误一般难以避免. 为了描述这两类错误出现的机会,需要使用一些记号.

设 $X_1, X_2, \cdots, X_n$ 是来自总体 X 的样本,显然当且仅当事件 $\{(X_1, X_2, \cdots, X_n) \in W\}$ 发生时拒绝假设 H_0. 这个事件的概率当然与参数 θ 有关. 当总体的分布函数是 $F(x, \theta)$ 时,我们把这个事件的概率记作 $M_W(\theta)$,它是参数集 Θ 上处处有定义的函数,通常叫做否定域(检验法)W 的功效函数(或叫做势函数).

容易看出,当 $\theta \in \Theta_0$ 时,$M_W(\theta)$ 表示犯第一类错误的概率;当 $\theta \in \Theta_1$ 时,$1 - M_W(\theta)$ 表示犯第二类错误的概率. 我们希望犯两类错误的概率越小越好,也就是说,希望找到这样的否定域 W,当 $\theta \in \Theta_0$ 时 $M_W(\theta)$ 的值很小很小,当 $\theta \in \Theta_1$ 时 $M_W(\theta)$ 很接近于 1.

由此可见,功效函数 $M_W(\theta)$ 是用来刻画否定域的优良程度的. 通常用

$$\alpha_W(\theta) = M_W(\theta) \qquad (\theta \in \Theta_0)$$

$$\beta_W(\theta) = 1 - M_W(\theta) \qquad (\theta \in \Theta_1)$$

表示犯两类错误的概率的大小.

定义 3.1 给定小数 $\alpha(0 < \alpha < 1)$,如果对一切 $\theta \in \Theta_0$,$\alpha_W(\theta) \leqslant \alpha$,则称 W 的检验水平(也称显著性水平)是 α. ①也称 W 的检验水平不超过 α.

在实际工作中常常这样提出问题:在所有检验水平是 α 的否定域中,如何找出犯第二类错误的概率尽可能小的否定域来?

这个问题是比较复杂的,需要对总体 X 的概率性质以及零假设 H_0 的具体结构作具体分析. 在许多情形下已有很好的答案,本章中介绍的一些检验法都是比较好的. 还有许多情形尚未研究清楚或答案令人不够满意.

我们还要强调一下,在回答这个问题时,即使找到了犯第二类错误概率最小的否定域,也并不表明这个否定域犯第二类错误的概率一定很小. 显然这个概率还和样本容量 n 有关,n 取得大,它就会小. 正是由于这个缘故,“零假设 H_0”与“备择假设 H_a”的地位是不对称的. 对于给定的小正数 α,若 W 是检验水平是 α 的否定域,当样本值落入 W 时拒绝 H_0 是有力的,因为此

---

① 上确界 $\sup\limits_{\theta \in \Theta_0} \alpha_W(\theta)$ 叫做 W 的精确检验水平. 即零假设成立时拒绝零假设的最大概率.

时所犯错误的概率至多为 α;当样本值未落入 W 时只表明现有的数据与零假设 H_0 是相容的,即未出现矛盾.这并不意味着 H_0 一定成立.此时接受 H_0 可能犯第二类错误,而犯第二类错误的概率究竟多大,并未明确显示出来(它与样本量 n 及其他因素有关),这是与第一类错误的概率至多为已知的 α 大不相同的.在实际的研究工作中总希望得到某种明确的结论.一般总是根据已往的知识和现有的数据猜想"某个结论"可能成立.这种情形下,常把"某个结论"列为"备择假设",而将"某个结论的否定"列为"零假设".此时,若采用检验水平为 α 的否定域,"零假设"被拒绝,则我们有理由说:"某个结论"成立.(因为这时出错的概率至多为 α).

2. 临界值和 p 值

前面说过,给出一个检验法就是要给出一个否定域 W.否定域 W 通常是由一个直观上有明确意义的统计量 $\varphi(X_1,X_2,\cdots,X_n)$ 来确定.确定的方式可概括为两种.

第一种(单边情形):

$$W=\{(x_1,x_2,\cdots,x_n):\varphi(x_1,x_2,\cdots,x_n)>\lambda\} \tag{3.1}$$

第二种(双边情形):

$$W=\{(x_1,x_2,\cdots,x_n):\varphi(x_1,x_2,\cdots,x_n)<\lambda_1$$

$$\text{或 }\varphi(x_1,x_2,\cdots,x_n)>\lambda_2\}\quad(\lambda_1<\lambda_2), \tag{3.2}$$

这里 λ 叫做单边情形的临界值,λ_1 和 λ_2 叫做双边情形的临界值.临界值是根据检验水平 α 来确定.通常,对于单边情形,应找 λ 满足

$$\sup_{\theta\in\Theta_0}P_\theta(\varphi(X_1,X_2,\cdots,X_n)>\lambda)=\alpha \tag{3.3}$$

这里"$\theta\in\Theta_0$."是零假设 H_0,$P_\theta(A)$ 表示参数的真值是 θ 时事件 A 的概率(下同).对于这个 λ,(3.3)式表明否定域(3.1)的精确检验水平恰好是 α.

当满足(3.3)的 λ 不存在时,应选 λ 满足

$$\sup_{\theta\in\Theta_0}P_\theta[\varphi(X_1,X_2,\cdots,X_n)>\lambda]\leqslant\alpha<\sup_{\theta\in\Theta_0}P_\theta[\varphi(X_1,X_2,\cdots,X_n)\geqslant\lambda], \tag{3.4}$$

此时,否定域的检验水平不超过 α.

对于双边情形,应选取 $\lambda_1<\lambda_2$ 满足

$$\sup_{\theta\in\Theta_0}P_\theta[\varphi(X_1,X_2,\cdots,X_n)<\lambda_1]=\frac{\alpha}{2} \tag{3.5}$$

$$\sup_{\theta\in\Theta_0} P_\theta[\varphi(X_1,X_2,\cdots,X_n)>\lambda_2]=\frac{\alpha}{2} \tag{3.6}$$

对这样的 λ_1,λ_2,否定域(3.2)的检验水平不超过 α,当这样的 λ_1 不存在时,应选 λ_1 满足

$$\sup_{\theta\in\Theta_0} P_\theta[\varphi(X_1,X_2,\cdots,X_n)<\lambda_1]\leqslant\frac{\alpha}{2}<\sup_{\theta\in\Theta_0} P_\theta[\varphi(X_1,X_2,\cdots,X_n)\leqslant\lambda_1] \tag{3.7}$$

当满足(3.6)的 λ_2 不存在时,应选 λ_2 满足

$$\sup_{\theta\in\Theta_0} P_\theta[\varphi(X_1,X_2,\cdots,X_n)>\lambda_2]\leqslant\frac{\alpha}{2}<\sup_{\theta\in\Theta_0} P_\theta[\varphi(X_1,X_2,\cdots,X_n)\geqslant\lambda_2] \tag{3.8}$$

此时,否定域(3.2)的检验水平不超过 α.

上述根据检验水平 α 确定临界值从而获得否定域的方法,简称临界值方法.这是本书用来确定否定域的基本方法.读者容易看出,§2 中关于正态总体的假设检验的否定域都是用这个方法确定的.

例 3.1 设 $X\sim N(\mu,\sigma^2)$.未知 σ,检验假设 $H_0:\mu\leqslant\mu_0$(μ_0 是已知数).这里 $\Theta=\{(\mu,\sigma^2):\mu\text{ 任意},\sigma^2>0\}$.零假设 H_0 可表示为:$\theta\in\Theta_0$.这里 $\Theta_0=\{(\mu,\sigma^2):\mu\leqslant\mu_0,\sigma^2>0\}$,备择假设是 $H_a:\theta\in\Theta_1$,这里 $\Theta_1=\Theta-\Theta_0$.设样本是 $X_1,X_2,\cdots,X_n(n\geqslant2)$.取统计量

$$\varphi(X_1,X_2,\cdots,X_n)=\frac{\bar{X}-\mu_0}{\sqrt{S^2/n}},$$

这里 $\bar{X}=\frac{1}{n}\sum_{i=1}^{n}X_i,S^2=\frac{1}{n-1}\sum_{i=1}^{n}(X_i-\bar{X})^2$.从直观上看,$\varphi$ 值越大,对假设 H_0 越不利,故应取单边情形的否定域

$$\begin{aligned}W&=\{(x_1,x_2,\cdots,x_n):\varphi(x_1,x_2,\cdots,x_n)>\lambda\}\\&=\left\{(x_1,x_2,\cdots,x_n):\frac{\bar{x}-\mu_0}{\sqrt{S^2/n}}>\lambda\right\}\end{aligned}$$

这里 $\bar{x}=\frac{1}{n}\sum_{i=1}^{n}x_i,S^2=\frac{1}{n-1}\sum_{i=1}^{n}(x_i-\bar{x})^2$.对给定的检验水平 α,应取 λ 满足(3.3)注意 $\mu\leqslant\mu_0$ 时

$$\frac{\bar{X}-\mu_0}{\sqrt{S^2/n}}\leqslant\frac{\bar{X}-\mu}{\sqrt{S^2/n}}$$

于是

$$\sup_{\theta\in\Theta_0}P_\theta(\varphi>\lambda)=P_{\mu\sigma^2}\left(\frac{\bar{X}-\mu}{\sqrt{S^2/n}}>\lambda\right)$$

但是 $t_{n-1}=\dfrac{\bar{X}-\mu}{\sqrt{S^2/n}}$服从 $n-1$ 个自由度的 t 分布(对一切 μ,σ),故从 t 分布临界值表可找到 λ 满足 $P(t_{n-1}>\lambda)=\alpha$(这个 λ 就是分位数 $t_{1-\alpha}(n-1)$),并且满足(3.3),我们得到否定域

$$W=\left\{(x_1,x_2,\cdots,x_n):\frac{\bar{x}-\mu_0}{\sqrt{S^2/n}}>t_{1-\alpha}(n-1)\right\}.$$

我们指出,还有一种确定否定域的方法——p 值方法.该方法可提供人们更多的信息.

我们先研究单边情形的否定域(3.1),不去考虑其中的 λ 如何由检验水平 α 来确定,而去考虑一个新的函数.设 $x_1,x_2,\cdots,x_n$ 是样本值(已知的 n 个常数).令 $p(x_1,x_2,\cdots,x_n)=\sup\limits_{\theta\in\Theta_0}P_\theta[\varphi(X_1,X_2,\cdots,X_n)\geqslant\varphi(x_1,x_2,\cdots,x_n)]$ (3.9)

这里"$\theta\in\Theta_0$"就是零假设 H_0. $p(x_1,x_2,\cdots,x_n)$是 H_0 成立的条件下统计量 φ 取值不小于 $\varphi(x_1,x_2,\cdots,x_n)$的最大概率.

定义 3.2 $p(x_1,x_2,\cdots,x_n)$(由(3.9)定义)叫做单边情形下样本值$(x_1,x_2,\cdots,x_n)$的 p 值.

p 值有什么用呢?先看下列特性.

引理 3.1 设对给定的 $\alpha\in(0,1)$,恰有一个 λ 满足

$$\sup_{\theta\in\Theta_0}P_\theta[\varphi(X_1,X_2,\cdots,X_n)>\lambda]=\alpha \tag{3.10}$$

则 $\varphi(x_1,x_2,\cdots,x_n)>\lambda$ 的充要条件是 $p(x_1,x_2,\cdots,x_n)<\alpha$.

这个引理告诉我们,在条件(3.10)下,样本值$(x_1,x_2,\cdots,x_n)$落入检验水平为 α 的否定域的充要条件是样本值的 p 值小于 α,换句话说,当且仅当样本值的 p 值小于 α 时拒绝 H_0.这时犯第一类错误的概率的最大值是 α.这个结论告诉我们,有了样本值 $x_1,x_2,\cdots,x_n$ 后,根据统计量 φ 可计算出相应的 p 值 $p(x_1,x_2,\cdots,x_n)$,然后与检验水平 α 进行比较.当 p 值小于 α 时拒绝 H_0,当 p 值不小于 α 时不拒绝 H_0.即否定域为$\{(x_1,x_2,\cdots,x_n):p(x_1,x_2,\cdots,x_n)<\alpha\}$.这种确定否定域的方法简称为 p 值方法.p 值方法的优点

在于:不预先给定检验水平 α,从计算出的 p 值就可以知道,对一切大于这个 p 值的 α,拒绝 H_0 而引起的错误其概率不超过 α.

p 值 $p(x_1,x_2,\cdots,x_n)$ 也可看作是样本 $(x_1,x_2,\cdots,x_n)$ 与零假设 H_0 相容程度的度量. p 值越大,相容程度越高;反之,p 值越小,则相容程度越低. p 值小到一定程度则认为二者不相容了,即应拒绝 H_0. 当 p 值小于 α 时认为二者不相容,这时拒绝 H_0 而引起的错误其概率不超过 α.

引理 3.1 的证明 设 $p(x_1,x_2,\cdots,x_n)<\alpha$. 则 $\sup\limits_{\theta\in\Theta_0}P_\theta[\varphi(X_1,X_2,\cdots,X_n)\geqslant\varphi(x_1,x_2,\cdots,x_n)]<\alpha$,与(3.3)式对比知 $\varphi(x_1,x_2,\cdots,x_n)>\lambda$. 反过来,设 $\varphi(x_1,x_2,\cdots,x_n)>\lambda$,则有 $\varepsilon>0$ 满足 $\varphi(x_1,x_2,\cdots,x_n)-\varepsilon>\lambda$. 于是 $p(x_1,x_2,\cdots,x_n)=\sup\limits_{\theta\in\Theta_0}P_\theta[\varphi(X_1,X_2,\cdots,X_n)\geqslant\varphi(x_1,x_2,\cdots,x_n)]\leqslant\sup\limits_{\theta\in\Theta_0}P_\theta[\varphi(X_1,X_2,\cdots,X_n)>\varphi(x_1,x_2,\cdots,x_n)-\varepsilon]<\sup\limits_{\theta\in\Theta_0}P_\theta[\varphi(X_1,X_2,\cdots,X_n)>\lambda]=\alpha$. 证毕.

给定 $\alpha\in(0,1)$,不一定有 λ 满足(3.10),即不一定存在精确检验水平恰为 α 的检验(当检验用的统计量 $\varphi(X_1,X_2,\cdots,X_n)$ 是离散型随机变量时常出现这种情况). 此时应考虑检验水平不超过 α 的检验. 我们可推广引理3.1.

引理 3.2 设对给定的 $\alpha\in(0,1)$,有 λ 满足

$$\sup_{\theta\in\Theta_0}P_\theta[\varphi(X_1,X_2,\cdots,X_n)>\lambda]\leqslant\alpha<\sup_{\theta\in\Theta_0}P_\theta[\varphi(X_1,X_2,\cdots,X_n)\geqslant\lambda], \tag{3.11}$$

则 $\varphi(x_1,x_2,\cdots,x_n)>\lambda$ 的充要条件是 $p(x_1,x_2,\cdots,x_n)\leqslant\alpha$

证 很容易,设 $\varphi(x_1,x_2,\cdots,x_n)>\lambda$,则 $P_\theta[\varphi(X_1,X_2,\cdots,X_n)\geqslant\varphi(x_1,x_2,\cdots,x_n)]\leqslant P_\theta[\varphi(X_1,X_2,\cdots,X_n)>\lambda]$,于是 $p(x_1,x_2,\cdots,x_n)=\sup\limits_{\theta\in\Theta_0}P_\theta[\varphi(X_1,X_2,\cdots,X_n)\geqslant\varphi(x_1,x_2,\cdots,x_n)]\leqslant\sup\limits_{\theta\in\Theta_0}P_\theta[\varphi(X_1,X_2,\cdots,X_n)>\lambda]\leqslant\alpha$.

反之,若 $\varphi(x_1,x_2,\cdots,x_n)\leqslant\lambda$,则 $P_\theta[\varphi(X_1,X_2,\cdots,X_n)\geqslant\varphi(x_1,x_2,\cdots,x_n)]\geqslant P_\theta[\varphi(X_1,X_2,\cdots,X_n)\geqslant\lambda]$,利用(3.11)知 $p(x_1,x_2,\cdots,x_n)>\alpha$. 引理3.2 证完.

从引理 3.2 知,若 λ 满足(3.11),则否定域 $W=\{(x_1,x_2,\cdots,x_n):\varphi(x_1,x_2,\cdots,x_n)>\lambda\}$ 的检验水平不超过 α,而且样本值 $(x_1,x_2,\cdots,x_n)$ 落

入 W 的充要条件是该样本值的 p 值不超过 α. 因此,在检验假设 H_0 时,我们根据样本值计算其 p 值,当且仅当 p 值不超过 α 时拒绝 H_0. 这种利用 p 值确定否定域的方法仍叫做 p 值方法.

例 3.2 设 $X \sim N(\mu, \sigma^2)$,未知 σ,检验假设 $H_0: \mu \leqslant \mu_0$,例 2.6 已研究过此检验问题,其否定域是

$$W = \{(x_1, x_2, \cdots, x_n): \varphi(x_1, x_2, \cdots, x_n) > \lambda_0\},$$

其中 $\varphi(x_1, x_2, \cdots, x_n) = (\bar{x} - \mu_0)/\sqrt{S^2/n}$, $\lambda_0 = t_{1-\alpha}(n-1)$ $\left(\bar{x} = \frac{1}{n}\sum_{i=1}^{n} x_i, S^2 = \frac{1}{n-1}\sum_{i=1}^{n}(x_i - \bar{x})^2\right)$.

根据样本值 $x_1, x_2, \cdots, x_n$,我们可直接计算 p 值

$$p(x_1, x_2, \cdots, x_n) = \sup_{\theta \in \Theta_0} P_\theta[\varphi(X_1, X_2, \cdots, X_n) \geqslant \varphi(x_1, x_2, \cdots, x_n)],$$

这里 $\theta = (\mu, \sigma^2)$, $\Theta_0 = \{(\mu, \sigma^2): \mu \leqslant \mu_0, \sigma^2 > 0\}$

易知 $p(x_1, x_2, \cdots, x_n) = P_{\mu_0 \sigma^2}\left[\frac{\overline{X} - \mu_0}{\sqrt{S^2/n}} \geqslant \varphi(x_1, x_2, \cdots, x_n)\right] = P[T \geqslant \varphi(x_1, x_2, \cdots, x_n)]$,这里 T 是服从 $n-1$ 个自由度的 t 分布的随机变量. 因此 $p(x_1, x_2, \cdots, x_n)$ 可以算出. 从引理 2.1 知道,当且仅当这个 p 值小于 α 时拒绝 H_0.

例如,为了检验假设 $H_0: \mu \leqslant 25$,我们有样本值 $x_1, x_2, \cdots, x_{64}$,若由此计算出 $\bar{x} = 25.9$, $S^2 = 17.3$,则 $\varphi(x_1, x_2, \cdots, x_{64}) = (\bar{x} - 25)/\sqrt{S^2/64} = 1.731$. 我们可计算 p 值 $p(x_1, x_2, \cdots, x_{64}) = P(T \geqslant 1.731) = 0.042 < 0.05$,故对于检验水平 $\alpha = 0.05$ 应拒绝 H_0.

现在我们来研究双边情形的否定域(3.2),不去考虑其中的 λ_1 和 λ_2 如何由检验水平 α 来确定,而去考虑一个新的函数. 虽然不去确定 λ_1 和 λ_2 的具体数值,但从统计量 $\varphi(X_1, X_2, \cdots, X_n)$ 的直观意义及(3.5)、(3.6). 我们可找到 λ_0 满足: $\lambda_1 \leqslant \lambda_0 < \lambda_2$. 设 $x_1, x_2, \cdots, x_n$ 是样本值,当 $\varphi(x_1, x_2, \cdots, x_n) \leqslant \lambda_0$ 时,令

$$p(x_1, x_2, \cdots, x_n) = \min\{2 \sup_{\theta \in \Theta_0} P_\theta[\varphi(X_1, X_2, \cdots, X_n) \leqslant \varphi(x_1, x_2, \cdots, x_n)], 1\} \tag{3.12}$$

当 $\varphi(x_1, x_2, \cdots, x_n) > \lambda_0$ 时,令

$$p(x_1,x_2,\cdots,x_n)=\min\{2\sup_{\theta\in\Theta_0}P_\theta[\varphi(X_1,X_2,\cdots,X_n)$$
$$\geqslant\varphi(x_1,x_2,\cdots,x_n)],1\}\tag{3.13}$$

这里"$\theta\in\Theta_0$"就是零假设 H_0(下同.)

定义 3.3 由(3.12)和(3.13)定义的 $p(x_1,x_2,\cdots,x_n)$叫做双边情形下样本值$(x_1,x_2,\cdots,x_n)$的 p 值.

p 值的重要意义见下列引理.

引理 3.3 设对给定的 $\alpha\in(0,1)$,有惟一的 λ_1 和惟一的 λ_2 满足

$$\sup_{\theta\in\Theta_0}P_\theta[\varphi(X_1,X_2,\cdots,X_n)<\lambda_1]=\frac{\alpha}{2}\tag{3.14}$$

$$\sup_{\theta\in\Theta_0}P_\theta[\varphi(X_1,X_2,\cdots,X_n)>\lambda_2]=\frac{\alpha}{2}\tag{3.15}$$

则"$\varphi(x_1,x_2,\cdots,x_n)<\lambda_1$ 或 $\varphi(x_1,x_2,\cdots,x_n)>\lambda_2$"成立的充要条件是$p(x_1,x_2,\cdots,x_n)<\alpha$.

引理 3.4 设对给定的 α,有 λ_1 和 λ_2 满足

$$\sup_{\theta\in\Theta_0}P_\theta[\varphi(X_1,X_2,\cdots,X_n)<\lambda_1]\leqslant\frac{\alpha}{2}<\sup_{\theta\in\Theta_0}P_\theta[\varphi(X_1,X_2,\cdots,X_n)\leqslant\lambda_1]\tag{3.16}$$

$$\sup_{\theta\in\Theta_0}P_\theta[\varphi(X_1,X_2,\cdots,X_n)>\lambda_2]\leqslant\frac{\alpha}{2}<\sup_{\theta\in\Theta_0}P_\theta[\varphi(X_1,X_2,\cdots,X_n)\geqslant\lambda_2],\tag{3.17}$$

则"$\varphi(x_1,x_2,\cdots,x_n)<\lambda_1$ 或 $\varphi(x_1,x_2,\cdots,x_n)>\lambda_2$"成立的充要条件是$p(x_1,x_2,\cdots,x_n)\leqslant\alpha$.

引理 3.3 的证明 设 $\varphi(x_1,x_2,\cdots,x_n)<\lambda_1$,则 $\varphi(x_1,x_2,\cdots,x_n)\leqslant\lambda_0$(这里 $\lambda_0\in[\lambda_1,\lambda_2)$),于是从(3.12)知 $p(x_1,x_2,\cdots,x_n)\leqslant 2\sup_{\theta\in\Theta_0}P_\theta[\varphi(X_1,X_2,\cdots,X_n)\leqslant\varphi(x_1,x_2,\cdots,x_n)]\leqslant 2\sup_{\theta\in\Theta_0}P_\theta[\varphi(X_1,X_2,\cdots,X_n)<\lambda_1-\varepsilon]$(对某个正数 ε)$<\alpha$.

若 $\varphi(x_1,x_2,\cdots,x_n)>\lambda_2$,则有 $\varepsilon>0$ 使得 $\varphi(x_1,x_2,\cdots,x_n)>\lambda_2+\varepsilon$,于是 $p(x_1,x_2,\cdots,x_n)\leqslant 2\sup_{\theta\in\Theta_0}P_\theta[\varphi(X_1,X_2,\cdots,X_n)\geqslant\varphi(x_1,x_2,\cdots,x_n)]\leqslant 2\sup_{\theta\in\Theta_0}P_\theta[\varphi(X_1,X_2,\cdots,X_n)>\lambda_2+\varepsilon]<\alpha$(据(2.17)).

故只要 $\varphi(x_1,x_2,\cdots,x_n)$小于 λ_1 或大于 λ_2 则一定有 $p(x_1,x_2,\cdots,x_n)$

$<\alpha$.

另一方面，设 $p(x_1,x_2,\cdots,x_n)<\alpha$，若 $\varphi(x_1,x_2,\cdots,x_n)\leqslant\lambda_0$，则 $2\sup\limits_{\theta\in\Theta_0}P_\theta[\varphi(X_1,X_2,\cdots,X_n)\leqslant\varphi(x_1,x_2,\cdots,x_n)]<\alpha$. 从(3.14)知 $\varphi(x_1,x_2,\cdots,x_n)<\lambda_1$. 若 $\varphi(x_1,x_2,\cdots,x_n)>\lambda_0$ 则 $2\sup\limits_{\theta\in\Theta_0}P_\theta[\varphi(X_1,X_2,\cdots,X_n)\geqslant\varphi(x_1,x_2,\cdots,x_n)]<\alpha$. 利用(3.15)知 $\varphi(x_1,x_2,\cdots,x_n)>\lambda_2$. 总之，只要 $p(x_1,x_2,\cdots,x_n)<\alpha$ 就一定有 $\varphi(x_1,x_2,\cdots,x_n)<\lambda_1$ 或 $\varphi(x_1,x_2,\cdots,x_n)>\lambda_2$. 引理 3.3 证完.

引理 3.4 的证明方法是类似的，从略.

引理 3.3 和引理 3.4 告诉我们，为了检验假设 $H_0:\theta\in\Theta_0$，否定域 $W=\{(x_1,x_2,\cdots,x_n):\varphi(x_1,x_2,\cdots,x_n)<\lambda_1$ 或 $\varphi(x_1,x_2,\cdots,x_n)>\lambda_2\}$ 的检验水平不超过 α(有时精确检验水平恰好是 α)，而且在引理 3.3 的条件下，样本值 $(x_1,x_2,\cdots,x_n)$ 落入这个否定域的充要条件是样本值的 p 值小于 α. 在引理 3.4 的条件下，样本值 $(x_1,x_2,\cdots,x_n)$ 落入否定域的充要条件是样本值的 p 值不超过 α. 这种用 p 值来确定否定域的方法仍叫做 p 值方法.

双边情形下 p 值方法的优点与单边情形下 p 值方法的优点是一样的：不必预先给定检验水平，计算出样本值的 p 值 $p(x_1,x_2,\cdots,x_n)$ 后，与任给的 α 进行比较就知道何时应拒绝零假设 H_0，而且拒绝 H_0 产生的错误其概率不超过 α.

和单边情形一样，双边情形的 p 值也可看作是样本值 $(x_1,x_2,\cdots,x_n)$ 与零假设 H_0 相容程度的度量，p 值越小表明二者的相容程度越低，p 值小到一定程度就认为二者不相容了.

p 值方法有很大优点，但也有麻烦之处：要根据样本值计算出相应的 p 值. 有时这种计算还比较复杂. 好在一些常见的假设检验问题(见本章各节)里，p 值的计算程序已在流行的统计软件包(如 SAS)中给出. 使用这些软件，很容易算出 p 值.

例 3.3 设 $X\sim N(\mu,\sigma^2)$，μ,σ^2 均未知，为了检验假设 $H_0:\sigma^2=\sigma_0^2$(σ_0 是已知数)，前面已说过应使用统计量 $\varphi(X_1,X_2,\cdots,X_n)=\dfrac{1}{\sigma_0^2}\sum\limits_{i=1}^{n}(X_i-\bar{X})^2$，当 φ 值太小或太大时应拒绝 H_0，故应采用双边情形的否定域 $W=\{(x_1,x_2,\cdots,x_n):\varphi(x_1,x_2,\cdots,x_n)<\lambda_1$ 或 $\varphi(x_1,x_2,\cdots,x_n)>\lambda_2\}$. 如何计

算样本值$(x_1,x_2,\cdots,x_n)$的p值?

从直观上看,$S^2=\frac{1}{n-1}\sum_{i=1}^{n}(x_i-\bar{x})^2$可作为$\sigma^2$的估计值(这里$\bar{x}=\frac{1}{n}\sum_{i=1}^{n}x_i$). 可见,如果$H_0$成立,则$\frac{1}{n-1}\varphi(x_1,x_2,\cdots,x_n)$应和1相差不大. 即$\varphi(x_1,x_2,\cdots,x_n)$应和$n-1$相差不大. 因而在否定域$W$中,$\lambda_1$应小于$n-1$,$\lambda_2$应大于$n-1$. 取$\lambda_0=n-1$. 则$\lambda_1<\lambda_0<\lambda_2$,注意$\varphi(x_1,x_2,\cdots,x_n)\leqslant\lambda_0$的充要条件是$S^2\leqslant\sigma_0^2$,这里$S^2=\frac{1}{n-1}\sum_{i=1}^{n}(x_i-\bar{x})^2$,于是从定义3.3知$S^2\leqslant\sigma_0^2$时

$$p(x_1,x_2,\cdots,x_n)=\min\{2\sup_{\substack{\mu\text{任意}\\ \sigma^2=\sigma_0^2}}P_{\mu\sigma^2}[\varphi(X_1,X_2,\cdots,X_n)\leqslant\varphi_0],1\},$$

这里$\varphi_0=\varphi(x_1,x_2,\cdots,x_n)$.

易知$p(x_1,x_2,\cdots,x_n)=\min\{2P(\xi\leqslant\varphi_0),1\}$,这里随机变量$\xi$、服从$n-1$个自由度的$\chi^2$分布.

类似地,当$S^2\geqslant\sigma_0^2$时

$$p(x_1,x_2,\cdots,x_n)=\min\{2P(\xi)\geqslant\varphi_0),1\}.$$

根据例3.4中提供的10个数据,知$S^2=75.7>64=\sigma_0^2$,$\varphi_0=\frac{1}{\sigma_0^2}\sum_{i=1}^{10}(x_i-\bar{x})^2=10.65$,$P(\xi\geqslant\varphi_0)=0.30$.(因为$\xi$服从9个自由度的$\chi^2$分布),于是$p$值$=0.6$. 可见对一切$\alpha\leqslant0.6$在检验水平$\alpha$下都不应拒绝假设$H_0:\sigma^2=\sigma_0^2$.

3. 假设检验与置信区间的联系

我们指出假设检验的接受域与置信区间有一种简单而深刻的联系. 设X的分布函数是$F(x,\theta)$,θ是未知参数,$\theta\in\Theta$. $(X_1,X_2,\cdots,X_n)$是X的样本. 对任何$\theta_0\in\Theta$,考虑零假设$H_0:\theta=\theta_0$,备择假设$H_a:\theta\neq\theta_0$,设$A(\theta_0)$是H_0的检验水平为α的接受域(即$A(\theta_0)$的补集是检验水平为α的否定域),即当且仅当$(X_1,X_2,\cdots,X_n)$的值属于$A(\theta_0)$时接受假设H_0,且

$$P_{\theta_0}((X_1,X_2,\cdots,X_n)\bar{\in}A(\theta_0))\leqslant\alpha$$

令

$$S(x_1,x_2,\cdots,x_n)=\{\theta:(x_1,x_2,\cdots,x_n)\in A(\theta)\}\qquad(3.18)$$

则对一切θ有$P_\theta[\theta\in S(X_1,X_2,\cdots,X_n)]\geqslant1-\alpha$.

由此可见,如果集合 $S(x_1,x_2,\cdots,x_n)$ 是个区间,则它就是 θ 的置信水平为 $1-\alpha$ 的置信区间. 这就是利用假设检验的接受域构造置信区间——寻找置信区间的第三个方法.

例 3.4 设 $X\sim N(\theta,1),\theta\in(-\infty,+\infty)$. $(X_1,X_2,\cdots,X_n)$ 是 X 的样本. 对任何 θ_0,考虑检验零假设 $H_0:\theta=\theta_0$(备择假设是 $H_a:\theta\neq\theta_0$),从 §1 中的讨论知,可采用接受域 $A(\theta_0)=\{(x_1,x_2,\cdots,x_n):|\bar{x}-\theta_0|\leqslant c\}$. 易知 $c=\frac{1}{\sqrt{n}}z_{1-\frac{\alpha}{2}}$($z_{1-\frac{1}{2}\alpha}$ 是 $N(0,1)$ 的 $1-\frac{1}{2}\alpha$ 分位数)时检验水平为 α. 从 (3.18) 知 $S(x_1,x_2,\cdots,x_n)=[\bar{x}-c,\bar{x}+c]$. 故 $[\bar{X}-c,\bar{X}+c]$ 是 θ 的 $1-\alpha$ 水平置信区间. $\left(\bar{X}=\frac{1}{n}\sum_{i=1}^{n}X_i\right)$.

§4 两个正态总体的假设检验

§2 中讲了一个总体的检验问题,在实际工作中还常碰到两个总体的比较问题, §1 中例 1.3 就是这方面的典型.

设 $X\sim N(\mu_1,\sigma_1^2)$,$Y\sim N(\mu_2,\sigma_2^2)$,且 X,Y 相互独立. 根据实际问题的需要,我们主要是讲三类问题:

① 未知 σ_1^2,σ_2^2,但知道 $\sigma_1^2=\sigma_2^2$,检验假设 $H_0:\mu_1=\mu_2$.

② 未知 μ_1,μ_2,检验假设 $H_0:\sigma_1^2=\sigma_2^2$.

③ 未知 μ_1,μ_2,检验假设 $H_0:\sigma_1^2\leqslant\sigma_2^2$.

④ 未知 σ_1^2,σ_2^2 但知道 $\sigma_1^2\neq\sigma_2^2$,检验假设 $H_0:\mu_1=\mu_2$.

1. 未知 σ_1^2,σ_2^2,但知道 $\sigma_1^2=\sigma_2^2$,检验假设 $H_0:\mu_1=\mu_2$.

从分析具体问题开始,研究例 1.3. 为阅读方便,再把例 1.3 复述一遍.

例 4.1 (即本章例 1.3)在漂白工艺中要考察温度对针织品断裂强力的影响. 在 70 ℃与 80 ℃下分别重复作了八次试验,测得断裂强力的数据如下(单位:千克力):

70 ℃:20.5,18.8,19.8,20.9,21.5,19.5,21.0,21.2

80 ℃:17.7,20.3,20.0,18.8,19.0,20.1,20.2,19.1

究竟 70 ℃下的强力与 80 ℃下的强力有没有差别?

用 X,Y 分别表示 70 ℃与 80 ℃下的断裂强力,它们自然是独立的. 根据过去的经验,可以认为 X,Y 都是服从正态分布,方差是相等的. 即 $X\sim N(\mu_1,\sigma_1^2)$, $Y\sim N(\mu_2,\sigma_2^2)$, $\sigma_1^2=\sigma_2^2$(也可用下面 2 中的办法检验方差是否相等). 我们的问题是检验假设 $H_0:E(X)=E(Y)$(即 $\mu_1=\mu_2$).

读者很自然想到,比较两组数据的平均数,看哪个大. 经过计算知,70 ℃时的平均强力是 20.4 千克力,80 ℃时的平均强力是 19.4 千克力,相差 1 千克力,70 ℃的大.

但是能否由此就简单地下结论:"70 ℃就是比 80 ℃的强力大"呢? 还不能. 这是因为产生这 1 千克力差别的原因可能有二:一个是 μ_1 与 μ_2 的差异,另一个是试验误差的影响. 即使在 $\mu_1=\mu_2$ 的情形,由于试验误差的存在,也完全有可能会产生这 1 千克力的差别,特别当试验误差比较大时,更是这样. 但是有了以上的分析,我们也就有了解决问题的直观想法:估出试验误差的影响大小,并将这 1 千克力跟它作某种意义上的比较. 如果单单是试验误差的影响还不足以引起这 1 千克力的差异,就否定"$\mu_1=\mu_2$",否则就不否定"$\mu_1=\mu_2$".

我们现在来介绍一般的理论,然后再用到这个具体例子上去. 设 $x_1,x_2,\cdots,x_n$ 是来自 X 的样本值; $y_1,y_2,\cdots,y_n$ 是来自 Y 的样本值; $X\sim N(\mu_1,\sigma_1^2)$, $Y\sim N(\mu_2,\sigma_2^2)$, $\sigma_1^2=\sigma_2^2$,要检验的假设 H_0 是 $\mu_1=\mu_2$.

很自然的想法是,研究样本平均值之差:

$$\bar{x}-\bar{y}$$

如果这个差数的绝对值很大,则不大可能 $\mu_1=\mu_2$,反之,若差数比较小,则很可能 $\mu_1=\mu_2$. 当然这里的"大"与"小"是相对试验误差而言的.

和以前一样，我们先假设 $\mu_1=\mu_2$，看产生什么后果，会不会产生不合理的现象. 不过在假设 $H_0:\mu_1=\mu_2$ 成立的条件下，随机变量 $\bar{X}-\bar{Y}$ 的概率分布仍然算不出来，因为它的方差等于 $\frac{\sigma_1^2}{n}+\frac{\sigma_2^2}{n}$，而 σ_1^2,σ_2^2 不知道. 我们自然想到用

$$s_1^2=\frac{1}{n-1}\sum_{i=1}^{n}(x_i-\bar{x})^2$$

代替 σ_1^2，用

$$s_2^2=\frac{1}{n-1}\sum_{i=1}^{n}(y_i-\bar{y})^2$$

代替 σ_2^2.

经过数学研究. 可以证明随机变量

$$\tilde{T}=\frac{(\bar{X}-\bar{Y})-(\mu_1-\mu_2)}{\sqrt{\frac{S_1^2+S_2^2}{n}}} \tag{4.1}$$

服从 $2n-2$ 个自由度的 t 分布.

于是，在假设 H_0 下，统计量

$$T=\frac{\bar{X}-\bar{Y}}{\sqrt{\frac{\sum_{i=1}^{n}(X_i-\bar{X})^2+\sum_{i=1}^{n}(Y_i-\bar{Y})^2}{n(n-1)}}} \tag{4.2}$$

服从 $2n-2$ 个自由度的 t 分布. 查 t 分布临界值表得到 λ 满足

$$P\{|T|>\lambda\}=\alpha$$

现在好了，根据所给的样本值 $x_1,x_2,\cdots,x_n,y_1,y_2,\cdots,y_n$，具体算出统计量 T 的值，如果得到的 $|T|$ 的值大于 λ，则否定原来的假设 $H_0:\mu_1=\mu_2$，反之，如果得到的 $|T|$ 的值不超过 λ，则假设 H_0 是相容的.

总之，检验的步骤与以前一样，就是要记住统计量 T 的形式，另外，查 t 分布临界值表时，自由度是 $2n-2$.

现在把上述一般理论用到例 4.1 上去.

第一步:提出待检验的假设 $H_0:E(X)=E(Y)$.

第二步:计算统计量(4.2)的值,这是最费劲的一步. 现在 $n=8,\bar{x}=20.4,\bar{y}=19.4$.①

$$\sum_{i=1}^{8}(x_i-\bar{x})^2=(20.5-20.4)^2+(18.8-20.4)^2+\cdots+(21.2-20.4)^2=6.20$$

$$\sum_{i=1}^{8}(y_i-\bar{y})^2=(17.7-19.4)^2+(20.3-19.4)^2+\cdots+(19.1-19.4)^2=5.80$$

于是

$$T=\frac{20.4-19.4}{\sqrt{\frac{6.20+5.80}{8\times 7}}}=\frac{1}{\sqrt{\frac{12}{56}}}=\sqrt{4.67}=2.161$$

第三步:查 t 分布表,自由度是 $2n-2=14$.

取 $\alpha=0.05$,得临界值 $\lambda=2.145$.

第四步:下结论.

现在 $T=2.161>2.145$,故应否定假设 $H_0:E(X)=E(Y)$. 换句话说,$E(X)\neq E(Y)$,即 70℃下的强力比 80 ℃下的强力显著地大.

以上介绍的是两个总体的样本容量相等的情形,但实际工作中有时样本容量并不相等. 此时也可用类似的办法进行处理.

设 $X_1,X_2,\cdots,X_{n_1}$ 是来自 $N(\mu_1,\sigma^2)$ 的样本,$Y_1,Y_2,\cdots,Y_{n_2}$ 是来自总体 $N(\mu_2,\sigma^2)$ 的样本. 数学上可以证明

① 这里,主要目的是为了讲假设检验,因而,在计算上,采用了 $\bar{x}$ 和 $\bar{y}$ 是整齐数字的数据. 实际上,很难遇见这种情形. 当 $\bar{x},\bar{y}$ 不整齐时,通常多取一至二位有效数字. 然后利用简化法来计算 $\sum(x_i-\bar{x})^2$ 和 $\sum(y_i-\bar{y})^2$.

$$\tilde{T}=\frac{(\bar{X}-\bar{Y})-(\mu_1-\mu_2)}{\sqrt{\sum_{i=1}^{n_1}(X_i-\bar{X})^2+\sum_{i=1}^{n_2}(Y_i-\bar{Y})^2}}\cdot\sqrt{\frac{n_1n_2(n_1+n_2-2)}{n_1+n_2}}$$

服从 n_1+n_2-2 个自由度的 t 分布. 可见,在假设 $H_0:\mu_1=\mu_2$ 下,统计量

$$T=\frac{\bar{X}-\bar{Y}}{\sqrt{\sum_{i=1}^{n_1}(X_i-\bar{X})^2+\sum_{i=1}^{n_2}(Y_i-\bar{Y})^2}}\cdot\sqrt{\frac{n_1n_2(n_1+n_2-2)}{n_1+n_2}} \tag{4.3}$$

服从 n_1+n_2-2 个自由度的 t 分布. 利用这一点,同样可对 H_0 进行检验.

上面的检验工作通常又叫平均数的显著性鉴定. 如果否定了假设 $H_0:\mu_1=\mu_2$,通常也说两个总体的平均数有“显著性差异”.

例 4.2 研究口服避孕药对妇女血压的影响. 对某公司工作的 35 岁至 39 岁的非怀孕妇女,用抽查方法收集到下列数据. 有 8 人使用口服避孕药,8 人的血压(收缩压)的平均值是 132.86(单位:mmHg),标准差是 15.35;有 21 人未使用口服避孕药,血压的平均值是 127.44(单位:mmHg),标准差是 18.23,问:这两种血压平均值的差异是否“显著”?

解 我们假定使用口服避孕药的妇女的血压(收缩压)服从正态分布 $N(\mu_1,\sigma_1^2)$,不使用口服避孕药的妇女的血压(收缩压)服从正态分布 $N(\mu_2,\sigma_2^2)$,假定 $\sigma_1^2=\sigma_2^2$. 问题转化为检验假设 $H_0:\mu_1=\mu_2$.

使用统计量(4.3),现在 $\bar{X}=132.86,\bar{Y}=127.44$, $\sum_{i=1}^{8}(X_i-\bar{X})^2$

$=7\times(15.35)^2$，$\sum_{i=1}^{21}(Y_i-\overline{Y})^2=2.0\times(18.23)^2(n_1=8,n_2=21)$，可算出统计量 $T=0.74$，设检验水平 $\alpha=0.05$，查 t 分布的临界值表知临界值 $\lambda=2.052$，现在 $|T|=0.74<2.052$，故认为假设 H_0 是相容的，即两个平均值无显著差异.

成对数据的比较

有些实际问题里的数据是天然成对的. 这时为了检验平均数有无"显著性差异"，应该采用下面例 3.1 中用到的办法. 由于相应的数学模型比较复杂，我们不进行理论上的严密论述，只希望读者了解统计方法，并注意，它不要求同方差的假定.

例 4.3 为了鉴定两种工艺方法对产品某性能指标有无显著性差异，对于九批材料用两种工艺进行生产，得到该指标的九对数据如下：

0.20　0.30　0.40　0.50　0.60　0.70　0.80　0.90　1.00

0.10　0.21　0.52　0.32　0.78　0.59　0.68　0.77　0.89

现在问：根据上述数据，能否说两种不同工艺对产品的该性能指标有显著性差异？（检验水平 $\alpha=0.05$.）

解 考查 9 对数据的差：

0.10　0.09　−0.12　0.18　−0.18　0.11　0.12　0.13　0.11

如果两种工艺对产品的该指标没有显著性差异，那么，这 9 个数可以看成是来自一个均值是 0 的总体 Z. 我们假定 Z 服从正态分布（在许多实际工作中常这样做）. 若 $z_1,z_2,\cdots,z_9$ 是来自 $N(0,\sigma^2)$ 的样本，则统计量

$$T=\frac{\bar{z}}{\sqrt{S^2/9}}$$

（这里 $S^2=\frac{1}{9-1}\sum_{i=1}^{9}(z_i-\bar{z})^2$）服从 8 个自由度的 t 分布. 查附表 2 知

$$P\{|T|>2.306\}=0.05$$

这表明，如果两种工艺方法对产品的该指标没有显著性差异，则 $\{|T|>2.306\}$ 是一个小概率事件. 当发生了小概率事件时，可以否定假设，即认为两种不同工艺方法对产品的该指标有显著性差异. 现在，将 9 对数据的差代入 T 的表达式中（即在 T 中令 $z_1=0.10,z_2=0.09,\cdots,z_9=0.11$），因为 $\bar{z}=0.06,S^2=0.015$，计算得 $T=1.5$，既然 $|T|\leqslant 2.306$，没发生小概率事件，故未发现两种工艺方法对产品的该指标有显著性差异.

2. 未知 μ_1, μ_2，检验假设 $H_0: \sigma_1^2 = \sigma_2^2$.

就上面讨论的例 4.1 来说，我们认为两个总体的方差是相等的. 严格追问起来，有什么根据呢？除非已有大量经验可以预先作出判断，否则还是要根据所给的样本值，来检验 $H_0: \sigma_1^2 = \sigma_2^2$ 是否真的成立.

我们现在来研究一般性问题. 设 $X_1, X_2, \cdots, X_{n_1}$ 来自总体 $N(\mu_1, \sigma_1^2)$，$Y_1, Y_2, \cdots, Y_{n_2}$ 来自总体 $N(\mu_2, \sigma_2^2)$，且 X, Y 间相互独立. 如何检验假设 $H_0: \sigma_1^2 = \sigma_2^2$？

还是老办法. 先假设 H_0 成立（即 $\sigma_1^2 = \sigma_2^2$），看有什么结果. 要比较 σ_1^2 与 σ_2^2，自然想到用它们的估计量来比比看. 令

$$S_1^2 = \frac{1}{n_1 - 1} \sum_{i=1}^{n_1} (X_i - \bar{X})^2$$

$$S_2^2 = \frac{1}{n_2 - 1} \sum_{i=1}^{n_2} (Y_i - \bar{Y})^2$$

取统计量 $F = \dfrac{S_1^2}{S_2^2}$，显然当 F 很大或很小时，就不能认为假设 H_0 成立.

所以，关键问题就是研究这个统计量的概率分布. 经过数学方面的研究，可以证明（见附录二定理 9），随机变量

$$\widetilde{F} = \frac{S_1^2/\sigma_1^2}{S_2^2/\sigma_2^2}$$

的分布密度 $f(u)$ 是这样的：

$$f(u) = \begin{cases} \dfrac{\Gamma\left(\dfrac{n_1 + n_2 - 2}{2}\right)}{\Gamma\left(\dfrac{n_1 - 1}{2}\right)\Gamma\left(\dfrac{n_2 - 1}{2}\right)} \left(\dfrac{n_1 - 1}{n_2 - 1}\right)^{\frac{n_1 - 1}{2}} u^{\frac{n_1 - 1}{2} - 1} \cdot \\ \left(1 + \dfrac{n_1 - 1}{n_2 - 1} u\right)^{-\frac{n_1 + n_2 - 2}{2}} & u > 0 \\ 0 & u \leqslant 0 \end{cases}$$

这里介绍一个名词.

定义 4.1 如果随机变量 Z 的分布密度是

$$f_{n_1n_2}(u)=\begin{cases}\dfrac{\Gamma\left(\dfrac{n_1+n_2}{2}\right)}{\Gamma\left(\dfrac{n_1}{2}\right)\Gamma\left(\dfrac{n_2}{2}\right)}\left(\dfrac{n_1}{n_2}\right)^{\frac{n_1}{2}}u^{\frac{n_1}{2}-1}\cdot \\ \left(1+\dfrac{n_1}{n_2}u\right)^{-\frac{n_1+n_2}{2}} & u>0 \\ 0 & u\leqslant 0\end{cases}$$

这里 n_1,n_2 是两个正整数,则称 Z 服从自由度为 n_1,n_2 的 F 分布,这里 n_1 叫第一自由度,n_2 叫第二自由度."自由度"名称的来源,大家可以不管,反正是密度函数的两个参数.

容易看出,在 H_0 成立的条件下,我们的统计量 F 恰好是服从自由度为 n_1-1,n_2-1 的 F 分布.

于是,对任给的"检验标准"α(通常 $\alpha=0.05$),可找到 λ_1,λ_2(查 F 分布的临界值表)满足:

$$P(F<\lambda_1)=\frac{\alpha}{2} \tag{4.4}$$

$$P(F>\lambda_2)=\frac{\alpha}{2} \tag{4.5}$$

这样的事件 $\{F<\lambda_1\}$,$\{F>\lambda_2\}$ 都是"小概率事件".

根据所给的样本值 $x_1,x_2,\cdots,x_{n_1};y_1,y_2,\cdots,y_{n_2}$,可算出 F 的数值,如果算出来的值小于 λ_1 或大于 λ_2,则应否定假设 $H_0:\sigma_1^2=\sigma_2^2$;反之,如果算出来的 F 的值界于 λ_1 与 λ_2 之间($\lambda_1\leqslant F\leqslant\lambda_2$),则假设"$\sigma_1^2=\sigma_2^2$"是相容的.

关于查表,有一点要补充说明的. 找(4.5)中的 λ_2,可直接从表上读出,但找(4.4)中的 λ_1,却要绕一个弯子. 由于

$$P\{F<\lambda_1\}=P\left\{\frac{1}{F}>\frac{1}{\lambda_1}\right\}$$

而$\frac{1}{F}$是服从自由度 n_2-1, n_1-1 的 F 分布,于是通过查表,可得 λ_0 满足:$P\left\{\frac{1}{F}>\lambda_0\right\}=\frac{\alpha}{2}$,这样,$\lambda_1=\frac{1}{\lambda_0}$也就得到了.

现在把上述一般理论用到例 4.1 的数据上去,看是否真的可认为 70 ℃时的强力与 80 ℃时的强力有相同的方差.

这里,$n_1=n_2=8, s_1^2=\frac{6.20}{7}, s_2^2=\frac{5.80}{7}$,于是

$$F=\frac{s_1^2}{s_2^2}=\frac{6.20}{5.80}=1.07$$

查 F 分布表,取 $\alpha=0.05$,于是$\frac{\alpha}{2}=0.025$,查附表 5,现在第一自由度是 7,第二自由度也是 7. 得:

$$\lambda_2=4.99$$

$$\lambda_1=\frac{1}{\lambda_2}=\frac{1}{4.99}$$

现在,$\frac{1}{4.99}<1.07<4.99$. 故可以认为 70 ℃与 80 ℃下的强力有相同的方差.

例 4.4 在例 4.2 中我们假定了使用口服避孕药的妇女的血压的方差 σ_1^2 与不使用口服避孕药情形下的方差 σ_2^2 相等. 若对这点有怀疑,应检验假设 $H_0:\sigma_1^2=\sigma_2^2$. 使用统计量 $F=\frac{S_1^2}{S_2^2}$. 现在 $n_1=8, n_2=21$,故第一自由度是 7,第二自由度是 20,设 $\alpha=0.05$. 于是 $\frac{\alpha}{2}=0.025$,设 λ_1,λ_2 分别满足(4.4)、(4.5),查附表 5 知 $\lambda_2=3.01, \lambda_1<\frac{1}{4.42}=0.226$, H_0 的否定域是 $F<\lambda_1$ 或 $F>\lambda_2$. 现在 $S_1^2=(15.35)^2, S_2^2=(18.23)^2$(据例 4.2 中的数据),计算出 F 的值是 0.709,这个数在 λ_1 与 λ_2 之间,故不应拒绝 $\sigma_1^2=\sigma_2^2$ 的假设.

3. 未知 $\boldsymbol{\mu}_1,\boldsymbol{\mu}_2$,检验假设 $\boldsymbol{H_0:\sigma_1^2\leqslant\sigma_2^2}$.

这类问题在技术革新等实际工作中常遇到.

例 4.5 有两台车床生产同一种型号的滚珠. 根据已有经验可以认为,这两台车床生产的滚珠的直径都服从正态分布. 问题就是要比较两台车床所生产的滚珠的直径的方差. 现在从这两台车床的产品中分别抽出 8 个和 9 个,测得滚珠的直径如下(单位是毫米):

甲车床:15.0,14.5,15.2,15.5,14.8,15.1,15.2,14.8

乙车床:15.2,15.0,14.8,15.2,15.0,15.0,14.8,15.1,14.8

问:乙车床产品的方差是否比甲车床的小?

用 X,Y 分别表示甲、乙两车床的产品的直径. $X\sim N(\mu_1,\sigma_1^2)$, $Y\sim N(\mu_2,\sigma_2^2)$, X,Y 独立,我们来检验 $H_0:\sigma_1^2\leqslant\sigma_2^2$.

显然,如果 H_0 受到否定,那就是说,乙车床产品的方差比甲车床的小. 反之,如果 H_0 相容,那就不能认为乙车床产品的方差比甲车床的小.

怎样检验假设 H_0 呢? 我们先进行一般性讨论.

设 $X_1,X_2,\cdots,X_{n_1}$ 是来自总体 X 的样本, $Y_1,Y_2,\cdots,Y_{n_2}$ 是来自总体 Y 的样本[$X\sim N(\mu_1,\sigma_1^2)$, $Y\sim N(\mu_2,\sigma_2^2)$, X,Y 相互独立]. 要检验 $H_0:\sigma_1^2\leqslant\sigma_2^2$,即 $\dfrac{\sigma_1^2}{\sigma_2^2}\leqslant 1$.

自然想到用比值

$$F=\frac{S_1^2}{S_2^2} \tag{4.6}$$

作统计量. 从直观上看,如果根据所给的样本值算出来的 F 值远大于 1,则有理由否定假设 H_0. 因而希望能求出,在 H_0 成立的条件下, F 所服从的分布. 可惜的是,由于现在 σ_1^2,σ_2^2 不知道(没有假定 $\sigma_1=\sigma_2$ 成立,因此和前面的情况不同), F 的概率分布求不出来. 然而,我们知道

$$\widetilde{F}=\frac{\dfrac{S_1^2}{\sigma_1^2}}{\dfrac{S_2^2}{\sigma_2^2}}$$

服从自由度为 n_1-1, n_2-1 的 F 分布.

查 F 分布表,可找到 λ 满足:

$$P\{\widetilde{F}>\lambda\}=\alpha$$

这就是说$\{\widetilde{F}>\lambda\}$是一个“小概率事件”.

如果假设 $H_0(\sigma_1^2\leqslant\sigma_2^2)$成立,则 $\widetilde{F}\geqslant F$,于是$\{F>\lambda\}$更是一个小概率事件.

现在可以下结论了. 如果根据所给的样本值算出 F 的值大于 λ,则应否定假设 H_0;反之,若算出的 F 的值不超过 λ,则假设 H_0 是相容的.

所以要检验 $\sigma_1^2\leqslant\sigma_2^2$,关键在于记住统计量(4.6)的表达式和会查 F 分布的临界值表.

现在应用上述办法到例 3.2 中去.

第一步:提出待检验的假设 $H_0:\sigma_1^2\leqslant\sigma_2^2$.

第二步:计算统计量 $F=\dfrac{S_1^2}{S_2^2}$的值. $n_1=8, n_2=9$.

$$\bar{x}=15.01, \bar{y}=14.99$$

$$\sum_{i=1}^{8}(x_i-\bar{x})^2=0.67,$$

$$\sum_{i=1}^{9}(y_i-\bar{y})^2=0.21$$

于是

$$F=\frac{s_1^2}{s_2^2}=\frac{0.67}{0.21}\times\frac{8}{7}=3.65$$

取 $\alpha=0.05$,查 F 分布表,第一自由度是 7,第二自由度是 8,

得 $\lambda=3.50$.

现在 $F=3.65>3.50$,故应否定假设 $H_0:\sigma_1^2\leqslant\sigma_2^2$,也就是说,$\sigma_2^2<\sigma_1^2$ 成立,乙车床产品的直径的方差比甲车床的小.

例 4.6 国外一家电视台用很长的节目进行赈灾演出,以便得到观众们的捐赠.为了了解捐赠情况,随机抽查了 25 个男士,平均捐赠额是 12.40 美元,标准差是 2.50 美元;还随机抽查了 25 个女士,平均捐赠额是 8.90 美元,标准差是 1.34 美元.问:男士捐赠额的方差是否大于女士捐赠额的方差?

解 我们假设一个男士的捐赠额 X 服从正态分布 $N(\mu_1,\sigma_1^2)$,一个女士的捐赠额 Y 服从正态分布 $N(\mu_2,\sigma_2^2)$.参数 $\mu_1,\sigma_1^2,\mu_2,\sigma_2^2$ 都是未知的.我们来检验假设 $H_0:\sigma_1^2\leqslant\sigma_2^2$.

使用统计量 $F=S_1^2/S_2^2$ (见(4.6)),现在第一自由度是 24,第二个自由度也是 24,对于 $\alpha=0.01$,查 F 分布表,得临界值 $\lambda=2.66$ 现在 $S_1^2=(2.50)^2,S_2^2=(1.34)^2,F=3.48>\lambda$,故应拒绝 H_0,因而可以认为,男士捐赠额的方差大于女士捐赠额的方差.

4. 未知 σ_1^2,σ_2^2 但知道 $\sigma_1^2\neq\sigma_2^2$,检验假设 $H_0:\mu_1=\mu_2$.

这是著名的 Behrens - Fisher 问题.其解决方法介绍如下.设 $X_1,X_2,\cdots,X_{n_1}$ 是来自 $N(\mu_1,\sigma_1^2)$ 的样本,$Y_1,Y_2,\cdots,Y_{n_2}$ 是来自 $N(\mu_2,\sigma_2^2)$ 的样本,两个样本相互独立.令 $\bar{X}=\dfrac{1}{n_1}\sum\limits_{i=1}^{n_1}X_i,\bar{Y}=\dfrac{1}{n_2}\sum\limits_{i=1}^{n_2}Y_i$.

$$S_1^2=\frac{1}{n_1-1}\sum_{i=1}^{n_1}(X_i-\bar{X})^2,S_2^2=\frac{1}{n_2-1}\sum_{i=1}^{n_2}(Y_i-\bar{Y})^2$$

易知
$$\bar{X}-\bar{Y}\sim N\left(\mu_1-\mu_2,\frac{\sigma_1^2}{n_1}+\frac{\sigma_2^2}{n_2}\right)$$

于是

$$\frac{\bar{X}-\bar{Y}-(\mu_1-\mu_2)}{\sqrt{\frac{\sigma_1^2}{n_1}+\frac{\sigma_2^2}{n_2}}} \sim N(0,1)$$

在零假设 $H_0:\mu_1=\mu_2$ 下,

$$\xi \overset{\Delta}{=} \frac{\bar{X}-\bar{Y}}{\sqrt{\frac{\sigma_1^2}{n_1}+\frac{\sigma_2^2}{n_2}}} \sim N(0,1)$$

可见 $|\xi|$ 值太大时应拒绝 H_0,但 σ_1^2 和 σ_2^2 是未知的,ξ 不是统计量. 自然想到用 S_1^2 代替 σ_1^2,S_2^2 代替 σ_2^2. 于是应采用统计量

$$T=\frac{\bar{X}-\bar{Y}}{\sqrt{\frac{S_1^2}{n_1}+\frac{S_2^2}{n_2}}} \tag{4.7}$$

当 $|T|$ 太大时应拒绝 H_0. 应指出的是在 H_0 下 T 的精确分布相当复杂(而且依赖于比值 $\frac{\sigma_1^2}{\sigma_2^2}$). 幸运的是,可以证明,在 H_0 下,统计量 T 近似服从 m 个自由度的 t 分布,这个 m 乃是与下列 m^* 最接近的整数:

$$m^*=\frac{\left(\frac{1}{n_1}S_1^2+\frac{1}{n_2}S_2^2\right)^2}{\frac{1}{n_1-1}\left(\frac{S_1^2}{n_1}\right)^2+\frac{1}{n_2-1}\left(\frac{S_2^2}{n_2}\right)^2} \tag{4.8}$$

利用 t 分布表,找临界值 λ 满足 $P(|T|>\lambda)=\alpha$. 于是当且仅当 $|T|>\lambda$ 时拒绝 $H_0:\mu_1=\mu_2$.

类似地,也可解决 $\sigma_1^2\neq\sigma_2^2$ 时如何检验 $H_0:\mu_1\leqslant\mu_2$ 的问题.

例 4.7 研究患心脏病的父亲是否引起子女的胆固醇水平偏高的问题. 随机调查了 100 个 2 至 14 岁的孩子(其父皆死于心脏病),其胆固醇水平的平均值是 207.3,标准差是 35.6;另外,随机调查了父亲无心脏病史的 74 个 2 至 14 岁的孩子,其胆固醇水平的平均值是 193.4,标准差是 17.3,问:前者的胆固醇水平的平均

值与后者的胆固醇水平的平均值是否有显著差异?

解 设父亲死于心脏病的孩子的胆固醇水平 X 服从正态分布 $N(\mu_1,\sigma_1^2)$,父亲无心脏病史的孩子的胆固醇水平 Y 服从正态分布 $N(\mu_2,\sigma_2^2)$. 这里参数 $\mu_1,\sigma_1^2,\mu_2,\sigma_2^2$ 都是未知的. 我们要检验的假设是 $H_0:\mu_1=\mu_2$.

首先判别 σ_1^2 是否与 σ_2^2 相等,使用统计量 $F=\dfrac{S_1^2}{S_2^2}$,这里 S_1^2 和 S_2^2 分别是两个样本的方差. 设 $\alpha=0.05$,从(4.4)、(4.5)及 F 分布临界值表,知:$\lambda_1=0.6548$,$\lambda_2=1.5491$. 现在 $S_1^2=(35.6)^2$,$S_2^2=(17.3)^2$,$F=4.23>\lambda_2$,故可以认为 $\sigma_1^2\neq\sigma_2^2$.

为了检验 $H_0:\mu_1=\mu_2$,使用统计量(4.7),即

$$T=\frac{\bar{X}-\bar{Y}}{\sqrt{\dfrac{1}{n_1}S_1^2+\dfrac{1}{n_2}S_2^2}}\quad(n_1=100,n_2=74).$$

现在 $\bar{X}=207.3$,$\bar{Y}=193.4$,代入知 T 的值为 3.40.

从(4.8)知 $m^*=151.4$,于是 $m=151$. 即 H_0 下统计量 T 近似服从 151 个自由度的 t 分布. 设 $t_{0.975}(l)$ 是 l 个自由度的 t 分布的 0.975 分位数,则 H_0 下 $P[|T|>t_{0.975}(151)]=0.05$,故临界值 $\lambda=t_{0.975}(151)<t_{0.975}(120)=1.980$. 现在 $|T|=3.40>1.980$. 因而应拒绝 $H_0:\mu_1=\mu_2$. 即可以认为胆固醇水平的平均值有显著性差异,父亲无心脏病史的孩子的胆固醇水平的平均值确实低些.

作为本节的结束,我们指出,t 分布与 F 分布有密切的关系:如果 X 服从 n 个自由度的 t 分布,则 X^2 服从自由度为 $1,n$ 的 F 分布.

证明很简单. 直接计算一下. 设 X 的分布密度是 $p(x)$,则从第二章知 X^2 的分布密度 $f(x)$ 可这样计算出来:

$$f(x)=\begin{cases}\dfrac{1}{2\sqrt{x}}[p(\sqrt{x})+p(-\sqrt{x})] & x>0\\ 0 & x\leqslant 0\end{cases}$$

现在

$$p(x)=\frac{\Gamma\left(\frac{n+1}{2}\right)}{\sqrt{n\pi}\cdot\Gamma\left(\frac{n}{2}\right)}\left(1+\frac{x^2}{n}\right)^{-\frac{n+1}{2}}$$

易知,当 $x>0$ 时,

$$p(\sqrt{x})=p(-\sqrt{x})=\frac{\Gamma\left(\frac{n+1}{2}\right)}{\sqrt{n\pi}\cdot\Gamma\left(\frac{n}{2}\right)}\left(1+\frac{x}{n}\right)^{-\frac{n+1}{2}}$$

于是,当 $x>0$ 时,

$$f(x)=\frac{2}{2\sqrt{x}}\cdot\frac{\Gamma\left(\frac{n+1}{2}\right)}{\sqrt{n\pi}\cdot\Gamma\left(\frac{n}{2}\right)}\left(1+\frac{x}{n}\right)^{-\frac{n+1}{2}}$$

$$=\frac{\Gamma\left(\frac{1+n}{2}\right)}{\Gamma\left(\frac{1}{2}\right)\Gamma\left(\frac{n}{2}\right)}\cdot\left(\frac{1}{n}\right)^{\frac{1}{2}}x^{\frac{1}{2}-1}\left(1+\frac{1}{n}x\right)^{-\frac{1+n}{2}}$$

这就表明 $f(x)$ 刚好是自由度为 $1,n$ 的 F 分布的密度. 这就证明了,X^2 服从自由度为 $1,n$ 的 F 分布.

这样,我们手头只要有一张 F 分布的表,也能处理需要 t 分布的检验问题了.

§5 比率的假设检验

设 X 服从二点分布(伯努利分布). X 取值 1 或 0,且 $P(X=1)=p=1-P(X=0)$,这里 p 是未知的. p 就是所谓的"比率". 当 1 表示成功,0 表示失败,则 p 就是成功率;当 1 表示合格,0 表示不合格,p 就是合格率;当 1 表示有效,0 表示无效,p 就是有效率.

先讨论一个总体的问题. 此时对 p 的假设检验问题有下列三

个：

① $H_0:p\leqslant p_0, H_a:p>p_0$

② $H_0:p\geqslant p_0, H_a:p<p_0$

③ $H_0:p=p_0, H_a:p\neq p_0$,

这里 H_0 是要检验的零假设(其中 p_0 是已知数,$0<p_0<1$),H_a 是备择假设.

首先讨论上列问题①. 设 X 的简单随机样本是 $X_1,X_2,\cdots,X_n$,如何检验 $H_0:p\leqslant p_0$?

很自然想到 p 的估计量 $\hat{p}=\frac{1}{n}\sum_{i=1}^{n}X_i$,则 n 比较大时 $\hat{p}$ 应与 p 很接近. 故 $\hat{p}$ 比 p_0 大很多时应拒绝 H_0,令 $S=\sum_{i=1}^{n}X_i$. 故对固定的 n,当 S 足够大时应拒绝 H_0. 所以否定域是 $\{(x_1,x_2,\cdots,x_n):\sum_{i=1}^{n}x_i\geqslant c\}$. 其中 c 是临界值,设检验水平是 α,取 c 为满足下式的最小整数.

$$\sup_{p\leqslant p_0}P_p(S\geqslant c)\leqslant\alpha \tag{5.1}$$

这里 $P_p(A)$ 表示总体的参数是 p 时事件 A 的概率(下同).

注意 S 服从二项分布,即

$$P_p(S=i)=\mathrm{C}_n^i p^i(1-p)^{n-i}\quad(i=0,1,\cdots,n)$$

于是

$$\begin{aligned}P_p(S\geqslant k)&=\sum_{i=k}^{n}\mathrm{C}_n^i p^i(1-p)^{n-i}\\&=\frac{n!}{(k-1)!\ (n-k)!}\int_0^p u^{k-1}(1-u)^{n-k}\mathrm{d}u\end{aligned}$$

($k\geqslant1$,见第五章§7)

可见 $P_p(S\geqslant k)$ 是 p 的增函数,于是(5.1)化为

$$P_{p_0}(S\geqslant c)\leqslant\alpha \tag{5.2}$$

我们不去求这个 c(即满足(5.2)的最小整数). 而是另想办法判别事件“$S\geqslant c$”是否发生. 设样本值是 $x_1,x_2,\cdots,x_n$(n 个已知数),令 $S_0=\sum_{i=1}^{n}x_i$. 显然,从(5.2)知 $S_0\geqslant c$ 的充要条件是

$$\sum_{i=S_0}^{n}\mathrm{C}_n^i p_0^i(1-p_0)^{n-i}\leqslant\alpha \tag{5.3}$$

设方程

$$\sum_{i=S_0}^{n}\mathrm{C}_n^i p^i(1-p)^{n-i}=\alpha \tag{5.4}$$

的根为 $p_\alpha(S_0)(S_0\geqslant 1)$. 此外,规定 $p_\alpha(0)=0$. 可见 $S_0\geqslant c$ 的充要条件是 $p_0\leqslant p_\alpha(S_0)$. 故当且仅当 $p_0\leqslant p_\alpha(S_0)$ 时拒绝 $H_0:p\leqslant p_0$. 怎样计算 $p_\alpha(S_0)$呢? 可以证明[①] $p_\alpha(S_0)$可用 F 分布的分位数表达出来,即

$$p_\alpha(S_0)=\left\{1+\frac{n-S_0+1}{S_0}F_{1-\alpha}[2(n-S_0+1),2S_0]\right\}^{-1}. \tag{5.5}$$

---

① (5.5)式的严格证明如下. 令

$$\beta(x;p,q)=\frac{1}{B(p,q)}\int_0^x u^{p-1}(1-u)^{q-1}\mathrm{d}u\quad(0\leqslant x\leqslant 1)$$

$\left(p>0,q>0,B(p,q)=\int_0^1 u^{p-1}(1-u)^{q-1}\mathrm{d}u\right)$

这是参数为 p,q 的贝塔分布函数. 我们首先指出下列事实:设 X 与 Y 相互独立,X 服从 m 个自由度的 χ^2 分布,Y 服从 n 个自由度的 χ^2 分布,则

$$U=\frac{X}{X+Y}$$

的分布函数是 $\beta\left(x;\frac{m}{2},\frac{n}{2}\right)$.

证明方法是:令 $V=X+Y$,直接计算(U,V)的联合密度,然后就可证明 U 的分布函数正好是 $\beta\left(x;\frac{m}{2},\frac{n}{2}\right)$.

其次,我们指出:设 $\beta_r(k_1,k_2)$是贝塔分布 $\beta(x;k_1,k_2)$的 r 分位数(k_1,k_2都是整数),$F_r(n_1,n_2)$是自由度为 n_1、n_2的 F 分布的 r 分位数,则

例 5.1 一种广泛使用的药其治疗慢性支气管炎的有效率是 0.80. 现在一家制药公司推出一种新药,声称:治疗慢性支气管炎的有效率高于 0.80,且药价比广泛使用的那种药减少四分之一. 为了验证新药的有效率是否高于 0.80,收集了临床试验数据. 从使用新药的病人中随机抽查了 30 人,其中该药对 27 人有效 3 人无效. 问:能否认为新药的有效率高于 0.80?

解 用 X 表示使用新药的效果. $X=1$ 表示有效,$X=0$ 表示无效. 现在样本量 $n=30$. 样本值是 $x_1,x_2,\cdots,x_{30}$,$S_0=\sum_{i=1}^{30}x_i=27$. 设检验水平 $\alpha=0.05$. 从(5.5)知

$$p_\alpha(S_0)=p_{0.05}(27)=\left[1+\frac{4}{27}F_{0.95}(8,54)\right]^{-1}$$

(接上页注)

$$\beta_r(k_1,k_2)=\left[1+\frac{k_2}{k_1}\cdot\frac{1}{F_r(2k_1,2k_2)}\right]^{-1}. \qquad (注 5.1)$$

实际上,取 $m=2k_1$,$n=2k_2$,$F=\frac{k_2}{k_1}\cdot\frac{X}{Y}$(这里 X 与 Y 分别服从 m 个自由度和 n 个自由度的 χ^2 分布),则 $U=\frac{X}{X+Y}=\frac{F}{\frac{k_2}{k_1}+F}$ 且 F 服从 $2k_1,2k_2$ 个自由度的 F 分布. 于是

$$\beta(x;k_1,k_2)=P(U\leqslant x)=P\left(F\leqslant\frac{k_2}{k_1}\cdot\frac{x}{1-x}\right)(0<x<1)$$

在此式中令 $x=\beta_r(k_1,k_2)$,即知

$$F_r(2k_1,2k_2)=\frac{k_2}{k_1}\cdot\frac{\beta_r(k_1,k_2)}{1-\beta_r(k_1,k_2)}$$

由此可推出(注 5.1)成立.

(5.4)式等价于

$$\frac{n!}{S_0!\ (n-S_0)!}\int_0^p u^{S_0-1}(1-u)^{n-S_0}\mathrm{d}u=\alpha$$

此方程的根 $p_\alpha(S_0)$ 正好是贝塔分布函数 $\beta(x,S_0,n-S_0+1)$ 的 α 分位数. 于是从(注 5.1)得到

$$p_\alpha(S_0)=\left\{1+\frac{n-S_0+1}{S_0}[F_\alpha(2S_0,2(n-S_0+1))]^{-1}\right\}^{-1}$$

再注意 $[F_r(n_1,n_2)]^{-1}=F_{1-r}(n_2,n_1)$,即知(5.5)成立.

$$=\left(1+\frac{4}{27}\times 2.13\right)^{-1}=0.76<p_0=0.80$$

故不能拒绝 $H_0:p\leqslant p_0$. 即没有理由说新药比老药有更高的有效率. 顺便说一下,若 30 人中有 28 人有效,则可计算出 $p_{0.05}(28)=\left(1+\frac{3}{28}F_{0.95}(6,56)\right)^{-1}=0.814>p_0$. 故此时应拒绝 H_0. 即可认为新药有更高的有效率.

现在来讨论假设 $H_0:p\geqslant p_0$ 的检验问题. 设 $X_1,X_2,\cdots,X_n$ 是简单随机样本. 很自然想到,当 $S=\sum_{i=1}^{n}X_i$ 太小时应拒绝 H_0. 对给定的检验水平 α,设 c 是满足下式的最大整数.

$$\sup_{p\geqslant p_0}P_p(S\leqslant c)\leqslant\alpha \tag{5.6}$$

可以证明 $P_p(S\leqslant c)$ 是 p 的减函数,于是(5.6)化为

$$P_{p_0}(S\leqslant c)\leqslant\alpha \tag{5.7}$$

我们不去寻找这个临界值 c,而是另想办法判别"$S\leqslant c$"是否发生. 仿效前一检验问题的处理方法,设样本值是 $x_1,x_2,\cdots,x_n$,令 $S_0=\sum_{i=1}^{n}x_i$. 不难看出 $S_0\leqslant c$ 的充要条件是 $P_{p_0}(S\leqslant S_0)\leqslant\alpha$,即

$$\sum_{i=0}^{S_0}\mathrm{C}_n^i p_0^i(1-p_0)^{n-i}\leqslant\alpha \tag{5.8}$$

设方程

$$\sum_{i=0}^{S_0}\mathrm{C}_n^i p^i(1-p)^{n-i}=\alpha \tag{5.9}$$

的根为 $\tilde{p}_\alpha(S_0)$. 于是 $S_0\leqslant c$ 的充要条件是 $\tilde{p}_\alpha(S_0)\leqslant p_0$(因为(5.9)中等号左边是 p 的严格减函数). 所以当且仅当 $\tilde{p}_\alpha(S_0)\leqslant p_0$ 时应拒绝 $H_0:p\geqslant p_0$.

怎样计算 $\tilde{p}_\alpha(S_0)$ 呢? 从(5.9)看出, $\sum_{i=S_0+1}^{n}\mathrm{C}_n^i[\tilde{p}_\alpha(S_0)]^i[1-$

$\tilde{p}_\alpha(S_0)]^{n-i}=1-\alpha$,故$\tilde{p}_\alpha(S_0)$是贝塔分布$\beta(x;S_0+1,n-S_0)$的$1-\alpha$分位数. 于是

$$\tilde{p}_\alpha(S_0)=\left[1+\frac{n-S_0}{S_0+1}\frac{1}{F_{1-\alpha}(2(S_0+1),2(n-S_0))}\right]^{-1}, \tag{5.10}$$

这里$F_{1-\alpha}(n_1,n_2)$是自由度为n_1,n_2的F分布的$1-\alpha$分位数.(参看(注5.1)).

现在来研究$H_0:p=p_0$的检验问题.

设$X_1,X_2,\cdots,X_n$是简单随机样本,$S=\sum\limits_{i=1}^{n}X_i$. 显然,$S$太大或太小应拒绝$H_0:p=p_0$. 故对给定的检验水平$\alpha$,应取最大的整数$c_1$和最小的整数$c_2$满足:

$$P_{p_0}(S\leqslant c_1)\leqslant\frac{\alpha}{2},P_{p_0}(S\geqslant c_2)\leqslant\frac{\alpha}{2}.$$

我们不去找临界值c_1和c_2的具体数值,而是另想办法判别事件"$S\leqslant c_1$或$S\geqslant c_2$"是否发生.(当且仅当这个事件发生时拒绝H_0). 设样本值是$x_1,x_2,\cdots,x_n,S_0=\sum\limits_{i=1}^{n}x_i$. 不难看出$S_0\leqslant c_1$的充要条件是$P_{p_0}(S\leqslant S_0)\leqslant\frac{\alpha}{2}$;$S_0\geqslant c_2$的充要条件是$P_{p_0}(S\geqslant S_0)\leqslant\frac{\alpha}{2}$. 于是$S_0\leqslant c_1$的充要条件是$\tilde{p}_{\frac{\alpha}{2}}(S_0)\leqslant p_0$(参看(5.10));$S_0\geqslant c_2$的充要条件是$p_0\leqslant p_{\frac{\alpha}{2}}(S_0)$(参看(5.5)). 可见,当且仅当$p_{\frac{\alpha}{2}}(S_0)\leqslant p_0$或者$p_{\frac{\alpha}{2}}(S_0)\geqslant p_0$时应拒绝$H_0:p=p_0$.

现在来研究两个总体的比较问题. 设X与Y相互独立,都服从伯努利分布. $P(X=1)=p_1=1-p(X=0)$,$P(Y=1)=p_2=1-P(Y=0)$. p_1,p_2未知. 设X有简单随机样本$X_1,X_2,\cdots,X_{n_1}$,Y有简单随机样本$Y_1,Y_2,\cdots,Y_{n_2}$,考虑下列三个零假设的检验

问题:

④ $H_0:p_1\leqslant p_2, H_a:p_1>p_2$

⑤ $H_0:p_1\geqslant p_2, H_a:p_1<p_2$

⑥ $H_0:p_1=p_2, H_a:p_1\neq p_2$,

这里 H_0是零假设,H_a 是备择假设.

令 $S_1=\sum_{i=1}^{n_1}X_i, S_2=\sum_{i=1}^{n_2}Y_i$,则 p_1和 p_2的估计量分别是 $\hat{p}_1=\frac{S_1}{n_1}, \hat{p}_2=\frac{S_2}{n_2}$,很自然想到:当 $\hat{p}_1$比 $\hat{p}_2$大得多时应拒绝 $H_0:p_1\leqslant p_2$;当 $\hat{p}_1$比 $\hat{p}_2$小得多时应拒绝 $H_0:p_1\geqslant p_2$;当 $\hat{p}_1$与 $\hat{p}_2$相差得多时应拒绝 $H_0:p_1=p_2$. 这是一种定性的说法,"大得多"、"小得多"、"相差得多"都是不确切的,由于 p_1和 p_2都未知,临界值较难确定. 为了检验上述假设,我们给出两个检验法. 一是正态理论方法,这是大样本情形的近似方法;另一是 Fisher 精确检验法,各种情形下都可以用,但计算上比较复杂.

先介绍正态理论方法. 易知 $D(\hat{p}_1-\hat{p}_2)=\frac{1}{n_1}p_1(1-p_1)+\frac{1}{n_2}p_2(1-p_2)$. 令

$$\xi=\frac{\hat{p}_1-\hat{p}_2-(p_1-p_2)}{\sqrt{\frac{1}{n_1}\hat{p}_1(1-\hat{p}_1)+\frac{1}{n_2}\hat{p}_2(1-\hat{p}_2)}} \tag{5.11}$$

$$\eta=\frac{\hat{p}_1-\hat{p}_2}{\sqrt{\frac{1}{n_1}\hat{p}_1(1-\hat{p}_1)+\frac{1}{n_2}\hat{p}_2(1-\hat{p}_2)}} \tag{5.12}$$

$$\zeta=\frac{\hat{p}_1-\hat{p}_2}{\sqrt{\left(\frac{1}{n_1}+\frac{1}{n_2}\right)\hat{p}(1-\hat{p})}}, \tag{5.13}$$

这里 $\hat{p}_1=\frac{1}{n_1}\sum_{i=1}^{n_1}X_i, \hat{p}_2=\frac{1}{n_2}\sum_{i=1}^{n_2}Y_i$,

$$\hat{p}=\frac{1}{n_1+n_2}(n_1\hat{p}_1+n_2\hat{p}_2)$$

数学上可以证明,当 n_1 和 n_2 相当大(一般要求$n_1\hat{p}_1(1-\hat{p}_1)\geqslant 5$,$n_2\hat{p}_2(1-\hat{p}_2)\geqslant 5$)时,随机变量 ξ 近似服从标准正态分布. 给定检验水平 α,设 z_α 是标准正态分布的 α 分位数,则 $P(\xi>z_{1-\alpha})\approx\alpha$. 易知,在 $p_1\leqslant p_2$的假设下 $\xi\geqslant\eta$,更有 $P(\eta>z_{1-\alpha})\leqslant P(\xi>z_{1-\alpha})\approx\alpha$. 于是 $\eta>z_{1-\alpha}$时拒绝 $H_0:p_1\leqslant p_2$,当 $\eta\leqslant z_{1-\alpha}$时不拒绝 H_0.

类似地,在 $p_1\geqslant p_2$的假设下,$\xi\leqslant\eta$,从而 $P(\eta<z_\alpha)\leqslant P(\xi<z_\alpha)\approx\alpha$. 于是当且仅当 $\eta<z_\alpha$时拒绝假设 $H_0:p_1\geqslant p_2$.

在假设 $p_1=p_2$的条件下,只要 n_1,n_2相当大(一般要求 $n_1\hat{p}_1(1-\hat{p}_1)\geqslant 5,n_2\hat{p}_2(1-\hat{p}_2)\geqslant 5$),统计量 ζ(见(5.13))近似服从标准正态分布,从而 $P(|\zeta|>z_{1-\frac{\alpha}{2}})\approx\alpha$. 这里 $z_{1-\frac{\alpha}{2}}$是标准正态分布的 $1-\dfrac{\alpha}{2}$分位数.

当且仅当$|\zeta|>z_{1-\frac{\alpha}{2}}$时拒绝 $H_0:p_1=p_2$.

例 5.2 研究口服避孕药对年龄在 40 至 44 岁的妇女心脏的影响. 收集的资料表明,在 5000 个使用口服避孕药的妇女中三年内出现心肌梗死的有 13 人;而在 10000 个不使用口服避孕药的妇女中三年内出现心肌梗死的有 7 人. 试问:口服避孕药是否对妇女的心脏有显著的影响?

解 用 p_1表示年龄在 40 至 44 岁的妇女由于口服避孕药导致三年内出现心肌梗死的概率,p_2表示这个年龄段的妇女不服这种避孕药但在三年内出现心肌梗死的概率. 我们要检验的假设是 $H_0:p_1=p_2$,备择假设是 $H_a:p_1\neq p_2$. 使用统计量(5.13). 现在

$$\hat{p}_1=\frac{13}{5000}=0.0026,\hat{p}_2=\frac{7}{10000}=0.0007$$

$$\hat{p}=\frac{13+7}{15000}=0.00133$$

由于 $n_1\hat{p}_1(1-\hat{p}_1)=6.66\geqslant 5$，$n_2\hat{p}_2(1-\hat{p}_2)=6.70\geqslant 5$，故可用统计量 ζ（见(5.13)）. 可计算出 $\zeta=3.01$. 设检验水平 $\alpha=0.01$. 查标准正态分布的数值表知 $1-\dfrac{\alpha}{2}$ 分位数 $z_{0.995}=2.58$. 既然 $\zeta=3.01>2.58$. 故应拒绝 $H_0:p_1=p_2$，即口服避孕药对 40 至 44 岁的妇女的心脏有显著影响.

现在来介绍 Fisher 精确检验法. 此时对样本量无任何限制. 先介绍操作方法，然后介绍这个检验法是基于何种统计思想推导出来的. 设 $X_1,X_2,\cdots,X_{n_1}$ 是第一个总体的简单随机样本，$Y_1,Y_2,\cdots,Y_{n_2}$ 是第二个总体的简单随机样本，p_1 和 p_2 分别是两个总体的参数，p_1 和 p_2 均未知. 令 $S_1=\sum\limits_{i=1}^{n_1}X_i$，$S_2=\sum\limits_{i=1}^{n_2}Y_i$. 设两个样本的样本值分别是 $x_1,x_2,\cdots,x_{n_1}$ 和 $y_1,y_2,\cdots,y_{n_2}$. 令

$$S_1^0=\sum_{i=1}^{n_1}x_i,\ S_2^0=\sum_{i=1}^{n_2}y_i,\ t=S_1^0+S_2^0 \tag{5.14}$$

为了检验 $H_0:p_1\leqslant p_2$（备择假设是 $H_a:p_1>p_2$），令

$$p_1(S_1^0)=\sum_{i\geqslant S_1^0}p(i), \tag{5.15}$$

这里

$$p(i)=\frac{\dbinom{n_1}{i}\dbinom{n_2}{t-i}^{①}}{\dbinom{n_1+n_2}{t}}\quad(i=0,1,\cdots) \tag{5.16}$$

对给定的检验水平 α，当且仅当 $p_1(S_1^0)\leqslant\alpha$ 时拒绝 $H_0:p_1\leqslant p_2$.

为了检验 $H_0:p_1\geqslant p_2$（备择假设是 $H_a:p_1<p_2$），令

---

① $\dbinom{m}{i}$ 就是组合数 C_m^i. 当 $i>m$ 或 $i<0$ 时规定 $\dbinom{m}{i}=0$.

$$p_2(S_1^0)=\sum_{i\leqslant S_1^0}p(i) \tag{5.17}$$

($p(i)$的定义见(5.16))

对给定的检验水平 α,当且仅当 $p_2(S_1^0)\leqslant\alpha$ 时拒绝 $H_0:p_1\geqslant p_2$.

为了检验 $H_0:p_1=p_2$(备择假设是 $H_a:p_1\neq p_2$),令

$$p_3(S_1^0)=\alpha\min\Big[\sum_{i\leqslant S_1^0}p(i),\ \sum_{i\geqslant S_1^0}p(i)\Big]. \tag{5.18}$$

对给定的检验水平 α,当且仅当 $p_3(S_1^0)\leqslant\alpha$ 时拒绝 $H_0:p_1=p_2$.

上述检验法就是 Fisher 精确检验法. 复杂之处在于要计算各个 $p(i)$,在实际计算时要利用下列递推关系式:当 $p(i)>0$ 时有

$$p(i+1)=p(i)\frac{(n_1-i)(t-i)}{(i+1)(n_2-t+i+1)} \tag{5.19}$$

这个关系式根据 $p(i)$的定义很容易验证. 后面还要介绍实际工作中采用的列联表变换法,它是根据(5.19)计算所有的 $p(i)$.

现在问:上述 Fisher 精确检验法是基于什么统计思想而导出的呢?沿用前面的记号,从数学上可以证明,如果假设 $H_0:p_1\leqslant p_2$成立,则在 $S_1+S_2=t$ 的条件下,$S_1\geqslant c$ 的条件概率的最大值是 $\sum_{i=c}^{n_1}p(i)$,即

$$\sup_{p_1\leqslant p_2}P_{p_1p_2}(S_1\geqslant c\mid S_1+S_2=t)=\sum_{i=c}^{n_1}p(i), \tag{5.20}$$

这里 $P_{p_1p_2}(A\mid S_1+S_2=t)$表示两个总体的参数分别是 p_1,p_2时在 $S_1+S_2=t$ 的条件下事件 A 的条件概率,$p(i)$的定义见(5.16).

(5.20)的数学证明较长,从略. 给定 $\alpha\in(0,1)$. 设 c 是满足 $\sum_{i=c}^{n_1}p(i)\leqslant\alpha$ 的最小整数. 则在 $S_1+S_2=t$ 的条件下 $S_1\geqslant c$ 时应拒绝 $H_0:p_1\leqslant p_2$. 注意,根据样本值 $x_1,x_2,\cdots,x_{n_1},y_1,y_2,\cdots,y_{n_2}$,从(5.14)知事件“$S_1+S_2=t$”已发生,而“$S_1\geqslant c$”当且仅当 $S_1^0\geqslant c$ 时发生. 显然 $S_1^0\geqslant c$ 的充要条件是 $\sum_{i=S_1^0}^{n_2}p(i)\leqslant\alpha$. 从(5.15)知 $S_1^0\geqslant c$ 的充要条件是 $p_1(S_1^0)\leqslant\alpha$. 故当且仅当

$p_1(S_1^0) \leqslant \alpha$ 时应拒绝 $H_0: p_1 \leqslant p_2$.

类似地,数学上可以证明,如果假设 $H_0: p_1 \geqslant p_2$ 成立,则在 $S_1 + S_2 = t$ 的条件下,$S_1 \leqslant c$ 的条件概率的最大值是 $\sum_{i=0}^{c} p(i)$,即

$$\sup_{p_1 \geqslant p_2} P_{p_1 p_2}(S_1 \leqslant c \mid S_1 + S_2 = t) = \sum_{i=0}^{c} p(i)$$

给定 $\alpha \in (0,1)$. 设 c 是满足 $\sum_{i=0}^{c} p(i) \leqslant \alpha$ 的最大整数. 从(5.17)知,$S_1^0 \leqslant c$ 的充要条件是 $p_2(S_1^0) \leqslant \alpha$. 故当且仅当 $p_2(S_1^0) \leqslant \alpha$ 时应拒绝 H_0: $p_1 \geqslant p_2$.

数学上可以证明,如果 $H_0: p_1 = p_2$ 成立,则

$$P_{p_1 p_1}(S_1 \leqslant c_1 \mid S_1 + S_2 = t) = \sum_{i=0}^{c_1} p(i)$$

$$P_{p_1 p_1}(S_1 \geqslant c_2 \mid S_1 + S_2 = t) = \sum_{i=c_2}^{n_1} p(i)$$

取最大的整数 c_1 满足 $\sum_{i=0}^{c_1} p(i) \leqslant \frac{\alpha}{2}$. 再取最小的整数 c_2 满足 $\sum_{i=c_2}^{n_1} p(i) \leqslant \frac{\alpha}{2}$,则在 $H_0: p_1 = p_2$ 成立且 $S_1 + S_2 = t$ 的条件下,事件"$S_1 \leqslant c_1$ 或 $S_1 \geqslant c_2$"的条件概率不超过 α. 可见,在 $S_1 + S_2 = t$ 的条件下 $S_1 \leqslant c_1$ 或 $S_1 \geqslant c_2$ 发生时应拒绝 H_0: $p_1 = p_2$. 根据样本值 $x_1, x_2, \cdots, x_{n_1}$ 及 $y_1, y_2, \cdots, y_{n_2}$ 和(5.14)知"$S_1 + S_2 = t$"已经发生,故 $S_1^0 \leqslant c_1$ 或 $S_1^0 \geqslant c_2$ 时应拒绝 $H_0: p_1 = p_2$. 显然 $S_1^0 \leqslant c_1$ 的充要条件是 $2\sum_{i=0}^{S_1^0} p(i) \leqslant \alpha$,$S_1^0 \geqslant c_2$ 的充要条件是 $2\sum_{i=S_1^0}^{n_1} p(i) \leqslant \alpha$. 故从(5.18)知,$S_1^0 \leqslant c_1$ 或 $S_1^0 \geqslant c_2$ 成立的充要条件是 $p_3(S_1^0) \leqslant \alpha$. 这表明,当且仅当 $p_3(S_1^0) \leqslant \alpha$ 时应拒绝 $H_0: p_1 = p_2$.

以上叙述了导出 Fisher 精确检验法的统计思想. 下面介绍实际工作中采用的用于计算所有 $p(i)$ 的具体方法. 先引进一个定义. 设 S_1^0,S_2^0 和 t 由(5.14)给出.

称非负整数组成的矩阵

$$\begin{pmatrix} a & b \\ c & d \end{pmatrix}$$

为宜取的,若 $a+b=n_1, c+d=n_2, a+c=t$. 显然,对于给定的 n_1, n_2 及 t,宜取阵由其左上角的元素 a 所惟一确定. 左上角是 a 的阵称为 a 阵,用 $\boldsymbol{A}_a$ 来表示. 显然,若

$$\boldsymbol{A}_a=\begin{pmatrix} a & b \\ c & d \end{pmatrix} \qquad (b \geqslant 1, c \geqslant 1)$$

则

$$\boldsymbol{A}_{a+1}=\begin{pmatrix} a+1 & b-1 \\ c-1 & d+1 \end{pmatrix}$$

从(5.19)知

$$p(a+1)=p(a)\frac{bc}{(a+1)(d+1)} \tag{5.21}$$

(5.21)比(5.19)的好处在于:公式便于记忆.

从 $p(i)$ 的定义(见(5.16))知,若 i 不满足下列不等式(5.22)时 $p(i)=0$.

$$n_0 \leqslant i \leqslant n^*, \tag{5.22}$$

这里

$$n_0=\max(0, n_2-t), n^*=\min(n_1, t) \tag{5.23}$$

先依次列出 $A_{n_0}, A_{n_0+1}, \cdots, A_{n^*}$,然后计算 $p(n_0)$,再利用(5.21)逐次计算 $p(n_0+1), p(n_0+2), \cdots$. 当然,对于检验 $H_0: p_1 \leqslant p_2$,只需列出 $A_{S_1^0}, A_{S_1^0+1}, \cdots, A_{n^*}$,计算出相应的 $p(S_1^0), p(S_1^0+1), \cdots, p(n^*)$;对于检验 $H_0: p_1 \geqslant p_2$,只需列出 $A_{n_0}, A_{n_0+1}, \cdots, A_{S_1^0}$,计算出相应的 $p(n_0), p(n_0+1), \cdots, p(S_1^0)$.

例 5.3 某公安局有两个专案组,在过去一年内一组接手 25 件人命案,结果侦破了 23 件,另一组接手 35 件人命案,结果侦破了 30 件,问:两个组的侦破能力有无差别?

解 设两个组的侦破率分别为 p_1, p_2,要检验的假设是 $H_0: p_1=p_2$.

(注意,设 X, Y 都是二值随机变量,$X=1$ 表示第一组侦破成功,

$X=0$ 表示未能侦破，$p_1=P(X=1)$；$Y=1$ 表示第二组侦破成功，$Y=0$ 表示未能侦破，$p_2=P(Y=1)$）. 我们采用 Fisher 精确检验法来检验 H_0. 现在 $n_1=25, n_2=35, S_1^0=23, S_2^0=30, t=53$（参看(5.14)）. 从(5.23)知 $n_0=0, n^*=25$. 从(5.18)知

$$p_3(S_1^0)=2\min\left[\sum_{i=0}^{23}p(i),\ \sum_{i=23}^{25}p(i)\right].$$

从(5.16)知 $p(23)=0.252$,

从(5.21)知 $p(24)=p(23)\dfrac{2\times 30}{24\times 6}=0.105$

$$p(25)=p(24)\frac{1\times 29}{25\times 7}=0.017$$

于是 $\sum\limits_{i=23}^{25}p(i)=0.374,\ \sum\limits_{i=0}^{23}p(i)=1-\sum\limits_{i=23}^{25}p(i)+p(23)=1-0.374+0.252=0.878$. 从而 $p_3(S_1^0)=2\times 0.374=0.748>0.05$. 于是在检验水平 $\alpha=0.05$ 下不应拒绝 $H_0: p_1=p_2$. 换句话说，没有理由认为两个专案组在破案能力上有差别.

§6 总体的分布函数的假设检验

在许多实际工作中经常假定总体服从正态分布，而对其数字特征（期望、方差等）进行假设检验，怎么知道一个总体的概率分布是正态分布呢？

更一般地，怎么知道一个随机变量 X 的分布函数是某个给定的函数 $F(x)$ 呢？

这是个十分重要的问题. 有时根据对事物本质的分析，利用概率论的知识，可以给予回答. 但在很多情况下，只能从一大堆数据中去发现规律，判断总体的分布是什么样子.

一般说来，总是先根据样本值（一批观测数据）用第五章中所介绍的直方图法，推测出总体可能服从的分布函数 $F(x)$（或密度

函数),然后再利用本节所讲的方法来检验该总体的分布函数是否真的就是 $F(x)$.

本节的内容,就是介绍如何检验假设 H_0:X 以 $F(x)$ 为分布函数.

先讲一般性的检验办法,然后再用到具体例子上去.

设 $X_1,X_2,\cdots,X_n$ 是来自总体 X 的样本.在实轴上取 m 个点:$t_1,t_2,\cdots,t_m(t_1<t_2<\cdots<t_m)$,于是把实轴 $(-\infty,+\infty)$ 分成 $m+1$ 段,第 1 段是 $(-\infty,t_1]$,第 2 段是 $(t_1,t_2]$,…,第 $m+1$ 段是 $(t_m,+\infty)$,用 ν_i 表示 $X_1,X_2,\cdots,X_n$ 中落入第 i 段的个数 $(i=1,2,\cdots,m+1)$.这 ν_i 是频数,$\frac{\nu_i}{n}$ 是频率.用 p_i 表示 X 取值落于第 i 段的概率.如果假设 H_0 成立,则 p_i 是可以算得出来的.

实际上

$$p_1=P\{X\leqslant t_1\}=F(t_1)$$

$$p_i=P\{t_{i-1}<X\leqslant t_i\}=F(t_i)-F(t_{i-1})\quad(2\leqslant i\leqslant m)$$

$$p_{m+1}=P\{X>t_m\}=1-F(t_m)$$

而 $F(x)$ 是已知的.

根据概率和频率的关系知道,如果 H_0 成立,那么 $\frac{\nu_i}{n}$ 与 p_i 差不多,就是说 $\left(\frac{\nu_i}{n}-p_i\right)^2$ 应该比较小,于是

$$V=\sum_{i=1}^{m+1}\left(\frac{\nu_i}{n}-p_i\right)^2\cdot\frac{n}{p_i}$$

也应该比较小才合理.这里的因子 $\frac{n}{p_i}$ 起平衡的作用.否则,对于较小的 p_i 而言,即使 $\frac{\nu_i}{n}$ 跟 p_i 相对来说有较大的差别,$\left(\frac{\nu_i}{n}-p_i\right)^2$ 也不会很大.

我们就取 V 作统计量,由于样本 $X_1,X_2,\cdots,X_n$ 是随机变量,

于是

$$V=\sum_{i=1}^{m+1}\frac{(\nu_i-np_i)^2}{np_i}$$

也是随机变量. 要紧的是求出 V 的概率分布,否则还不能用于假设检验.

经过数学方面的研究,可以证明(由于证明较长,我们不证了). 在假设 H_0 成立的条件下,V 近似地服从 m 个自由度的 χ^2 分布. 样本容量 n 越大,近似得越好.

于是,给定"检验标准"α 后,查 χ^2 分布表,可找到 λ 满足:

$$P\{V>\lambda\}=\alpha$$

这样 $\{V>\lambda\}$ 便是"小概率事件".

现在好了,可以对假设 H_0 作出判断了. 如果根据所给的样本值 $x_1,x_2,\cdots,x_n$,算得 V 的值大于 λ,则否定假设 H_0;否则假设 H_0 是相容的.

我们把上述检验办法用到下面例子中去,希望读者仔细看看全部推算过程.

例 6.1 某车床生产滚珠,随机抽取了 50 个产品,测得它们的直径为(单位:mm):

15.0 15.8 15.2 15.1 15.9 14.7 14.8 15.5 15.6
15.3 15.1 15.3 15.0 15.6 15.7 14.8 14.5 14.2
14.9 14.9 15.2 15.0 15.3 15.6 15.1 14.9 14.2
14.6 15.8 15.2 15.9 15.2 15.0 14.9 14.8 14.5
15.1 15.5 15.5 15.1 15.1 15.0 15.3 14.7 14.5
15.5 15.0 14.7 14.6 14.2

经过计算知道,样本均值 $\bar{x}=15.1$,样本方差是$(0.432\,5)^2$. 我们问,滚珠直径是否服从正态分布 $N(15.1,(0.432\,5)^2)$?于是我们就来检验假设 H_0:滚珠直径服从 $N(15.1,(0.432\,5)^2)$.

主要工作就是根据所给的样本值,计算统计量[①]

$$V=\sum_{i=1}^{m+1}\frac{(\nu_i-np_i)^2}{np_i}$$

的值.

为了计算,先要定分点 t_i. 可采用下列办法较为方便.(与第五章中作直方图时一样!)先找出所给样本值中的最小数与最大数,取比最小数略小的数作 a,比最大数略大的数作 b,将区间 $[a,b]$ 作 $m+1$ 等分,得分点 $t_1,t_2,\cdots,t_m(a<t_1<\cdots<t_m<b)$,这就是我们所要的. 至于 m 该取多大,还是和画直方图时所说的一样.

现在有 50 个数据,最小的是 14.2,最大的是 15.9,取 $a=$

---

① 从下面的计算过程知道,这个统计量的计算一般是比较麻烦的. 在正态性检验的情形(即检验已给的数据是否来自一个正态总体),有时人们愿意使用所谓偏度—峰度检验法. 这里简单地介绍一下,以引起读者的注意. 设 X 是一随机变量,$\mu=E(X)$,$\sigma^2=D(X)$,人们称 $\gamma=\frac{E(X-\mu)^3}{\sigma^3}$ 为 X 的偏度;称

$$\delta=\frac{E(X-\mu)^4}{\sigma^4}$$

为 X 的峰度.

当 X 是正态分布时,易知 $\gamma=0,\delta=3$.

为了检验数据 $x_1,x_2,\cdots,x_n$ 是否来自一个正态总体,先计算 γ,δ 的估计量:

$$\hat{\gamma}=\frac{\hat{m}_3}{s^3},\hat{\delta}=\frac{\hat{m}_4}{s^4}$$

其中,

$$s=\sqrt{\frac{1}{n}\sum_{i=1}^{n}(x_i-\bar{x})^2},\ \hat{m}_3=\frac{1}{n}\sum_{i=1}^{n}(x_i-\bar{x})^3$$

$$\hat{m}_4=\frac{1}{n}\sum_{i=1}^{n}(x_i-\bar{x})^4$$

经过数学研究知道,如果 n 充分大,则 $\hat{m}_3$ 与三阶中心矩 $E(X-\mu)^3$ 很接近,$\hat{m}_4$ 与四阶中心矩 $E(X-\mu)^4$ 很接近. 换句话说,如果 X 服从正态分布,而 n 又很大,则 $\hat{\gamma}$ 接近于 0,$\hat{\delta}$ 接近于 3. 所谓偏度—峰度检验法就是这样的:

当 $\hat{\gamma}$ 的数值不接近于 0,或者 $\hat{\delta}$ 的数值不接近于 3,则认为原总体不服从正态分布;反之(即 $\hat{\gamma}\approx0$ 且 $\hat{\delta}\approx3$),则认为原总体服从正态分布.

14.05, $b=16.15$, $m=6$. $t_1=14.35$, $t_2=14.65$, $t_3=14.95$, $t_4=15.25$, $t_5=15.55$, $t_6=15.85$.

实数轴$(-\infty,+\infty)$被这些t_i分成了七段. 当H_0成立时,我们来计算p_i的值.

用$F(x)$表示$N(15.1,(0.4325)^2)$的分布函数,则

$$p_1=F(t_1)$$
$$p_2=F(t_2)-F(t_1)$$
$$p_3=F(t_3)-F(t_2)$$
$$p_4=F(t_4)-F(t_3)$$
$$p_5=F(t_5)-F(t_4)$$
$$p_6=F(t_6)-F(t_5)$$
$$p_7=1-F(t_6)$$

为了计算$F(t_i)$的值,可利用标准正态分布函数$\Phi(x)$的表(见附表1). 因为

$$F(t_i)=\Phi\left(\frac{t_i-15.1}{0.4325}\right)$$

于是

$$F(t_1)=\Phi\left(\frac{14.35-15.1}{0.4325}\right)=\Phi(-1.7341)$$
$$=1-\Phi(1.7341)$$
$$F(t_2)=\Phi\left(\frac{14.65-15.1}{0.4325}\right)=\Phi(-1.0405)$$
$$=1-\Phi(1.0405)$$
$$F(t_3)=\Phi(-0.3468)=1-\Phi(0.3468)$$
$$F(t_4)=\Phi(0.3468)$$
$$F(t_5)=\Phi(1.0405)$$
$$F(t_6)=\Phi(1.7341)$$

查标准正态分布函数$\Phi(x)$的表,知

$$\Phi(1.7341)=0.9586$$

$$\Phi(1.0405)=0.8509$$
$$\Phi(0.3468)=0.6355$$

故
$$F(t_1)=0.0414,\quad F(t_2)=0.1491$$
$$F(t_3)=0.3645,\quad F(t_4)=0.6355$$
$$F(t_5)=0.8509,\quad F(t_6)=0.9586$$

得
$$p_1=0.0414, p_2=0.1077, p_3=0.2154$$
$$p_4=0.2710, p_5=0.2154, p_6=0.1077$$
$$p_7=0.0414$$

现在来计算统计量 V. 为便于检查,列表如下. 于是

i	1	2	3	4	5	6	7
p_i	0.041 4	0.107 7	0.215 4	0.271 0	0.215 4	0.107 7	0.041 4
np_i	2.070	5.385	10.770	13.550	10.770	5.385	2.070
ν_i	3	5	10	16	8	6	2
$(np_i-\nu_i)^2$	0.864 9	0.148 2	0.592 5	6.002 5	7.672 9	0.378 2	0.004 9
$\frac{(np_i-\nu_i)^2}{np_i}$	0.417 8	0.027 5	0.055 1	0.443 0	0.712 4	0.070 2	0.002 4

$$V=\sum_{i=1}^{7}\frac{(np_i-\nu_i)^2}{np_i}$$
$$=0.4178+0.0275+\cdots+0.0024=1.7284$$

取 $\alpha=0.05$,查 χ^2 分布表(自由度是 4),得临界值 $\lambda=9.49$. 这里的自由度为什么不是 6 呢? 这是因为,要检验的假设"H_0:总体服从 $N(\mu,\sigma^2)$"中,μ,σ^2 是用该组样本的样本平均数 $\bar{x}$ 与样本方差 s^2 来代替的,这就要扣去 2 个自由度(严密的数学论证从略).

现在 $V=1.7284<9.49$,故下结论:假设 H_0 是相容的. 因此认为滚珠直径基本上是服从正态分布 $N(15.1,(0.4325)^2)$ 的. 这就解决了我们的问题.

上述检验法通称为分布函数的χ^2检验法. 它的好处在于,不管事先给出的$F(x)$是怎样的分布函数,都可以检验一个总体是否以它为分布函数. 因而,它的应用较广. 不过,对于连续型随机变量的样本而言,计算较麻烦,这从上面的例子也已看出. 但是,χ^2检验法对于离散型情形,使用起来还是很方便的.

假设X的分布是

$$P\{X=a_i\}=p_i \quad (i=1,2,\cdots,m+1)$$

$x_1,x_2,\cdots,x_n$是样本值. 我们还是取统计量

$$V=\sum_{i=1}^{m+1}\frac{(\nu_i-np_i)^2}{np_i} \tag{6.1}$$

这里的ν_i是n个样品中,a_i出现的频数$(i=1,2,\cdots,m+1)$. V还是近似服从m个自由度的χ^2分布. 下面举一个例子.

例 6.2 某工厂近五年来发生了六十三次事故,按星期几分类如下:

星　期	一	二	三	四	五	六
次　数	9	10	11	8	13	12

问:事故是否与星期几有关?(参看例 1.3)

解 用X表示这样的随机变量:若事故发生在星期i,则$X=i$. 显然X的可能值是1,2,3,4,5,6(星期日停工休息).

我们来检验假设$H_0:P(X=i)=\dfrac{1}{6}(i=1,\cdots,6)$(这个假设的含义是出事故与星期几无关).

使用统计量(6.1),现在$m=5,p_i=P\{X=i\}$. 如果H_0成立,则这个统计量$V=\sum_{i=1}^{6}\left(\nu_i-\dfrac{n}{6}\right)^2\Big/\dfrac{n}{6}$,且近似服从5个自由度的$\chi^2$分布. 查附表3知

$$P\{V>11.07\}=0.05$$

现在$\nu_1=9,\nu_2=10,\cdots,\nu_6=12$. 算得$V$的值为1.67,它比临界值11.07小. 故假设$H_0$是相容的,即不能认为出事故与星期几

有关.

习题十七

1. 由经验知某零件重量 $X \sim N(\mu,\sigma^2)$，$\mu=15$，$\sigma^2=0.05$. 技术革新后，抽了六个样品，测得重量为(单位:g)：

14.7, 15.1, 14.8, 15.0, 15.2, 14.6

已知方差不变，问平均重量是否仍为15?（$\alpha=0.05$）

2. 糖厂用自动打包机打包. 每包标准重量为100kg. 每天开工后需要检验一次打包机工作是否正常. 即检查打包机是否有系统偏差. 某日开工后测得几包重量(单位:kg)如下：

99.3,98.7,100.5,101.2,98.3,99.7,99.5,102.1,100.5

问:该日打包机工作是否正常?（$\alpha=0.05$;已知包重服从正态分布.）

3. 正常人的脉搏平均为72min^{-1}，现某医生测得10例慢性四乙基铅中毒患者的脉搏(单位:min^{-1})如下：

54, 67, 68, 78, 70, 66, 67, 70, 65, 69

问:四乙基铅中毒者和正常人的脉搏有无显著性差异?（已知四乙基铅中毒者的脉搏服从正态分布.）

4. 用热敏电阻测温仪间接测量地热勘探井底温度，重复测量7次，测得温度(°C)：

112.0, 113.4, 111.2, 112.0, 114.5, 112.9, 113.6

而用某精确办法测得温度为112.6(可看作温度真值)，试问用热敏电阻测温仪间接测温有无系统偏差?（$\alpha=0.05$）

5. 某种导线，要求其电阻的标准差不得超过0.005(Ω). 今在生产的一批导线中取样品9根，测得 $S=0.007$(Ω)，设总体为正态分布. 问在水平 $\alpha=0.05$ 下能认为这批导线的标准差显著地偏大吗?

6. 机床厂某日从两台机器所加工的同一种零件中，分别抽若干个样测量零件尺寸，得：

第一台机器的:6.2,5.7,6.5,6.0,6.3,5.8,5.7,6.0,6.0,5.8,6.0

第二台机器的:5.6,5.9,5.6,5.7,5.8,6.0,5.5,5.7,5.5

问:这两台机器的加工精度是否有显著性差异?（$\alpha=0.05$）

7. 检查了26匹马，测得每100mL的血清中，所含的无机磷平均为

3.29mL,标准差为0.34mL,又检查了18头羊,100mL的血清中含无机磷平均为3.96mL,标准差为0.40mL. 试以0.05的检验水平,检验马与羊的血清中含无机磷的量是否有显著性差异?

8. 十个失眠患者,服用甲、乙两种安眠药,延长睡眠的时间如下表所示:

	a	b	c	d	e	f	g	h	i	j
甲	1.9	0.8	1.1	0.1	-0.1	4.4	5.5	1.6	4.6	3.4
乙	0.7	-1.6	-0.2	-1.2	-0.1	3.4	3.7	0.8	0	2.0

问这两种安眠药的疗效有无显著性差异?(可以认为服用两种安眠药后增加的睡眠时间之差近似服从正态分布.)($\alpha=0.05$)

9. 比较甲、乙两种安眠药的疗效. 将20个患者分成两组,每组10人;甲组病人服用甲种安眠药,乙组病人服用乙种安眠药. 如服药后延长的睡眠时间分别近似服从正态分布,其数据仍如上题(自然,数据不是两两成对了),问这两种安眠药的疗效有无显著性差异?($\alpha=0.05$)

10. 在一正20面体的20个面上,分别标以数字0,1,2,…,9,每个数字在两个面上标出. 为检验其匀称性,共作800次投掷试验,数字0,1,2,…,9朝正上方的次数如下:

数字	0	1	2	3	4	5	6	7	8	9
频数	74	92	83	79	80	73	77	75	76	91

问:该正20面体是否匀称?

11. 某工厂采用新法处理废水,对处理后的水测量所含某种有毒物质的浓度,得到10个数据(单位:$10^{-6}\mathrm{g}\cdot\mathrm{L}^{-1}$):

22, 14, 17, 13, 21, 16, 15, 16, 19, 18

而以往用老法处理废水后,该种有毒物质的平均浓度为19. 问:新法是否比老法效果好?(检验水平 $\alpha=0.05$)

第七章　回归分析方法

回归分析方法是数理统计中的一个常用方法,是处理多个变量之间**相关关系**的一种数学方法.

提到变量间的关系,很容易使人想起微积分课程中所讨论的**函数关系**,即所谓确定性的关系. 比如,自由落体运动中,物体下落的距离 s 与所需的时间 t 之间,就有如下的函数关系:

$$s=\frac{1}{2}gt^2 \quad (0\leqslant t\leqslant T)$$

变量 s 的值随 t 的值而定,也就是说,如果取定了 t 的值,那么,s 的值就完全确定了.

但是,世界上众多的变量间,还有另一类重要关系,我们称之为**相关关系**. 比如,人的身高与体重间的关系. 虽然一个人的"身高"并不能确定"体重",但是,总的说来,身高者,体也重. 我们就说,身高与体重这两个变量间具有相关关系. 又如,在冶炼某钢种过程中,钢液的初始含碳量与冶炼时间这两个变量间也具有相关关系.

实际上,即使是具有确定性关系的变量间,由于实验误差的影响,其表现形式也具有某种程度的不确定性. 这一点大家在做物理实验时是有体会的.

回归分析方法是处理变量间相关关系的有力工具. 它不仅提供了建立变量间关系的数学表达式——通常称为经验公式——的一般方法,而且利用概率统计基础知识进行了分析讨论,从而能帮助实际工作者如何去判明所建立的经验公式的有效性,以及如何利用所得到的经验公式去达到预测、控制等目的. 因此,回归分析方法得到越来越广泛的应用,而方法本身也在不断丰富、发展.

本讲义重点讨论一元回归. 对于多元回归只作简要的介绍.

§1 一元线性回归

1. 经验公式与最小二乘法

在一元线性回归分析里，我们要考察的是：随机变量 Y 与一个普通变量 x 之间的联系.

对于有一定联系的两个变量：x 与 Y，在观测或实验中得到若干对数据

$$(x_1,y_1),(x_2,y_2),\cdots,(x_n,y_n)$$

的基础上，用什么方法来获得这两个变量之间(Y 对 x)的经验公式呢？为说明问题，先看一个例子.

例 1.1 某种合成纤维的强度与其拉伸倍数有关. 下面的表是 24 个纤维样品的强度与相应的拉伸倍数的实测记录. 我们希望由此具体找出这两个量的关系式.

用上面的语言来说，对于两个变量 x(拉伸倍数)，Y(强度)，我们实测到 24 对数据：

(1.9,1.4),(2.0,1.3),(2.1,1.8),…,(9.5,8.1),(10.0,8.1). 在此基础上，来找出 x,Y 的关系式.

由解析几何知识，平面上选定一直角坐标系后，这 24 对数据就分别对应到平面上的 24 个点(见图 7.1). 这张图称为**散点图**.

编号	拉伸倍数 x	强度 Y (kg/mm^2)	编号	拉伸倍数 x	强度 Y (kg/mm^2)
1	1.9	1.4	7	3.5	3.0
2	2.0	1.3	8	3.5	2.7
3	2.1	1.8	9	4.0	4.0
4	2.5	2.5	10	4.0	3.5
5	2.7	2.8	11	4.5	4.2
6	2.7	2.5	12	4.6	3.5

续表

编号	拉伸倍数 x	强度 Y (kg/mm^2)	编号	拉伸倍数 x	强度 Y (kg/mm^2)
13	5.0	5.5	19	8.0	6.5
14	5.2	5.0	20	8.0	7.0
15	6.0	5.5	21	8.9	8.5
16	6.3	6.4	22	9.0	8.0
17	6.5	6.0	23	9.5	8.1
18	7.1	5.3	24	10.0	8.1

它给我们很多启示. 首先,这些点虽然是散乱的,但大体上散布在某条直线的周围. 也就是说,拉伸倍数与强度之间大致成线性关系:

$$\hat{y} = a + bx \tag{1.1}$$

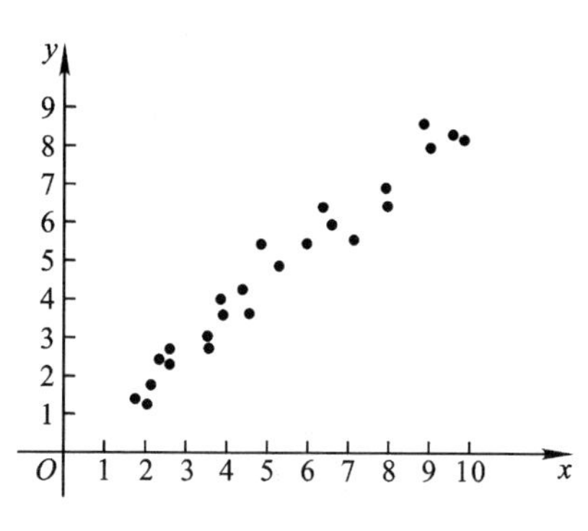

图 7.1

这里,在 y 上方加"^",是为了区别于 Y 的实际值 y. 因为 Y 与 x 之间一般不具有函数关系.

至此,在散点图的启示下,经验公式的**形式已可以确定**,是所谓线性的. 要完全找出经验公式,就只需确定(1.1)中的 a 和 b. 这里 b 通常叫做回归系数,关系式 $\hat{y} = a + bx$ 叫做回归方程.

从散点图来看，要找出 a,b 是不困难的：在散点图上划这样一条直线，**使该直线总的来看最“接近”这 24 个点**；于是，这直线在 y 轴上的截距就是所求的 a，它的斜率就是所求的 b.

这个几何方法虽然简便，但太粗糙. 而且，对于非线性形式的问题以及多变量的问题，就几乎无法实行. 然而，它的基本思想，即“使该直线总的来看最接近这 24 个点”，却是很可取的. 问题是把这个基本思想精确化、数量化.

设给定 n 个点 $(x_1,y_1),(x_2,y_2),\cdots,(x_n,y_n)$. 那么，对于平面上任意一条直线 l：

$$y=a+bx$$

我们用数量

$$[y_t-(a+bx_t)]^2$$

来刻画点 (x_t,y_t) 到直线 l 的远近程度（读者运用解析几何知识，不难看出，$|y_t-(a+bx_t)|$ 的几何意义是点 (x_t,y_t) 沿着平行于 y 轴的方向到 l 的铅直距离，而不是沿着垂直于 l 的方向到 l 的最短距离）. 于是

$$\sum_{t=1}^{n}[y_t-(a+bx_t)]^2$$

就定量地描述了直线 l 跟这 n 个点的总的远近程度. 这个量是随不同的直线而变化的，或者说，是随不同的 a 与 b 而变化的，也就是说它是 a,b 的二元函数，记为 $Q(a,b)$：

$$Q(a,b)=\sum_{t=1}^{n}[y_t-(a+bx_t)]^2 \tag{1.2}$$

于是，要找一条直线，使该直线总的来看最“接近”这 n 个点的问题，就转化为如下的问题：

要找两个数 $\hat{a},\hat{b}$，使二元函数 $Q(a,b)$ 在 $a=\hat{a},b=\hat{b}$ 处达到最小.

由于 $Q(a,b)$ 是 n 个平方之和，所以“使 $Q(a,b)$ 最小”的原则称为平方和最小原则，习惯上称为**最小二乘原则**.

依照最小二乘原则，具体找 $\hat{a},\hat{b}$ 的问题通常利用微积分学中的极值原理①，即解二元一次联立方程：

---

① 其实，用初等代数中的配方法就能圆满地解决问题. 记 $\bar{x}=\frac{1}{n}\sum_{t=1}^{n}x_t$，$\bar{y}=\frac{1}{n}\sum_{t=1}^{n}y_t$，则

$$
\begin{aligned}
Q(a,b) &= \sum_{t=1}^{n}\{(y_t-\bar{y})+[\bar{y}-(a+b\bar{x})]-b(x_t-\bar{x})\}^2\\
&= \sum_{t=1}^{n}(y_t-\bar{y})^2+n[\bar{y}-(a+b\bar{x})]^2\\
&\quad +b^2\sum_{t=1}^{n}(x_t-\bar{x})^2+2[\bar{y}-(a+b\bar{x})]\cdot\sum_{t=1}^{n}(y_t-\bar{y})\\
&\quad -2b[\bar{y}-(a+b\bar{x})]\sum_{t=1}^{n}(x_t-\bar{x})\\
&\quad -2b\sum_{t=1}^{n}(x_t-\bar{x})(y_t-\bar{y})\\
&= \sum_{t=1}^{n}(y_t-\bar{y})^2+n[\bar{y}-(a+b\bar{x})]^2\\
&\quad +b^2\sum_{t=1}^{n}(x_t-\bar{x})^2-2b\sum_{t=1}^{n}(x_t-\bar{x})(y_t-\bar{y})\\
&= \sum_{t=1}^{n}(y_t-\bar{y})^2+n[\bar{y}-(a+b\bar{x})]^2\\
&\quad +\sum_{t=1}^{n}(x_t-\bar{x})^2\left[b^2-2b\frac{\sum_{t=1}^{n}(x_t-\bar{x})(y_t-\bar{y})}{\sum_{t=1}^{n}(x_t-\bar{x})^2}\right]\\
&= \sum_{t=1}^{n}(y_t-\bar{y})^2+n[\bar{y}-(a+b\bar{x})]^2\\
&\quad +\sum_{t=1}^{n}(x_t-\bar{x})^2\left[b-\frac{\sum_{t=1}^{n}(x_t-\bar{x})(y_t-\bar{y})}{\sum_{t=1}^{n}(x_t-\bar{x})^2}\right]^2\\
&\quad -\frac{\left[\sum_{t=1}^{n}(x_t-\bar{x})(y_t-\bar{y})\right]^2}{\sum_{t=1}^{n}(x_t-\bar{x})^2}
\end{aligned}
$$

$$\begin{cases} \dfrac{\partial Q}{\partial a} = -2\sum\limits_{t=1}^{n}[y_t - (a + bx_t)] = 0 & (1.3) \\ \dfrac{\partial Q}{\partial b} = -2\sum\limits_{t=1}^{n}[y_t - (a + bx_t)] \cdot x_t = 0 & (1.4) \end{cases}$$

从(1.3)式可得

$$na = \sum_{t=1}^{n} y_t - b\sum_{t=1}^{n} x_t$$

故

$$a = \bar{y} - b\bar{x} \tag{1.5}$$

其中 $\bar{y},\bar{x}$ 分别是 y_t和 x_t的平均数. 从(1.4)式可得

$$\sum_{t=1}^{n} x_t y_t - a\sum_{t=1}^{n} x_t - b\sum_{t=1}^{n} x_t^2 = 0$$

利用(1.5)式,可由上式解得 b:

$$b = \frac{\sum\limits_{t=1}^{n} x_t y_t - n\bar{x}\bar{y}}{\sum\limits_{t=1}^{n} x_t^2 - n\bar{x}^2} = \frac{\sum\limits_{t=1}^{n}(x_t - \bar{x})(y_t - \bar{y})}{\sum\limits_{t=1}^{n}(x_t - \bar{x})^2} \tag{1.6}$$

数学上可以证明,用(1.6)及(1.5)确定的 a,b 确实使平方和达到最小.

(接上页注)

由上式不难看出,当且仅当:

$$b = \hat{b} \triangleq \frac{\sum\limits_{t=1}^{n}(x_t - \bar{x})(y_t - \bar{y})}{\sum\limits_{t=1}^{n}(x_t - \bar{x})^2} \text{(当 } x_1,x_2,\cdots,x_n \text{ 不全相等)}$$

$$a = \hat{a} \triangleq \bar{y} - \hat{b}\bar{x}$$

时,$Q(a,b)$ 达最小值:

$$Q(\hat{a},\hat{b}) = \sum_{t=1}^{n}(y_t - \bar{y})^2 - \frac{\left[\sum\limits_{t=1}^{n}(x_t - \bar{x})(y_t - \bar{y})\right]^2}{\sum\limits_{t=1}^{n}(x_t - \bar{x})^2}$$

(当 $x_1,x_2,\cdots,x_n$ 全相等时(这在实际工作中一般不会出现),$Q(a,b)$的最小值点是 (a^*,b^*),其中 $a^* = \bar{y} - b^*\bar{x}$,$b^*$ 为任何实数.)

于是，对于给定的 n 个点 $(x_1,y_1),(x_2,y_2),\cdots,(x_n,y_n)$，先按(1.6)式算出 b，再由(1.5)式算出 a，就得到了所要找的直线：

$$y=a+bx$$

(由(1.5)式不难看出，点 $(\bar{x},\bar{y})$ 在该直线上.)也就找到了 x,Y 之间的经验公式：

$$\hat{y}=a+bx$$

对于例 1.1 的 24 个点，由(1.6),(1.5)算得

$$b=0.859,a=0.15$$

因此，得强度(Y)与拉伸倍数(x)间的经验公式：

$$\hat{y}=0.15+0.859x$$

与回归方程相应的直线称回归直线；这里回归系数 b 等于 0.859，它的意义是：拉伸倍数(x)每增加一个单位(即一倍)，强度(Y)平均增加 0.859 个单位($\mathrm{kg}\cdot\mathrm{mm}^{-2}$).

对于经验公式的类型是线性的情况下，从上面的讨论知道，可直接用公式(1.5),(1.6)求得 a,b. 然而，大量的实际问题并不属于线性的类型，怎么办呢？一个常用而简便的方法是尽可能把它们变为线性的类型. 下面看两个例子.

例 1.2 在彩色显影中，根据以往的经验，形成染料光学密度 Y 与析出银的光学密度 x 之间有下面类型的关系：

$$Y\approx A\mathrm{e}^{-B/x},B>0$$

我们希望通过一组实验数据求出未知参数 A 与 B.

虽然 Y,x 之间的关系不是线性的，但对上面的等式两边取自然对数后便得：

$$\ln Y\approx\ln A-\frac{B}{x}$$

令

$$Y^{*}=\ln Y$$

$$x^{*}=\frac{1}{x}$$

则两个新变量 x^{*},Y^{*} 之间的关系便近似是线性的了：

$$Y^{*}\approx\ln A-Bx^{*}$$

这样，从 n 组数据 $(x_1,y_1),(x_2,y_2),\cdots,(x_n,y_n)$ 出发，按 $x_t^* = \frac{1}{x_t}, y_t^* = \ln y_t (t=1,2,\cdots,n)$，得 n 组新数据 $(x_1^*,y_1^*),(x_2^*,y_2^*),\cdots,(x_n^*,y_n^*)$，再用 (1.5)，(1.6) 得 a^*, b^*，最后，由 $\ln A = a^*$，$-B = b^*$ 就得 A, B 了.

例 1.3 炼钢厂出钢时所用的盛钢水的钢包，在使用过程中由于钢液及炉渣对包衬耐火材料的浸蚀，使其容积不断增大. 经过试验，钢包的容积（由于容积不便测量，故以钢包盛满时的钢水重量来表示）与相应的使用次数（也称包龄）的数据如下表所示. 我们希望找出它们之间的定量关系式.

使用次数(x)	容积(Y)	使用次数(x)	容积(Y)
2	106.42	11	110.59
3	108.20	14	110.60
4	109.58	15	110.90
5	109.50	16	110.76
7	110.00	18	111.00
8	109.93	19	111.20
10	110.49		

经验公式的类型是什么呢？还按例 1.1 的办法，先作散点图，（见图 7.2）. 从图中看出，最初容积增加很快，以后逐渐减慢趋于稳定. 根据这个特点，我们选用双曲线

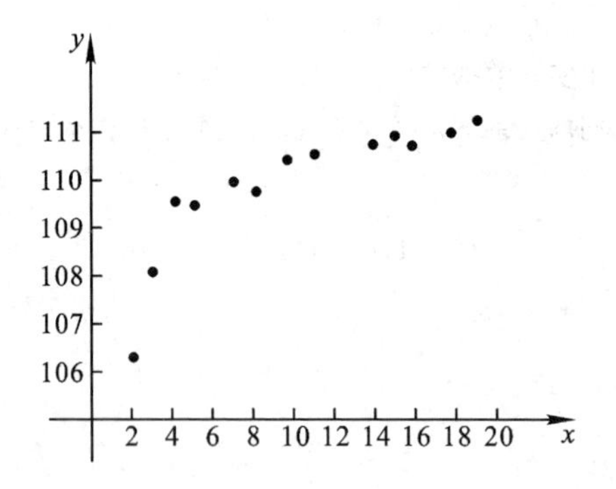

图 7.2

$$\frac{1}{y}=a+b\frac{1}{x}$$

来近似表示容积 Y 与使用次数 x 之间的关系.

显然,x,Y 间的关系不是线性的;但是,新变量 $x^{*}=\frac{1}{x},Y^{*}=\frac{1}{Y}$之间的关系却是近似线性的. 于是,对 13 组新数据$(x_1^{*},y_1^{*}),(x_2^{*},y_2^{*}),\cdots,(x_{13}^{*},y_{13}^{*})$,用(1.5),(1.6)得 a^{*},b^{*},就找出了 x,Y 间的经验公式.

2. 平方和分解公式与线性相关关系

有了经验公式

$$\hat{y}=\hat{a}+\hat{b}x$$

(其中 $\hat{a},\hat{b}$ 由公式(1.5),(1.6)确定)之后,是否就可用它来进行预报和控制呢? 要注意的是,我们从任意一组数据$(x_1,y_1),(x_2,y_2),\cdots,(x_n,y_n)$出发,按公式(1.5),(1.6)都可建立起上述经验公式. Y 与 x 是否真的有近似的线性关系? 这还没有判明. 因此,首先需要判别 x 与 Y 间是否具有线性相关关系. 注意,所谓"线性相关关系"是指,Y 是否基本上随着 x 的增大而线性地增大(或线性地减小).

下面我们先来导出一个具有统计意义的分解公式.

平方和分解公式 对于任意 n 组数据$(x_1,y_1),(x_2,y_2),\cdots,(x_n,y_n)$,恒有:

$$\sum_{t=1}^{n}(y_t-\bar{y})^2=\sum_{t=1}^{n}(y_t-\hat{y}_t)^2+\sum_{t=1}^{n}(\hat{y}_t-\bar{y})^2 \qquad (1.7)$$

其中 $\hat{y}_t=\hat{a}+\hat{b}x_t \quad (t=1,2,\cdots,n)$

证 $\sum(y_t-\bar{y})^2=\sum[(y_t-\hat{y}_t)+(\hat{y}_t-\bar{y})]^2$①

$$=\sum[(y_t-\hat{y}_t)^2+2(y_t-\hat{y}_t)(\hat{y}_t-\bar{y})+(y_t-\bar{y})^2]$$

① 为书写方便起见,把"$\sum\limits_{t=1}^{n}$"简化为"$\sum$",下同.

但 $\sum(y_t-\hat{y}_t)(\hat{y}_t-\bar{y})=\sum[y_t-(\hat{a}+\hat{b}x_t)][\hat{a}+\hat{b}x_t-\bar{y}]$

$$\xlongequal{\text{将 }\hat{a}=\bar{y}-\hat{b}\bar{x}\text{代入}}\sum[(y_t-\bar{y})-b(x_t-\bar{x})][\hat{b}(x_t-\bar{x})]$$

$$=\hat{b}[\sum(y_t-\bar{y})(x_t-\bar{x})-\hat{b}(x_t-\bar{x})^2]=0$$

这就证明了(1.7). 为了说明(1.7)式的统计意义,我们先对该式中的三个平方和作下列说明.

$\sum(y_t-\bar{y})^2$ 是 $y_1,y_2,\cdots,y_n$这 n 个数据的偏差平方和,它的大小描述了这 n 个数据的分散程度,记作 l_{yy}.

为要了解右边的两个平方和,先来熟悉 $\hat{y}_t$. 注意,$\hat{y}_t=\hat{a}+\hat{b}x_t$. 由此可知,它的几何意义是:回归直线 $y=\hat{a}+\hat{b}x$ 上,其横坐标为 x_t 的点的纵坐标(见图 7.3). 再注意一个事实,就是 n 个数 $\hat{y}_1$, $\hat{y}_2,\cdots,\hat{y}_n$的平均数也是 $\bar{y}$. 这是因为

$$\frac{1}{n}\sum\hat{y}_t=\frac{1}{n}\sum(\hat{a}+\hat{b}x_t)$$

$$=\hat{a}+\hat{b}\frac{1}{n}\sum x_t$$

$$=\hat{a}+\hat{b}\bar{x}=\bar{y}$$

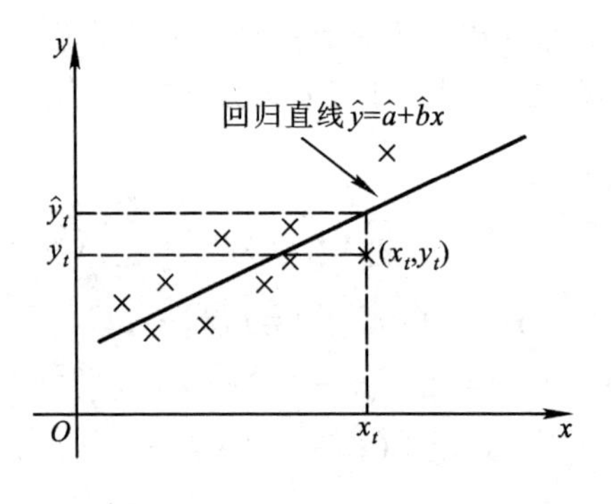

图 7.3

于是,$\sum(\hat{y}_t-\bar{y})^2$ 就是 $\hat{y}_1,\hat{y}_2,\cdots,\hat{y}_n$这 n 个数的偏差平方和,记作 U,它描述了 $\hat{y}_1,\hat{y}_2,\cdots,\hat{y}_n$的分散程度. 是什么原因引起了

$\hat{y}_1,\hat{y}_2,\cdots,\hat{y}_n$的分散呢？上面已说过，$\hat{y}_t$是回归直线上的点的纵坐标，相应的横坐标是 x_t. 因此我们说，$\hat{y}_1,\hat{y}_2,\cdots,\hat{y}_n$的分散性来源于 $x_1,x_2,\cdots,x_n$的分散性，而且是通过 x 对于 Y 的线性相关关系引起的. 实际上，下面的推演把问题就说得更清楚了：

$$\begin{aligned} U &= \sum(\hat{y}_t - \bar{y})^2 = \sum[\hat{a} + \hat{b}x_t - (\hat{a} + \hat{b}\bar{x})]^2 \\ &= \sum \hat{b}^2(x_t - \bar{x})^2 \\ &= \hat{b}^2 \cdot \sum(x_t - \bar{x})^2 \end{aligned} \tag{1.8}$$

[$\sum(x_t - \bar{x})^2$ 是 $x_1,x_2,\cdots,x_n$的偏差平方和，记作 l_{xx}，它描述了 $x_1,x_2,\cdots,x_n$的分散程度.] 我们称 U 为**回归平方和**.

至于$\sum(y_t - \hat{y}_t)^2$，它就是$\sum[y_t - (\hat{a} + \hat{b}x_t)]^2$. 这在讲最小二乘原则时见到过，它也就是 $Q(a,b)$的最小值，就记作 Q. 我们称 Q 为**残差平方和**.（Q 是除了 x 对 Y 的线性影响之外的剩余因素对 $y_1,y_2,\cdots,y_n$分散性的作用，这剩余因素中包括 x 对 Y 的非线性影响及试验误差等. 因此，我们又称 Q 为**剩余平方和**，它是仅考虑 x 与 Y 的线性关系所不能减少的部分.）

有了以上对于 l_{yy},U,Q 的分析讨论，(1.7)式的具体含义就十分清楚了，那就是 $y_1,y_2,\cdots,y_n$的分散程度（即 l_{yy}）可以分解为两部分：

$$l_{yy} = Q + U \tag{1.7'}$$

其中一部分是（来源于 $x_1,x_2,\cdots,x_n$的分散性）通过 x 对于 Y 的线性相关关系而引起的 Y 的分散性（即回归平方和 U），另一部分是剩余部分引起的 Y 的分散性（即剩余平方和 Q）.

现在我们回到本段开头提出的问题上来，回答 x,Y 间是否存在线性相关关系的问题. 一个很自然的想法是把回归平方和 U（线性影响）跟剩余平方和 Q（其他影响）进行比较.

数理统计学中，选取量

$$F \triangleq \frac{U}{Q/(n-2)} \tag{1.9}$$

来体现 x 与 Y 的线性相关关系的相对大小.

如果 F 值相当大,则表明 x 对 Y 的线性影响较大,就可以认为 x 与 Y 间有线性相关关系;反之,若 F 的值较小,则没有理由认为 x 与 Y 间有线性相关关系.

3. 数学模型与相关性检验

F 值究竟多大,才认为 x 与 Y 间有线性相关关系呢?为了给出定量界限,也为进一步讨论其他有关问题的需要,我们对数据的结构提出下列假定:

$$\begin{aligned} Y_1 &= a + bx_1 + \varepsilon_1 \\ Y_2 &= a + bx_2 + \varepsilon_2 \\ &\cdots\cdots \\ Y_n &= a + bx_n + \varepsilon_n \end{aligned} \tag{1.10}$$

其中 $\varepsilon_1,\varepsilon_2,\cdots,\varepsilon_n$ 是随机变量,它们相互独立,且都服从相同的正态分布 $N(0,\sigma^2)$(σ 未知).

以上假定,是我们深入讨论问题的基本假定,也是回归分析中作种种统计推断的出发点. 对于(1.10)那样的表示方式,我们似乎很陌生,其实不然. 比如在第六章中,我们常常说"设 $Y_1,Y_2,\cdots,Y_n$[①]是来自总体 $N(\mu,\sigma^2)$ 的样本"(它实际上是关于一个正态总体统计推断的出发点),由样本的概念(以及命题:$Y\sim N(\mu,\sigma^2)\Longleftrightarrow Y-\mu\sim N(0,\sigma^2)$),这句话就等价于:

$$\begin{aligned} Y_1 &= \mu + \varepsilon_1 \\ Y_2 &= \mu + \varepsilon_2 \\ &\cdots\cdots \\ Y_n &= \mu + \varepsilon_n \end{aligned} \tag{1.10'}$$

其中 $\varepsilon_1,\varepsilon_2,\cdots,\varepsilon_n$ 是随机变量,相互独立,服从正态分布 $N(0,\sigma^2)$. (1.10′)和(1.10)就很相像.

---

① 为便于比较,这里不用 X_i 而用 Y_i 表示.

在(1.10)的假定下,为了判明 x 与 Y 间是否存在线性相关关系,就转化为检验下列假设 H_0:

$$H_0: b=0$$

如果由一组具体的样本值$(x_1,y_1),(x_2,y_2),\cdots,(x_n,y_n)$,否定了 H_0,也即判定 $b\neq 0$;联系到基本假定(1.10),判定 $b\neq 0$,也即判定 x 与 Y 间有线性相关关系.那么,什么情形下,否定 H_0呢?

数学上可以证明,在假设 H_0成立时,由(1.9)式提供的统计量 F 服从自由度为 $1,n-2$ 的 F 分布①.(而且,b 离开 0 越远,即 b 的绝对值越大,F 总的说来越大.)

这样,我们就得到关于相关性检验的一般程序:

(1) 计算 U,Q,从而按(1.9)得 F 值;

(2) 对于给定的检验标准 α,查自由度为 $1,n-2$ 的 F 分布的临界值表,得临界值 λ:

$$P(F>\lambda)=\alpha$$

(3) 比较(算得的)F 值与(查得的)λ 值的大小,如 $F>\lambda$,则否定假设"$H_0:b=0$",即认为 x,Y 间具有线性相关关系;否则,假设 H_0 是相容的,即没有理由认为 x,Y 间存在线性相关关系.

下面,对于上述方法作几点补充说明.

① 数学上可以证明$\dfrac{Q}{\sigma^2}$服从 $n-2$ 个自由度的 χ^2 分布,从而 $E\left(\dfrac{Q}{\sigma^2}\right)=n-2$,于是 $E\left(\dfrac{Q}{n-2}\right)=\sigma^2$,这表明统计量$\dfrac{Q}{n-2}$是随机项 ε 的方差的无偏估计,记它为 $\hat{\sigma}^2$ 或 s^2.

② 为了检验相关性,有的书上是通过统计量(相关系数)

---

① 在假定(1.10)之下,如果 $b=0$,则数学上可以证明:$\dfrac{U}{\sigma^2}$服从自由度为 1 的 χ^2 分布,$\dfrac{Q}{\sigma^2}$服从自由度为 $n-2$ 的 χ^2 分布,而且 Q 与 U 相互独立.由此推出统计量(1.9)服从自由度为 $1,n-2$ 的 F 分布(参见附录二的定理 8).

$$R=\frac{\sum(x_t-\bar{x})(y_t-\bar{y})}{\sqrt{\sum(x_t-\bar{x})^2\cdot\sum(y_t-\bar{y})^2}}$$

进行的. 当 $|R|$ 较大时,否定假设“$b=0$”.

由(1.8)式不难验证,有

$$U=l_{yy}R^2$$

因此有

$$Q=l_{yy}(1-R^2)$$

上式表明

(i) $|R|\leqslant 1$;

(ii) 当 l_{yy} 固定时,$|R|$ 越接近 1,Q 就越小. 特别地,$|R|=1$ 时,$Q=0$,即 n 个点在一条直线上;而 $R=0$ 时,$Q=l_{yy}$.

对于假设 H_0,由 F 和 R 提供的两种形式上不同的检验方法,实质上是一回事. 这是因为

$$F=(n-2)\frac{U}{Q}=(n-2)\frac{l_{yy}R^2}{l_{yy}(1-R^2)}$$
$$=(n-2)\frac{R^2}{1-R^2}$$

因此,本书没有提供关于 R 的临界值表. 如有需要,可按上式由 F 临界值表换算,或从参考书目[5]、[9]中查找.

③ 计算 U,Q 的公式.

直接按 $U=\sum(\hat{y}_t-\bar{y})^2$ 与 $Q=\sum(y_t-\hat{y}_t)^2$ 来计算 U,Q 是比较麻烦的. 注意到(1.8),有

$$U=\hat{b}^2\sum(x_t-\bar{x})^2$$

再用 $\hat{b}=\frac{\sum(x_t-\bar{x})(y_t-\bar{y})}{\sum(x_t-\bar{x})^2}$ 代入上式,得

$$U=\hat{b}l_{xy} \tag{1.11}$$

其中 $l_{xy}=\sum(x_t-\bar{x})(y_t-\bar{y})$.

然后,由(1.7′)式,有

$$Q=l_{yy}-U \tag{1.12}$$

这(1.11)和(1.12)就是通常用来计算 U,Q 的计算公式.

例 1.4 炼钢基本上是个氧化脱碳的过程,钢液原来的含碳量的多少直接影响到冶炼时间的长短. 下表是某平炉 34 炉的熔毕碳(即全部炉料熔化完毕时钢液的含碳量)与精炼时间(从熔毕至出钢,冶炼所需的时间)的生产记录.

解 (1) 作散点图如下,从图看出,可直接用线性回归试一试.

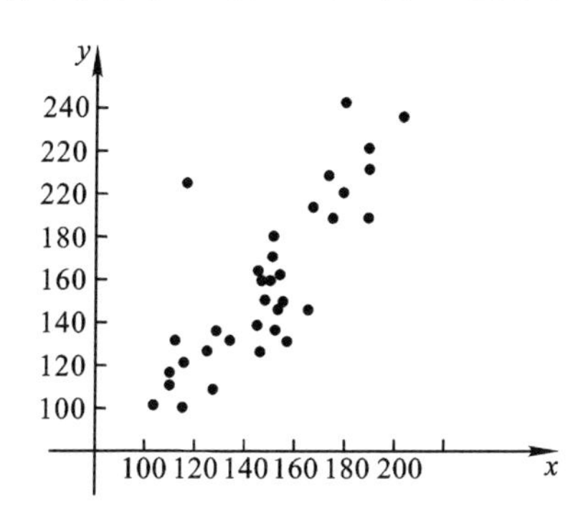

图 7.4

编号	熔毕碳 x (0.01%)	精炼时间 Y (min)	编号	熔毕碳 x (0.01%)	精炼时间 Y (min)
1	180	200	18	116	100
2	104	100	19	123	110
3	134	135	20	151	180
4	141	125	21	110	130
5	204	235	22	108	110
6	150	170	23	158	130
7	121	125	24	107	115
8	151	135	25	180	240
9	147	155	26	127	135
10	145	165	27	115	120
11	141	135	28	191	205
12	144	160	29	190	220
13	190	190	30	153	145
14	190	210	31	155	160
15	161	145	32	177	185
16	165	195	33	177	205
17	154	150	34	143	160

(2) 先算 $\bar{x},\bar{y},l_{xx},l_{yy},l_{xy}$.

$$\bar{x}=150.09,\quad \bar{y}=158.23$$

$$l_{xx}=\sum(x_t-\bar{x})^2=\sum x_t^2-\frac{1}{n}(\sum x_t)^2=25\ 462.7$$

$$l_{yy}=\sum(y_t-\bar{y})^2=\sum y_t^2-\frac{1}{n}(\sum y_t)^2=50\ 094.0$$

$$l_{xy}=\sum(x_t-\bar{x})(y_t-\bar{y})=\sum x_t y_t-\frac{1}{n}(\sum x_t)(\sum y_i)$$

$$=32\ 325.3$$

(3) 再算 $\hat{b},\hat{a};U,Q,s^2,F$.

$$\hat{b}=\frac{l_{xy}}{l_{xx}}=\frac{32\ 325.3}{25\ 462.7}=1.27$$

$$\hat{a}=\bar{y}-\hat{b}\,\bar{x}=158.23-1.27\times150.09=-32.38$$

所以,回归直线方程

$$\hat{y}=-32.38+1.27x$$

另外

$$U=\hat{b}\cdot l_{xy}=1.27\times32\ 325=41\ 053$$

$$Q=l_{yy}-U=9\ 041$$

$$s^2=Q/32=282.53,s=16.81$$

$$F=\frac{U}{Q/32}=\frac{41\ 053}{282.53}=145.3$$

(4) 相关性检验.

查自由度为 1,32 的 F 分布表得临界值:

$$\lambda=4.15(\alpha=0.05)$$

现在 $F=145.3>4.15=\lambda$,所以否定假设“$H_0:b=0$”,即认为 x,Y 间存在线性相关关系;习惯上说,直线回归是显著的.(实际上,这里的 F 值还大于相应于 $\alpha=0.01$ 的临界值 $\lambda'=7.50$;此时我们称直线回归是高度显著的.)

4. 预报与控制

在第一小节末尾,我们提到过回归系数 b 的意义,就是:x 每增加一个单位，Y 平均增加 b 个单位（当 $b<0$ 时，实际上是减少 $-b$ 个单位）. 这对具体工作是有一定的指导意义的. 现在有了 2,3 小节的基础，我们还可以进一步来讨论预报与控制的问题.

我们还是讨论这样的情况：

$$Y = a + bx + \varepsilon$$

其中 ε 是所谓随机项，$\varepsilon \sim N(0,\sigma^2)$；所谓预报问题，就是问：$x = x_0$ 时 $Y=$？上面讲了从数据 $(x_1,y_1),(x_2,y_2),\cdots,(x_n,y_n)$ 出发，利用最小二乘原则可得 a,b 的估计值 $\hat{a},\hat{b}$ 及回归方程 $\hat{y}=\hat{a}+\hat{b}x$. 很自然想到用

$$\hat{y}_0 = \hat{a} + \hat{b}x_0$$

来预报 $Y_0 = a + bx_0 + \varepsilon_0$ 的值，然而实际问题还需要知道所谓预报精度. 正如同我们并不满足于参数的点估计，还要求给出参数的区间估计一样. 更何况这里 Y_0 是一个随机变量. 数学上可以证明，只要 $\varepsilon_0,\varepsilon_1,\cdots,\varepsilon_n$（$\varepsilon_1,\varepsilon_2,\cdots,\varepsilon_n$ 见（1.10）式）相互独立，且都服从 $N(0,\sigma^2)$，则随机变量

$$t \triangleq \frac{Y_0 - \hat{y}_0}{s\sqrt{1+\dfrac{1}{n}+\dfrac{(x_0-\bar{x})^2}{l_{xx}}}}$$

服从 $n-2$ 个自由度的 t 分布.

这样，对给定的置信度 $1-\alpha$，查 $n-2$ 个自由度的 t 分布临界值表得 λ，就有

$$P\left\{\left|\frac{Y_0-\hat{y}_0}{s\sqrt{1+\dfrac{1}{n}+\dfrac{(x_0-\bar{x})^2}{l_{xx}}}}\right| \leqslant \lambda\right\} = 1-\alpha \tag{1.13}$$

这里 $s=\sqrt{\dfrac{Q}{n-2}}$，由此得 Y_0 的置信度为 $1-\alpha$ 的置信区间：

$$\left[\hat{y}_0 - \lambda s\sqrt{1+\frac{1}{n}+\frac{(x_0-\bar{x})^2}{l_{xx}}},\right.$$

$$\hat{y}_0 + \lambda s\sqrt{1+\frac{1}{n}+\frac{(x_0-\bar{x})^2}{l_{xx}}}\,\Bigg] \tag{1.14}$$

该区间以 $\hat{y}_0$ 为中点,长度为 $2\lambda s\sqrt{1+\frac{1}{n}+\frac{(x_0-\bar{x})^2}{l_{xx}}}$. 中点 $\hat{y}_0$ 随 x_0 线性地变化;其长度在 $x_0=\bar{x}$ 处最短,x_0 越远离 $\bar{x}$,长度就越长. 因此置信区间的上限与下限的曲线对称地落在回归直线两侧,而呈喇叭形(见图 7.5).

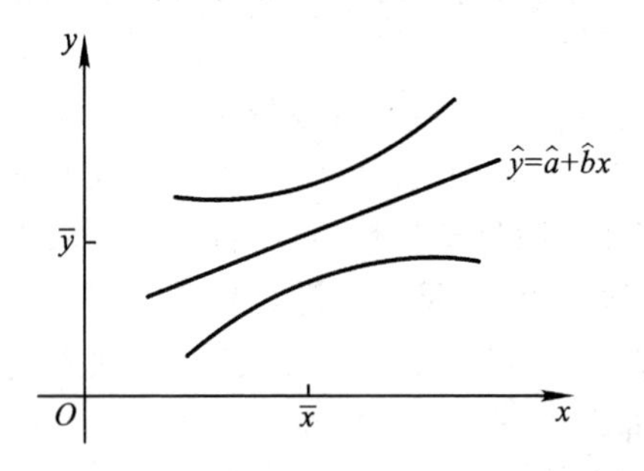

图 7.5

作为(1.14)的简化,当 n 较大,且 x_0 较接近 $\bar{x}$ 时,

$$\sqrt{1+\frac{1}{n}+\frac{(x_0-\bar{x})^2}{l_{xx}}}\approx 1$$

因此(1.14)就近似于

$$[\hat{y}_0-\lambda s, \hat{y}_0+\lambda s] \tag{1.14'}$$

又因为 n 较大时,自由度为 $n-2$ 的 t 分布接近 $N(0,1)$,所以这里的 λ,也可查正态分布表来得到. 比如,对 $\alpha=0.05$ 有 $\lambda=1.96$.

置信区间的长度直接关系到预报效果. 而我们从(1.14),(1.14′)看到,置信区间的长度主要地被 s 的大小所决定. 因此,在预报问题中,s 是一个基本而重要的量.

例 1.5 本例是例 1.4 的继续,来讨论精炼时间的预报问题. 现测得某炉熔毕碳为 145(即 1.45%),试估计该炉所需的精炼时间(置信度95%).

解 这只需将(1.14)具体化即可.

$\hat{y}_0 = \hat{a} + \hat{b}x_0 = -32.38 + 1.27 \times 145 = 151.77$

$s = 16.81$

$$\sqrt{1 + \frac{1}{n} + \frac{(x_0 - \bar{x})^2}{l_{xx}}} = \sqrt{1 + \frac{1}{34} + \frac{(145 - 150.09)^2}{25\,462.7}} = 1.015$$

查 t 分布表得

$$\lambda = 2.037$$

于是

$$\lambda s \sqrt{1 + \frac{1}{n} + \frac{(x_0 - \bar{x})^2}{l_{xx}}} = 34.76$$

得置信区间

$[151.77 - 34.76, 151.77 + 34.76] = [117.01, 186.53]$

如用(1.14′),置信区间是

$$\begin{aligned}&[151.77 - 2.037 \times 16.81, 151.77 + 2.037 \times 16.81]\\=&[151.77 - 34.24, 151.77 + 34.24]\\=&[117.53, 186.01]\end{aligned}$$

再如用 $\lambda = 1.96$ 代入,得置信区间是$[118.82, 184.72]$. 这两个近似跟由(1.14)所得的相差无几,特别是第一个近似区间.

至于控制问题,实际上是预报问题的反问题. 具体来讲,就是给出了对于 y_0 的要求,反过去找满足这种要求的相应的 x_0 的范围. 解决办法是,由(1.14)式出发,将{ }内的不等式按 x_0 变形,即由该不等式得一与之等价的关于 x_0 的不等式,这就最终得到 x_0 所在的范围. 限于篇幅,我们就不细述了.

残差分析

利用统计量 F(见(1.9))进行线性相关性检验时,我们假定了数据的结构满足(1.10),其中随机项 $\varepsilon_1, \varepsilon_2, \cdots, \varepsilon_n$ 独立同分布,共同分布是正态分布 $N(0,$

σ^2)(σ 未知). 一个重要问题是:有了数据$(x_1,y_1),(x_2,y_2),\cdots,(x_n,y_n)$,如何判别这个假定是否成立呢? 这是一个比较复杂的问题,属于回归诊断的范围. 这里仅介绍一种简单易行的粗略办法.

设 $\hat{a},\hat{b}$ 是参数 a,b 的最小二乘估计,令 $\hat{y}_i=\hat{a}+\hat{b}x_i,\hat{\varepsilon}_i=y_i-\hat{y}_i(i=1,2,\cdots,n)$,这个 $\hat{\varepsilon}_i$叫做第 i 个残差. 令

$$h_i=\frac{1}{n}+\frac{(x_i-\bar{x})^2}{l_{xx}}$$

$$\hat{\sigma}=\sqrt{\frac{Q}{n-2}}$$

$$r_i=\frac{\hat{\varepsilon}_i}{\hat{\sigma}\sqrt{1-h_i}},$$

这里 $\bar{x}=\frac{1}{n}\sum_{i=1}^{n}x_i,l_{xx}=\sum_{i=1}^{n}(x_i-\bar{x})^2$,

$$Q=l_{yy}-U,l_{yy}=\sum_{i=1}^{n}(y_i-\bar{y})^2$$

$$U=(\hat{b})^2l_{xx},\bar{y}=\frac{1}{n}\sum_{i=1}^{n}y_i$$

数学上可以证明,如果(1.10)成立,则 $r_1,r_2,\cdots,r_n$近似相互独立且近似服从标准正态分布. 于是,在(1.10)成立的情况下应该有 $P(|r_i|>2)\approx0.05$. 换句话说,当 n 比较大时,$r_1,r_2,\cdots,r_n$中大约有$[0.05n]$个 r_i在区间$[-2,2]$之外(这里$[x]$表示不超过 x 的最大整数). 若是出现这种情况,我们认为(1.10)成立. 否则的话(即 $r_1,r_2,\cdots,r_n$落在$[-2,2]$之外的个数超过$[0.05n]$)应拒绝(1.10),即不能认为随机项 $\varepsilon_1,\varepsilon_2,\cdots,\varepsilon_n$服从同一分布$N(0,\sigma^2)$.

对残差$\{\hat{\varepsilon}_i,i=1,2,\cdots,n\}$的进一步分析,可提供我们许多信息. 这方面的深入研究,参看[17].

§2 多元线性回归

在实际应用中,由于事物的复杂性,在很多情况下要采用多元回归方法. 就方法的实质来说,多元跟一元在很多方面是相同的,只是多元回归方法更复杂些,计算量相当大. [不过,对于电子计算机,

多元回归的计算量是很小的. 一般的统计软件包都有多元回归(以及逐步回归方法)的专门程序.]本讲义只列出有关结论. 主要讨论线性回归.

1. 模型

设因变量 Y 与自变量 $x_1,x_2,\cdots,x_k$ 有关系式:

$$Y=b_0+b_1x_1+\cdots+b_kx_k+\varepsilon$$

其中 ε 是随机项. 现有 n 组数据:

$$\begin{array}{l}(y_1;x_{11},x_{12},\cdots,x_{1k})\\(y_2;x_{21},x_{22},\cdots,x_{2k})\\\cdots\cdots\cdots\cdots\\(y_n;x_{n1},x_{n2},\cdots,x_{nk})\end{array}\tag{2.1}$$

(其中 x_{ij}是自变量 x_j的第 i 个值,y_i 是 Y 的第 i 个观测值.)假定

$$\begin{cases}Y_1=b_0+b_1x_{11}+b_2x_{12}+\cdots+b_kx_{1k}+\varepsilon_1\\Y_2=b_0+b_1x_{21}+b_2x_{22}+\cdots+b_kx_{2k}+\varepsilon_2\\\cdots\cdots\cdots\cdots\\Y_n=b_0+b_1x_{n1}+b_2x_{n2}+\cdots+b_kx_{nk}+\varepsilon_n\end{cases}\tag{2.2}$$

其中 $b_0,b_1,\cdots,b_k$ 是待估参数;而 $\varepsilon_1,\varepsilon_2,\cdots,\varepsilon_n$相互独立且服从相同的分布 $N(0,\sigma^2)$,(σ 未知).

说明:

(1) 所谓“多元”是指这里的自变量有多个,而因变量还只是一个;自变量是普通变量,因变量是随机变量.

(2) (2.1)中的诸 y 是数据,而(2.2)中的诸 Y_i是随机变量. 我们把(2.1)中的诸 y_i当作(2.2)中的相应的 Y_i的观测值.

(3) (2.2)表示 Y 跟 $x_1,x_2,\cdots,x_k$ 的关系是线性的. 对于某些非线性的关系,可通过适当的变换化为形式上是线性的问题;比如,一元多项式回归问题(即虽然只有一个 x,但 Y 对 x 的回归式是多项式:$\hat{y}=b_0+b_1x+b_2x^2+\cdots+b_kx^k$),就可以通过变换化为多元线性回归问题. (令 $x_1=x,x_2=x^2,\cdots,x_k=x^k$ 就可以了.)

2. 最小二乘估计与正规方程

我们称使

$$Q(b_0,b_1,\cdots,b_k) \triangleq \sum_{t=1}^{n}[y_t-(b_0+b_1x_{t1}+b_2x_{t2}+\cdots+b_kx_{tk})]^2$$

达到最小的 $\hat{b}_0,\hat{b}_1,\cdots,\hat{b}_k$ 为参数 $b_0,b_1,\cdots,b_k$ 的**最小二乘估计**.

可以证明,最小二乘估计也就是下列方程组的解:

$$\begin{cases} l_{11}b_1+l_{12}b_2+\cdots+l_{1k}b_k=l_{1y} \\ l_{21}b_1+l_{22}b_2+\cdots+l_{2k}b_k=l_{2y} \\ \cdots\cdots\cdots\cdots \\ l_{k1}b_1+l_{k2}b_2+\cdots+l_{kk}b_k=l_{ky} \\ b_0=\bar{y}-b_1\bar{x}_1-\cdots-b_k\bar{x}_k \end{cases} \tag{2.3}$$

其中

$$\bar{y}=\frac{1}{n}\sum_t y_t,\quad \bar{x}_i=\frac{1}{n}\sum_t x_{ti},\quad i=1,2,\cdots,k$$

$$l_{ij}=l_{ji}=\sum_t(x_{ti}-\bar{x}_i)(x_{tj}-\bar{x}_j),\quad i,j=1,2,\cdots,k$$

$$l_{iy}=\sum_t(x_{ti}-\bar{x}_i)(y_t-\bar{y}),\quad i=1,2,\cdots,k$$

方程组(2.3)称为**正规方程**.

在多元线性回归的研究中,矩阵是一个强有力的工具. 许多结论及其证明用矩阵表达出来显得简洁、清楚且便于记忆. 当然,对初学者来说,要学会使用矩阵记号及其运算. 下面利用矩阵论证最小二乘估计一定存在,并给出方程组(2.3)的一个重要的等价形式.

我们先用矩阵表示数据(2.1). 令

$$\boldsymbol{Y}=\begin{pmatrix} y_1 \\ y_2 \\ \vdots \\ y_n \end{pmatrix},\boldsymbol{b}=\begin{pmatrix} b_0 \\ b_1 \\ \vdots \\ b_k \end{pmatrix},\boldsymbol{E}=\begin{pmatrix} 1 \\ 1 \\ \vdots \\ 1 \end{pmatrix} \tag{2.4}$$

$$\boldsymbol{X}=\begin{pmatrix} x_{11} & x_{12} & \cdots & x_{1k} \\ x_{21} & x_{22} & \cdots & x_{2k} \\ \vdots & \vdots & & \vdots \\ x_{n1} & x_{n2} & \cdots & x_{nk} \end{pmatrix},\boldsymbol{C}=(\boldsymbol{E}\quad \boldsymbol{X}), \tag{2.5}$$

这里 $\boldsymbol{E}$ 是分量全是 1 的 n 维列向量(n 行 1 列的矩阵). 用 $\boldsymbol{A}'$表示矩阵 $\boldsymbol{A}$ 的转置, $\|\boldsymbol{a}\|$ 表示列向量 $\boldsymbol{a}$ 的长度即 $\|\boldsymbol{a}\|=\sqrt{\boldsymbol{a}'\boldsymbol{a}}$,例如 $\|\boldsymbol{E}\|=\sqrt{n}$, $\|\boldsymbol{Y}\|=\sqrt{y_1^2+y_2^2+\cdots+y_n^2}$.

令 $Q(\boldsymbol{b})=Q(b_0,b_1,\cdots,b_k)=\sum\limits_{t=1}^{n}[y_t-(b_0+b_1x_{t1}+\cdots+b_kx_{tk})]^2$,则

$$Q(\boldsymbol{b})=\|\boldsymbol{Y}-\boldsymbol{C}\boldsymbol{b}\|^2$$

设 $\tilde{\boldsymbol{b}}=(\tilde{b}_0,\tilde{b}_1,\cdots,\tilde{b}_k)'$,则

$$\begin{aligned} Q(\boldsymbol{b}) &= \|\boldsymbol{Y}-\boldsymbol{C}\tilde{\boldsymbol{b}}+\boldsymbol{C}(\tilde{\boldsymbol{b}}-\boldsymbol{b})\|^2=(\boldsymbol{Y}-\boldsymbol{C}\tilde{\boldsymbol{b}}+\boldsymbol{C}(\tilde{\boldsymbol{b}}-\boldsymbol{b}))'(\boldsymbol{Y}-\boldsymbol{C}\tilde{\boldsymbol{b}}+\boldsymbol{C}(\tilde{\boldsymbol{b}}-\boldsymbol{b})) \\ &= (\boldsymbol{Y}-\boldsymbol{C}\tilde{\boldsymbol{b}})'(\boldsymbol{Y}-\boldsymbol{C}\tilde{\boldsymbol{b}})+(\boldsymbol{C}(\tilde{\boldsymbol{b}}-\boldsymbol{b}))'\boldsymbol{C}(\tilde{\boldsymbol{b}}-\boldsymbol{b}) \\ &\quad +2(\boldsymbol{C}(\tilde{\boldsymbol{b}}-\boldsymbol{b}))'(\boldsymbol{Y}-\boldsymbol{C}\tilde{\boldsymbol{b}}) \\ &= \|\boldsymbol{Y}-\boldsymbol{C}\tilde{\boldsymbol{b}}\|^2+\|\boldsymbol{C}(\tilde{\boldsymbol{b}}-\boldsymbol{b})\|^2-2(\tilde{\boldsymbol{b}}-\boldsymbol{b})'(\boldsymbol{C}'\boldsymbol{C}\tilde{\boldsymbol{b}}-\boldsymbol{C}'\boldsymbol{Y}) \end{aligned} \tag{2.6}$$

由此知,若 $\tilde{\boldsymbol{b}}$ 满足方程

$$\boldsymbol{C}'\boldsymbol{C}\tilde{\boldsymbol{b}}=\boldsymbol{C}'\boldsymbol{Y} \tag{2.7}$$

则 $Q(\boldsymbol{b})\geqslant\|\boldsymbol{Y}-\boldsymbol{C}\tilde{\boldsymbol{b}}\|^2=Q(\tilde{\boldsymbol{b}})$. 即 $Q(\boldsymbol{b})$ 在 $\tilde{\boldsymbol{b}}$ 达到最小值. 我们指出方程(2.7)一定有解. 实际上,线性方程组(2.7)的增广矩阵

$$(\boldsymbol{C}'\boldsymbol{C}\quad \boldsymbol{C}'\boldsymbol{Y})=\boldsymbol{C}'(\boldsymbol{C}\quad \boldsymbol{Y})$$

可见增广矩阵的秩不超过矩阵 $\boldsymbol{C}$ 的秩,而 $\boldsymbol{C}'\boldsymbol{C}$ 与 $\boldsymbol{C}$ 有相同的秩,因而增广矩阵的秩与系数矩阵 $\boldsymbol{C}'\boldsymbol{C}$ 的秩相等. 根据线性方程组解的存在定理,方程(2.7)一定有解. 这就证明了 $b_0,b_1,\cdots,b_k$的最小二乘估计一定存在.

另一方面,若 $Q(\boldsymbol{b})$在 $\hat{\boldsymbol{b}}$ 达到最小值,设 $\tilde{\boldsymbol{b}}$ 是(2.7)的任何一个解,则从(2.6)知 $Q(\hat{\boldsymbol{b}})=Q(\tilde{\boldsymbol{b}})+\|\boldsymbol{C}(\tilde{\boldsymbol{b}}-\hat{\boldsymbol{b}})\|^2$. 由于 $Q(\boldsymbol{b})$ 在 $\hat{\boldsymbol{b}}$ 达到最小值,故 $\boldsymbol{C}(\tilde{\boldsymbol{b}}-\hat{\boldsymbol{b}})=0$. 从而 $\boldsymbol{C}\hat{\boldsymbol{b}}=\boldsymbol{C}\tilde{\boldsymbol{b}}$. 于是 $\boldsymbol{C}'\boldsymbol{C}\hat{\boldsymbol{b}}=\boldsymbol{C}'\boldsymbol{C}\tilde{\boldsymbol{b}}=\boldsymbol{C}'\boldsymbol{Y}$. 即 $\hat{\boldsymbol{b}}$ 一定满足(2.7).

总之,为了 $\hat{b}_0,\hat{b}_1,\cdots,\hat{b}_k$是 $b_0,b_1,\cdots,b_k$的最小二乘估计,必须且只需

$\hat{\boldsymbol{b}}=(\hat{b}_0,\hat{b}_1,\cdots,\hat{b}_k)'$满足方程(2.7).

下面指出方程(2.7)与方程组(2.3)是等价的(即前者的解一定是后者的解,反之亦然).从(2.5)知

$$\boldsymbol{C}'\boldsymbol{C}=\begin{pmatrix} n & \boldsymbol{E}'\boldsymbol{X} \\ \boldsymbol{X}\boldsymbol{E} & \boldsymbol{X}'\boldsymbol{X}\end{pmatrix}$$

$$\boldsymbol{C}'\boldsymbol{C}\begin{pmatrix} b_0 \\ b_1 \\ \vdots \\ b_k\end{pmatrix}=\begin{pmatrix} nb_0+\boldsymbol{E}'\boldsymbol{X}\begin{pmatrix} b_1 \\ b_2 \\ \vdots \\ b_k\end{pmatrix} \\ b_0\boldsymbol{X}\boldsymbol{E}+\boldsymbol{X}'\boldsymbol{X}\begin{pmatrix} b_1 \\ b_2 \\ \vdots \\ b_k\end{pmatrix}\end{pmatrix},$$

于是方程(2.7)就是下列方程组:

$$\begin{cases} nb_0+\boldsymbol{E}'\boldsymbol{X}\begin{pmatrix} b_1 \\ b_2 \\ \vdots \\ b_k\end{pmatrix}=\boldsymbol{E}'\boldsymbol{Y} & (2.8) \\ b_0\boldsymbol{X}\boldsymbol{E}+\boldsymbol{X}'\boldsymbol{X}\begin{pmatrix} b_1 \\ b_2 \\ \vdots \\ b_k\end{pmatrix}=\boldsymbol{X}'\boldsymbol{Y} & (2.9)\end{cases}$$

从(2.8)得

$$b_0=\frac{1}{n}\boldsymbol{E}'\boldsymbol{Y}-\frac{1}{n}\boldsymbol{E}'\boldsymbol{X}\begin{pmatrix} b_1 \\ b_2 \\ \vdots \\ b_k\end{pmatrix} \tag{2.10}$$

代入(2.9)得

$$\left[\boldsymbol{X}'\boldsymbol{X}-\frac{1}{n}\boldsymbol{X}\boldsymbol{E}\boldsymbol{E}'\boldsymbol{X}\right]\begin{pmatrix} b_1 \\ b_2 \\ \vdots \\ b_k\end{pmatrix}=\boldsymbol{X}'\boldsymbol{Y}-\frac{1}{n}\boldsymbol{X}\boldsymbol{E}\boldsymbol{E}'\boldsymbol{Y} \tag{2.11}$$

故方程(2.7)与方程组(2.10)—(2.11)等价.令 $\boldsymbol{L}=(l_{ij})_{k\times k}$,这里

$$l_{ij}=\sum_{t=1}^{n}(x_{ti}-\bar{x}_i)(x_{tj}-\bar{x}_j)$$

$$\bar{x}_i=\frac{1}{n}\sum_{t=1}^{n}x_{ti}(1\leqslant i\leqslant k)$$

易知

$$l_{ij}=\sum_{t=1}^{n}x_{ti}x_{tj}-\frac{1}{n}\sum_{t=1}^{n}x_{ti}\cdot\sum_{t=1}^{n}x_{tj}$$

故

$$\boldsymbol{L}=\boldsymbol{X}'\boldsymbol{X}-\frac{1}{n}\boldsymbol{XEE}'\boldsymbol{X}$$

类似地,$l_{iy}\triangleq\sum_{t=1}^{n}(x_{ti}-\bar{x}_i)(y_t-\bar{y})$

$$=\sum_{t=1}^{n}x_{ti}y_t-\frac{1}{n}\sum_{t=1}^{n}x_{ti}\cdot\sum_{t=1}^{n}y_t\quad\left(\bar{y}=\frac{1}{n}\sum_{t=1}^{n}y_t\right).$$

于是

$$\begin{pmatrix}l_{1y}\\l_{2y}\\\vdots\\l_{ky}\end{pmatrix}=\boldsymbol{X}'\boldsymbol{Y}-\frac{1}{n}\boldsymbol{XEE}'\boldsymbol{Y}$$

方程(2.11)就是

$$\boldsymbol{L}\begin{pmatrix}b_1\\b_2\\\vdots\\b_k\end{pmatrix}=\begin{pmatrix}l_{1y}\\l_{2y}\\\vdots\\l_{ky}\end{pmatrix}$$

方程(2.10)就是

$$b_0=\bar{y}-\sum_{i=1}^{k}b_i\bar{x}_i.$$

可见方程(2.7)与方程组(2.3)等价.方程(2.7)也叫正规方程,它在多元回归的研究中比方程组(2.3)更重要.

3. 平方和分解公式与 σ^2 的无偏估计

跟一元的情形类似,我们有平方和分解公式

$$l_{yy}=Q+U\tag{2.12}$$

其中

$$l_{yy}=\sum(y_t-\bar{y})^2$$

$$Q = \sum (y_t - \hat{y}_t)^2$$

$$U = \sum (\hat{y}_t - \bar{y})^2$$

而

$$\hat{y}_t = \hat{b}_0 + \hat{b}_1 x_{t1} + \hat{b}_2 x_{t2} + \cdots + \hat{b}_k x_{tk}, t = 1, 2, \cdots, n$$

还称 U 为回归平方和,Q 为剩余平方和.

(跟(1.11)类似,我们有

$$U = \hat{b}_1 l_{1y} + \hat{b}_2 l_{2y} + \cdots + \hat{b}_k l_{ky}$$

具体计算时,用这个公式是比较方便的.)

我们有

$$E[Q/(n-k-1)] = \sigma^2 \tag{2.13}$$

(实际上,可以证明 Q/σ^2 服从自由度为 $n-k-1$ 的χ^2分布.)记

$$\hat{\sigma}^2 = Q/(n-k-1)$$

(2.13)表明,$\hat{\sigma}^2$ 是 σ^2 的无偏估计.有时 $\hat{\sigma}^2$ 也用 s^2 来记.

4. 相关性检验

跟一元的情形类似,Y 与 $x_1, x_2, \cdots, x_k$ 间是否存在线性相关关系的问题,在模型(2.2)的假定下,也就是一个假设检验的问题.要检验的是假设 $H_0: b_1 = b_2 = \cdots = b_k = 0$.若经检验否定假设 H_0,则认为它们之间存在线性相关关系.

具体的统计量也是类似的:

$$F = \frac{U/k}{Q/(n-k-1)} \tag{2.14}$$

它是一元情形的推广[请读者将(2.14)跟(1.9)作个比较].可以证明,在(2.2)的假定以及假设 H_0成立的情况下,(2.14)给出的统计量 F 服从自由度为 $k, n-k-1$ 的 F 分布.于是,对给定的 α,将由(2.14)算出的 F 值跟相应的临界值 λ 作比较.如 $F > \lambda$,则否定 H_0;否则 H_0是相容的.

5. 偏回归平方和与因素主次的判别

以上几个小节的内容,纯属一元情形的推广,只是形式上复杂

些而已. 而本小节是多元回归问题所特有的.

先从判别因素的主次说起. 在实际工作中,我们还关心 Y 对 $x_1,x_2,\cdots,x_k$ 的线性回归中,哪些因素(即自变量)更重要些,哪些不重要. 怎样来衡量某个特定因素 $x_i(i=1,2,\cdots,k)$ 的影响呢? 我们知道,回归平方和 U 这个量,刻画了全体自变量 $x_1,x_2,\cdots,x_k$ 对于 Y 的总的线性影响. 为了研究 x_k 的作用,可以这样来考虑:从原来的 k 个自变量中扣除 x_k,我们知道这 $k-1$ 个自变量 $x_1,x_2,\cdots,x_{k-1}$ 对于 Y 的总的线性影响也是一个回归平方和,记作 $U_{(k)}$;我们称

$$u_k \triangleq U-U_{(k)}$$

为 $x_1,x_2,\cdots,x_k$ 中 x_k 的偏回归平方和. 这个偏回归平方和就可看作 x_k 产生的作用. 类似地,可定义 $U_{(i)}$.

一般地,称

$$u_i \triangleq U-U_{(i)} \quad (i=1,2,\cdots,k) \tag{2.15}$$

为 $x_1,x_2,\cdots,x_k$ 中 x_i 的偏回归平方和. 用它来衡量 x_i 在 Y 对 $x_1,x_2,\cdots,x_k$ 的线性回归中的作用的大小.

对于 u_i 的计算,我们有下式:

$$u_i=\frac{\hat{b}_i^2}{c_{ii}} \tag{2.16}$$

其中 c_{ii} 是矩阵 $(l_{ij})_{k\times k}$ 的逆矩阵的对角线上的第 i 个元素.

我们顺便指出,从理论上说,对于假设"$H_0:b_i=0$",可用统计量 $F_i=u_i/s^2$ 来检验. 这个统计量在 H_0 成立时服从自由度为 $1,n-k-1$ 的 F 分布. 实用上,如果根据观测值算出的 F_i 的数值大于 $\alpha=0.05$ 时的临界值,称变量 x_i 是显著的;而若算得的 F_i 的值还大于 $\alpha=0.01$ 时的临界值,就称 x_i 是高度显著的. 当 F_i 的值很小时,就应从回归方程中将 x_i 剔除.

最后,我们指出,基于数据(2.1)检验(2.2)中随机项 ε_1,

$\varepsilon_2, \cdots, \varepsilon_n$是否服从正态分布 $N(0,\sigma^2)$的办法也是有的,这属于残差分析的范围,本书从略. 参看[17].

例 2.1 (广告策略). 某公司为了推销商品,研究广告费用 x 与获得的纯利润 y 之间的关系,以确定最佳的广告策略. 调查以往的情况,有以下数据:

x	1	1	2	2	2	3	3	4	4	4	5	5
y	14.80	15.90	20.20	20.00	18.55	22.20	20.90	21.00	18.30	20.70	16.10	14.75

(单位:万元)

试找出 y 与 x 的相关关系式并确定最优的广告费.

解 先根据数据画出散点图.

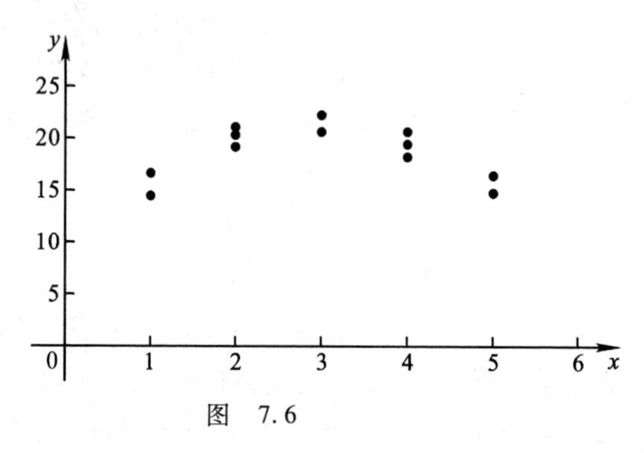

图 7.6

从图上看出 y 与 x 不是线性关系,自然想到用 x 的二次函数来近似 y. 即可认为有下列关系式:

$$y = b_0 + b_1 x + b_2 x^2 + \varepsilon$$

其中 ε 是随机项,$\varepsilon \sim N(0,\sigma^2)$($\sigma$ 未知)令 $x_1 = x, x_2 = x^2$,则上述关系式化为

$$y=b_0+b_1x_1+b_2x_2+\varepsilon.$$

这是二元线性回归模型. 从 x_1 的数据自然得到 $x_2=x^2$ 的数据. 设 x 的数据是 $x_{11},x_{21},\cdots,x_{n1}$,则 x_2 的数据是 $x_{12}=x_{11}^2,x_{22}=x_{21}^2,\cdots,x_{n2}=x_{n1}^2$,相应的 y 是 $y_1,y_2,\cdots,y_n$,

为了找出 b_0,b_1,b_2 的最小二乘估计,要解正规方程(2.3).

利用所给的数据,可计算出 $l_{11}=\sum_{t=1}^{n}(x_{t1}-\bar{x}_1)^2=22,l_{21}=l_{12}=\sum_{t=1}^{n}(x_{t1}-\bar{x}_1)(y_t-\bar{y})=132,l_{22}=\sum_{t=1}^{n}(x_{t2}-\bar{x}_2)^2=822.5$

$$(\bar{x}_1=\frac{1}{n}\sum_{t=1}^{n}x_{t1}=3,\bar{x}_2=\frac{1}{n}\sum_{t=1}^{n}x_{t2}=10.83,\bar{y}=\frac{1}{n}\sum_{t=1}^{n}y_t=18.61)$$

$$l_{1y}=\sum_{t=1}^{n}(x_{t1}-\bar{x}_1)(y_t-\bar{y})=\sum_{t=1}^{n}x_{t1}y_t-n\bar{x}_1\bar{y}=1.79$$

$$l_{2y}=\sum_{t=1}^{n}(x_{t2}-\bar{x}_2)(y_t-\bar{y})=\sum_{t=1}^{n}x_{t2}y_t-n\bar{x}_2\bar{y}=-33.7$$

解正规方程(2.3)得:

$$\hat{b}_0=7.97,\hat{b}_1=8.82,\hat{b}_2=-1.46$$

回归方程是

$$\hat{y}=7.97+8.82x-1.46x^2$$

为了检验假设 $H_0:b_1=0,b_2=0$,使用统计量 F(见(2.14)). 可算出 $F=21.2$. 查 F 分布表知 $F(2,9)$ 分布的 0.95 分位数是 4.26. 现在 $F>4.26$. 故应拒绝 H_0. 所以在检验水平 $\alpha=0.05$ 下,上述回归方程体现了 y 与 x,x^2 的线性相关关系. 利用这个回归方程可以进行预测. 易知 $x=3.02$ 时相应的 $\hat{y}$ 最大. 即广告费是 3.02(万元)时纯利润最大.

* **例 2.2**(生理节律模型)　为了测定一个人在 24 小时内的生理节律(例如血压(收缩压或舒张压)如何随时间而变化),一些学者提出了下列模型

$$f(t)=M+A\cos(\omega t+\phi),$$

其中 M 是基准值,A 是振幅,ϕ 是相位,ω 是角频率,例如 $\omega=360/24$. $f(t)$是所关心的生理指标. 问题是:设有观测值 $y_j=f(t_j)+\varepsilon_j(j=1,2,\cdots,n)$,这里 t_j是第 j 个观测时刻,$\varepsilon_1,\varepsilon_2,\cdots,\varepsilon_n$是相互独立的随机项,$\varepsilon_j\sim N(0,\sigma^2)$($\sigma$ 未知),如何估计 M,A,ϕ? ($0\leqslant\phi<360°$).

解 易知

$$y_j=M+A\cos\phi\cdot\cos\omega t_j-A\sin\phi\cdot\sin\omega t_j+\varepsilon_j$$

故

$$y_j=M+\beta x_j+\gamma z_j+\varepsilon_j(j=1,2,\cdots,n),$$

这里 $x_j=\cos\omega t_j,z_j=\sin\omega t_j$,

$$\beta=A\cos\phi,\gamma=-A\sin\phi. \tag{2.17}$$

这便化成了二元线性回归模型.

我们可利用正规方程(2.3)求出 β,γ 的最小二乘估计 $\hat{\beta},\hat{\gamma}$.

易知,$l_{11}=\sum_{j=1}^{n}(x_j-\bar{x})^2,l_{22}=\sum_{1}^{n}(z_j-\bar{z})^2,l_{12}=\sum_{j=1}^{n}(x_j-\bar{x})(z_j-\bar{z}),(\bar{x}=\frac{1}{n}\sum_{j=1}^{n}x_j,\bar{z}=\frac{1}{n}\sum_{j=1}^{n}z_j)$.

$$l_{1y}=\sum_{j=1}^{n}(x_j-\bar{x})(y_j-\bar{y})\qquad(\bar{y}=\frac{1}{n}\sum_{j=1}^{n}y_j)$$

$$l_{2y}=\sum_{j=1}^{n}(z_j-\bar{z})(y_j-\bar{y}).$$

解正规方程,得

$$\hat{\beta}=\frac{l_{22}l_{1y}-l_{12}l_{2y}}{l_{11}l_{22}-l_{12}^2},\hat{\gamma}=\frac{-l_{12}l_{1y}+l_{11}l_{2y}}{l_{11}l_{22}-l_{12}^2}$$

$$\hat{M}=\bar{y}-\bar{x}\hat{\beta}-\bar{z}\hat{\gamma},$$

从(2.17)可得到 A 和 ϕ 的估计 $\hat{A},\hat{\phi}$

$$\hat{A}=\sqrt{(\hat{\beta})^2+(\hat{\gamma})^2}$$

$$\hat{\phi}=\begin{cases}360^\circ-\theta & \text{当 } \hat{\beta}>0,\hat{\gamma}\geqslant 0\\ \theta & \hat{\beta}>0,\hat{\gamma}<0\\ \theta+180^\circ & \hat{\beta}\leqslant 0,\hat{\gamma}\geqslant 0\\ 180^\circ-\theta & \hat{\beta}\leqslant 0,\hat{\gamma}<0,\end{cases}$$

其中 $\theta=\arctan\left(\left|\dfrac{\gamma}{\beta}\right|\right)(0\leqslant\theta\leqslant 90^\circ)$,

于是有非线性回归方程

$$\hat{y}=\hat{M}+\hat{A}\cos(\omega t+\hat{\phi}) \tag{2.18}$$

这个方程是否有意义呢？要检验振幅 A 是否为零. 这等价于检验 $H_0:\beta=\gamma=0$. 使用统计量

$$F=\frac{U/2}{Q/(n-3)} \quad (\text{见}(2.14))$$

在 H_0 下 F 服从自由度为 $2,n-3$ 的 F 分布、若检验水平为 0.05. λ 是这个 F 分布的 0.95 分位数,则当 $F>\lambda$ 时应拒绝 H_0,从而方程(2.18)是有意义的.(若 $F\leqslant\lambda$,则不能拒绝 H_0,方程(2.18)没有意义)在计算 F 时,注意 $U=l_{1y}\hat{\beta}+l_{2y}\hat{\gamma}$,$Q=l_{yy}-U$,这里 $l_{yy}=\sum\limits_{i=1}^{n}(y_i-\bar{y})^2$.

在实际工作中,通常观测时刻是等间隔的,$t_j=\dfrac{j-1}{n}(j=1,2,\cdots,n)$且 $\omega=360^\circ$.(最常见的情况是 $n=12$ 或 24)这时上面的计算公式均大为简单. 实际上,$\sum\limits_{j=1}^{n}x_j=\sum\limits_{j=1}^{n}\cos\omega t_j=0$,$\sum\limits_{j=1}^{n}z_j=\sum\limits_{j=1}^{n}\sin\omega t_j=0$,$\sum\limits_{j=1}^{n}x_jz_j=\sum\limits_{j=1}^{n}(\cos\omega t_j)\sin\omega t_j=0$①. $\sum\limits_{j=1}^{n}x_j^2=$

---

① 利用公式

$$\cos k\theta=\frac{\sin\left(k+\dfrac{1}{2}\right)\theta-\sin\left(k-\dfrac{1}{2}\right)\theta}{2\sin\dfrac{\theta}{2}} \quad (\text{当分母不是 }0)$$

$$\sum_{k=0}^{n-1}\left(\frac{1+\cos 2k\theta}{2}\right)=\frac{n}{2}\quad\left(\theta=\frac{360^\circ}{n}\right)$$

同理 $\sum\limits_{j=1}^{n} z_j^2=\frac{n}{2}$.

于是 $\hat{M}=\frac{1}{n}\sum\limits_{j=1}^{n} y_j=\bar{y},\hat{\beta}=\frac{1}{n}\sum\limits_{j=1}^{n} x_jy_j,\hat{\gamma}=\frac{1}{n}\sum\limits_{j=1}^{n} z_jy_j$,统计量 F 为

$$F=\frac{n\hat{A}^2/2}{Q/n-3}\quad(\text{因为 } U=n(\hat{\beta})^2+n(\hat{\gamma})^2)$$

这里 $\hat{A}^2=\hat{\beta}^2+\hat{\gamma}^2,Q=l_{yy}-n\hat{A}^2$. 这些都是便于应用的简单公式.

习题十八

1. 炼铝厂测得所产铸模用的铝的硬度 x 与抗张强度 y 数据如下:

x	68	53	70	84	60	72	51	83	70	64
y	288	293	349	343	290	354	283	324	340	286

求 y 对 x 的回归直线.

2. 检验第 1 题所得回归直线的显著性.

3. 对于第 1 题所讨论的问题,试预报当铝的硬度 $x=65$ 时的抗张强度 y.

(接上页注)
知道

$$\sum_{k=0}^{n-1}\cos k\theta=\frac{2\sin\frac{n\theta}{2}\cdot\cos\frac{(n-1)\theta}{2}}{2\sin\frac{\theta}{2}}$$

故 $\theta=\frac{360^\circ}{n}$时, $\sum\limits_{k=0}^{n-1}\cos k\theta=0\quad(n\geqslant 2)$

同理知 $\sum\limits_{k=0}^{n-1}\sin k\theta=0$, $\sum\limits_{k=0}^{n-1}\cos k\theta\cdot\sin k\theta=0$.

§3 逻辑斯谛(Logistic)回归模型

在§1和§2中讨论的经典线性回归模型里,因变量(响应变量)是连续变量.在实际工作中(特别是对社会现象的研究中)常遇到因变量只取分类值尤其是只取二分类值(即0或1)的情形,这时就不能用§1和§2中的处理方法了.例如用x表示一个家庭的年收入,$Y=1$表示该家庭在一段时间内购买某种耐用消费品(例如汽车),$Y=0$表示不购买这种耐用消费品,我们要研究的是概率$P(Y=1)$与x的关系.

更一般地,若随机变量Y只取值0或1,有若干个变量x_1,$x_2,\cdots,x_k$影响Y的取值,我们关心的是概率$p=P(Y=1)$是如何依赖于$x_1,x_2,\cdots,x_k$的.

对p的研究等价于对$\frac{p}{1-p}$的研究,因为$\frac{p}{1-p}$是p的严格增连续函数.$\frac{p}{1-p}$叫做发生比或优比(odds ratio).如果有下列关系式:

$$\ln\frac{p}{1-p}=\beta_0+\sum_{i=1}^{k}\beta_i x_i \tag{3.1}$$

(其中$\beta_0,\beta_1,\cdots,\beta_k$是常数),则称二分类变量$Y$与自变量$x_1$,$x_2,\cdots,x_k$的关系符合逻辑斯谛回归模型.这里$p=P(Y=1)$,为了体现这个概率与$x_1,x_2,\cdots,x_k$的联系,常写成$P(Y=1|x_1,x_2,\cdots,x_k)$.(3.1)有下列等价形式:

$$P(Y=1|x_1,x_2,\cdots,x_k)=\frac{\exp\{\beta_0+\sum_{i=1}^{k}\beta_i x_i\}}{1+\exp\{\beta_0+\sum_{i=1}^{k}\beta_i x_i\}}$$

在(3.1)中,$\beta_0,\beta_1,\cdots,\beta_k$通常是未知的,需要利用数据进行估

计. 一旦这些参数的值确定了,(3.1)式就可用来对 p 进行预测,也可用来对各自变量的重要性进行评价.

为简单计,以下只考虑 $K=1$(即一个自变量)的情形,用 x 表示 x_1. 这时(3.1)化为

$$\ln\frac{p}{1-p}=\beta_0+\beta_1 x \tag{3.2}$$

令 $p(x)=P(Y=1|x)$,则

$$p(x)=\frac{\exp\{\beta_0+\beta_1 x\}}{1+\exp\{\beta_0+\beta_1 x\}} \tag{3.3}$$

怎样估计未知参数 β_0,β_1 呢? 通常有两个办法:最大似然估计法和加权最小二乘法.

最大似然法 设有下列数据:$x=x_i$ 时 Y 的值是 $y_i(i=1,2,\cdots,n)$,$y_i=0$ 或 1. 应注意,这里 x_i 是自变量 x 的第 i 个值,不是(3.1)中的第 i 个自变量!

显然,

$$P(Y=y_i|x_i)=[p(x_i)]^{y_i}[1-p(x_i)]^{1-y_i}$$

于是观测值 $(x_1,y_1),(x_2,y_2),\cdots,(x_n,y_n)$ 对应的似然函数是

$$L(\beta_0,\beta_1)=\prod_{i=1}^{n}[p(x_i)]^{y_i}[1-p(x_i)]^{1-y_i}$$

于是

$$\ln L(\beta_0,\beta_1)=\sum_{i=1}^{n}y_i(\beta_0+\beta_1 x_i)-\sum_{i=1}^{n}\ln(1+\mathrm{e}^{\beta_0+\beta_1 x_i}).$$

令

$\dfrac{\partial\ln L(\beta_0,\beta_i)}{\partial\beta_i}=0\quad(i=0,1)$. 得似然方程组:

$$\sum_{i=1}^{n}\left(y_i-\frac{\mathrm{e}^{\beta_0+\beta_1 x_i}}{1+\mathrm{e}^{\beta_0+\beta_1 x_i}}\right)=0$$

$$\sum_{i=1}^{n}\left(y_i-\frac{\mathrm{e}^{\beta_0+\beta_1 x_i}}{1+\mathrm{e}^{\beta_0+\beta_1 x_i}}\right)x_i=0$$

若$(\hat{\beta}_0,\hat{\beta}_1)$是似然方程组的根且$x_1,x_2,\cdots,x_n$不全相等,则似然方程组的根是惟一的,而且$(\hat{\beta}_0,\hat{\beta}_1)$是$L(\beta_0,\beta_1)$的最大值点,因而$\hat{\beta}_0,\hat{\beta}_1$分别是$\beta_0,\beta_1$的最大似然估计.(可以证明,$\ln L(\beta_0,\beta_1)$是二元严格凹函数).但应注意的是,似然方程组有时无根(例如,所有y_i都是1的情形).在SAS和SPSS等国际流行的软件包里都有计算最大似然估计$\hat{\beta}_0,\hat{\beta}_1$的程序.

加权最小二乘法 此法对数据有些特殊要求.设$x=x_i$时对Y作了n_i次观测(n_i较大),其中事件$\{Y=1\}$发生了γ_i次$(i=1,2,\cdots,m)$.$(x_1,x_2,\cdots,x_m$两两不同).通常用

$$z_i \triangleq \ln \frac{\gamma_i+0.5}{n_i-\gamma_i+0.5} \tag{3.4}$$

作为$\ln \dfrac{p(x_i)}{1-p(x_i)}$的估计值$(i=1,2,\cdots,m)$.

令

$$\nu_i \triangleq \frac{(n_i+1)(n_i+2)}{n_i(\gamma_i+1)(n_i-\gamma_i+1)} \qquad (i=1,\cdots,m) \tag{3.5}$$

$$\widetilde{Q}(\beta_0,\beta_1) \triangleq \sum_{i=1}^{m} \frac{1}{\nu_i}(z_i-\beta_0-\beta_1 x_i)^2$$

使$\widetilde{Q}(\beta_0,\beta_1)$达到最小值的$\widetilde{\beta}_0,\widetilde{\beta}_1$称为$\beta_0,\beta_1$的加权最小二乘估计.这里$\dfrac{1}{\nu_1},\dfrac{1}{\nu_2},\cdots,\dfrac{1}{\nu_m}$就是所谓的权.可以证明加权最小二乘估计存在且惟一.令$\dfrac{\partial\widetilde{Q}(\beta_0,\beta_1)}{\partial\beta_i}=0\ (i=0,1)$,得方程组:

$$\beta_0\sum_{1}^{m}\frac{1}{\nu_i}+\beta_1\sum_{i=1}^{m}\frac{x_i}{\nu_i}=\sum_{i=1}^{m}\frac{z_i}{\nu_i}$$

$$\beta_0\sum_{1}^{m}\frac{x_i}{\nu_i}+\beta_1\sum_{i=1}^{m}\frac{x_i^2}{\nu_i}=\sum_{i=1}^{m}\frac{x_i z_i}{\nu_i}$$

解此方程组,可得加权最小二乘估计如下:

$$\hat{\beta}_0 = \frac{1}{l_1 l_3 - (l_2)^2}(l_5 l_3 - l_2 l_4) \tag{3.6}$$

$$\hat{\beta}_1 = \frac{1}{l_1 l_3 - (l_2)^2}(l_1 l_4 - l_2 l_5) \tag{3.7}$$

这里 $l_1 = \sum_{i=1}^{m} \frac{1}{\nu_i}$, $l_2 = \sum_{i=1}^{m} \frac{x_i}{\nu_i}$, $l_3 = \sum_{i=1}^{m} \frac{x_i^2}{\nu_i}$, $l_4 = \sum_{i=1}^{m} \frac{x_i z_i}{\nu_i}$, $l_5 = \sum_{i=1}^{m} \frac{z_i}{\nu i}$.

加权最小二乘估计是基于什么思想导出的呢?本来应用 $\frac{\gamma_i}{n_i - \gamma_i}$作为$\frac{p(x_i)}{1-p(x_i)}$的估计. 为了避免分子和分母出现零,用 $\frac{\gamma_i + 0.5}{n_i - \gamma_i + 0.5}$作为$\frac{p(x_i)}{1-p(x_i)}$的估计. 可以证明(基于概率论中的极限定理),$z_i = \ln \frac{\gamma_i + 0.5}{n_i - \gamma_i + 0.5}$近似服从正态分布 $N\left(\ln \frac{p(x_i)}{1-p(x_i)}, \frac{1}{n_i p(x_i)[1-p(x_i)]}\right)$,所以 $z_i = \ln \frac{p(x_i)}{1-p(x_i)} + \varepsilon_i$,这里 ε_i近似服从正态分布 $N(0, \Delta_i)$, $\Delta_i = \frac{1}{n_i p(x_i)[1-p(x_i)]}$. 自然用 ν_i估计 Δ_i(ν_i 之定义见(3.5)). 利用(3.2)知

$$z_i = \beta_0 + \beta_1 x_i + \varepsilon_i, \quad (i = 1, 2, \cdots, m)$$

这里 ε_i近似服从 $N(0, \nu_i)$. 注意 $\nu_1, \nu_2, \cdots, \nu_m$不一定相等. 令 $\tilde{\varepsilon}_i = \frac{1}{\sqrt{\nu_i}} \varepsilon_i (i = 1, 2, \cdots, m)$,则

$$\frac{1}{\sqrt{\nu_i}} z_i = \frac{1}{\sqrt{\nu_i}}(\beta_0 + \beta_1 x_i) + \tilde{\varepsilon}_i$$

这里 $\tilde{\varepsilon}_1, \tilde{\varepsilon}_2, \cdots, \tilde{\varepsilon}_m$的方差相等. 仿效通常的最小二乘法的想法,应

找 β_0,β_1 使得平方和 $\sum_{i=1}^{m}\left[\frac{1}{\sqrt{\nu_i}}z_i-\frac{1}{\sqrt{\nu_i}}(\beta_0+\beta_1 x_i)\right]^2$ 达到最小. 这个平方和就是上文定义的 $\widetilde{Q}(\beta_0,\beta_1)$. 因而使用加权最小二乘估计是有道理的.

例 3.1(社会调查) 一个人在家是否害怕生人来？我们研究人的文化程度对此问题的影响. 因变量

$$Y=\begin{cases}1 & \text{害怕}\\ 0 & \text{不害怕}\end{cases}$$

自变量 x 是文化程度,取 4 个可能的值:x_1,x_2,x_3,x_4. 这里

$x_1=0$ 表示文盲,$x_2=1$ 表示小学文化程度,$x_3=2$ 表示中学文化程度,$x_4=3$ 表示大专以上(包含大专)文化程度.

根据一项社会调查报告,有下列数据:

自变量(x)	不害怕($Y=0$)人数	害怕($Y=1$)人数
0	11	7
1	45	32
2	664	422
3	168	72

我们可用逻辑斯谛(Logistic)回归模型对上述数据进行统计分析. 用 $p(x)$ 表示一个人的文化程度是 x 时害怕生人的概率,即 $p(x)=P(Y=1\mid x)$. 考虑模型(3.2),即

$$\ln\frac{p(x)}{1-p(x)}=\beta_0+\beta_1 x$$

我们用加权最小二乘法估计 β_0,β_1.

根据上面的数据,利用(3.4)和(3.5)可算出:$z_1=-0.3847$, $z_2=-0.3269$, $z_3=-0.4515$, $z_4=-0.8425$, $\nu_1=0.2199$, $\nu_2=0.0527$, $\nu_3=0.00387$, $\nu_4=0.0197$.

利用(3.6)和(3.7),可算得 $\hat{\beta}_0 = 0.013$,$\hat{\beta}_1 = -0.25$. 于是有回归方程

$$\ln \frac{p(x)}{1-p(x)} \approx 0.013 - 0.25x$$

即

$$P(Y=1 \mid x) \approx \frac{\exp\{0.013 - 0.25x\}}{1+\exp\{0.013 - 0.25x\}}$$

不难看出,一个人文化程度越高,害怕生人的概率越低.

以上只对一个自变量的逻辑斯谛回归作了初步介绍. 若要了解更多的知识,请参看张尧庭编著的《定性资料的统计分析》一书(广西师范大学出版社,1991).

第八章 正交试验法

在生产和科研项目中,为了改革旧工艺或试制新产品,经常要做许多多因素试验.如何安排多因素试验,是一个很值得研究的问题.试验安排得好,既可减少试验次数、缩短时间和避免盲目性,又能得到好的结果;试验安排得不好,试验次数既多,结果还不一定满意."正交试验法"是研究与处理多因素试验的一种科学方法,它在实际经验与理论认识的基础上,利用一种排列整齐的规格化的表——"正交表",来安排试验.由于正交表具有"均衡分散"的特点,能在考察范围内,选出代表性强的少数次试验条件,做到能均衡抽样.由于是均衡抽样,能够通过少数的试验次数,找到较好的生产条件,即最优或较优的方案.

正交试验法(又称正交设计法、正交法)在国外已得到广泛的应用.特别在日本,对经济的发展起了很好的作用.在我国,正交法的理论工作有了进展,应用效率有了提高,也取得了不少可喜的成果.但是应用的规模,比之国外还有不小差距.今后,值得大力推广普及,使得这种科学方法能更好地为四个现代化服务.

本章从实用的角度介绍正交试验法的基本内容,至于它的数学理论(特别是它与数理统计一般理论的关系)就不去讨论了.

§1 正 交 表

下面先来介绍两张最常用的正交表.

正交表 $L_8(2^7)$

试验号 \ 列号	1	2	3	4	5	6	7
1	1	1	1	2	2	1	2
2	2	1	2	2	1	1	1
3	1	2	2	2	2	2	1
4	2	2	1	2	1	2	2
5	1	1	2	1	1	2	2
6	2	1	1	1	2	2	1
7	1	2	1	1	1	1	1
8	2	2	2	1	2	1	2

正交表 $L_9(3^4)$

试验号 \ 列号	1	2	3	4
1	1	1	3	2
2	2	1	1	1
3	3	1	2	3
4	1	2	2	1
5	2	2	3	3
6	3	2	1	2
7	1	3	1	3
8	2	3	2	2
9	3	3	3	1

正交表 $L_8(2^7)$有 8 个横行 7 个直列,由字码“1”和“2”组成.它有两个特点:

(1) 每直列恰有四个“1”和四个“2”;

(2) 任意两个直列,其横方向形成的八个数字对中,恰好(1,1),(1,2),(2,1)和(2,2)各出现两次.这就是说对于任意两个直列,字码“1”,“2”间的搭配是均衡的.

正交表 $L_9(3^4)$有 9 个横行、4 个直列,由字码“1”,“2”和“3”组成.它也具有两个特点:

(1) 每直列中,“1”,“2”和“3”出现的次数相同,都是三次;

(2) 任意两个直列,其横方向形成的九个数字对中,(1,1),(1,2),(1,3),(2,1),(2,2),(2,3),(3,1),(3,2)和(3,3)出现的次数相同,都是一次;即任意两列的字码“1”,“2”和“3”间的搭配是均衡的.

其他常用的正交表列于附表中,它们都具有“搭配均衡”的特性,这也就是正交表的“正交性”的含义.至于正交表记号所表示的意思，如下图所示：

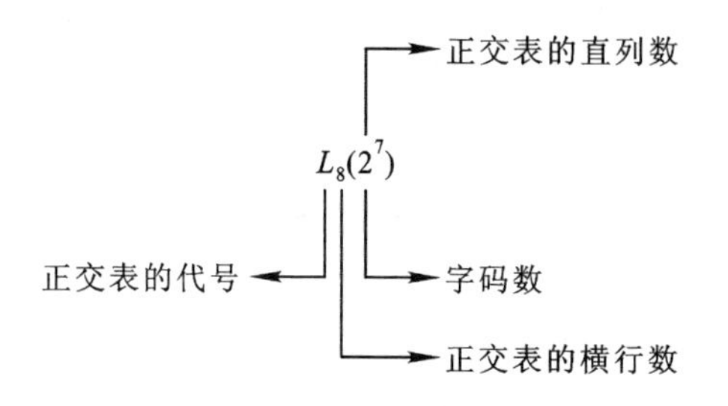

怎样利用正交表来安排与分析多因素试验呢？在第二节中我们将用几个实例来详细说明.

§2 几个实例

例 2.1 2,4-二硝基苯肼的工艺改革

1. 试验目的与考核指标

2,4-二硝基苯肼是一种试剂产品. 过去的工艺过程长、工作量大且产品经常不合格. 北京化工厂改革了工艺，采用 2,4-二硝基氯代苯（以下简称氯代苯）与水合肼在乙醇作溶剂的条件下合成的新工艺. 小试验已初步成功，但产率只有 45%，希望用正交法找出好生产条件，达到提高生产的目的. 考核指标是产率（%）与外观（颜色）.

2. 制定因素位级表

影响试验结果的因素是多种多样的. 通过分析矛盾，在集思广益的基础上，决定本试验需考察乙醇用量、水合肼用量、反应温度、反应时间、水合肼纯度和搅拌速度六种因素. 对于这六个要考察的因素，现分别按具体情况选出要考察、比较的条件——正交法中称之为**位级**（也称水平）.

因素 A——乙醇用量

第一位级 $A_1 = 200$ mL,第二位级 $A_2 = 0$ mL(即中途不再加乙醇).(挑选这个因素与相应的位级,是为了考察一下能否砍掉中途加乙醇这道工序?从而节约一些乙醇.)

因素 B——水合肼用量

第一位级 B_1 = 理论量的 2 倍,第二位级 B_2 = 理论量的 1.2 倍.

(水合肼的用量应超过理论量,但应超过多少?心中无数.经过讨论,选了 2 倍和 1.2 倍两个位级来试一试.)

因素 C——反应温度

第一位级 C_1 = 回流温度,第二位级 C_2 = 60℃.(回流温度容易掌握,便于操作,但对反应是否有利呢?现另选一个 60℃ 跟它比较.)

因素 D——反应时间

第一位级 $D_1 = 4$ h,第二位级 $D_2 = 2$ h.

因素 E——水合肼纯度

第一位级 E_1 = 精品(浓度为 50%),第二位级 E_2 = 粗品(浓度为 20%).

(考察这个因素是为了看看能否用粗品取代精品,以降低成本与保障原料的供应.)

因素 F——搅拌速度

第一位级 = 中快速,第二位级 = 快速.

(考察本因素及反应时间 D,是为了看看不同的操作方法对于产率和质量的影响.)

现把以上的讨论,综合成一张**因素位级表**:

因素	乙醇用量 A (mL)	水合肼用量 B	温度 C	时间 D (h)	水合肼纯度 E	搅拌速度 F
位级 1	200	理论量的 2 倍	回流	4	精品	中快
位级 2	0	理论量的 1.2 倍	60℃	2	粗品	快速

由表看出,不同的位级可以是不同的原料用量(如 A,B),也可以是不同的操作方法(如 C,D,F),或不同的原料(如 E)等等. 至于每个因素要考察几个位级,这可根据需要及可能而定. 可以选用二位级,三位级或更多的位级(详见 §3).

因素、位级选好了,怎么去安排试验呢? 如果要把全部搭配都试验一遍,六因素二位级需要做 $2^6=64$ 次试验,如果用正交表 $L_8(2^7)$ 来安排,意味着从 64 次试验中挑出 8 个代表先做试验.

3. 确定试验方案

表 $L_8(2^7)$ 最多能安排 7 个 2 位级的因素. 本例有 6 个因素,可用该表来安排. 具体过程如下:

(1) 因素顺序上列.

按照因素位级表中固定下来的六种因素的次序,A(乙醇用量)、B(水合肼用量)、C(反应温度)、D(反应时间)、E(水合肼纯度)和 F(搅拌速度),顺序地放到 $L_8(2^7)$ 前面的六个直列上,每列上放一种. 第 7 列没有放因素,那么,它在安排试验条件上不起作用,我们可抹掉它.

(2) 位级对号入座.

六种因素分别在各列上安置好以后,再来把相应的位级,按因素位级表所确定的关系,对号入座. 具体来说:

第 1 列由 A(乙醇用量)所占有,那么,在第 1 列的四个号码"1"的后面,都写上"200 mL",即因素位级表中因素 A 的位级 1 所对应的具体用量 A_1;在第 1 列的四个号码"2"的后面都写上"0 mL",即 A_2. 其余几列是类似的. 综合得表 8.1.

(3) 列出试验条件.

表 8.1 是一张列好的试验方案表. 表的每一横行代表要试验的一种条件. 每种条件试验一次,该表共 8 个横行,因此要做 8 次试验. 8 次试验的具体条件如下:

第 1 号试验:$A_1B_1C_1D_2E_2F_1$,具体内容是

表 8.1

试验号＼列号＼因素	乙醇用量 A	水合肼用量 B	温度 C	时间 D	水合肼纯度 E	搅拌速度 F
	1	2	3	4	5	6
1	1(200 mL)	1(2 倍)	1(回流)	2(2 h)	2(粗品)	1(中快)
2	2(0 mL)	1(2 倍)	2(60℃)	2(2 h)	1(精品)	1(中快)
3	1(200 mL)	2(1.2 倍)	2(60℃)	2(2 h)	2(粗品)	2(快)
4	2(0 mL)	2(1.2 倍)	1(回流)	2(2 h)	1(精品)	2(快)
5	1(200 mL)	1(2 倍)	2(60℃)	1(4 h)	1(精品)	2(快)
6	2(0 mL)	1(2 倍)	1(回流)	1(4 h)	2(粗品)	2(快)
7	1(200 mL)	2(1.2 倍)	1(回流)	1(4 h)	1(精品)	1(中快)
8	2(0 mL)	2(1.2 倍)	2(60℃)	1(4 h)	2(粗品)	1(中快)

乙醇用量:200 mL;

水合肼用量:理论量的 2 倍;

反应温度:回流温度;

反应时间:2 h;

水合肼纯度:粗品;

搅拌速度:中快.

第 3 号试验:$A_1 B_2 C_2 D_2 E_2 F_2$,读者不难看出它的具体内容.

同样可以写出另外六个试验条件.

到这里,就完成了试验方案的制订工作.我们通过正交表 $L_8(2^7)$,从全体六十四种搭配中选了有规则的八个来做试验,这八个试验同时考察了六个因素,并且满足以下两条:1°任何一个因素的任何一个位级都作了四次试验.2°任何两个因素的任何一种位级搭配都作了两次试验.因此这八个试验条件均衡地分散到全体 64 个搭配条件中,对全体有较强的代表性.

方案排好了.随后的任务是按照方案中规定的每号条件严格

操作,并记录下每号条件的试验结果.至于8个试验的顺序,并无硬性规定,看看怎么方便而定.对于没有参加正交表的因素,最好让它们保持良好的固定状态;如果试验前已知其中某些因素的影响较小,也可以让它们停留在容易操作的自然状态.

4. 试验结果的分析

本例的考察指标是产品的产率和颜色.八个试验的结果填在表8.2的右方.

怎样充分利用这八个试验的结果呢?

(1) 直接看.

直接比较八个试验的产率,容易看出:

第2号试验的产率为65%,最高;其次是第5号试验,为63%.这些好效果,是通过试验的实践直接得到的,比较可靠.

对于另一项指标——外观.开始同时做这八个试验时,第2号和第7号是紫色,颜色不合格;而第2号的产率还是最高.为弄清出现紫色的原因,对这两号条件又各重复做一次试验.结果,产率差别不大;奇怪的是,其颜色却得到桔黄色的合格品.这表明,对于产率,试验是比较准确的;对于颜色,还有重要因素没有考察又没有固定在某个状态.工人师傅对这两号试验的前后两种情况进行具体分析后推测,影响颜色的重要因素可能是加料速度,决定在下批试验中进一步考察.

(2) 算一算.

对于正交试验的数量结果,通过简单的计算,往往能由此找出更好的条件,也能粗略地估计一下哪些因素比较重要,以及各因素的好位级在什么地方.怎么算呢?

在表8.2每一列的下方,分别列出了Ⅰ,Ⅱ与极差R,它们的算法如下:

如第1列的因素是乙醇用量A.它的Ⅰ$=215$,是由这一列四个位级1(A_1)的产率加在一起得出的.第1列的数码“1”所相应的试验号是第1,3,5和7号,所以

表 8.2

试验计划							试验结果	
因素 / 列号 / 试验号	乙醇用量 A	水合肼用量 B	温度 C	时间 D	水合肼纯度 E	搅拌速度 F	产率 (%)	颜色
	1	2	3	4	5	6		
1	1(200 mL)	1(2 倍)	1(回流)	2(2 h)	2(粗品)	1(中快)	56	桔黄
2	2(0 mL)	1	2(60°C)	2	1(精品)	1	65	紫色,桔黄
3	1	2(1.2 倍)	2	2	2	2(快)	54	桔黄
4	2	2	1	2	1	2	43	桔黄
5	1	1	2	1(4 h)	1	2	63	桔黄
6	2	1	1	1	2	2	60	桔黄
7	1	2	1	1	1	1	42	紫色,桔黄
8	2	2	2	1	2	1	42	桔黄
Ⅰ = 位级 1 四次产率之和	215	244	201	207	213	205	Ⅰ + Ⅱ = 425 = 总和	
Ⅱ = 位级 2 四次产率之和	210	181	224	218	212	220		
极差 R = Ⅰ,Ⅱ中,大数 - 小数	5	63	23	11	1	15		

$$(\text{产率和数})\ \mathrm{I} = ① + ③ + ⑤ + ⑦$$
$$= 56 + 54 + 63 + 42 = 215$$

同样，Ⅱ = 210，是由第 1 列中四个位级 2(A_2)的产率加在一起得出的，即

$$(\text{产率和数})\ \mathrm{II} = ② + ④ + ⑥ + ⑧$$
$$= 65 + 43 + 60 + 42 = 210$$

其他五列的计算 Ⅰ，Ⅱ 的方法，跟第 1 列相同.

为了检查计算是否正确，对每列算得的 Ⅰ 和 Ⅱ 进行验证：

Ⅰ + Ⅱ = 425(即 8 次试验产率的总和)

至于各列的极差 R，由各列 Ⅰ，Ⅱ 两数中，用大数减去小数即得.

怎样看待这些计算所得的结果呢？

首先，对于各列，比较其产率和数 Ⅰ 和 Ⅱ 的大小. 若 Ⅰ 比 Ⅱ 大，则占有该列的因素的位级 1，在产率上通常比位级 2 好；若 Ⅱ 比 Ⅰ 大，则占有该列的因素的位级 2 比位级 1 好. 比如第 4 列的 Ⅱ = 218，它比 Ⅰ = 207 大，这大致表明了时间因素以 2 位级为好，即反应时间 2 h 优于 4 h.

极差 R 的大小用来衡量试验中相应因素作用的大小. 极差大的因素，意味着它的两个位级对于产率所造成的差别比较大，通常是重要因素. 而极差小的因素往往是不重要的因素. 在本例中，第 2 列(水合肼用量 B 所占有)的 $R = 63$，比其他各列的极差大. 它表明对产率来说，水合肼用量是重要因素，理论量的 2 倍比 1.2 倍明显地提高产率. 要想再提高产率，可对水合肼用量详加考察，决定在第二批试验中进行. 第 3，6 和 4 列的 R 分别是 23，15 和 11，相对来说居中，表明反应温度、搅拌速度和反应时间是二等重要的因素，生产中可采用它们的好位级，本例中为 C_2，F_2 和 D_2. 第 Ⅰ 列的 $R = 5$，第 5 列的 $R = 1$，极差值都很小，说明两个位级的产率差不多，因而这两个因素是次要因素. 本着减少工序、节约原料、降低成本和保障供应的要求，选用了不加乙醇(砍掉这道工序)A_2 和

用粗品水合肼 E_2 这两个位级. 对于次要因素,选用哪个位级都可以,应根据节约方便的原则来选用.

(3) 直接看和算一算的关系.

直接看,第 2 号的产率 65% 和第 5 号的产率 63% 比做正交试验前的 45% 提高了很多. 但我们毕竟只做了八次试验,仅占六因素二位级搭配完全的 $2^6=64$ 个条件的八分之一,即使不改进位级,也还有继续提高的可能. "算一算"的目的,就是为了展望一下更好的条件. 对于大多数项目,"算一算"的好条件(当它不在已做过的 8 个条件中时),将会超过"直接看"的好条件. 不过,对于少部分项目,"算一算"的好条件却比不上"直接看"的,由此可见,"算一算"的好条件(本例中为 $A_2B_1C_2D_2E_2F_2$),还只是一种**可能好的配合**.

如果生产上急需,通常应优先补充试验"算一算"的好条件. 经过验证,如果效果真有提高,就可将它交付生产上使用. 倘若验证后的效果比不上"直接看"的好条件,就说明该试验的现象比较复杂. 还有一种情况是,由于试验的时间较长,等不到验证试验的结果. 对于这两种情况,生产上可先使用"直接看"的好条件,也可结合具体情况做些修改;而与此同时,另行安排试验,寻找更好的条件.

5. 第二批正交试验

在第一批试验的基础上,为弄清影响颜色的原因及进一步提高产率,决定再撒个小网,做第二批正交试验.

(1) 制定因素位级表.

因素	水合肼用量	时间	加料速度
位级 1	1.7 倍	2 h	快
位级 2	2.3 倍	4 h	慢

水合肼是上批试验中最重要的因素,应该详细考察. 现决定在好用量 2 倍的周围,再取 1.7 倍与 2.3 倍两个新用量继续试验. 另外,在追查出现紫色原因的验证试验后,猜想加料速度可能是影响

颜色的重要原因,因此在这批试验中要着重考察这个猜想.关于反应时间,因为第一线的同志对于用 2 h 代替 4 h 特别重视,所以再比较一次.

对于上批试验的其他因素,为了节约与方便,这一批决定砍掉中途“加乙醇”这道工序;用“快速搅拌”;“反应温度 60℃”虽然比回流好,但 60℃难于控制,决定用 60 ~ 70℃之间.另外,一律采用粗品水合肼.

(2) 利用正交表确定试验方案.

$L_4(2^3)$是两位级的表,最多能安排 3 个两位级的因素,本批试验用它来安排是很合适的.

至于填表及确定试验方案的过程,即所谓“因素顺序上列”、“位级对号入座”及列出试验条件的过程已经介绍过,不再细述.现将试验计划与试验结果列于表 8.3.

表 8.3

试验号 \ 因素 / 列号	试验计划			试验结果	
因素	水合肼用量 A	时间 B	加料速度 C	产率(%)	颜色
列号	1	2	3		
1	1(1.7 倍)	1(2 h)	1(快)	62	不合格
2	2(2.3 倍)	1	2(慢)	86	合　格
3	1	2(4 h)	2	70	合　格
4	2	2	1	70	不合格
Ⅰ=位级 1 二次产率之和	132	148	132	Ⅰ+Ⅱ=288=总和	
Ⅱ=位级 2 二次产率之和	156	140	156		
极差 R=Ⅰ,Ⅱ中,大数-小数	24	8	24		

(3) 试验结果的分析.

关于颜色,"快速加料"的第 1,4 号试验都出现紫色不合格品,而"慢速加料"的第 2,3 号试验都出现桔黄色的合格品. 另外两个因素的各个位级,紫色和桔黄色各出现一次,这说明它们对于颜色不起决定性的影响. 由此看出,加料速度是影响颜色的重要因素,应该慢速加料.

关于产率,从"直接看"与"算一算",都是第 2 号的最高.

最后顺便提一下投产效果. 通过正交试验法,决定用下列工艺投产:用工业 2,4-二硝基氯代苯与粗品水合肼在乙醇溶剂中合成;水合肼用量为理论量的 2.3 倍,反应时间为 2 h,温度掌握在 60 ~ 70℃之间,采用慢速加料与快速搅拌. 效果是:平均产率超过 80%,从未出现紫色外形,质量达到出口标准. 总之,这是一个较优的方案,可以达到优质、高产、低消耗的目的.

例 2.2　晶体退火工艺的改进

1. 试验目的与考核指标

检查癌细胞,用到一种碘化钠晶体 $\phi 40$,要求应力越小越好,希望不超过 2 度. 退火工艺是影响质量的一个重要环节. 国营 261 厂经过 30 多炉试验,其他指标都已合格,只是应力未能低于 7 度. 现在通过正交试验,希望能找到降低应力的工艺条件. 考核指标是应力(度).

2. 挑因素、选位级,制定因素位级表

考察升温速度、恒温温度、恒温时间和降温速度共四个因素. 每个因素取 3 个位级,因素位级表如下:

因素	升温速度 A (℃ · h^{-1})	恒温温度 B (℃)	恒温时间 C (h)	降温速度 D
位级 1	30	600	6	1.5 A 电流降温
位级 2	50	450	2	1.7 A 电流降温
位级 3	100	500	4	15℃ · h^{-1}

关于升温速度 A,除了原工艺的 50℃ · h^{-1},在它的周围看一个慢速升温

“30℃ · h^{-1}”,和一个快速升温“100℃ · h^{-1}”;关于恒温温度 B,原工艺的恒温温度 600℃是从国外资料中借鉴的,现在增添两个较低的温度 500℃与450℃,看看行不行?关于恒温时间 C,原工艺为 6 h,现在看看缩短些是否更好?关于降温速度 D,原工艺是通 1.5 A 的电流降温,现在加一个 1.7 A 的慢速降温.另外,虽然过去的经验表明等速降温不好,这次还是安排了一个15℃ · h^{-1}的等速降温;三个降温的位级,都是下降到 250℃后断电而自然降温.

3. 确定试验方案

表 $L_9(3^4)$最多能安排四个三位级的因素,本例有四个三位级的因素,因此,用 $L_9(3^4)$来安排试验,正是恰到好处.

至于填表过程与试验条件的列出手续与上例同,综合于表8.4中.

4. 试验结果的分析

每号条件做一炉试验,应力结果记在表 8.4 相应条件的右边.

(1) 直接看.

第 5 号试验 $A_2B_2C_3D_3$ 的 0.5 度最好,第 7 号 $A_1B_3C_1D_3$ 的 1 度次之.这两号试验的具体条件是:

	升温速度	恒温温度	恒温时间	降温速度
第 5 号	50℃ · h^{-1}	450℃	4 h	15℃ · h^{-1}
第 7 号	30℃ · h^{-1}	500℃	6 h	15℃ · h^{-1}

(2) 算一算.

1° 对于各因素列,算出各个位级相应的三次应力之和.如第三列恒温时间:

Ⅰ = 位级 1 三次应力之和 = 第 2,6,7 号应力之和 = 7 + 7 + 1 = 15 度;

Ⅱ = 第 3,4,8 号应力之和 = 15 + 8 + 6 = 29 度;

Ⅲ = 第 1,5,9 号应力之和 = 6 + 0.5 + 13 = 19.5 度.

同样,算出另外三列的Ⅰ,Ⅱ和Ⅲ.

表 8.4

因素 / 列号 / 试验号	升温速度 A	恒温温度 B	恒温时间 C	降温速度 D	应力
	1	2	3	4	（度）
1	1(30 ℃·h^{-1})	1(600 ℃)	3(4 h)	2(1.7A 电流降温)	6
2	2(50 ℃·h^{-1})	1	1(6 h)	1(1.5A 电流降温)	7
3	3(100 ℃·h^{-1})	1	2(2 h)	3(15 ℃·h^{-1})	15
4	1	2(450 ℃)	2	1	8
5	2	2	3	3	0.5
6	3	2	1	2	7
7	1	3(500 ℃)	1	3	1
8	2	3	2	2	6
9	3	3	3	1	13
Ⅰ = 位级 1 三次应力之和	15	28	15	28	
Ⅱ = 位级 2 三次应力之和	13.5	15.5	29	19	
Ⅲ = 位级 3 三次应力之和	35	20	19.5	16.5	Ⅰ + Ⅱ + Ⅲ = 63.5 度 = 总和
极差 R = Ⅰ, Ⅱ, Ⅲ 中, 最大数 − 最小数	21.5	12.5	14	11.5	

对于每列，比较各自Ⅰ，Ⅱ和Ⅲ的大小，因为应力越小越好，所以应力之和小的位级较好. 第1列（A列）Ⅱ小，故A_2较好；第2列（B列）Ⅱ小，故B_2较好；C列Ⅰ小，故C_1较好，D列Ⅲ小，故D_3较好. 把这四个好位级结合在一起，$A_2B_2C_1D_3$称为全体配合（本例有四个因素每个有三个位级，因此全体配合有81个）中关于应力的可能好配合.

2° 计算各列的极差R.

R = 相应列的Ⅰ，Ⅱ，Ⅲ中的最大数—相应列的Ⅰ，Ⅱ，Ⅲ中的最小数.

如第3列恒温时间，它的Ⅰ$=15$，Ⅱ$=29$，Ⅲ$=19.5$，它们的最大数是29，最小数是15，因此按公式

$$R = 29 - 15 = 14\text{ 度}$$

四个极差记在表8.4的最下一行，极差大的因素通常意味着该因素三个位级相应的应力差别大，是重要因素；极差小的因素是不重要的因素.

（3）画趋势图.

计算完极差后，对于数量性位级的三位级因素，应该画出用量与试验结果之和的关系图，以便从图形上直接看出试验结果随各因素用量变化的大体关系. 具体来说，对于每个因素，以实际用量（而不是位级号码的大小）作为横坐标，试验结果之和作为纵坐标，画出三个点，得出该因素的趋势图.

本例中，前三个定量因素的趋势图合并在图8.1中：

（4）可能好配合与大范围可能好配合.

1° 通过“算一算”得到$A_2B_2C_1D_3$为81个配合中的**可能好配合**.

2° 可能好位级与大范围可能好配合.

对于分两个位级的因素，能看出两个用量谁好谁差，但看不出继续提高效果的好用量的方向；对于分三个位级的因素，情况起了变化，请注意恒温温度B的趋势图（见图8.1）.

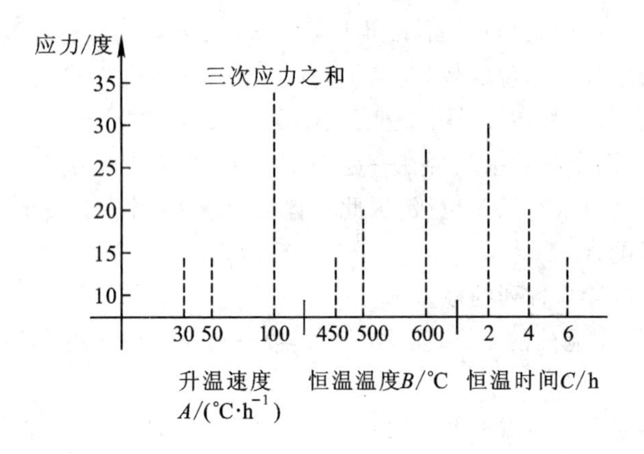

图 8.1

恒温温度的三个高度逐步上升,一个合乎理想的猜测是,如温度继续下降,应力将还能降低. 这意味着原来的三个位级都选高了,不仅国外资料中的 600℃ 太高,就是最低的 450℃ 也偏高了. 下批试验中还应降低恒温温度,如能成功,则既省电,又缩短生产时间. 因此,展望的好用量不停在 B_2 = 450℃,而应取 B_4 = 400℃.

恒温时间的三个高度逐步下降. 这也证实了过去"时间长应力低"的看法是正确的. 但考虑到首批低应力已经降到 0.5 度,更主要的是延长时间不利于节约电力和提高工效,因此展望的好用量取 C_3 = 4 h.

发现有用量选偏的因素(在本例中是恒温温度 B),是认识上的重大收获. 下批试验中把用量选准后,常能取得明显的进展.

升温速度的变化范围没有估偏,好位级是 A_2 = 50℃;

降温温度的好位级是 D_3 = 15℃ · h^{-1}.

最后,把展望的四个好位级结合到一起,得 $A_2B_4C_3D_3$,它称为**大范围可能好配合**,或称为"算一算"的好条件. 具体是:

升温速度　　50℃ · h^{-1}

恒温温度　　400℃ · h^{-1}

恒温时间　　4 h

降温速度　　15℃ · h^{-1}

注:过去的经验认为等速降温不好,这次为什么效果又很好呢?原因在于,过去用的恒温温度 600℃ 太高,因而等速降温不好.如第 3 号试验,在恒温 600℃ 的情况下,等速降温的应力还是最差.这次突破了国外资料记载,降低了恒温温度,等速降温又变成好办法了.由本例的讨论也清楚地看出,对于较复杂的情况,只有做多因素试验,才能找到产生好效果的条件.

5. 第二批正交试验

由恒温温度的趋势图看出,还有潜力.为进一步降低应力,决定再做第二批正交试验.

(1) 制定因素位级表.

关于升温温度,上批试验中,升温快的 $A_3 = 100℃ \cdot h^{-1}$,第 3,6,9 号试验应力都很坏,不能再用;速度慢的 $A_1 = 30℃ \cdot h^{-1}$,升温时间过长,不愿再用;所以在这批试验中均用 50℃ · h^{-1},不再试验其他速度.换句话说,在这批中,升温速度保持在良好的固定状态——50℃ · h^{-1},而不再作为要考察的因素.另外三个因素,以算一算的好位级 B_4, C_3, D_3 为主,即以大范围的可能好配合为主,参看"直接看"的好位级,各取两个位级.其因素位级表如下:

因素	恒温温度 (℃)	恒温时间 (h)	降温速度 (℃ · h^{-1})
位级 1	450	3	15
位级 2	400	5	25

(降温速度的两个位级都是下降到 250℃ 时停电,然后自然降温.)

(2) 用正交表 $L_4(2^3)$,确定试验方案(见表 8.5).

(3) 试验结果.

由表 8.5 右方看出,这批四个试验基本消除了应力.

表 8.5

试验号＼因素 列号	恒温温度 1	恒温时间 2	等速降温 3	应力（度）
1	1(450℃)	1(3 h)	1($15℃\cdot h^{-1}$)	0
2	2(400℃)	1	2($25℃\cdot h^{-1}$)	0.2
3	1	2(5 h)	2	0.4
4	2	2	1	0
Ⅰ	0.4	0.2	0	Ⅰ+Ⅱ=0.6
Ⅱ	0.2	0.4	0.6	
R	0.2	0.2	0.6	

用正交表安排试验，试验次数虽然不多，但考察的因素多，每种因素的位级个数也不少. 正交表条件均衡地分散在排列完全的位级组合之中，如同一个编织得很好的一个渔网，往往能直接捕捞到“大鱼”(自然，在得到好条件的同时，也会有较差的条件，这是正常现象，不必气馁和惊奇，因为我们关心的是能否找到好条件). 通过位级的指标和(Ⅰ，Ⅱ，Ⅲ……)的计算及极差 R 大小的比较，以及趋势图的变化情况，可以得到重要的信息. 本例在第一批正交试验的基础上，看准苗头，又撒了一个小网，结果是硕果累累，更上一层楼.

例 2.3　V_C 的配方试验

1. 试验目的与考核指标

维生素 C(简称 V_C)是一种人体必不可少的营养素，对于多种疾病有治疗作用，是一种常用的药品. 为了提高 V_C 的氧化率、降低成本，做了以下的正交试验. 考核指标是氧化率.

2. 确定试验方案

(1) 因素位级表.

因素	尿素 (%)	山梨糖 (%)	玉米浆 (%)	K_2HPO_4 (%)	$CaCO_3$ (%)	$MgSO_4$ (%)	葡萄糖 (%)
位级 1	CP0.7	7	1	0.15	0.4	0	0.25
位级 2	CP1.1	9	1.5	0.05	0.2	0.01	0
位级 3	CP1.5	11	2	0.10	0	0.02	0.5
位级 4	工业 0.7						
位级 5	工业 1.1						
位级 6	工业 1.5						

关于尿素,希望能用工业尿素代替 CP(化学纯)尿素,所以把 CP 尿素和工业尿素都安排了三个位级,共六个位级,比较一下它们的效果;关于山梨糖,因为它是主要原料,原生产上的浓度为 7%,做试验的主要目的是要增加它的浓度,以提高生产效率;至于 $CaCO_3$,$MgSO_4$,葡萄糖这三个因素,我们希望在新配方中能去掉它们中的一个或两个,所以对它们,都有一个加入量为 0 的位数.

(2) 利用正交表,确定试验方案.

在试验中常有这种情况,对某些因素需要详细了解,因此要比其他因素多排位级,这时要用混合位级的正交表.本例要考察一个六位级和六个三位级的因素,我们可用第七个正交表即混合位级正交表 $L_{18}(6^1\times3^6)$ 来安排.

正交表 $L_{18}(6^1\times3^6)$ 有 18 横行 7 直列.第一列为"1","2","3","4","5","6"各三个,后面六列是"1","2","3"各六个.第一列和后面任一列组成的 18 个数字对为(1,1),(1,2),(1,3),(2,1),(2,2),(2,3),(3,1),(3,2),(3,3),(4,1),(4,2),(4,3),(5,1),(5,2),(5,3),(6,1),(6,2),(6,3)各出现一次,后面任两列组成的 18 个数字对为(1,1),(1,2),(1,3),(2,1),(2,2),(2,3),(3,1),(3,2),(3,3)各出现两次.

表

试验号 \ 因素 / 列号	尿素 A(%)	山梨糖 B(%)	玉米浆 C(%)
	1	2	3
1	1(CP0.7)	1(7)	3(2)
2	1	2(9)	1(1)
3	1	3(11)	2(1.5)
4	2(CP1.1)	1	2
5	2	2	3
6	2	3	1
7	3(CP1.5)	1	1
8	3	2	2
9	3	3	3
10	4(工业 0.7)	1	1
11	4	2	2
12	4	3	3
13	5(工业 1.1)	1	3
14	5	2	1
15	5	3	2
16	6(工业 1.5)	1	2
17	6	2	3
18	6	3	1
Ⅰ=位级 1 氧化率之和	142	380.1	306.3
Ⅱ=位级 2 氧化率之和	179.6	362.6	340.7
Ⅲ=位级 3 氧化率之和	187.3	275.2	370.9
Ⅳ=位级 4 氧化率之和	144.1		
Ⅴ=位级 5 氧化率之和	181.9		
Ⅵ=位级 6 氧化率之和	183		
极差 R=最大数－最小数	45.3	104.9	64.6

8.6

K_2HPO_4 D(%)	$CaCO_3$ E(%)	$MgSO_4$ F(%)	葡萄糖 G(%)	氧化率 (%)
4	5	6	7	
2(0.05)	2(0.2)	1(0)	2(0)	65.1
1(0.15)	1(0.4)	2(0.01)	1(0.25)	47.8
3(0.1)	3(0)	3(0.02)	3(0.5)	29.1
1	2	3	1	70
3	1	1	3	68.1
2	3	2	2	41.5
3	1	3	2	63
2	3	1	1	65.3
1	2	2	3	59
1	3	1	3	45.7
3	2	2	2	56.4
2	1	3	1	42
3	3	2	1	70
2	2	3	3	58.3
1	1	1	2	53.6
2	1	2	3	66.3
1	3	3	2	66.7
3	2	1	1	50
342.8 338.5 336.6	340.8 358.8 318.3	347.8 341 329.1	345.1 346.3 326.5	总和等于 1 017.9
6.2	40.5	18.7	19.8	

现将试验方案、试验结果与计算结果一并列入表8.6，由于试验误差大，每号条件的氧化率，都是按常规标准，通过三次试验来确定的.

3. 试验结果的分析

(1) 直接看.

第17号试验的氧化率为66.7%. 它用的是工业尿素，山梨糖用量也高于7%，这是个好条件. 它的具体配方是：

尿素	山梨糖	玉米浆	K_2HPO_4	$CaCO_3$
工业1.5%	9%	2%	0.15%	0

$MgSO_4$	葡萄糖
0.02%	0

(2) 算一算.

1° 计算氧化率之和.

第1列的尿素分六个位级，Ⅰ，Ⅱ，Ⅲ，Ⅳ，Ⅴ，Ⅵ分别是位级1，2，3，4，5，6各三次氧化率之和. 后面的六列因素都分三个位级，Ⅰ，Ⅱ，Ⅲ分别是位级1，2，3各六次氧化率之和.

2° 计算极差 R.

第1列的 R = 第1列的Ⅰ，Ⅱ，Ⅲ，Ⅳ，Ⅴ，Ⅵ的最大数 - 第1列的Ⅰ，Ⅱ，Ⅲ，Ⅳ，Ⅴ，Ⅵ的最小数 $=187.3-142=45.3$.

其余各列均为三位级的因素. 极差 R 的计算和例2相同.

通常 R 大的因素是重要因素，R 小的不重要，由七列的 R 大致看出：

山梨糖(B)是重要因素，玉米浆(C)、尿素(A)和 $CaCO_3$(E)也是比较重要的因素，而葡萄糖(G)、$MgSO_4$(F)和 K_2HPO_4(D)是影响较小的因素.

(3) 画趋势图.

化学纯和工业尿素是性质不同的两个品种，应分别画它们的趋势图.

图 8.2 中,由于尿素的氧化率之和是三个数据的和,而其他因素的氧化率之和都是六个数据之和. 为了合并在一个图形中,共同使用一根纵坐标轴,把尿素的氧化率之和都乘以二倍.

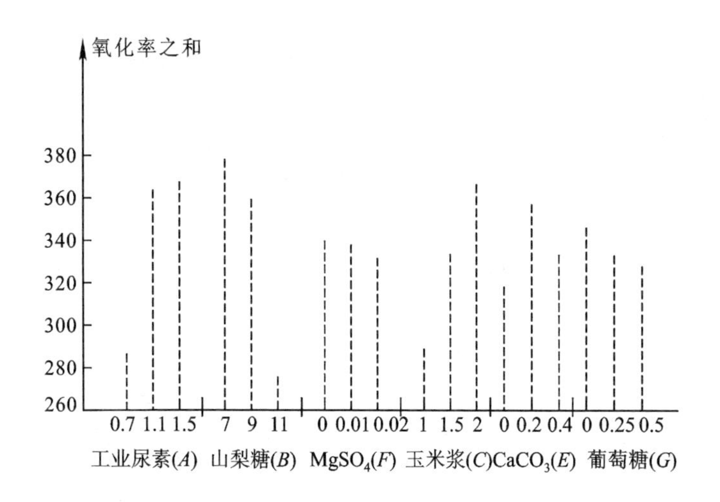

图 8.2

(4) 展望配方.

由上面的分析讨论,我们看出以下几点:

1° 主料山梨糖的用量可由 7% 往上提,但 11% 已知不好,决定提到 9%.

2° 可用工业尿素,由于图形上升,用量不能过低,可取 1.1 ~ 1.5之间,也可再稍提高.

3° 玉米浆图形明显上升,还可以考虑加大用量,但又考虑到浓度超过 2% 后,溶液过稠,因此定为 2%.

以上三个因素,按极差 R,都是重要与较重要的因素,且与直接看所得的第 17 号试验条件相同. 至于另一个较重要的因素 $CaCO_3$ 则不然.

4° 在第 17 号条件中,$CaCO_3$ 加入量为 0;而趋势图中呈中间高两边低,0.2%最好.经讨论,大家认为,需要保证 Ca 盐的供应,算一算的结果是值得重视的.

5° 葡萄糖和 $MgSO_4$ 的极差很小(图形上体现为三个位级的高度相差不大).这表明它们的位级可在各自的三个位级中随便取定;且加入量为 0 的位级都是好位级.因此决定不加葡萄糖与 $MgSO_4$.

6° K_2HPO_4 的极差最小.它的三个位级(0.05%,0.1%和0.15%)可随意取.考虑到玉米浆要加大到2%,而玉米浆中含有 PO_4 盐,因此还可以探索一下在培养基中不加 K_2HPO_4.

综合以上,从直接看得到的好配方——第17号条件,结合算一算及以上具体分析,下列展望配方是值得一试的:

玉米浆	山梨糖	工业尿素	$CaCO_3$
2%	9%	1.1~1.5%	0.2%
$MgSO_4$	K_2HPO_4	葡萄糖	
0	0	0	

对于这个配方,重复了十多次小试验,效果都好.北京制药厂在大罐上试生产,氧化率超过80%,与生产上原配方相比,不仅提高了主料山梨糖的浓度,还减少了三种成分,达到了节约成本、简化工艺和提高生产效率的目的.

正交表 $L_{18}(6^1\times3^6)$ 的特点

$L_{18}(6^1\times3^6)$是一张颇有特色的正交表.它不仅可安排众多的三位级因素;而且还可以安排一个六位级的因素,使得用它安排的试验既照顾了一般又突出了重点.不少难度较大的项目(如北京化工三厂的抗氧剂1076,北京化工厂的荧光粉 K_{11} 及成色剂等等),用了 $L_{18}(6^1\times3^6)$ 之后,都有很大进展.因此,当试验难度较大,试验次数受很大限制,而且要考察的因素又较多时,采用该表来安排是十分相宜的.

§3 小 结

1. 一般步骤

在这里,我们把正交试验法的一般步骤小结一下.

第一步:明确试验目的,确定考核指标.

第二步:挑因素,选择合适的正交表,选位级,制定因素位级表,确定试验方案.

第三步:对试验结果进行分析,其中有

(1) 直接看;

(2) 算一算;

(Ⅰ) 各位级的指标和与极差的计算,对于多于两个位级的因素画出趋势图.

(Ⅱ) 区分因素的主次及位级的优劣,得出可能好配合或大范围的可能好配合.

(3) 综合直接看和算一算这两步的结果,并参照实际经验与理论上的认识,提出展望.

关于第一步和第三步,前面三个例子,已说得比较清楚. 下面只对第二步作些补充.

2. 关于挑选因素

先把试验过程中有关的因素排排队,分一下类.

一类是由于测试技术未臻完善,测不出因素的数值(或者得不到定性的了解). 这样就无法看出因素的不同位级的差别,也就是说看不出因素的作用,所以不能列为被考察的因素.

一类是虽然能测出因素的量,但由于控制手段还不具备,不能把因素控制在指定的用量上,那么也不能作为正交表考察的因素,因为正交表每列的位级,都具有指定的用量. 当然,所谓用量能否控制也是相对的. 一方面,尽可能加强控制的准确性;另一方面,经过努力后,只要大体上能控制得住,误差不是很大,能区分开不同的位级,还是可以当作正交试验考察的因素.对于这类因素,在试验过程中,应随时记录它的实际观测数据.

除去以上两类正交表难以考察的因素外,在能控制住用量的各因素中,要考察哪些因素呢?这自然由试验工作者决定.但是,考虑到(1)如果漏掉重要因素,可能大大降低试验效果;(2)正交表是安排多因素试验的得力工具,不怕因素多;(3)有时增加一、二个因素,并不增加试验次数.因此,一般倾向于多考察些因素,除了事先能肯定作用很小的因素不安排以外,凡是可能起作用或情况不明或意见有分歧的因素都值得考察.有时,为了减少工作量或简化手续层次,减少些次要因素是可以的;另外,也有些试验,费用很高或单个试验花费的时间过长,不可能多作试验.这时,选一些重要因素先考察也是可以的,但我们不提倡这样办.

3. 选择合用的正交表及其他

(1) 位级个数的确定.

对于某些因素,如“品种”、“次序”等,其位级个数自然形成.例如在§2 例 1 的 2,4 -二硝基苯肼试验中,关于水合肼的纯度,只有“精品”和“粗品”两个位级.又如某试验要考虑甲、乙两种原料的加入次序,分为“甲先加”、“乙先加”和“同时加”三个位级,它们都是自然形成的.但是,很多因素的用量是连续变化的,如温度、时间、加入量和配比等.对于它们,只有用量范围的限制,并无位级个数的约束.对于这种因素,究竟该选几个位级呢?这由做试验的目的及性质来定.但这也和选用哪个正交表有密切联系,因为一旦正交表选定后,每列因素的位级数就随之而定了.

(2) 正交表的选择.

选择合用的正交表,主要须考虑三个方面的情况:① 考察因素的个数;② 一批允许作试验的次数;③ 有无重点因素要详细考察.

实际上正交表的选择又和考察因素的位级个数有关,也就是说,位级数的确定与正交表的选择这两个问题是互相牵扯的,要经常放在一起考虑. 下面举例说明.

§2 例 1 中 2,4 -二硝基苯肼及 §2 例 3 中 V_C 的试验中,考察因素的个数是 6 个和 7 个,它们既可以采用正交表$L_8(2^7)$,也可以采用正交表 $L_{18}(6^1\times3^6)$. 但在 2,4 -二硝基苯肼的试验中,为了缩短做试验的时间、加快试验进度,又由于该试验很容易分批做,所以第一批就采用了 $L_8(2^7)$,而 V_C 发酵的试验则不同. 由于这种生物化学试验的误差较大,分两个位级不易看清好坏,又由于尿素这个因素要详加考察,更重要的是该试验一批多作几个(例如 18 个)没有困难,所以就选用了 $L_{18}(6^1\times3^6)$. 在 §2 例 2 晶体退火试验中,考察的因素有四个,各分三个位级,选用了正交表 $L_9(3^4)$安排试验,试验效果很好. 这种安排是有一般性的. 如果某试验要考察的因素只有三、四个,只要允许做九个试验时,建议采用三位级的正交表 $L_9(3^4)$来安排. 因为用它可以看出不同位级的变化趋势,常常是通过做一批试验就解决了问题. 当然,当试验费用高或很容易分批做试验时,三因素的情况,也可以各分两个位级用最小的正交表 $L_4(2^3)$来安排.

正交表的选择虽然是比较灵活的,并且常用的正交表也有几十张(本章的附表列出了 23 张). 但是,某一项试验该采用哪一张表,只要综合考虑以上三方面的情况,对具体问题进行具体分析,还是不难确定的.

(3) 位级用量的选取.

随着正交表的选定,各因素的位级个数就随之而定,对于连续变化的因素,应该把它们对应上哪些用量呢? 首先要估计一下因素取值的变化范围,其次用均分法或类似的方法确定位级的用量. 一般来说,范围可以放宽些,以不漏掉合理值为原则. 例如在 §2 例 2 的晶体退火试验中,考虑恒温时间这个因素,它的最小值可定为 0,经商议最大值定为 8 小时(否则时间太长,生产效率过低),所以范围是(0,8). 范围确定以后,如果采用两位级,可将范围三等分;如果采用三位级,可将范围四等分,取中间的分点作为位级的用量.晶体退火的试验采用了三位级,所以将范围(0,8)四等分,中间的三个分点是2,4和6,于是恒温时间的三个位级定为2小时,4小时和6小时.

当然,也可以不采用均分法,如§2例1的2,4-二硝基苯肼的试验中,水合肼用量的范围原订为(1倍,2.5倍),但我们采用了1.2倍和2倍两个位级,是为了考察一下能否节约一些水合肼又能保证产率.由此可知,位级的选择同样是由实际问题决定的,它也不是按照什么一定的法则来安排的.但是,必须注意不同位级要适当拉开,才能看出差别.

(4) 制定因素位级表.

因素及其不同位级的用量都选定以后,下一步就是制定因素位级表.对于各个因素,用哪个位级号码对应上哪个用量,这可以任意规定.但是,一经选定以后,试验过程中就不许再变了.一般来说,最好是打乱次序来安排.如§2例3的 V_C 发酵的试验中,K_2HPO_4 的用量:位级1是0.15,位级2是0.05,位级3是0.10.

(5) 确定试验方案.

因素位级表制定好以后,就可以在预先选好的正交表上填表,确定试验方案了.这在前面三个实例中已讲得很多,不赘述了.

4. 均衡分散性和整齐可比性

在正交表的任意两列中,各种位级字码搭配的出现次数都一样多.这叫作**正交性**,也是正交表名称的来由.由于正交性:(1)保证了试验条件均衡地分散在配合完全的位级组合之中,因而代表性强,容易出现好条件.这是**均衡分散性**.(2)对于每列因素,在各个位级的结果之和中,其他因素各个位级的出现次数都是相同的.这保证了在各个位级的效果中,最大限度地排除了其他因素的干扰,因而能很有效地进行比较,为我们提供有参考价值的展望.这是**整齐可比性**. 正交试验法效率高的原因主要在于这两种特性. 本书限于篇幅,不详细叙述了.

以上只介绍了正交试验法的基本内容,没有去谈各种灵活运用的方法. 例如,活动位级法和综合评分法就没有介绍. 有关的详细内容可参看参考书目[20].

关于正交试验法与一般数理统计理论的联系,可参看[10].

正交试验法是各种试验设计方法中实用价值很高的一种. 关于试验设计的一般方法和理论,读者可参看 Montgomery D C 的著作《实验设计与分析》(汪仁官等译. 北京:中国统计出版社,1998).

第八章附表　常用正交表

一、$L_4(2^3)$

试验号＼列号	1	2	3
1	1	1	1
2	2	1	2
3	1	2	2
4	2	2	1

二、$L_8(2^7)$

试验号＼列号	1	2	3	4	5	6	7
1	1	1	1	2	2	1	2
2	2	1	2	2	1	1	1
3	1	2	2	2	2	2	1
4	2	2	1	2	1	2	2
5	1	1	2	1	1	2	2
6	2	1	1	1	2	2	1
7	1	2	1	1	1	1	1
8	2	2	2	1	2	1	2

三、$L_{16}(2^{15})$

试验号＼列号	1	2	3	4	5	6	7	8	9	10	11	12	13	14	15
1	1	1	1	2	2	1	2	1	2	2	1	1	1	2	2
2	2	1	2	2	1	1	1	1	1	2	2	1	2	2	1
3	1	2	2	2	2	2	1	1	2	1	2	1	1	1	1
4	2	2	1	2	1	2	2	1	1	1	1	1	2	1	2
5	1	1	2	1	1	2	2	1	2	2	2	2	2	1	2
6	2	1	1	1	2	2	1	1	1	2	1	2	1	1	1
7	1	2	1	1	1	1	1	1	2	1	1	2	2	2	1
8	2	2	2	1	2	1	2	1	1	1	2	2	1	2	2
9	1	1	1	1	2	2	1	2	1	1	2	1	2	2	2
10	2	1	2	1	1	2	2	2	2	1	1	1	1	2	1
11	1	2	2	1	2	1	2	2	1	2	1	1	2	1	1
12	2	2	1	1	1	1	1	2	2	2	2	1	1	1	2
13	1	1	2	2	1	1	1	2	1	1	1	2	1	1	2
14	2	1	1	2	2	1	2	2	2	1	2	2	2	1	1
15	1	2	1	2	1	2	2	2	1	2	2	2	1	2	1
16	2	2	2	2	2	2	1	2	2	2	1	2	2	2	2

四、$L_{12}(2^{11})$

试验号＼列号	1	2	3	4	5	6	7	8	9	10	11
1	1	1	1	2	2	1	2	1	2	2	1
2	2	1	2	1	2	1	1	2	2	2	2
3	1	2	2	2	2	2	1	2	2	1	1
4	2	2	1	1	2	2	2	2	1	2	1
5	1	1	2	2	1	2	2	2	1	2	2
6	2	1	2	1	1	2	2	1	2	1	1
7	1	2	1	1	1	1	2	2	2	1	2
8	2	2	1	2	1	2	1	1	2	2	2
9	1	1	1	1	2	2	1	1	1	1	2
10	2	1	1	2	1	1	1	2	1	1	1
11	1	2	2	1	1	1	1	1	1	2	1
12	2	2	2	2	2	1	2	1	1	1	2

五、$L_9(3^4)$

试验号 \ 列号	1	2	3	4
1	1	1	3	2
2	2	1	1	1
3	3	1	2	3
4	1	2	2	1
5	2	2	3	3
6	3	2	1	2
7	1	3	1	3
8	2	3	2	2
9	3	3	3	1

六、$L_{27}(3^{13})$

试验号 \ 列号	1	2	3	4	5	6	7	8	9	10	11	12	13
1	1	1	3	2	1	2	2	3	1	2	1	3	3
2	2	1	1	1	1	1	3	3	2	1	1	2	1
3	3	1	2	3	1	3	1	3	3	3	1	1	2
4	1	2	2	1	1	2	2	2	3	1	3	1	1
5	2	2	3	3	1	1	3	2	1	3	3	3	2
6	3	2	1	2	1	3	1	2	2	2	3	2	3
7	1	3	1	3	1	2	2	1	2	3	2	2	2
8	2	3	2	2	1	1	3	1	3	2	2	1	3
9	3	3	3	1	1	3	1	1	1	1	2	3	1
10	1	1	1	1	2	3	3	1	3	2	3	3	2
11	2	1	2	3	2	2	1	1	1	1	3	2	3
12	3	1	3	2	2	1	2	1	2	3	3	1	1

续表

试验号 \ 列号	1	2	3	4	5	6	7	8	9	10	11	12	13
13	1	2	3	3	2	3	3	3	2	1	2	1	3
14	2	2	1	2	2	2	1	3	3	3	2	3	1
15	3	2	2	1	2	1	2	3	1	2	2	2	2
16	1	3	2	2	2	3	3	2	1	3	1	2	1
17	2	3	3	1	2	2	1	2	2	2	1	1	2
18	3	3	1	3	2	1	2	2	3	1	1	3	3
19	1	1	2	3	3	1	1	2	2	2	2	3	1
20	2	1	3	2	3	3	2	2	3	1	2	2	2
21	3	1	1	1	3	2	3	2	1	3	2	1	3
22	1	2	1	2	3	1	1	1	1	1	1	1	2
23	2	2	2	1	3	3	2	1	2	3	1	3	3
24	3	2	3	3	3	2	3	1	3	2	1	2	1
25	1	3	3	1	3	1	1	3	3	3	3	2	3
26	2	3	1	3	3	3	2	3	1	2	3	1	1
27	3	3	2	2	3	2	3	3	2	1	3	3	2

七、$L_{18}(6^1 \times 3^6)$

试验号 \ 列号	1	2	3	4	5	6	7
1	1	1	3	2	2	1	2
2	1	2	1	1	1	2	1
3	1	3	2	3	3	3	3
4	2	1	2	1	2	3	1
5	2	2	3	3	1	1	3
6	2	3	1	2	3	2	2
7	3	1	1	3	1	3	2

续表

试验号 \ 列号	1	2	3	4	5	6	7
8	3	2	2	2	3	1	1
9	3	3	3	1	2	2	3
10	4	1	1	1	3	1	3
11	4	2	2	3	2	2	2
12	4	3	3	2	1	3	1
13	5	1	3	3	3	2	1
14	5	2	1	2	2	3	3
15	5	3	2	1	1	1	2
16	6	1	2	2	1	2	3
17	6	2	3	1	3	3	2
18	6	3	1	3	2	1	1

八、$L_{18}(\mathbf{2}^1 \times \mathbf{3}^7)$

试验号 \ 列号	1	2	3	4	5	6	7	8
1	1	1	1	3	2	2	1	2
2	1	2	1	1	1	1	2	1
3	1	3	1	2	3	3	3	3
4	1	1	2	2	1	2	3	1
5	1	2	2	3	3	1	1	3
6	1	3	2	1	2	3	2	2
7	1	1	3	1	3	1	3	2
8	1	2	3	2	2	3	1	1
9	1	3	3	3	1	2	2	3
10	2	1	1	1	1	3	1	3
11	2	2	1	2	3	2	2	2
12	2	3	1	3	2	1	3	1
13	2	1	2	3	3	3	2	1
14	2	2	2	1	2	2	3	3
15	2	3	2	2	1	1	1	2
16	2	1	3	2	2	1	2	3
17	2	2	3	3	1	3	3	2
18	2	3	3	1	3	2	1	1

九、$L_8(4^1 \times 2^4)$

试验号 \ 列号	1	2	3	4	5
1	1	1	2	2	1
2	3	2	2	1	1
3	2	2	2	2	2
4	4	1	2	1	2
5	1	2	1	1	2
6	3	1	1	2	2
7	2	1	1	1	1
8	4	2	1	2	1

十、$L_{16}(4^5)$

试验号 \ 列号	1	2	3	4	5
1	1	2	3	2	3
2	3	4	1	2	2
3	2	4	3	3	4
4	4	2	1	3	1
5	1	3	1	4	4
6	3	1	3	4	1
7	2	1	1	1	3
8	4	3	3	1	2
9	1	1	4	3	2
10	3	3	2	3	3
11	2	3	4	2	1
12	4	1	2	2	4
13	1	4	2	1	1
14	3	2	4	1	4
15	2	2	2	4	2
16	4	4	4	4	3

十一、$L_{16}(4^4 \times 2^3)$

试验号 \ 列号	1	2	3	4	5	6	7
1	1	2	3	2	2	1	2
2	3	4	1	2	1	2	2
3	2	4	3	3	2	2	1
4	4	2	1	3	1	1	1
5	1	3	1	4	2	2	1
6	3	1	3	4	1	1	1
7	2	1	1	1	2	1	2
8	4	3	3	1	1	2	2
9	1	1	4	3	1	2	2
10	3	3	2	3	2	1	2
11	2	3	4	2	1	1	1
12	4	1	2	2	2	2	1
13	1	4	2	1	1	1	1
14	3	2	4	1	2	2	1
15	2	2	2	4	1	2	2
16	4	4	4	4	2	1	2

十二、$L_{16}(4^3 \times 2^6)$

试验号 \ 列号	1	2	3	4	5	6	7	8	9
1	1	2	3	1	2	2	1	1	2
2	3	4	1	1	1	2	2	1	2
3	2	4	3	2	2	1	2	1	1
4	4	2	1	2	1	1	1	1	1
5	1	3	1	2	2	2	2	2	1
6	3	1	3	2	1	2	1	2	1
7	2	1	1	1	2	1	1	2	2
8	4	3	3	1	1	1	2	2	2
9	1	1	4	2	1	1	2	1	2
10	3	3	2	2	2	1	1	1	2
11	2	3	4	1	1	2	1	1	1
12	4	1	2	1	2	2	2	1	1
13	1	4	2	1	1	1	1	2	1
14	3	2	4	1	2	1	2	2	1
15	2	2	2	2	1	2	2	2	2
16	4	4	4	2	2	2	1	2	2

十三、$L_{16}(4^2 \times 2^9)$

试验号 \ 列号	1	2	3	4	5	6	7	8	9	10	11
1	1	2	2	1	1	2	2	1	1	1	2
2	3	4	1	1	1	1	2	2	1	2	2
3	2	4	2	2	1	2	1	2	1	1	1
4	4	2	1	2	1	1	1	1	1	2	1
5	1	3	1	2	1	2	2	2	2	2	1
6	3	1	2	2	1	1	2	1	2	1	1
7	2	1	1	1	1	2	1	1	2	2	2
8	4	3	2	1	1	1	1	2	2	1	2
9	1	1	2	2	2	1	1	2	1	2	2
10	3	3	1	2	2	2	1	1	1	1	2
11	2	3	2	1	2	1	2	1	1	2	1
12	4	1	1	1	2	2	2	2	1	1	1
13	1	4	1	1	2	1	1	1	2	1	1
14	3	2	2	1	2	2	1	2	2	2	1
15	2	2	1	2	2	1	2	2	2	1	2
16	4	4	2	2	2	2	2	1	2	2	2

十四、$L_{16}(4^1 \times 2^{12})$

试验号 \ 列号	1	2	3	4	5	6	7	8	9	10	11	12	13
1	1	1	2	2	1	2	1	2	2	1	1	1	2
2	3	2	2	1	1	1	1	1	2	2	1	2	2
3	2	2	2	2	2	1	1	2	1	2	1	1	1
4	4	1	2	1	2	2	1	1	1	1	1	2	1
5	1	2	1	1	2	2	1	2	2	2	2	2	1
6	3	1	1	2	2	1	1	1	2	1	2	1	1
7	2	1	1	1	1	1	1	2	1	1	2	2	2
8	4	2	1	2	1	2	1	1	1	2	2	1	2
9	1	1	1	2	2	1	2	1	1	2	1	2	2
10	3	2	1	1	2	2	2	2	1	1	1	1	2
11	2	2	1	2	1	2	2	1	2	1	1	2	1
12	4	1	1	1	1	1	2	2	2	2	1	1	1
13	1	2	2	1	1	1	2	1	1	1	2	1	1
14	3	1	2	2	1	2	2	2	1	2	2	2	1
15	2	1	2	1	2	2	2	1	2	2	2	1	2
16	4	2	2	2	2	1	2	2	2	1	2	2	2

十五、$L_{25}(5^6)$

试验号 \ 列号	1	2	3	4	5	6
1	1	1	2	4	3	2
2	2	1	5	5	5	4
3	3	1	4	1	4	1
4	4	1	1	3	1	3
5	5	1	3	2	2	5
6	1	2	3	3	4	4
7	2	2	2	2	1	1
8	3	2	5	4	2	3
9	4	2	4	5	3	5
10	5	2	1	1	5	2
11	1	3	1	5	2	1
12	2	3	3	1	3	3
13	3	3	2	3	5	5
14	4	3	5	2	4	2
15	5	3	4	4	1	4
16	1	4	4	2	5	3
17	2	4	1	4	4	5
18	3	4	3	5	1	2
19	4	4	2	1	2	4
20	5	4	5	3	3	1
21	1	5	5	1	1	5
22	2	5	4	3	2	2
23	3	5	1	2	3	4
24	4	5	3	4	5	1
25	5	5	2	5	4	3

十六、$L_{12}(3^1 \times 2^4)$

试验号 \ 列号	1	2	3	4	5
1	2	1	1	1	2
2	2	2	1	2	1
3	2	1	2	2	2
4	2	2	2	1	1
5	1	1	1	2	2
6	1	2	1	2	1
7	1	1	2	1	1
8	1	2	2	1	2
9	3	1	1	1	1
10	3	2	1	1	2
11	3	1	2	2	1
12	3	2	2	2	2

十七、$L_{12}(6^1 \times 2^2)$

试验号 \ 列号	1	2	3
1	1	1	1
2	2	1	2
3	1	2	2
4	2	2	1
5	3	1	2
6	4	1	1
7	3	2	1
8	4	2	2
9	5	1	1
10	6	1	2
11	5	2	2
12	6	2	1

十八、$L_{24}(\mathbf{3}^1 \times \mathbf{2}^{16})$

试验号 \ 列号	1	2	3	4	5	6	7	8	9	10	11	12	13	14	15	16	17
1	2	1	1	1	2	2	1	2	1	2	2	1	2	1	1	1	2
2	2	2	1	2	1	2	1	1	2	2	2	2	2	2	1	2	1
3	2	1	2	2	2	2	2	1	2	2	1	1	2	1	2	2	2
4	2	2	2	1	1	2	2	2	2	1	2	1	2	2	2	1	1
5	1	1	1	2	2	1	2	2	2	1	2	2	2	1	1	2	2
6	1	2	1	2	1	1	2	2	1	2	1	1	2	2	1	2	1
7	1	1	2	1	1	1	1	2	2	2	1	2	2	1	2	1	1
8	1	2	2	1	2	1	2	1	1	2	2	2	2	2	2	1	2
9	3	1	1	1	1	2	2	1	1	1	1	2	2	1	1	1	1
10	3	2	1	1	2	1	1	1	2	1	1	1	2	2	1	1	2
11	3	1	2	2	1	1	1	1	1	1	2	1	2	1	2	2	1
12	3	2	2	2	2	2	1	2	1	1	1	2	2	2	2	2	2
13	2	2	2	2	1	1	2	1	2	1	1	2	1	1	1	1	2
14	2	1	2	1	2	1	2	2	1	1	1	1	1	2	1	2	1
15	2	2	1	1	1	1	1	2	1	1	2	2	1	1	2	2	2
16	2	1	1	2	2	1	1	1	1	2	1	2	1	2	2	1	1
17	1	2	2	1	1	2	1	1	1	2	1	1	1	1	1	2	2
18	1	1	2	1	2	2	1	1	2	1	2	2	1	2	1	2	1
19	1	2	1	2	2	2	2	1	1	1	2	1	1	1	2	1	1
20	1	1	1	2	1	2	1	2	2	1	1	1	1	2	2	1	2
21	3	2	2	2	2	1	1	2	2	2	2	1	1	1	1	1	1
22	3	1	2	2	1	2	2	2	1	2	2	2	1	2	1	1	2
23	3	2	1	1	2	2	2	2	2	2	1	2	1	1	2	2	1
24	3	1	1	1	1	1	2	1	2	2	2	1	1	2	2	2	2

十九、关于 $L_{24}(3^1\times4^1\times2^{13})$,$L_{24}(6^1\times2^{14})$,$L_{24}(6^1\times4^1\times2^{11})$

在上表 $L_{24}(3^1\times2^{16})$ 中,把第 13 列和第 14 列的位级配合 11,12,21,22 顺次换成 1,2,3,4,再取消第 2 列,可得 $L_{24}(3^1\times4^1\times2^{13})$.

在上面的 $L_{24}(3^1\times2^{16})$ 或 $L_{24}(3^1\times4^1\times2^{13})$ 中,把第 1 列和第 15 列的位级配合 11,12,21,22,31,32 顺次换成 1,2,3,4,5,6,再取消第 16 列,可得 $L_{24}(6^1\times2^{14})$ 或 $L_{24}(6^1\times4^1\times2^{11})$.

二十、$L_{20}(5^1\times2^8)$

试验号 \ 列号	1	2	3	4	5	6	7	8	9
1	4	2	1	2	2	1	2	1	2
2	4	1	1	1	1	2	1	2	2
3	4	2	2	2	2	2	1	2	1
4	4	1	2	1	1	1	2	1	1
5	2	1	1	2	2	2	1	1	2
6	2	2	1	1	1	1	1	1	1
7	2	1	2	1	2	1	2	2	2
8	2	2	2	2	1	2	2	2	1
9	5	1	1	1	2	2	1	2	1
10	5	2	1	1	1	1	2	2	2
11	5	2	2	2	2	1	1	1	2
12	5	1	2	2	1	2	2	1	1
13	3	1	1	2	2	1	2	2	1
14	3	2	1	1	2	2	2	1	1
15	3	1	2	2	1	1	1	2	2
16	3	2	2	1	1	2	1	1	2
17	1	1	1	2	1	1	1	1	1
18	1	2	1	2	1	2	2	2	2
19	1	2	2	1	2	1	1	2	1
20	1	1	2	1	2	2	2	1	2

二十一、$L_{16}(8^1 \times 2^8)$

试验号 \ 列号	1	2	3	4	5	6	7	8	9
1	1	2	1	2	1	2	2	1	1
2	2	2	1	1	1	1	2	2	2
3	3	2	2	1	1	2	1	2	1
4	4	2	2	2	1	1	1	1	2
5	5	1	2	2	1	2	2	2	2
6	6	1	2	1	1	1	2	1	1
7	7	1	1	1	1	2	1	1	2
8	8	1	1	2	1	1	1	2	1
9	1	1	2	1	2	1	1	2	2
10	2	1	2	2	2	2	1	1	1
11	3	1	1	2	2	1	2	1	2
12	4	1	1	1	2	2	2	2	1
13	5	2	1	1	2	1	1	1	1
14	6	2	1	2	2	2	1	2	2
15	7	2	2	2	2	1	2	2	1
16	8	2	2	1	2	2	2	1	2

习 题 十 九

1. 安排试验方案:

(1) 某轴承厂为了提高轴承圈退火的质量,制定因素位级表如下:

因　　素	上升温度(℃)	保温时间(h)	出炉温度(℃)
位级 1	800	6	400
位级 2	820	8	500

用正交表 $L_4(2^3)$ 安排试验,并写出第 3 号试验条件.

(2) 高州县良种繁殖场为了提高水稻产量,制定因素位级表如下:

因　　素	品　　种	密度(万棵/亩)	施肥量(斤/亩)
位级 1	窄叶青 8 号	30	纯氮 10
位级 2	南二矮 5 号	25	纯氮 5
位级 3	珍珠矮 11 号	20	纯氮 15

用正交表 $L_9(3^4)$ 安排试验,并写出第 8 号试验条件.

(3) 北京化工厂为了处理含有毒性物质锌和镉的废水,摸索沉淀法条件,制定因素位级表如下:

因　　素	pH 值	凝聚剂	沉淀剂	$CaCl_2$	废水浓度
位级 1	7~8	加	NaOH	不加	稀
位级 2	8~9	不加	Na_2CO_3	加	浓
位级 3	9~10				
位级 4	10~11				

用正交表 $L_8(4^1\times2^4)$ 安排试验,并写出第 6 号试验条件.

2. 试验结果的计算:

现将第 1 题的三组试验结果列在下表中:

试验号	(1)硬度合格率(%)	(2)亩产(斤)	(3)综合评分
1	100	839	45
2	45	761	70
3	85	688	55
4	70	734	65
5		774	85
6		754	95
7		843	90
8		676	100
9		726	

此处(3)中的综合评分,是根据八个试验去锌去镉的效果,综合给出的,实用中常利用综合评分的方法来处理多指标的试验.在每个小题所列出的试验方案右边,填上试验结果,通过表格化计算,求出可能好的配合及各因素的极差R,对于位级个数$\geqslant 3$的定因素作出试验结果之和与位级用量之间的趋势图.

*第九章　统计决策与贝叶斯统计大意①

§1　统计决策问题概述

我们已经比较详细地讨论了估计和假设检验. 这二者可以看成是更一般的"统计决策"的特殊情形. 统计决策由四个要素组成.

设随机变量 X 的分布函数是 $F(x,\theta)$, θ 是未知参数, $\theta\in\Theta$, 这个 Θ 叫做参数空间, $\underset{\sim}{X}=(X_1,X_2,\cdots,X_n)$ 是 X 的样本. 又设 A 是某项实际工作中可能采取的各种行动所组成的非空集合, A 叫做行动空间. $L(\theta,a)$ 是二元函数 $(\theta\in\Theta,a\in A)$, 它表示参数是 θ 时采取行动 a 引起的损失, $L(\theta,a)$ 叫做损失函数. $(\Theta,\underset{\sim}{X},A,L(\theta,a))$ 叫做统计决策问题的四个要素.

统计决策问题是: 如何根据样本 $\underset{\sim}{X}$ 的值恰当地选取行动 a 使得引起的损失尽可能的小.

下面要对这句话的确切含义进行论述.

定义 1.1　称样本空间(即样本所有可能值组成的集合)到行动空间 A 的映射 $\delta=\delta(x_1,x_2,\cdots,x_n)$ 为决策函数, 简称决策.

换句话说, 决策 $\delta=\delta(x_1,x_2,\cdots,x_n)$ 乃是一个规则: 当样本值是 $(x_1,x_2,\cdots,x_n)$ 时采取的行动是 $\delta(x_1,x_2,\cdots,x_n)$.

定义 1.2　设 $\delta=\delta(x_1,x_2,\cdots,x_n)$ 是一个决策, 称平均损失

$$R(\theta,\delta)=E[L(\theta,\delta(X_1,X_2,\cdots,X_n))]$$

---

① 本章内容取自陈家鼎、孙山泽、李东风合著的《数理统计学讲义》(北京: 高等教育出版社, 1993).

为 δ 的风险.

自然想到要找风险最小的决策,但风险是 θ 的函数,对一切 θ 风险最小的决策(所谓一致最优决策)难得存在.

在估计问题中通常取 $A=\Theta$,损失函数 $L(\theta,a)$ 的类型很多,当 $A=\Theta=(\underline{\theta},\overline{\theta})$(有限或无限区间)时,比较常用的有

$$L(\theta,a)=(\theta-a)^2 \tag{1.1}$$

$$L(\theta,a)=|\theta-a| \tag{1.2}$$

(1.1)叫做平方损失,(1.2)叫绝对偏差损失. 在估计问题中的决策就是估计量,在平方损失下,一致最优决策就是均方误差最小的估计量.

在假设检验问题中,参数空间 $\Theta=\Theta_0\cup\Theta_1$,这里 Θ_0 与 Θ_1 不相交,二者都非空. 假设 H_i 是“$\theta\in\Theta_i$”$(i=0,1)$,行动空间 $A=\{a_0,a_1\}$,其中 a_i 表示接受 $H_i(i=0,1)$. 损失函数的类型很多,比较常见的有

$$L(\theta,a_i)=\begin{cases}0 & \theta\in\Theta_i\\ 1 & \theta\notin\Theta_i\end{cases}\quad(i=0,1), \tag{1.3}$$

这时 $L(\theta,a)$ 叫做 0 - 1 损失.

不难看出,对于假设检验问题,给出决策等价于给出对 H_0 的否定域.

例 1.1 检查某设备零件:

零件的可能状态:θ_1(好),θ_2(坏).

可能采取的行动:a_1(保留),a_2(更换),a_3(修理).

损失函数为:

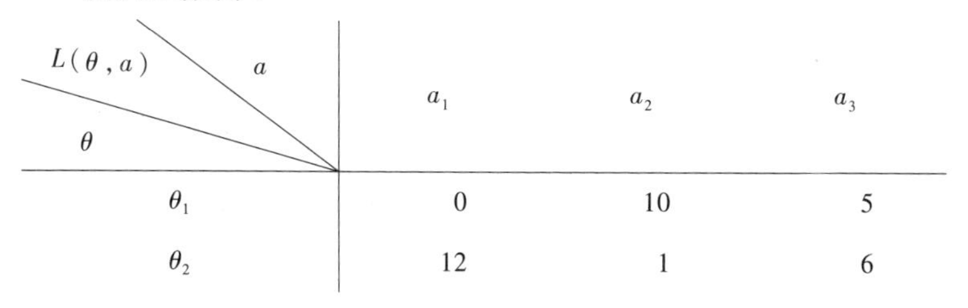

$L(\theta,a)$ (θ \ a)	a_1	a_2	a_3
θ_1	0	10	5
θ_2	12	1	6

样本：X 的取值为 0 或 1（为判断零件的状态，在设备工作时用手摸零件，温度正常时则记 $X=1$，发烫则记 $X=0$）. X 的概率函数为

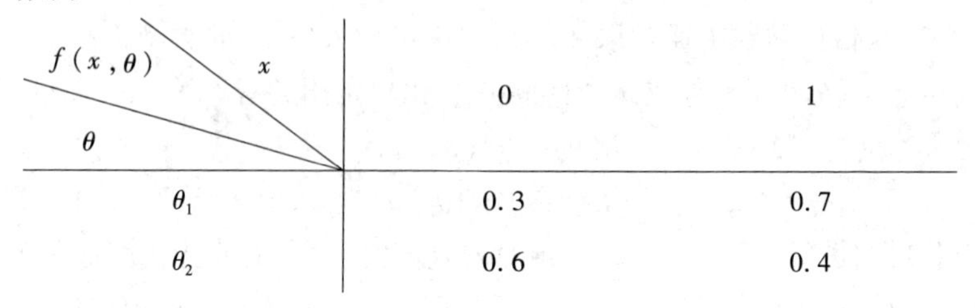

$f(x,\theta)$ (θ \ x)	0	1
θ_1	0.3	0.7
θ_2	0.6	0.4

问：应采取怎样的决策使得损失尽可能小？

可能的决策函数有 9 个，列表如下：

X \ δ	δ_1	δ_2	δ_3	δ_4	δ_5	δ_6	δ_7	δ_8	δ_9
0	a_1	a_1	a_1	a_2	a_2	a_2	a_3	a_3	a_3
1	a_1	a_2	a_3	a_1	a_2	a_3	a_1	a_2	a_3

风险为

$$
\begin{aligned}
R(\theta,\delta) &= E[L(\theta,\delta(X))] \\
&= L(\theta,a_1)P[\delta(X)=a_1] + L(\theta,a_2)P[\delta(X)=a_2] \\
&\quad + L(\theta,a_3)P[\delta(X)=a_3]
\end{aligned}
$$

例如

$$R(\theta_1,\delta_2) = 0\times 0.3 + 10\times 0.7 + 5\times 0 = 7$$

$$R(\theta_2,\delta_2) = 12\times 0.6 + 1\times 0.4 + 6\times 0 = 7.6$$

9 个决策的风险如下

δ	δ_1	δ_2	δ_3	δ_4	δ_5	δ_6	δ_7	δ_8	δ_9
$R(\theta_1,\delta)$	0	7	3.5	3	10	6.5	1.5	8.5	5
$R(\theta_2,\delta)$	12	7.6	9.6	5.4	1	3	8.4	4.0	6

哪个决策好呢？有些是明显的，如 δ_4 优于 $\delta_2,\delta_3,\delta_9$. 但 δ_4 与 δ_1 哪个好呢？这就不好回答了.

定义 1.3 称决策 $\delta=\delta(x_1,x_2,\cdots,x_n)$ 是容许的，如果不存在另一决策 δ^1 使得

$$R(\theta,\delta^1)\leqslant R(\theta,\delta)\quad(\text{一切 }\theta\in\Theta)$$

且对至少一个 θ，严格的不等式成立.

不难看出，在前面的例 1.1 中，$\delta_1,\delta_4,\delta_5,\delta_6,\delta_7$ 是容许的，δ_2，δ_8,δ_9 是不容许的，而且不存在一致最优的决策.

如果一致最优决策不存在，只好去找比较“优良”的决策了. 有两个途径探讨这个问题. 一是对决策 δ 作一定的限制，缩小选择的范围，在较小的范围内找最优的，例如在估计问题中要求 δ 是无偏的估计，在所有无偏估计中找最优的. 另一是放宽比较的要求，不要求风险函数对一切 θ 都最小.

定义 1.4 称决策 δ^* 是 minimax 决策，若对一切决策 δ 成立

$$\sup_\theta R(\theta,\delta^*)\leqslant\sup_\theta R(\theta,\delta)$$

minimax 决策是一种保守的决策. 不难看出，在例 1.1 中 δ_4 是 minimax 决策.

当然，在许多情形下应尽量避免采用保守的决策. 为此，应对参数 θ 有所了解，知道哪些 θ 值出现机会较多，哪些 θ 值出现机会较少. 换句话说，应将 θ 看成一个随机变量，它有确定的概率分布. 在这种情形下，风险 $R(\theta,\delta)$ 关于 θ 的分布的平均值 $\rho(\delta)=E[R(\theta,\delta)]$ 是评价决策 δ 的优良性指标，数值越小越好. 把未知参数 θ 看成是随机变量，这是一种重要的观点，对统计学有重大影响，下面要作进一步介绍.

还应指出，统计决策问题的四个要素里损失函数 $L(\theta,a)$ 较难确定. 在实际问题里要给出恰当的损失函数，需要进行很多研究工作，在涉及几方的利益时应共同讨论以便确定各方都能接受的损失函数. 上面的(1.1)、(1.2)和(1.3)只是三个有代表性的比较

简单的损失函数.在有些决策问题里,不提损失函数 $L(\theta,a)$ 而是考虑报酬函数(或效用函数)$M(\theta,a)$,$M(\theta,a)$ 是参数为 θ 时采取行动 a 而产生的报酬.决策问题是:寻找这样的决策函数,使得平均报酬达到最大.很明显,只要引入损失函数 $L(\theta,a)=-M(\theta,a)$,则问题化为:如何选取行动使得平均损失尽可能的小.

§2 什么是贝叶斯统计

公元1763年,贝叶斯(T. Bayes,1702—1761,英国长老会的牧师)的著作《论有关机遇问题的求解》发表了.这篇著作里提出了一种归纳推理的理论,以后被一些统计学者发展为一种系统的统计推断方法,称为贝叶斯方法.采用这种方法作统计推断所得的全部结果,构成贝叶斯统计的内容.认为贝叶斯方法是惟一合理的统计推断方法的统计学者,组成统计学中的贝叶斯学派.这个学派始自20世纪30年代,到50、60年代引起人们广泛的注意.时至今日,其影响有日益扩大之势.

设总体 X 有分布密度(或概率函数)$f(x,\theta)$,其中 θ 是未知的,但知 θ 的变化范围是 Θ,经典方法把参数 θ 看作是客观常数,通过对样本 $\underset{\sim}{X}=(X_1,X_2,\cdots,X_n)$ 的研究对 θ 给出估计值或者推断 θ 属于某个给定的范围.贝叶斯学派的根本观点,是认为在关于 θ 的任何统计推断问题中,除了使用样本 $\underset{\sim}{X}$ 提供的信息外,还必须对 θ 规定一个先验分布,它是进行推断时不可缺少的要素.说得更明确些,应把 θ 看成随机变量(为了强调这一点,有时把 θ 写成 $\tilde{\theta}$),它服从某个概率分布(叫做先验分布),总体 X 的分布实际上是 θ 给定时 X 的条件分布.贝叶斯学派把先验分布看成是在抽样(或观测)前就有的关于 θ 的先验信息的概率表述,先验分布可能有客观的依据,也可以部分地或是全部地基于主观信念.根据 X 的分布密度(或概率函数)$f(x,\theta)$ 及 θ 的先验分布密度(或先验概

率函数）$\xi(\theta)$，可以算出在样本$\underset{\sim}{X}=(X_1,X_2,\cdots,X_n)=\underset{\sim}{x}=(x_1,x_2,\cdots,x_n)$的条件下，$\theta$的条件分布密度（或条件概率函数）$\xi(\theta|\underset{\sim}{x})$. 因为这个分布是在抽样（或观测）之后得到的，故称为后验分布. 贝叶斯学派认为，这个分布综合了样本$\underset{\sim}{X}$及先验分布密度（或概率函数）$\xi(\theta)$所提供的信息. 抽样（或观测）的全部目的就在于完成由先验分布到后验分布的转换. 贝叶斯方法的关键在于所作出的任何推断都只须根据后验分布$\xi(\theta|\underset{\sim}{x})$，而不再涉及样本$\underset{\sim}{X}$的分布. 但在如何使用$\xi(\theta|\underset{\sim}{x})$上还有较大的灵活性，涉及到行动空间和损失函数的类型.

沿用§1中的记号，用A表示行动空间，用$L(\theta,a)$表示损失函数. 若参数θ的先验分布是ξ，决策是$\delta=\delta(x_1,x_2,\cdots,x_n)$，则平均风险为$\rho(\delta)=E_{\xi}[R(\theta,\delta)]$，这里$R(\theta,\delta)$是风险，$E_{\xi}$是关于$\theta$的概率分布$\xi$取平均值.

定义 2.1 称$\delta^*=\delta^*(x_1,x_2,\cdots,x_n)$是贝叶斯决策，若

$$\rho(\delta^*)=\inf_{\delta}\rho(\delta)$$

此时$\rho(\delta^*)$叫做贝叶斯风险.

要注意的是，贝叶斯决策依赖于先验分布. 先验分布变了，贝叶斯决策一般也要变.

例 2.1 在例1.1中，若θ的先验分布（概率因数）是$\xi(\theta_1)=0.7,\xi(\theta_2)=0.3$，则

$$\rho(\delta)=0.7\times R(\theta_1,\delta)+0.3\times R(\theta_2,\delta)$$

各个决策的$\rho(\delta)$值如下

δ	δ_1	δ_2	δ_3	δ_4	δ_5	δ_6	δ_7	δ_8	δ_9
$\rho(\delta)$	3.6	5.13	12.48	3.72	7.20	5.45	3.57	7.15	5.3

从上表可看出

$$\delta_7: \begin{cases} \text{发烫}(X=0)\text{,就修理}(a_3) \\ \text{正常}(X=1)\text{,就保留}(a_1) \end{cases}$$

是贝叶斯决策.

若先验分布改为 $\xi(\theta_1)=0.9$,$\xi(\theta_2)=0.1$,则贝叶斯决策是 δ_1.

贝叶斯统计的基本任务就是针对先验分布 $\xi(\theta)$,找出贝叶斯决策.

怎样寻找贝叶斯决策呢? 例 2.1 所处理的是很简单的情形,穷举所有的决策,加以比较后找出贝叶斯决策. 一般情形下不能这样做,而要利用后验分布. 设 $\xi(\theta | x_1, x_2, \cdots, x_n)$ 是在样本 $(X_1, X_2, \cdots, X_n)=(x_1, x_2, \cdots, x_n)$ 下 θ 的条件分布密度(后验分布①). 令

$$\rho(x_1, x_2, \cdots, x_n)=\inf_{a \in A} \int_{\Theta} L(\theta, a) \xi(\theta | x_1, x_2, \cdots, x_n) \mathrm{d} \theta \quad (2.1)$$

这个 $\rho(x_1, x_2, \cdots, x_n)$ 乃是样本值为 $x_1, x_2, \cdots, x_n$ 时的最小后验平均损失.

若决策 $\delta^*=\delta^*(x_1, x_2, \cdots, x_n)$ 满足

$$\int_{\Theta} L(\theta, \delta^*(x_1, x_2, \cdots, x_n)) \xi(\theta | x_1, x_2, \cdots, x_n) \mathrm{d} \theta = \rho(x_1, x_2, \cdots, x_n) \quad (2.2)$$

(对一切 $x_1, x_2, \cdots, x_n$)

则 δ^* 就是贝叶斯决策. 这个结论的数学证明用到较深的数学知识,从略. 许多书上干脆把满足(2.2)的 δ^* 定义为贝叶斯决策. (2.2)的意义是:采用决策 δ^* 引起的后验平均损失达到最小值.

(2.2)是寻找贝叶斯决策的基本出发点. 为此首先需要求出后验分布.

---

① 当 θ 是离散型随机变量时,可进行类似的讨论,下面公式里的积分要改为求和.

怎样计算后验分布呢？可以证明，当 θ 的先验分布密度是 $\xi(\theta)$ 时，在 $\underset{\sim}{X}=(x_1,x_2,\cdots,x_n)$ 的条件下 θ 的后验分布密度是

$$\xi(\theta|x_1,x_2,\cdots,x_n)=\frac{\prod_{i=1}^{n}f(x_i,\theta)\xi(\theta)}{\int_{\Theta}\prod_{i=1}^{n}f(x_i,\theta)\xi(\theta)\mathrm{d}\theta} \tag{2.3}$$

当 $\Theta=\{\theta_1,\theta_2,\cdots\}$ 时，(2.3)要用下式代替

$$\xi(\theta|x_1,x_2,\cdots,x_n)=\frac{\prod_{i=1}^{n}f(x_i,\theta)\xi(\theta)}{\sum_{j}\prod_{i=1}^{n}f(x_i,\theta_j)\xi(\theta_j)} \tag{2.4}$$

这时(2.4)是 θ 的后验概率函数.

(2.3)的严格证明涉及到零概率事件发生下如何计算条件概率的问题，要用测度论才能彻底处理. 但是，由于 $\prod_{i=1}^{n}f(x_i,\theta)\xi(\theta)$ 是随机变量 $X_1,X_2,\cdots,X_n,\tilde{\theta}$ 的联合密度，利用第四章中关于条件分布的论述，在一定条件下（在实际工作中这些条件常常是满足的），条件分布密度确由(2.3)来表达. 当 X 及 $\tilde{\theta}$ 是离散型随机变量时，很易证明(2.4)成立. 实际上，这时 $\xi(\theta_j)=P(\tilde{\theta}=\theta_j)$，$f(x_i;\theta_j)=P(X=x_i|\tilde{\theta}=\theta_j)$，于是

$$\begin{aligned}&P(\tilde{\theta}=\theta_j|X_1=x_1,X_2=x_2,\cdots,X_n=x_n)\\=&\frac{P(\tilde{\theta}=\theta_j,X_1=x_1,\cdots,X_n=x_n)}{P(X_1=x_1,X_2=x_2,\cdots,X_n=x_n)}\\=&\frac{P(\tilde{\theta}=\theta_j)\prod_{i=1}^{n}P(X_i=x_i|\tilde{\theta}=\theta_j)}{\sum_{j}P(\tilde{\theta}=\theta_j,X_1=x_1,X_2=x_2,\cdots,X_n=x_n)}\\=&\frac{\xi(\theta_j)\prod_{i=1}^{n}f(x_i,\theta_j)}{\sum_{j}\prod_{i=1}^{n}f(x_i,\theta_j)\xi(\theta_j)}\end{aligned}$$

这就证明了(2.4). (2.4)就是初等概率论中的贝叶斯公式.

例 2.2 设 X 服从伯努利分布,参数是 p,即

$$P(X=1)=p=1-P(X=0),\quad 0<p<1$$

设 p 的先验分布 ξ 是(0,1)上的均匀分布. 从(2.3)知在样本 $X_1=x_1,X_2=x_2,\cdots,X_n=x_n$ 下 p 的后验分布密度是

$$\xi(p\mid x_1,x_2,\cdots,x_n)=\frac{p^{\sum_{i=1}^{n}x_i}\cdot(1-p)^{n-\sum_{i=1}^{n}x_i}}{\int_0^1 p^{\sum_{i=1}^{n}x_i}\cdot(1-p)^{n-\sum_{i=1}^{n}x_i}\mathrm{d}p}\tag{2.5}$$

这是参数为 $\sum_{i=1}^{n}x_i+1,n+1-\sum_{i=1}^{n}x_i$ 的 β 分布.

设行动空间 $A=(0,1)$,损失函数是(1.1)(平方损失),则(2.2)式化为

$$\int_0^1(p-\delta^*(x_1,x_2,\cdots,x_n))^2\xi(p\mid x_1,x_2,\cdots,x_n)\mathrm{d}p$$
$$=\inf_{a\in(0,1)}\int_0^1(p-a)^2\xi(p\mid x_1,x_2,\cdots,x_n)\mathrm{d}p\tag{2.6}$$

从(2.6)式出发可以证明:$\delta^*(x_1,x_2,\cdots,x_n)$恰好是后验分布 $\xi(p\mid x_1,x_2,\cdots,x_n)$ 的均值. 利用(2.5)知

$$\delta^*(x_1,x_2,\cdots,x_n)=\int_0^1 p\xi(p\mid x_1,x_2,\cdots,x_n)\mathrm{d}p$$
$$=\frac{1}{n+2}\left(\sum_{i=1}^{n}x_i+1\right)$$

这就是 p 的贝叶斯估计.

例 2.3 设随机变量 X 的密度函数是 $f(x,\theta),\theta\in\Theta,\Theta=\Theta_0\cup\Theta_1,\Theta_1$ 与 Θ_0 不相交,θ 的先验分布密度是 $\xi(\theta)$. 检验问题是:

$$H_0:\theta\in\Theta_0\leftrightarrow H_1:\theta\in\Theta_1$$

设 $A=\{a_0,a_1\}$(a_i 表示接受假设 $H_i,i=0,1$). 若 X 的样本 $(X_1,X_2,\cdots,X_n)$ 取值 $(x_1,x_2,\cdots,x_n)$,θ 的后验分布为 $\xi(\theta\mid x_1,x_2,\cdots,x_n)$,又 $L(\theta,a)$ 是 0-1 损失(见(1.3)). 则

$$\int_{\Theta} L(\theta,a_i)\xi(\theta|x_1,\cdots,x_n)\,\mathrm{d}\theta$$
$$=P(\tilde{\theta}\,\bar{\in}\,\Theta_i|X_1=x_1,X_2=x_2,\cdots,X_n=x_n)$$
$$=1-P(\tilde{\theta}\in\Theta_i|X_1=x_1,X_2=x_2,\cdots,X_n=x_n)\quad(i=0,1)$$

从(2.2)知贝叶斯决策为

$$\delta^*(x_1,x_2,\cdots,x_n)=\begin{cases}a_0 & \text{当}\,P(\tilde{\theta}\in\Theta_0|X_1=x_1,X_2=x_2,\cdots,X_n=x_n)\geqslant\dfrac{1}{2}\\ a_1 & \text{否则}\end{cases}$$

换句话说,贝叶斯检验是:当且仅当条件概率

$$P(\tilde{\theta}\in\Theta_0|X_1=x_1,X_2=x_2,\cdots,X_n=x_n)$$

不小于$\frac{1}{2}$时接受假设 H_0.

对于一般的决策问题(包含估计、假设检验在内),可以证明在相当广泛的条件下,贝叶斯决策是存在的,读者可参看[19].

作为本节的末尾,我们还要简略地介绍贝叶斯序贯统计决策.

设 X 有分布密度(或概率函数)$f(x,\theta)$,θ 取值属于 Θ,有先验分布 $\xi(\theta)$,A 是行动空间,$L(\theta,a)$是损失函数. 设对 X 进行逐次观测,得 $X_1,X_2,\cdots$,每次观测的费用是 $C>0$.

序贯统计决策由停止法则 τ 及判决法则 δ 组成. 停止法则 τ 告诉我们何时停止观测,判决法则 δ 告诉我们,如何根据序贯样本 $X_1,X_2,\cdots,X_\tau$选取行动 $\delta(X_1,X_2,\cdots,X_\tau)$($\delta$ 的值属于 A).

序贯统计决策(τ,δ)的总风险为

$$\rho(\tau,\delta)=E[L(\theta,\delta(X_1,X_2,\cdots,X_\tau))+\tau C]$$

(损失和观测费用之和的平均值). 这里 E 表示 θ 之先验分布为 ξ 及给定 θ 时诸 X_i的分布密度(或概率函数)为 $f(x,\theta)$时计算期望.

定义 2.2 称(τ^*,δ^*)是贝叶斯序贯决策,若

$$\rho(\tau^*,\delta^*)=\inf_{(\tau,\delta)}\rho(\tau,\delta)$$

可以证明,在相当广泛的条件下,贝叶斯序贯决策是存在的.

在一些特殊情形下,可以具体找出贝叶斯序贯决策(包括停止法则 τ^* 和判决法则 δ^*). 读者可参看[19].

§3 先验分布的确定

如何确定先验分布,这是贝叶斯统计中最困难,也是使用贝叶斯方法必须解决但又最易引起争议的问题. 这个问题现代有很多研究成果,但还没有圆满的理论与普遍有效的方法. 从实用角度出发,应充分利用专家的经验或者对历史上积累的数据进行分析和拟合,以确定先验分布. 在确定先验分布时,许多人利用下列的协调性假说.

协调性假说:若总体 X 的分布密度(或概率函数)是 $f(x,\theta)$,则 θ 的先验分布与由它和 X 的样本确定的后验分布应属于同一类型. 这时先验分布叫做是与 $f(x,\theta)$ 共轭的分布.

这里未对“同一类型”四字给出精确的定义,也很难给出恰当的定义. 通常的理解是,将概率性质相似的所有分布算作同一类型. 例如,所有正态分布构成一类;所有 Γ 分布构成一类;所有 β 分布构成一类.

这个假说指示我们,先验分布应取何种类型,然后再利用历史数据来确定先验分布中的未知部分. 许多实践表明,这个假说是符合实际的.

以下我们要对一些常见的分布找出其共轭的先验分布.

定理 3.1 设 $X_1,X_2,\cdots,X_n$ 是来自伯努利分布(参数是 p, $0<p<1$)的样本. 若 p 的先验分布是 β 分布,参数是 α,β,则在 $X_1=x_1,X_2=x_2,\cdots,X_n=x_n$ 下 p 的后验分布是参数为 $\alpha+y,\beta+n-y$ 的 β 分布,这里 $y=\sum\limits_{i=1}^{n}x_i$.

证 $X_1,X_2,\cdots,X_n$ 的联合概率函数为

$$f_n(x_1,x_2,\cdots,x_n;p)=\binom{n}{\sum\limits_{i=1}^{n}x_i}p^{\sum\limits_{i=1}^{n}x_i}\cdot(1-p)^{n-\sum\limits_{i=1}^{n}x_i}$$

p 的先验分布密度

$$\xi(p)=C(\alpha,\beta)p^{\alpha-1}(1-p)^{\beta-1}$$

(这里 $C(\alpha、\beta)$ 是常数). 从公式(2.3)知 p 的后验分布密度为

$$\xi(p|x_1,x_2,\cdots,x_n)=\frac{f_n(x_1,x_2,\cdots,x_n;p)\xi(p)}{\int_0^1 f_n(x_1,x_2,\cdots,x_n;p)\xi(p)\mathrm{d}p}$$

$$=Ap^{\alpha+\sum\limits_{i=1}^{n}x_i-1}\cdot(1-p)^{\beta+n-\sum\limits_{i=1}^{n}x_i-1}$$

这里 A 是与 p 无关的数,可见后验分布是参数为 $\alpha+y,\beta+n-y$ 的 β 分布. 证毕.

定理 3.1 告诉我们,β 分布族是伯努利分布族的共轭分布族.

定理 3.2 设 $X_1,X_2,\cdots,X_n$是来自泊松分布的样本. 泊松分布的参数是 λ,λ 的先验分布是 Γ 分布(参数是 α,β),则在 $X_1=x_1$, $X_2=x_2,\cdots,X_n=x_n$下 λ 的后验分布是参数为 $\alpha+\sum\limits_{i=1}^{n}x_i,\beta+n$ 的 Γ 分布.

证 $X_1,X_2,\cdots,X_n$的联合概率函数为

$$f_n(x_1,x_2,\cdots,x_n;\lambda)=\frac{\lambda^{x_1+x_2+\cdots+x_n}}{x_1!\ x_2!\ \cdots x_n!}\mathrm{e}^{-n\lambda}$$

λ 的先验分布密度是

$$\xi(\lambda)=C\lambda^{\alpha-1}\mathrm{e}^{-\beta\lambda}\qquad(\lambda>0)$$

根据(2.3)知 λ 的后验分布密度为

$$\xi(\lambda|x_1,x_2,\cdots,x_n)=A\lambda^{\alpha+\sum\limits_{i=1}^{n}x_i-1}\cdot\mathrm{e}^{-(\beta+n)\lambda}\qquad(\lambda>0)$$

其中 A 是与 λ 无关的常数. 这表明后验分布是参数为 $\alpha+\sum\limits_{i=1}^{n}x_i$, $\beta+n$ 的 Γ 分布. 证毕.

定理 3.3 设 $X_1,X_2,\cdots,X_n$是来自指数分布 $F(x)=1-e^{-\lambda x}$ $(\lambda>0,x>0)$的样本. 设参数 λ 的先验分布是参数为 α,β 的 Γ 分布,则在 $X_1=x_1,X_2=x_2,\cdots,X_n=x_n$下 λ 的后验分布是参数为 $\alpha+n,\beta+\sum_{i=1}^{n}x_i$的 Γ 分布.

证 $X_1,X_2,\cdots,X_n$的联合密度为

$$f_n(x_1,x_2,\cdots,x_n;\lambda)=\lambda^n e^{-\lambda\sum_{i=1}^{n}x_i}$$

λ 的先验分布密度为

$$\xi(\lambda)=C\lambda^{\alpha-1}e^{-\beta\lambda}\qquad(\lambda>0)$$

从公式(2.3)知 λ 的后验分布密度

$$\xi(\lambda\mid x_1,x_2,\cdots,x_n)=A\lambda^{\alpha+n-1}\cdot e^{-(\beta+\sum_{i=1}^{n}x_i)\lambda}$$

可见后验分布是参数为 $\alpha+n,\beta+\sum_{i=1}^{n}x_i$的 Γ 分布. 证毕.

定理 3.4 设 $X_1,X_2,\cdots,X_n$是来自 $N(\mu,\sigma^2)$的样本,其中 σ^2已知,μ 未知,设 μ 的先验分布为 $N(\mu_0,\sigma_0^2)$,则在 $X_1=x_1,X_2=x_2,\cdots,X_n=x_n$下,$\mu$ 的后验分布为 $N(\mu^*,(\sigma^*)^2)$,其中

$$\mu^*=\frac{\mu_0\sigma^2+n\sigma_0^2(\bar{x})}{\sigma^2+n\sigma_0^2}\left(\bar{x}=\frac{1}{n}\sum_{i=1}^{n}x_i\right)\tag{3.1}$$

$$(\sigma^*)^2=\frac{\sigma^2\sigma_0^2}{\sigma^2+n\sigma_0^2}\tag{3.2}$$

证 $X_1,X_2,\cdots,X_n$的联合密度为

$$f_n(x_1,x_2,\cdots,x_n;\mu)=C\exp\left\{-\sum_{i=1}^{n}(x_i-\mu)^2/(2\sigma^2)\right\}$$

这里 C 与 μ 无关. 又 μ 的先验分布密度为

$$\xi(\mu)=C_1\exp\left\{-\frac{(\mu-\mu_0)^2}{2\sigma_0^2}\right\}$$

从公式(2.3)知后验分布密度为

$$\xi(\mu|x_1,x_2,\cdots,x_n)=A\exp\left\{-\frac{n}{2\sigma^2}(\mu-\bar{x})^2-\frac{1}{2\sigma_0^2}(\mu-\mu_0)^2\right\}$$

其中 A 与 μ 无关. 但是

$$\frac{n}{\sigma^2}(\mu-\bar{x})^2+\frac{1}{\sigma_0^2}(\mu-\mu_0)^2$$

$$=\left(\frac{n}{\sigma^2}+\frac{1}{\sigma_0^2}\right)\mu^2-2\mu\left(\frac{n(\bar{x})^2}{\sigma^2}+\frac{\mu_0}{\sigma_0^2}\right)+\frac{n}{\sigma^2}(\bar{x})^2+\frac{\mu_0^2}{\sigma_0^2}$$

$$=\left(\frac{n}{\sigma^2}+\frac{1}{\sigma_0^2}\right)(\mu-\mu^*)^2+B$$

其中 μ^* 由(3.1)确定, B 与 μ 无关. 于是

$$\xi(\mu|x_1,x_2,\cdots,x_n)=\tilde{A}\exp\left\{-\frac{1}{2}\left(\frac{n}{\sigma^2}+\frac{1}{\sigma_0^2}\right)(\mu-\mu^*)^2\right\}$$

可见后验分布是 $N(\mu^*,(\sigma^*)^2)$. 证毕.

从定理 3.4 看出, μ^* 是 $\bar{x}$ 与 μ_0 的加权平均. 这与直观相符, σ_0^2 越大, μ_0 的值越不重要.

定理 3.5 设 $X_1,X_2,\cdots,X_n$ 是来自 $N\left(\mu,\frac{1}{R}\right)$ 的样本, μ 已知, R 未知, 设 R 的先验分布是参数为 α,β 的 Γ 分布. 则在 $X_1=x_1,X_2=x_2,\cdots,X_n=x_n$ 下, R 的后验分布是参数为 α',β' 的 Γ 分布, 这里 $\alpha'=\alpha+\frac{n}{2},\beta'=\beta+\frac{1}{2}\sum\limits_{1}^{n}(x_i-\mu)^2$.

证 $X_1,X_2,\cdots,X_n$ 的联合密度为

$$f_n(x_1,x_2,\cdots,x_n;R)=\left(\sqrt{\frac{R}{2\pi}}\right)^n\mathrm{e}^{-\frac{1}{2}R\sum\limits_{1}^{n}(x_i-\mu)^2}$$

R 的先验分布密度为

$$\xi(R)=C_1R^{\alpha-1}\mathrm{e}^{-\beta R}$$

从公式(2.3)知 R 的后验分布密度为

$$CR^{\alpha+\frac{n}{2}-1}\cdot\mathrm{e}^{-\left(\beta+\frac{1}{2}\sum\limits_{i=1}^{n}(x_i-\mu)^2\right)R}$$

可见后验分布是参数为 α',β' 的 Γ 分布. 证毕.

为了研究均匀分布的共轭分布,引进定义 3.1.

定义 3.1 称 X 服从参数为 $x_0>0,\alpha>0$ 的 Pareto 分布,若它的分布密度是

$$\varphi(x;x_0,\alpha)=\begin{cases}0 & x<x_0\\ \alpha x_0^{\alpha}x^{-\alpha-1} & x\geqslant x_0\end{cases}$$

定理 3.6 设 $X_1,X_2,\cdots,X_n$是来自$[0,\theta]$上均匀分布的样本. 若 θ 的先验分布是参数为 θ_0,α 的 Pareto 分布. 则在 $X_1=x_1,X_2=x_2,\cdots,X_n=x_n$下 θ 的后验分布是参数为 $\theta_0',\alpha+n$ 的 Pareto 分布,这里 $\theta'_0=\max\{\theta_0,x_1,x_2,\cdots,x_n\}$.

证 $X_1,X_2,\cdots,X_n$的联合密度是

$$\begin{aligned}f_n(x_1,x_2,\cdots,x_n;\theta)&=\frac{1}{\theta^n}\prod_{i=1}^{n}I_{[0,\theta]}(x_i)\\&=\frac{1}{\theta^n}I_{[0,\theta]}(\max_{1\leqslant i\leqslant n}x_i)\end{aligned}$$

而 θ 的先验分布密度是

$$\varphi(\theta;\theta_0,\alpha)=\frac{\alpha\theta_0^{\alpha}}{\theta^{\alpha+1}}I_{[\theta_0,+\infty)}(\theta)$$

根据(2.3)知 θ 的后验分布密度是

$$\begin{aligned}\xi(\theta|x_1,x_2,\cdots,x_n)&=A\theta^{-n}I_{[0,\theta]}(\max x_i)\cdot\alpha\theta_0^{-\alpha-1}I_{[\theta_0,+\infty)}(\theta)\\&=CI_{[\theta_0',\infty)}(\theta)\cdot\theta^{-\alpha-n-1}\end{aligned}$$

这里 C 是与 θ 无关的常数,$\theta_0'=\max(\theta_0,x_1,x_2,\cdots,x_n)$. 可见,后验分布是参数为 $\theta_0',\alpha+n$ 的 Pareto 分布. 证毕.

以上都是讨论单个实参数的先验分布. 至于两个实参数的二维先验分布,由于表达式比较复杂,这里从略.

最后,我们介绍广义先验分布的概念:Θ 上任何非负函数 $g(\theta)$称为 θ 的广义先验分布密度(又叫权函数). 值得注意的是,虽然 $g(\theta)$可能不是概率密度函数,但是公式

$$\xi(\theta|x_1,x_2,\cdots,x_n)\xlongequal{\Delta}\frac{f_n(x_1,x_2,\cdots,x_n;\theta)g(\theta)}{\int_\Theta f_n(x_1,x_2,\cdots,x_n;\theta)g(\theta)\mathrm{d}\theta}$$

(当分母有限时)仍然确定一分布密度,它仍叫做 θ 的后验分布密度.

在实际使用贝叶斯方法时,总要充分利用以往积累的知识,以确定先验分布. 若以往一点知识也没有,怎么办? 此时应如何确定先验分布?

这个重要问题迄今尚未解决,此时没有统一的、公认的方法确定先验分布. 有些人愿意采用下列假设:

1) 若 θ 在 $(-\infty,\infty)$ 上取值,且无先验知识,则广义先验分布(权函数)应取 $g(\theta)\equiv C(C>0)$.

2) 若 θ 在 Θ 上取值,$\varphi=\varphi(\theta)$ 是 Θ 到 Ψ 上的一一映射,则 θ 无先验知识时 φ 也无先验知识.

3) θ 在 (a,b) 上取值 $(-\infty\leqslant a<b\leqslant+\infty)$,权函数是 $g(\theta)$,φ 是 (a,b) 上有定义的函数,$\varphi'(x)>0$(一切 x)或者 $\varphi'(x)<0$(一切 x),则 $\psi=\varphi(\theta)$ 的权函数为

$$h(\psi)=g(\varphi^{-1}(\psi))\frac{1}{|\varphi'(\varphi^{-1}(\psi))|} \tag{3.3}$$

这里 φ^{-1} 是 φ 的反函数.

根据这三条假设可以推出:① $(0,+\infty)$ 上对应无先验知识的权函数应取 $\frac{C}{\theta}$; ② $(0,1)$ 上对应无先验知识的权函数可取 $\frac{C}{\theta(1-\theta)}$.

应该指出,上面提到的假设中的第一条和第三条缺乏科学依据,从这些假设所导出的结论也就不足为信了.

若要了解先验分布和贝叶斯统计的更多知识,请看 S. Kotz 和吴喜之合著的《现代贝叶斯统计学》(北京:中国统计出版社,2000);至于统计判决的一般理论和方法,叙述全面又避免使用高

深数学的专著则首推 J. Berger 的《统计决策论及贝叶斯分析》(第二版,贾乃光译,中国统计出版社,1998).

§4 应用实例——电视机寿命验证试验的贝叶斯方法

电视机的使用寿命是很重要的质量指标,所谓使用寿命是指从开始使用到规定的功能丧失为止所经历的时间,当然希望寿命越长越好.怎样验证一批电视机的寿命是否达到合格标准呢?当然只能采取抽样检查的方法.这实质上是个假设检验问题,数学上常描述如下.根据国内外的大量数据,可以认为电视机的寿命 X 服从指数分布,其密度函数如下

$$f(x,\theta)=\begin{cases}0 & x\leqslant 0\\ \dfrac{1}{\theta}\mathrm{e}^{-\frac{1}{\theta}x} & x>0\end{cases}$$

其中 $\theta\in(0,+\infty)$ 是未知参数.因为 $E(X)=\theta,\theta$ 叫做平均无故障工作时间(记作 MTBF),即平均寿命.通常取定两个值 $\theta_1,\theta_0,\theta_1<\theta_0$,这个 θ_1 叫检验的下限值(在验收问题中,平均寿命低于 θ_1 时不应接受,θ_1 又叫做极限寿命水平);θ_0 叫做检验的上限值(平均寿命高于 θ_0 时应该接受,θ_0 又叫合格寿命水平),比值 $d=\theta_0/\theta_1$ 叫做鉴别比.传统的试验方案是这样的:从一大批电视机中随机抽取 n 台,同时进行寿命试验,试验 t_0 h.在这 $n\times t_0$ 个台时的试验中,电视机的失效数为 r.当 $r\leqslant C$ 时判定整批合格,使用方接收;当 $r>C$ 时判定整批不合格,使用方拒收.这个 C 叫做合格判定数,是一个非负整数.通常称 $T=n\times t_0$ 为总台时数.这个验证试验方案由三个参数 n,t_0,C 组成.参数的选择依赖于两类错误带来的风险的允许值.用 $L(\theta)=P_\theta(r\leqslant C)$ 表示平均寿命是 θ 时接收整批的概率,$L(\theta)$ 叫做抽样特性函数.$\alpha=\sup\limits_{\theta\geqslant\theta_0}P_\theta(r>C)$ 叫做

生产方风险,即产品寿命合格却被拒收的概率;$\beta = \sup\limits_{\theta \leqslant \theta_1} P_\theta(r \leqslant C)$ 叫做使用方风险,即产品不合格却被接收的概率. 可以证明 $\alpha = P_{\theta_0}(r > C)$,$\beta = P_{\theta_1}(r \leqslant C)$. 有下列公式:

$$\alpha = 1 - \sum_{i=0}^{C} \frac{1}{i!}\left(\frac{T}{\theta_0}\right)^i \mathrm{e}^{-\frac{T}{\theta_0}}$$

$$\beta = \sum_{i=0}^{C} \frac{1}{i!}\left(\frac{T}{\theta_1}\right)^i \mathrm{e}^{-\frac{T}{\theta_1}}$$

(理由见(4.2)). 利用这两个公式就可对给定的 α,β 确定出 T 和 C.

在以往通行的彩色电视机试验中,取 $\theta_1 = 15\ 000$ h,$\theta_0 = 45\ 000$ h,$n = 100$,试验时间 $t_0 = 1\ 000$ h,在 $T = n \times t_0 = 100\ 000$ 台时试验中失效数 $r \leqslant 3$ 时判为合格,这时 $\alpha = 0.20$,$\beta = 0.10$. 可以看出,在多批交付验收过程中,仍有 20% 的质量合格批被判为质量不合格而遭拒收.

这 100 000 台时的试验实行起来很不容易,费时费电,随着彩电质量的提高,若要验证 MTBF 下限 θ_1 为 20 000 h,则要进行 134 000 台时的试验(鉴别比仍为 3,下同). 若要验证 θ_1 为 30 000 h,则需要 201 000 台时的试验. 上百台彩电同时进行试验需要数百立方米的高温房,仅一次试验就耗电 26 000 kW · h. 可见,这种既费时又费钱的试验方法,显然不适应彩电生产发展的形势.

由上述可见,对于高可靠性产品,用古典统计方法建立的抽样验收试验是不能令人满意的. 我们必须利用已往积累起来的关于平均寿命 θ 的信息. 换句话说,应该另辟捷径,从贝叶斯方法找出路. 我国部分统计工作者于 80 年代中期采用贝叶斯方法对国产彩电制定出新的验证方案,形成了"国家标准",下面从数学角度对此进行介绍.

(一) 首先找出在固定总台时 T 的试验中失效数 r 服从的概率分布.

我们考虑有替换的试验. 设开始时有 n 台电视机投入试验,一旦出现失效,就换一台新的继续试验,试验进行到总台时数为 T 时停止. 设 r 是停止时的累计失效数,则有下列基本定理①.

定理 4.1

$$P_\theta(r=k)=\frac{1}{k!}\left(\frac{T}{\theta}\right)^k e^{-\frac{T}{\theta}}\quad(k=0,1,\cdots)\tag{4.1}$$

这里 P_θ 表示平均寿命是 θ 时相应的概率.

证 我们首先指出,若 $\xi_1,\xi_2,\cdots,\xi_k$ 相互独立,都服从均值是 θ 的指数分布,则对一切 $t>0$,有

$$P\left(\sum_{i=1}^k\xi_i\leqslant t\right)=\int_0^t\frac{1}{\theta^k}e^{-\frac{u}{\theta}}\cdot\frac{u^{k-1}}{(k-1)!}du\tag{4.2}$$

可用归纳法证明. 当 $k=1$ 时,显然成立. 设 $k=l$ 时(4.2)成立,则 $\sum_{i=1}^{l+1}\xi_i$ 的密度函数

$$p(x)=\int_0^x\frac{1}{\theta^l}e^{-\frac{u}{\theta}}\frac{u^{l-1}}{(l-1)!}\cdot\frac{1}{\theta}e^{-\frac{1}{\theta}(x-u)}du$$

---

① 若试验是无替换的,则可以证明下列公式:

$$P_\theta(r=k)=\frac{1}{k!}\left(\frac{T}{\theta}\right)e^{-\frac{T}{\theta}},k=0,1,2,\cdots,n-1\tag{注 4.1}$$

$$P_\theta(r=n)=1-\sum_{k=0}^{n-1}\frac{1}{k!}\left(\frac{T}{\theta}\right)^k e^{-\frac{T}{\theta}}\tag{注 4.2}$$

实际上,设 n 个产品的寿命分别为 $X_1,X_2,\cdots,X_n$,从小到大排列为 $X_{(1)}\leqslant X_{(2)}\leqslant\cdots\leqslant X_{(n)}$. 若 n 个产品同时投入试验,则在时刻 $X_{(i)}$,累计的试验时间为 $S_i=\sum_{k=1}^iX_{(k)}+(n-i)X_{(i)}$. 于是对 $k\leqslant n-1$ 有 $P_\theta(r=k)=P_\theta(S_k\leqslant T<S_{k+1})$. 令 $u_k=X_{(k)}-X_{(k-i)}(X_{(0)}\xlongequal{\Delta}0)$,可以证明 $u_1,u_2,\cdots,u_n$ 相互独立,且 $V_k\xlongequal{\Delta}(n-k+1)u_k$ 服从均值是 θ 的指数分布

$$P(r=k)=P_\theta\left(\sum_{j=1}^kV_j\leqslant T<\sum_{i=1}^{k+1}V_i\right)$$

利用下面的(4.5)即知(4.2)成立,(4.3)从(4.2)直接得到.

$$=\frac{1}{\theta^{l+1}}e^{-\frac{x}{\theta}}\cdot\frac{1}{l!}x^{l}$$

可见(4.2)对 $k=l+1$ 也成立.所以对一切 $k\geqslant 1$,(4.2)总成立.

从(4.2)推知

$$\begin{aligned}&P\left(\sum_{i=1}^{k}\xi_{i}\leqslant t<\sum_{i=1}^{k+1}\xi_{i}\right)\\&=\frac{1}{k!}\left(\frac{t}{\theta}\right)^{k}e^{-\frac{t}{\theta}}\end{aligned}\tag{4.3}$$

设有 n 个产品同时投入试验,若 $\{\xi_{ij}:i=1,2,\cdots,n;j=1,2,\cdots\}$ 是一族相互独立同分布的随机变量,共同分布是均值为 θ 的指数分布.因为试验为有替换的,总试验时间为 T,故试验持续时间为 $t_0=\frac{T}{n}$.显然

$$\begin{aligned}P(r=k)&=\sum_{r_1+r_2+\cdots+r_n=k}\prod_{i=1}^{n}P_{\theta}\left(\sum_{j=1}^{r_i}\xi_{ij}\leqslant t_0<\sum_{j=1}^{r_i+1}\xi_{ij}\right)\\&=\sum_{r_1+r_2+\cdots+r_n=k}\prod_{i=1}^{n}\left[\frac{1}{r_i!}\left(\frac{t_0}{\theta}\right)^{r_i}e^{-\frac{t_0}{\theta}}\right]\\&=\frac{1}{k!}e^{-\frac{T}{\theta}}\sum_{r_1+r_2+\cdots+r_n=k}\frac{k!}{r_1!\ r_2!\ \cdots r_n!}\left(\frac{t_0}{\theta}\right)^{r_1}\left(\frac{t_0}{\theta}\right)^{r_2}\cdots\left(\frac{t_0}{\theta}\right)^{r_n}\\&=\frac{1}{k!}e^{-\frac{T}{\theta}}\left(\sum_{i=1}^{n}\frac{t_0}{\theta}\right)^{k}=\frac{1}{k!}e^{-\frac{T}{\theta}}\cdot\left(\frac{T}{\theta}\right)^{k}\end{aligned}$$

这就证明了(4.1).证毕.

从(4.1)看出,失效数 r 服从泊松分布.从(注 4.1)和(注 4.2)知,对无替换的试验,失效数近似服从泊松分布.

(二) 先验分布的确定.

这是采用贝叶斯方法最关键的一步.从定理 3.2 知下列逆 Γ 分布[①]:

---

① 称 η 服从逆 Γ 分布,若 η^{-1} 服从 Γ 分布.

$$\xi(\theta)=\frac{b^a}{\Gamma(a)}\theta^{-a-1}\mathrm{e}^{-\frac{b}{\theta}}\qquad(\theta>0)\tag{4.4}$$

是 Poisson 分布(4.1)的共轭分布,其中 a,b 是正数.

实际上,若取(4.4)为 θ 的先验分布密度,则在失效数 $r=k$ 的条件下,θ 的后验分布密度为

$$\xi(\theta|k)=\frac{(b+T)^{a+k}}{\Gamma(a+k)}\theta^{-(a+k+1)}\mathrm{e}^{-\frac{b+T}{\theta}}\tag{4.5}$$

故取(4.4)为 θ 的先验分布. 怎样确定 a,b 呢? a,b 的直观意义不明显. 但先验分布的均值 $E(\tilde{\theta})$ 及 10% 分位数 θ_L(即有 $P(\tilde{\theta}\leqslant\theta_L)=0.10$)有明确的直观意义. 有下列关系式:

$$E(\tilde{\theta})=\frac{b}{a-1}\tag{4.6}$$

$$\int_0^{\theta_L}\frac{b^a}{\Gamma(a)}\theta^{-(a+1)}\mathrm{e}^{-\frac{b}{\theta}}\mathrm{d}\theta=0.1\tag{4.7}$$

若能根据历史数据近似估计出 $E(\tilde{\theta})$ 及 θ_L,则从(4.6)和(4.7)就可求出 a,b.

为了利用历史数据,对全国 15 个企业生产的 22 种型号彩电的寿命数据进行了调查(包括实验室数据和现场使用数据),经过多次研究,将产品按寿命分成三级,分别记为 P、Q、R;然后根据管理经验和历史数据确定每级产品的 θ_1,θ_0 的取值,鉴别比 $d=3$. P,Q,R 三级的 θ_1 分别定为 15 000,20 000 和 30 000 h,根据历史数据,取 $E\tilde{\theta}=3\theta_1$. P,Q,R 三级的 θ_L 分别为 $0.75\theta_1,0.90\theta_1,0.95\theta_1$. 以 P 级为例,取 $E(\tilde{\theta})=3\theta_1=45\ 000$, $\theta_L=0.75\theta_1=11\ 250$,再利用(4.8)、(4.9)经计算机算得先验分布中的两个参数如下:

$$a=1.956,b=2.868$$

对 Q 级,R 级可进行同样的计算,总之得各级所需的参数如下表所示:

级别 \ 参数	MTBF(平均寿命)/h		先验分布参数	
	θ_1	θ_0	a	b
P	15 000	45 000	1.956	2.868
Q	20 000	60 000	2.298	3.895
R	30 000	90 000	2.431	4.294

(三) 验证方案的制定.

验证方案由(T,C)两个参数构成. T 是总试验时间(台时数), C 是合格判定数. 当试验停止时累计失效数 $r\leqslant C$,则判定批合格;当 $r>C$ 时,则判定批不合格. T,C 如何确定? 应使后验生产方风险 α^* 及后验使用方风险 β^* 都达到指定的水平,这里

$$\alpha^* = P(\tilde{\theta}\geqslant\theta_0 \mid r>C)$$

$$\beta^* = P(\tilde{\theta}\leqslant\theta_1 \mid r\leqslant C)$$

可以证明有下列计算公式:

定理 4.2

$$\alpha^* = \frac{\Gamma\left(a,\dfrac{b}{\theta_0}\right)-\left(\dfrac{b}{b+T}\right)^a\sum\limits_{k=0}^{C}\dfrac{1}{k!}\left(\dfrac{T}{b+T}\right)^k\Gamma\left(a+k,\dfrac{b+T}{\theta_0}\right)}{\Gamma(a)[1-P(r\leqslant C)]} \tag{4.8}$$

$$\beta^* = \frac{\left(\dfrac{b}{b+T}\right)^a\sum\limits_{k=0}^{C}\dfrac{1}{k!}\left(\dfrac{T}{b+T}\right)^k\left[\Gamma(a+k)-\Gamma\left(a+k,\dfrac{b+T}{\theta_1}\right)\right]}{P(r\leqslant C)} \tag{4.9}$$

其中 $\Gamma(a,x)=\int_0^x t^{a-1}\mathrm{e}^{-t}\mathrm{d}t$ 是不完全 Γ 函数,而

$$\begin{aligned}P(r\leqslant C) &= \int_0^{+\infty} P_\theta(r\leqslant C)\xi(\theta)\mathrm{d}\theta \\ &= \left(\frac{b}{b+T}\right)^a\sum_{k=0}^{C}\frac{\Gamma(a+k)}{\Gamma(a)k!}\left(\frac{T}{b+T}\right)^k\end{aligned}$$

是接收概率，这是一个无条件概率，表示 θ 的先验分布为(4.4)时产品被接收的概率.

证

$$\alpha^* = \frac{P(\tilde{\theta} \geqslant \theta_0, r > C)}{P(r > C)} = \frac{P(\tilde{\theta} \geqslant \theta_0) - P(\tilde{\theta} \geqslant \theta_0, r \leqslant C)}{P(r > C)}$$

由于

$$P(\tilde{\theta} \geqslant \theta_0) = \int_{\theta_0}^{+\infty} \xi(\theta)\mathrm{d}\theta = \int_{\theta_0}^{+\infty} \frac{b^a}{\Gamma(a)}\theta^{-(a+1)}\mathrm{e}^{-\frac{b}{\theta}}\mathrm{d}\theta$$

$$= \int_0^{\frac{b}{\theta_0}} \frac{1}{\Gamma(a)} t^{a-1}\mathrm{e}^{-t}\mathrm{d}t$$

$$= \frac{1}{\Gamma(a)}\Gamma\left(a, \frac{b}{\theta_0}\right)$$

另一方面

$$P(\tilde{\theta} \geqslant \theta_0, r \leqslant C) = \int_{\theta_0}^{+\infty} P_\theta(r \leqslant C)\xi(\theta)\mathrm{d}\theta$$

$$= \int_{\theta_0}^{+\infty} \sum_{k=0}^{C} \frac{1}{k!}\left(\frac{T}{\theta}\right)^k \mathrm{e}^{-\frac{T}{\theta}} \cdot \frac{b^a}{\Gamma(a)}\theta^{-(a+1)}\mathrm{e}^{-\frac{b}{\theta}}\mathrm{d}\theta$$

$$= \frac{1}{\Gamma(a)} \sum_{k=0}^{C} \frac{1}{k!}\frac{T^k b^a}{(T+b)^{a+k}} \int_0^{\frac{T+b}{\theta_0}} t^{a+k-1}\mathrm{e}^{-t}\mathrm{d}t$$

$$= \frac{1}{\Gamma(a)}\left(\frac{b}{T+b}\right)^a \sum_{k=0}^{C} \frac{1}{k!}\left(\frac{T}{T+b}\right)^k \Gamma\left(a+k, \frac{T+b}{\theta_0}\right)$$

由此知(4.8)成立. 同理知(4.9)成立. 证毕.

对于 P 级产品，$\theta_1 = 15\ 000$，$a = 1.956$，$b = 2.868$，取 $\beta^* = 0.10$，由公式(4.9)可算出几组(T, C)的值，再由公式(4.8)计算相应的后验生产方风险 α^*，得下表：

P 级产品的贝叶斯方案

C(允许失效数)	1	2	3
T(总试验时间)	25 389	36 421	47 748
α^*(后验生产方风险)	0.044	0.019	0.008

同样可以制定 Q 级和 R 级(优质品或名牌产品)的验证试验方案.

经过反复讨论和对历史数据的分析,兼顾使用方和生产方的利益,最后在验收标准中对 P 级产品选用了 $C=2$ 的方案,这时试验总台时数 $T=36\ 421\approx 37\ 000$,是原来的经典验收方案台时数 $T=100\ 000$ 的 37%,这就大大减少了试验工作量. 对 Q 级、R 级产品也选定了验收方案,总结在下表中:

验收试验方案表

级别 \ (T, C) 方案	T(台时)	C(合格判定数)
P	37 000	2
Q	32 000	2
R	20 000	1

以上通过实例介绍了如何运用贝叶斯方法,读者可联系 §2 中的内容加深对贝叶斯方法的了解.

在上面的实例中,只是利用先验分布和后验分布去确定电视机的验证试验方案,使得后验生产方风险 α^* 及后验使用方风险 β^* 均达到指定的水平($\beta^*=0.10$,$\alpha^*\leqslant 0.05$),并没有去追求"贝叶斯决策"——"风险"最小的验收方案. 要获得贝叶斯决策,只知道先验分布还不够,还必须知道损失函数是怎样的. 在制定验收方案时,选取生产方和使用方都同意的损失函数并不是很简单的事. 由于较难确定"客观"的损失函数,人们常常不去追求贝叶斯决策了. 当然,一旦选好损失函数,则应该追求贝叶斯决策. 以上面的电视机验证试验为例，如果损失函数是 0－1 损失，则不难求出相应的贝叶斯决策. 具体介绍如下：

沿用正文中的各种记号. 检验问题是：

$$H_0:\theta\geqslant\theta_0\leftrightarrow H_1:\theta\leqslant\theta_1\qquad(\theta_0>\theta_1)$$

设行动空间 $A=\{a_1,a_2\}$，a_1 表示“接收”（即接受假设 H_0），a_2 表示“拒收”（即拒绝假设 H_0）. 损失函数 $L(\theta,a)$ 如下：

$$L(\theta,a_1)=\begin{cases}0 & \theta>\theta_1\\1 & \theta\leqslant\theta_1\end{cases}$$

$$L(\theta,a_2)=\begin{cases}1 & \theta\geqslant\theta_0\\0 & \theta<\theta_0\end{cases}$$

仍取(4.4)为 θ 的先验分布密度，其中参数 a,b 的确定方法见正文.

设 T 是试验的总台时数（有替换的试验），γ 是试验截止时的累计失效数. 从(4.5)推知

$$P(\tilde{\theta}\geqslant\theta_0\mid\gamma=k)=\frac{1}{\Gamma(a+k)}\int_0^{\frac{T+b}{\theta_0}}t^{a+k-1}\mathrm{e}^{-t}\mathrm{d}t$$

$$P(\tilde{\theta}\leqslant\theta_1\mid\gamma=k)=1-\frac{1}{\Gamma(a+k)}\int_0^{\frac{T+b}{\theta_1}}t^{a+k-1}\mathrm{e}^{-t}\mathrm{d}t$$

$$(k=0,1,2,\cdots)$$

利用微分法可以证明 $P(\tilde{\theta}\geqslant\theta_0\mid\gamma=k)$ 是 k 的减函数，从而 $P(\tilde{\theta}\leqslant\theta_1\mid\gamma=k)$ 是 k 的增函数. 故对任何非负整数 C 有

$$\inf_{0\leqslant k\leqslant C}P(\tilde{\theta}\geqslant\theta_0\mid\gamma=k)=P(\tilde{\theta}\geqslant\theta_0\mid\gamma=C)\tag{4.10}$$

$$\sup_{k>C}P(\tilde{\theta}\geqslant\theta_0\mid\gamma=k)=P(\tilde{\theta}\geqslant\theta_0\mid\gamma=C+1)\tag{4.11}$$

$$\sup_{0\leqslant k\leqslant C}P(\tilde{\theta}\leqslant\theta_1\mid\gamma=k)=P(\tilde{\theta}\leqslant\theta_1\mid\gamma=C)\tag{4.12}$$

$$\inf_{k>C}P(\tilde{\theta}\leqslant\theta_1\mid\gamma=k)=P(\tilde{\theta}\leqslant\theta_1\mid\gamma=C+1)\tag{4.13}$$

我们指出，对任何非负整数 C，必有 $T=T(C)$ 使得

$$P(\tilde{\theta}\geqslant\theta_0\mid\gamma=C)=P(\tilde{\theta}\leqslant\theta_1\mid\gamma=C)\tag{4.14}$$

实际上，令

$$\varphi(T)\xlongequal{\Delta}P(\tilde{\theta}\geqslant\theta_0\mid\gamma=C)-P(\tilde{\theta}\leqslant\theta_1\mid\gamma=C)$$

$$=\frac{1}{\Gamma(a+C)}\int_0^{\frac{T+b}{\theta_0}}t^{a+C-1}\mathrm{e}^{-t}\mathrm{d}t$$

$$+\frac{1}{\Gamma(a+C)}\int_0^{\frac{T+b}{\theta_1}} t^{a+C-1}\mathrm{e}^{-t}\mathrm{d}t-1$$

显然 $\varphi(T)$ 是 T 的严格增连续函数，且 $\varphi(0+)=<0$（当 b 足够小），$\varphi(+\infty)=1$，故有 $T=T(C)$ 使得(4.14)成立.

给定 C，设试验的总台时数为 $T=T(C)$，γ 是累计失效数. 令

$$\delta^*(\gamma)=\begin{cases}a_1 & \text{当 } \gamma\leqslant C\\ a_2 & \text{当 } \gamma>C\end{cases}$$

我们来证明，δ^* 是贝叶斯决策.

设 $\xi(\theta|k)$ 是失效数为 k 时 θ 的后验分布密度，具体表达式见(4.5). 显然有

$$P(\tilde{\theta}\geqslant\theta_0|\gamma=k)=\int_{\theta_0}^{\infty}\xi(\theta|k)\mathrm{d}\theta$$

$$P(\tilde{\theta}\leqslant\theta_1|\gamma=k)=\int_0^{\theta_1}\xi(\theta|k)\mathrm{d}\theta$$

从(4.10)～(4.14)知

$$\begin{aligned}&\inf_{a\in A}\int_0^{\infty}L(\theta,a)\xi(\theta|k)\mathrm{d}\theta\\ &=\min\{P(\tilde{\theta}\leqslant\theta_1|\gamma=k),P(\tilde{\theta}\geqslant\theta_0|\gamma=k)\}\\ &=\begin{cases}P(\tilde{\theta}\leqslant\theta_1|\gamma=k) & \text{当 } k\leqslant C\\ P(\tilde{\theta}\geqslant\theta_0|\gamma=k) & \text{当 } k>C\end{cases}\end{aligned}$$

另一方面，当 $\gamma=k$ 时 δ^* 的后验平均损失

$$\begin{aligned}\int_0^{\infty}L(\theta,\delta^*(k))\xi(\theta|k)\mathrm{d}\theta&=\begin{cases}P(\tilde{\theta}\leqslant\theta_1|\gamma=k) & k\leqslant C\\ P(\tilde{\theta}\geqslant\theta_0|\gamma=k) & k>C\end{cases}\\ &=\inf_{a\in A}\int_0^{\infty}L(\theta,a)\xi(\theta|k)\mathrm{d}\theta\end{aligned}$$

这表明 δ^* 满足(2.2)，故 δ^* 是贝叶斯决策.

在实际工作中要求试验的总台时数尽可能地小，因而 C 应该取得很小，通常取 $C=0,1,2$，相应的总台时数 $T=T(C)$ 由(4.14)确定.

习题二十

1. 设 X 是离散或连续型随机变量，$E(X^2)$ 存在. 试证明：为了使 $E(X-a)^2$（a 是实数）达到最小值，必须且只须 $a=E(X)$.

2. 设 X 是离散型或连续型随机变量，$E(X)$ 存在. 试证明：为了使 $E|X-a|$（a 是实数）达到最小值，必须且只须 a 是 X 的中位数.

3. 设 $X_1, X_2, \cdots, X_n$ 是来自 Poisson 分布的样本，

$$P(X_i = k) = \frac{\lambda^k}{k!} e^{-\lambda} \quad (\lambda > 0, k = 0, 1, \cdots)$$

设 λ 的先验分布是参数为 α, β 的 Γ 分布，损失函数是 $(\lambda - a)^2$，试求 λ 的贝叶斯估计.

4. 设 $X_1, X_2, \cdots, X_n$ 是来自伯努利分布的样本，$(n \geqslant 3)$，

$$P(X_i = 1) = \theta = 1 - P(X_i = 0), \theta \in (0, 1)$$

设 θ 的先验分布是 $(0,1)$ 上的均匀分布，损失函数是

$$L(\theta, a) = \left[\frac{\theta - a}{\theta(1-\theta)} \right]^2$$

试求 θ 的贝叶斯估计.

5. 设 $X_1, X_2, \cdots, X_n$ 是来自正态分布 $N(\theta, 1)$ 的样本，θ 是未知参数. 给定检验问题：

$$H_1: \theta \leqslant \theta_0 \leftrightarrow H_2: \theta > \theta_0$$

用 a_i 表示"接受假设 H_i"$(i = 1, 2)$. 设损失函数如下：

$$L(\theta, a_1) = \begin{cases} 0 & \theta \leqslant \theta_0 \\ k(\theta - \theta_0) & \theta > \theta_0 \end{cases}$$

$$L(\theta, a_2) = \begin{cases} k|\theta - \theta_0| & \theta \leqslant \theta_0 \\ 0 & \theta > \theta_0 \end{cases}$$

其中 k 是正常数. 若 θ 的先验分布是 $N(\mu_0, \sigma_0^2)$，试求出贝叶斯检验.

6. 地质学家要根据某地区的地层结构来判断该地是否蕴藏石油. 地层结构总是 0,1 两种状态之一；用 θ_0 表示该地无油，θ_1 表示该地有油. 已知有下列概率分布规律（其中 x 表示地层结构的状态，θ 表示石油的状态）：

θ \ x	0	1
θ_0（无油）	0.6	0.4
θ_1（有油）	0.3	0.7

它表示如果该地区无油，那么地层结构呈现状态 0 的概率为 0.6，呈现状态 1 的概率为 0.4；如果该地蕴藏石油，那么地层结构呈现状态 0 的概率是 0.3，呈现状态 1 的概率为 0.7. 土地所有者希望根据地质学家对地层结构的分析决定自己投资钻探石油，还是出卖土地所有权或者在该地区开辟旅游点，分别记这些行动为 a_1,a_2,a_3. 行动空间 $A=\{a_1,a_2,a_3\}$，土地所有者权衡利弊之后取损失函数 $L(\theta,a)$ 为

$L(\theta,a)$ \ a / θ	a_1（自己投资钻探）	a_2（出卖所有权）	a_3（开辟旅游点）
θ_0（无油）	12	1	6
θ_1（有油）	0	7	5

试写出可供土地所有者选择的全部决策（函数）及其风险. 求出 minimax 决策. 若 θ 的先验分布是：$\xi(\theta_0)=0.2,\xi(\theta_1)=0.8$，试求出贝叶斯决策.

第十章　随机过程初步

§1　随机过程的概念

到现在为止,我们的研究对象主要是一个或几个随机变量(随机向量).但是在自然现象、社会现象及实际工作中,我们还会碰到无穷多个随机变量在一起需要当作一个整体来对待的情形,这就需要引进随机过程的概念.

定义 1.1　给定参数集 $T\subset(-\infty,+\infty)$,如果对每个 $t\in T$,对应一个随机变量 X_t,则称随机变量族 $\{X_t,t\in T\}$ 为随机过程①(简称“过程”).

例 1.1　用 X_t 表示某电话机从时刻 0 开始到时刻 t 为止所接到的呼唤次数,则 $\{X_t,t\in[0,+\infty)\}$ 便是一随机过程.

例 1.2　对晶体管热噪声电压进行测量,每隔一微秒测一次.测量时刻记作 $1,2,\cdots$,在时刻 t 的测量值记作 X_t,则 $\{X_t,t=1,2,\cdots\}$ 便是一个随机过程.

例 1.3　1826 年布朗(Brown)发现水中花粉(或其他液体中的微粒)在不停地运动,这种现象后来称为布朗运动.由于花粉受到水中分子的碰撞,每秒钟所受碰撞次数多到 10^{21} 次,这些随机的微小的碰撞力的总和使得花粉作随机运动,以 X_t 表示花粉在 t 时刻所在位置的一个坐标(例如横坐标),则 $\{X_t,t\in[0,\infty)\}$ 便是一

---

① 随机过程的定义可以更广泛些,例如 X_t 可以是多维随机向量.参数集 T 也可用任一非空集 Λ 代替.这时 $\{X_t,t\in\Lambda\}$ 常叫做随机函数.本章不涉及这些复杂的情形.

个随机过程.

例 1.4 考察纺织机所纺出的一根棉纱,以 X_t 表示 t 时刻纺出的纱的横截面的直径,由于工作条件随 t 变化而不能恒定,$\{X_t, t \in [0,\infty)\}$ 便是一个随机过程.

随机过程的例子太多了,只要考察随机现象如何随着时间而变,就会遇到随机过程.

我们常用 E 表示诸 X_t 所可能取的值所组成的集合,E 叫做状态空间(或相空间). 如果 $X_t = x$,则说过程 $\{X_t, t \in T\}$ 在时刻 t 处于状态 x.

当 T 是一个有限集或可列集(即可排成一个序列)时,$\{X_t, t \in T\}$ 叫做离散时间的随机过程(随机序列). 最常见的情况是 $T = \{0,1,2,\cdots\}$ 或 $T = \{\cdots,-1,0,1,\cdots\}$.

当 T 是一个区间(可以是无穷区间)时,$\{X_t, t \in T\}$ 叫做连续时间的随机过程. 这时最常见的情况是 $T = [0,+\infty)$ 或 $T = (-\infty,+\infty)$.

给定 T 中 n 个数 $t_1, t_2, \cdots, t_n$,记 $(X_{t_1}, X_{t_2}, \cdots X_{t_n})$ 的分布函数为 $F_{t_1 t_2 \cdots t_n}(x_1, x_2, \cdots, x_n)$. 这种分布函数的全体 $\{F_{t_1 t_2 \cdots t_n}(x_1, x_2, \cdots, x_n): n \geqslant 1, t_1, t_2, \cdots, t_n \in T\}$ 叫做 $\{X_t, t \in T\}$ 的有限维分布函数族. 这个族描写了随机过程的概率特性.

随机过程 $\{X_t, t \in T\}$ 也可从另外一个角度进行考察. 每个随机变量 X_t 乃是某条件组 S 下可能结果 ω 的函数. 条件组 S 下所有可能的结果组成的集合记作 Ω. X_t 就是 Ω 上的函数 $X_t(\omega)$(参看第二章的开始部分). 所以固定 ω 后,$X_t(\omega)$ 便是 t 的函数. 这个函数叫做随机过程的一个"实现",或叫"现实",或叫"轨道",或叫"样本函数". 我们对一个随机过程进行观察,所得的记录就是这个过程的"实现".

例如在例 1.2 中对晶体管热噪声电压进行测量. 在时刻 1,2,…测得的具体数据:

$$x_1, x_2, \cdots$$

就是$\{X_t, t=1,2,\cdots\}$的一个“实现”.

在连续时间的情形,过程的“实现”常用曲线表示.

如何根据一个“实现”去推断随机过程的性质,是随机过程论的一个重要问题,属于过程统计的范围.

怎样去研究随机过程呢？通常是按照随机过程的概率特性划分成几个大类进行研究.每类过程都有专门的名称,最重要的有三类:

① 独立增量过程;

② 马尔可夫(Марков)过程;

③ 平稳过程.

以下三节分别介绍这三种过程的最基本知识.特别强调一下,这三类过程并不互相排斥.实际上,独立增量过程是特殊的马尔可夫过程,而有些马尔可夫过程又是平稳过程.除这些外,理论上和实践上都很重要的还有“鞅”.现代随机过程论内容丰富多彩,应用相当广泛,读者如有兴趣,请参阅有关的专著.

§2 独立增量过程

1. 定义

定义 2.1 称$\{X_t, t\in T\}$为独立增量过程,如果对任何$t_1 < t_2 < \cdots < t_n (t_i \in T, i=1,\cdots,n)$,随机变量

$$X_{t_2}-X_{t_1}, X_{t_3}-X_{t_2}, \cdots, X_{t_n}-X_{t_{n-1}}$$

是相互独立的.

如果此时$X_{t+\tau}-X_t(\tau>0)$的分布函数只依赖于τ而不依赖于t,则称$\{X_t, t\in T\}$为时齐的独立增量过程.

从定义看出,若$\{X_t, t\in T\}$是独立增量过程,Y是随机变量,则$\{X_t+Y, t\in T\}$也是独立增量过程.故在研究工作中常设

$X_0 \equiv 0$（当 $0 \in T$ 时）.

例 2.1 设 $X_1, X_2, \cdots$ 是相互独立的随机变量列. $S_n = X_1 + X_2 + \cdots + X_n (n \geqslant 1)$. 则 $\{S_n, n \geqslant 1\}$ 便是独立增量过程（详细证明从略）. 若所有的 X_i 服从相同的分布，则这过程是时齐的. 第四章中的大数定律与中心极限定理就是讨论这个特殊过程的性质.

限于篇幅，我们不去讨论一般的独立增量过程，只介绍两个最基本最典型的例子：泊松过程和维纳（Wiener）过程.

2. 泊松过程

定义 2.2 称 $\{X_t, t \geqslant 0\}$ 是泊松过程，若它是独立增量的，而且 X_t 取值是非负整数，增量 $X_t - X_s \ (0 \leqslant s < t)$ 服从泊松分布：

$$P\{X_t - X_s = k\} = e^{-\lambda(t-s)} \frac{[\lambda(t-s)]^k}{k!} \quad (k = 0, 1, \cdots)$$

其中 λ 是与 t, s 无关的正常数.

什么情况下会出现泊松过程呢？有下列定理.

定理 2.1 设 $\{X_t, t \geqslant 0\}$ 是取非负整数值的时齐的独立增量过程，满足

$$P\{X_0 = 0\} = 1$$

$$P\{X_{t+\Delta t} - X_t = 1\} = \lambda \Delta t + o(\Delta t) \qquad (\Delta t \to 0+)$$

$$P\{X_{t+\Delta t} - X_t \geqslant 2\} = o(\Delta t)$$

（这里 $\lambda > 0$）. 则 $\{X_t, t \geqslant 0\}$ 就是泊松过程.

证 设 $\Delta t > 0$，从所给条件知 $X_{t+\Delta t} - X_t$ 与 $X_{\Delta t}$ 的概率分布相同，从而 $P\{X_{t+\Delta t} - X_t \geqslant 0\} = 1$，且

$$P\{X_{t+\Delta t} - X_t = 0\} = 1 - \lambda \Delta t + o(\Delta t) \qquad (\Delta t \to 0)$$

令 $W_i(t) = P\{X_t = i\} \quad (t \geqslant 0)$，则

$$\begin{aligned} & W_i(t + \Delta t) \\ = & P\{X_t = i, X_{t+\Delta t} = i\} + P\{X_t = i-1, X_{t+\Delta t} = i\} \\ & + P\{X_t \leqslant i-2, X_{t+\Delta t} = i\} \end{aligned}$$

$$= P\{X_t = i\} \cdot P\{X_{t+\Delta t} - X_t = 0\} + P\{X_t = i-1\}$$

$$\cdot P\{X_{t+\Delta t} - X_t = 1\} + P\{X_{t+\Delta t} = i, X_{t+\Delta t} - X_t \geqslant 2\}$$

$$= W_i(t)[1 - \lambda\Delta t + o(\Delta t)] + W_{i-1}(t)[\lambda\Delta t + o(\Delta t)]$$

$$+ o(\Delta t)$$

故 $$W_i(t+\Delta t) - W_i(t)$$

$$= -\lambda W_i(t)\Delta t + \lambda W_{i-1}(t)\Delta t + W_i(t) \cdot o(\Delta t)$$

$$+ W_{i-1}(t) \cdot o(\Delta t) + o(\Delta t)$$

于是 $$\lim_{\Delta t \to 0+} \frac{W_i(t+\Delta t) - W_i(t)}{\Delta t} = -\lambda W_i(t) + \lambda W_{i-1}(t)$$

即有 $$W_i'(t) = -\lambda W_i(t) + \lambda W_{i-1}(t) \quad (i \geqslant 0) \tag{2.1}$$

(这里 $W_{-1}(t)$ 约定为 0.)

易知 $W_0(0) = P\{X_0 = 0\} = 1$,故 $W_0(t) = e^{-\lambda t}$.

令 $W_i(t) = u_i(t)e^{-\lambda t}$ $(i \geqslant 0)$. 则 $W'_i(t) = u'_i(t)e^{-\lambda t} - \lambda W_i(t)$,故 $W'_i(t) + \lambda W_i(t) = u'_i(t)e^{-\lambda t}$,但从(2.1)知

$$W'_i(t) + \lambda W_i(t) = \lambda W_{i-1}(t) = \lambda u_{i-1}(t)e^{-\lambda t}$$

于是得方程组

$$u'_i(t) = \lambda u_{i-1}(t) \qquad (i \geqslant 1)$$

$$u_0(t) \equiv 1$$

注意 $u_i(0) = W_i(0) = 0$ $(i \geqslant 1)$,故不难推得 $u_i(t) = \frac{1}{i!}(\lambda t)^i$,所以 $W_i(t) = \frac{(\lambda t)^i}{i!}e^{-\lambda t}$ $(i \geqslant 0)$. 于是 $P\{X_t - X_s = i\} = P\{X_{t-s} = i\} = W_i(t-s) = \frac{[\lambda(t-s)]^i}{i!}e^{-\lambda(t-s)}$ $\quad (s < t)$

这就证明了 $\{X_t, t \geqslant 0\}$ 是泊松过程.

3. 维纳过程

定义 2.3 称独立增量过程 $\{X_t, t \geqslant 0\}$ 是维纳过程,如果对任何 $s < t$,

$$X_t - X_s \sim N(0,(t-s)\sigma^2)$$

这里 σ 是固定的正数(与 s,t 无关).

通过物理学的研究知道,维纳过程是描述布朗运动的概率模型. X_t表示液体中运动的微粒在时刻 t 的位置的横坐标.

经过数学研究知道,只要在数学上加点条件,维纳过程的几乎所有的轨道(或"实现")是 t 的连续函数,但这些连续函数几乎处处没有导数(这里"几乎"二字是有精确的数学含义的,我们不具体说了). 对维纳过程以及更一般的扩散过程,现代有大量研究.

§3 马尔可夫过程

1. 定义

设 $\{X_t, t\in T\}$ 是一个随机过程,状态空间是 E,我们可以把这个随机过程看成某系统的"状态"的演变过程. "$X_t = x$"表示该系统在时刻 t 处于状态 x.

定义 3.1 称 $\{X_t, t\in T\}$ 是马尔可夫过程,如果对于 T 中任何 n 个数 $t_1 < t_2 < \cdots < t_n$,E 中任何 n 个状态 $x_1, x_2, \cdots, x_n$及任何实数 x 均成立:

$$\begin{aligned} &P\{X_{t_n} \leqslant x \mid X_{t_1} = x_1, X_{t_2} = x_2, \cdots, X_{t_{n-1}} = x_{n-1}\}^{①} \\ &= P\{X_{t_n} \leqslant x \mid X_{t_{n-1}} = x_{n-1}\} \end{aligned} \tag{3.1}$$

换句话说,马尔可夫过程的特征是,如已知"现在:$X_{t_{n-1}} = x_{n-1}$",则"将来:$X_{t_n} \leqslant x$"不依赖于"过去:$X_{t_1} = x_1, X_{t_2} = x_2, \cdots,$

① 这是条件概率. 当 $P\{X_{t_1} = x_1, X_{t_2} = x_2, \cdots, X_{t_{n-1}} = x_{n-1}\} \neq 0$ 时,这种条件概率在第一章已讨论过. 当 $P\{X_{t_1} = x_1, X_{t_2} = x_2, \cdots, X_{t_{n-1}} = x_{n-1}\} = 0$ 时,以前未处理过,这要用测度论的知识才能进行比较严密的讨论. 这里只要求读者对条件概率有一个大致的、朴素的理解.

$X_{t_{n-2}} = x_{n-2}$". 这表达了过程的"无后效性".

(3.1)式所表达的性质称为马尔可夫性,简称马氏性. 马尔可夫过程简称马氏过程. 马尔可夫是俄罗斯数学家,他在本世纪初研究过现在称之为马尔可夫过程的一种特殊情形.

马尔可夫过程论的内容十分丰富,但很多讨论都涉及到较深的数学知识. 以下只就最简单的情况,即 $T=\{0,1,2,\cdots\}$, E 为至多可列集的情形,进行初步的讨论.(这里所谓 E 至多可列,是指 E 是有限集或者 E 的全体元素可排成一无穷序列.)

2. 马尔可夫链

定义 3.2 设 $\{X_n, n\geqslant 0\}$ 是随机序列,状态空间 E 至多可列,若对任何 $i_0, i_1, \cdots, i_n \in E$,只要 $P\{X_0=i_0, X_1=i_1, \cdots, X_{n-1}=i_{n-1}\}\neq 0$,就成立:

$$\begin{aligned} &P\{X_n=i_n \mid X_0=i_0, X_1=i_1, \cdots, X_{n-1}=i_{n-1}\}\\ =&P\{X_n=i_n \mid X_{n-1}=i_{n-1}\} \end{aligned} \tag{3.2}$$

则称 $\{X_n, n\geqslant 0\}$ 为马尔可夫链,简称马氏链. 可以验证,马尔可夫链是一种特殊的马氏过程.

通常称条件概率 $P\{X_t=j \mid X_s=i\}$ 为转移概率,记作 $p_{ij}(s,t)$①(这里 $s\leqslant t$).

定理 3.1 设 $\{X_n, n\geqslant 0\}$ 是马氏链,则对 $s<t<u$,有

$$p_{ij}(s,u)=\sum_{k\in E} p_{ik}(s,t)p_{kj}(t,u) \tag{3.3}$$

证 $p_{ij}(s,u)=P\{X_u=j \mid X_s=i\}$

$$\begin{aligned} &=\sum_{k\in E} P\{X_t=k, X_u=j \mid X_s=i\}\\ &=\sum_{k\in E} P\{X_t=k \mid X_s=i\}P\{X_u=j \mid X_s=i, X_t=k\}\\ &=\sum_{k\in E} P\{X_t=k \mid X_s=i\}P\{X_u=j \mid X_t=k\} \end{aligned}$$

---

① 为简单计,以下假设 $p_{ij}(s,t)$ 对所有 $i,j\in E$ 都有定义.

$$= \sum_{k \in E} p_{ik}(s,t) p_{kj}(t,u)$$

(3.3) 叫做 Chapman-Колмогоров 方程.

若任意固定 i,j 后, $p_{ij}(s,t) = p_{ij}(s+\tau, t+\tau)$ (对一切 $\tau \geqslant 0$), 则称马氏链 $\{X_n, n \geqslant 0\}$ 是时齐的, 也叫齐次的. 本节往下只讨论齐次马氏链, 简称马氏链. 此时记 $p_{ij} = P\{X_{t+1} = j \mid X_t = i\}$, 称矩阵 $P = (p_{ij}, i, j \in E)$ 为一步转移概率矩阵. P 有下列性质.

定理 3.2

$$p_{ij} \geqslant 0$$

$$\sum_{j \in E} p_{ij} = 1 (i \in E)$$

证 显然.

我们说, 只要一步转移概率矩阵 $P = (p_{ij})$ 知道了, 则马氏链的转移概率特性就完全确定了. 实际上,

$$P\{X_{s+n} = j \mid X_s = i\}$$

$$= \sum_{i_1, i_2, \cdots, i_{n-1} \in E} P\{X_{s+n} = j, X_{s+1} = i_1, \cdots, X_{s+n-1} = i_{n-1} \mid X_s = i\}$$

$$= \sum_{i_1, i_2, \cdots, i_{n-1} \in E} P\{X_{s+1} = i_1 \mid X_s = i\} \cdot P\{X_{s+2} = i_2 \mid X_{s+1} = i_1\} \cdots P\{X_{s+n} = j \mid X_{s+n-1} = i_{n-1}\}$$

$$= \sum_{i_1, i_2, \cdots, i_{n-1} \in E} p_{ii_1} p_{i_1 i_2} \cdots p_{i_{n-1} j}$$

以下记 $p_{ij}^{(n)} = P\{X_{s+n} = j \mid X_s = i\}$ (n 步转移概率). 不难看出, 矩阵 $(p_{ij}^{(n)}, i, j \in E) = P^n$.

例 3.1 (自由随机游动) 某质点在整数点集 $\{\cdots, -1, 0, 1, \cdots\}$ 上随机游动. 设开始时质点在位置 0, 以后每经过一个单位时间按下列概率规则改变一次位置: 如果它在某时刻位于点 i, 则它以概率 $p(0<p<1)$ 转移到 $i+1$, 以概率 $1-p$ 转移到 $i-1$. 用 X_n 表示质点在时刻 n 所在的位置, 则 $\{X_n, n \geqslant 0\}$ 便是一个马氏链, 其一步转移概率矩阵是

$$P=\begin{pmatrix}\ddots & \ddots & \ddots & & & \\ & 1-p & 0 & p & & \\ & & 1-p & 0 & p & \\ & & & 1-p & 0 & p \\ & & & \ddots & \ddots & \ddots\end{pmatrix}$$

例 3.2(带吸收壁的随机游动)　质点在点集$\{0,1,2,\cdots\}$上游动,转移规律是:若在某时刻处于位置$i>0$,则下一步以概率p转移到$i+1$,以概率$1-p$转移到$i-1$,若某时刻处于位置0,则下一步仍停留在0. 如果开始时质点位于$i_0(i_0>0)$,在时刻n时位置是X_n,则$\{X_n,n\geqslant0\}$是一马氏链,其一步转移概率矩阵是

$$\begin{matrix} & \begin{matrix}0 & \quad 1 & \quad 2 & \quad 3 & \cdots\end{matrix} & \\ P= & \begin{pmatrix}1 & 0 & 0 & 0 & \\ 1-p & 0 & p & 0 & \\ 0 & 1-p & 0 & p & \\ & & \ddots & \ddots & \ddots\end{pmatrix} & \begin{matrix}0\\1\\2\\ \vdots\end{matrix}\end{matrix}$$

例 3.3(Ehrenfest 模型)　我们考察带有$m+1$个状态(记以$0,1,\cdots,m$)的系统的转移问题. 其转移规律是:若系统在某时刻处于状态$i(1\leqslant i\leqslant m-1)$,则下一步以概率$\frac{i}{m}$转移到状态$i-1$,以概率$1-\frac{i}{m}$转移到状态$i+1$;若某时刻处于状态0,则下一步转移到状态1;若某时间处于状态m,则下一步转移到状态$m-1$.

设开始时系统的状态是X_0,时刻n的状态为X_n,则$\{X_n,n\geqslant0\}$是马氏链. 这个链的状态空间是有限集.

这个链有一个有意义的物理解释. 在统计力学中,Ehrenfest 氏考虑了一个假想的实验:有m个质点分布在两个容器A,B中,在时刻n,随机地选择一个质点并把它从一个容器移到另一个容器中去,系统的状态由A中质点个数来决定. 假定在某一时刻,确实有k个质点在容器A中,在下一步,系统的状态将变为$k-1$或

$k+1$,这要看是 A 中还是 B 中的质点被选取而定,相应的概率是 $\frac{k}{m}$和$\frac{m-k}{m}$. 这样,上述模型描述了 Ehrenfest 实验.

马氏链论里研究的问题很多,我们简略地谈一谈下列三个重要问题.

1° 状态的性质怎样?是否有些状态经常出现?

2° 转移概率 $p_{ij}^{(n)}$ 当 $n\to\infty$ 时有无极限?若有极限,极限是多少?

3° 设马氏链$(X_n,n\geqslant 0)$的一步转移概率矩阵 $\boldsymbol{P}=(p_{ij},i\in E,j\in E)$($E$ 是状态空间),什么条件下各 X_n有相同的概率分布?并问什么条件下,序列$f(X_0)$,$f(X_1)$,$\cdots$,$f(X_n)$,$\cdots$符合强大数定律,即 $P\left(\lim\limits_{n}\frac{1}{n}\sum\limits_{i=0}^{n-1}\{f(X_i)-E[f(X_i)]\}=0\right)=1$?(这里$f(x)$是任何有界函数).

为了回答上述问题,先给出两个重要定义.

定义 3.3 称状态 i 是马氏链$\{X_n,n\geqslant 0\}$的常返状态,若$P\{$存在 $n>s$ 使 $X_n=i\mid X_s=i\}=1$. 否则的话,叫非常返状态.

换句话说,如果从状态 i 出发,将来还会出现 i 的概率是 1,则称 i 为常返的.

定义 3.4 称马氏链$(X_n,n\geqslant 0)$是不可约的,若 i,j 是任二状态,必有 P(存在 $n>s$ 使 $X_n=j\mid X_s=i)>0$.

可以证明:

① 如果 i 是常返状态,则从 i 出发将来无穷多次出现 i 的概率等于 1.

② 状态 i 常返的充要条件是 $\sum\limits_{n=1}^{\infty}p_{ii}^{(n)}=\infty$.

③ 如果 i 是常返的,又存在 $n>s$ 使

$$P\{X_n=j\mid X_s=i\}>0$$

则 j 也是常返的.

关于 n 步转移概率 $p_{ij}^{(n)}$，有下列事实：

① $\lim\limits_{N\to\infty}\frac{1}{N}\sum\limits_{n=1}^{N}p_{ij}^{(n)}=\pi_{ij}$ 永远存在.

② 如果状态空间 E 是有限集，存在 n_0 使

$$p_{ij}^{(n_0)}>0 \qquad (对一切\ i,j\in E)$$

则 $\lim\limits_{n}p_{ij}^{(n)}=\pi_j$ 存在（π_j 与 i 无关），而且 $\{\pi_j,j\in E\}$ 是下列方程组

$$x_j=\sum_{i\in E}x_ip_{ij} \quad (一切\ j\in E)$$

的满足条件 $x_j>0$，$\sum\limits_{j\in E}x_j=1$ 的惟一解.

关于上述问题 3°，可以证明当且仅当 X_0 的概率分布 $\{p_i,i\in E\}$（$p_i\triangleq P(X_0=i)$）满足

$$p_i=\sum_{k\in E}p_kp_{ki} \quad (一切\ i\in E) \tag{3.4}$$

时每个 X_n 与 X_0 有相同的概率分布. 如果（3.4）成立而且马氏链 $\{X_n,n\geqslant 0\}$ 是不可约的，则可以证明强大数律成立，即有

$$P\left\{\lim_{n}\frac{1}{n}\sum_{i=0}^{n-1}f(X_i) = E[f(X_0)]\right\}=1,$$

其中 $f(x)$ 是任何有界函数.

上述各项结论的证明均可在[4]中找到. [4]中对马氏链有系统而深入的论述.

例 3.4（两状态的马氏链） $E=\{0,1\}$，一步转移概率矩阵是

$$P=\begin{pmatrix}p_{00} & p_{01}\\ p_{10} & p_{11}\end{pmatrix}=\begin{pmatrix}1-a & a\\ b & 1-b\end{pmatrix}$$

其中 a,b 已知，$0<a<1,0<b<1$.

我们来求出 $p_{ij}^{(n)}$，并研究 $n\to\infty$ 时 $p_{ij}^{(n)}$ 的渐近性质.

用数学归纳法可以证明：

$(p_{ij}^{(n)})=P^n$

$$
=\begin{pmatrix} \frac{b}{a+b}+\frac{a}{a+b}(1-a-b)^n & \frac{a}{a+b}-\frac{a}{a+b}(1-a-b)^n \\ \frac{b}{a+b}-\frac{b}{a+b}(1-a-b)^n & \frac{a}{a+b}+\frac{b}{a+b}(1-a-b)^n \end{pmatrix}
$$

（也可用母函数法直接求出 P^n 的这个表达式）.

因为 $0<a+b<2$，故 $-1<1-a-b<1$，从而 $\lim\limits_{n\to\infty}(1-a-b)^n=0$，于是得：

$$
\lim_{n\to\infty}p_{00}^{(n)}=\frac{b}{a+b},\lim_{n\to\infty}p_{01}^{(n)}=\frac{a}{a+b}
$$

$$
\lim_{n\to\infty}p_{10}^{(n)}=\frac{b}{a+b},\lim_{n\to\infty}p_{11}^{(n)}=\frac{a}{a+b}
$$

两状态的马氏链可用来描写一个传输数字 0 和 1 的通讯系统. 每个数字传输时必须通过若干个步骤，通过每一步时数字不改变的概率是 p，于是一步转移概率矩阵是

$$
P=\begin{pmatrix} p & q \\ q & p \end{pmatrix} \quad (q=1-p)
$$

设 X_0 是进入系统的数字，X_n 是这个通讯系统在第 n 步发出的数字. $\{X_n,n\geqslant 0\}$ 便是以上述 P 为转移矩阵的马氏链.

利用前面的结果知

$$
P^n=\begin{pmatrix} \frac{1}{2}+\frac{1}{2}(p-q)^n & \frac{1}{2}-\frac{1}{2}(p-q)^n \\ \frac{1}{2}-\frac{1}{2}(p-q)^n & \frac{1}{2}+\frac{1}{2}(p-q)^n \end{pmatrix}
$$

例如，若 $p=\frac{2}{3}$ 则 $P\{X_2=1\mid X_0=1\}=p_{11}^{(2)}=\frac{5}{9}$，$P\{X_3=1\mid X_0=1\}=p_{11}^{(3)}=\frac{14}{27}$. 这表示通讯系统两步后正确传输出“1”的概率是 $\frac{5}{9}$，三步后正确传输出“1”的概率是 $\frac{14}{27}$.

§4 平稳过程

1. 定义

在许多科学技术(特别在无线电电子技术和自动控制)领域中,我们常常遇到一类与前面所述的马尔可夫过程不一样的随机过程:它的过去情况对未来有着强烈的不可忽视的影响.

以下恒设参数集 T 具有性质:若 $s,t\in T$,则 $s+t\in T$.

定义 4.1 称随机过程 $\{X_t,t\in T\}$ 是严平稳的,若对任何 $n\geqslant 1,t_1,\cdots,t_n,\tau\in T$ 及实数 $x_1,x_2,\cdots,x_n$,均成立:

$$\begin{aligned}&P\{X_{t_1+\tau}\leqslant x_1,X_{t_2+\tau}\leqslant x_2,\cdots,X_{t_n+\tau}\leqslant x_n\}\\=&P\{X_{t_1}\leqslant x_1,X_{t_2}\leqslant x_2,\cdots,X_{t_n}\leqslant x_n\}\end{aligned}\tag{4.1}$$

换句话说,如果有限维分布函数随着时间的推移不改变,则叫做严平稳过程.

一般说来,当产生随机现象的一切主要条件可视为不随时间的推移而改变时,常常出现严平稳过程.例如电子管中自由电子的不规则运动(即热运动)而引起的电路中电压的波动过程,就可看作是严平稳过程.

显然,如果 $\{X_t,t\in T\}$ 是严平稳过程,则 X_t 的分布函数 $F_t(x)$ 与 t 无关,(X_{t_1},X_{t_2}) 的分布函数只依赖于 t_2-t_1,由此可以推知 $E(X_t)\equiv C$(常数),协方差 $\operatorname{cov}(X_t,X_{t+\tau})$ 只依赖于 τ(当期望和协方差存在时).

定义 4.2 称随机过程 $\{X_t,t\in T\}$[①] 为宽平稳过程,如果它满足:

(1) $E|X_t|^2$ 存在且有限 $(t\in T)$

---

① 我们假定 X_t 取复数值.若 $X=U+iV$,其中 U,V 是实值随机变量,规定 $EX=E(U)+iE(V)$.以下恒用 $\bar{z}$ 表示 z 的共轭复数.

(2) $E(X_t)\equiv C$(常数)　　$(t\in T)$

(3) $E[(X_t-C)\overline{(X_{t+\tau}-C)}]$只依赖于$\tau$,与$t$无关.

定义 4.3　称函数

$$B(\tau)=E\{[X_t-E(X_t)]\overline{[X_{t+\tau}-E(X_{t+\tau})]}\}$$

为宽平稳过程的自协方差函数,也称相关函数.

宽平稳过程也叫弱平稳过程. 显然,如果$\{X_t,t\in T\}$是一个二阶矩存在(即$E|X_t|^2$存在且有限)的严平稳过程,则它一定是宽平稳过程.

由于宽平稳性只是对过程的一、二阶矩加条件,并没有对一切有限维分布都加条件,因而在工程上有更多应用. 工程技术界常常使用的名词"平稳过程",一般就是指宽平稳过程.

例 4.1　设$\{X_n,n=0,\pm1,\pm2,\cdots\}$是互不相关的实值随机变量列(即对任何$n\neq n'$,$X_n$与$X_{n'}$的协方差等于0),$E(X_n)\equiv0$,$D(X_n)\equiv\sigma^2>0$. 则$\{X_n\}$是宽平稳过程(序列).

实际上,

$$E(X_nX_{n+\tau})=\begin{cases}\sigma^2 & \tau=0\\ 0 & \tau\neq0\end{cases}$$

在物理上和工程技术中常把这种随机变量列称为"白噪声". 在随机干扰理论中,"白噪声"干扰考察较多,因为它存在于多种波动现象中. 标准差是1(即$\sigma=1$)的白噪声称为标准白噪声.

例 4.2(通讯系统中的加密序列)　设$\{\xi_0,\eta_0,\xi_1,\eta_1,\xi_2,\eta_2,\cdots\}$是相互独立的实值随机变量列(即其中任何有限个是相互独立的),诸ξ_i服从相同的分布(分布函数是$F(x)$),诸η_i也服从相同的分布(分布函数是$G(x)$),又$E(\xi_i)\equiv0$,$E(\eta_i)\equiv0$,$D(\xi_i)\equiv\sigma^2>0$,$D(\eta_i)\equiv\sigma^2>0$,设

$$X_n=\xi_n+\eta_n+(\xi_n-\eta_n)(-1)^n\qquad(n\geqslant0)$$

则$\{X_n,n\geqslant0\}$是宽平稳过程(序列).

实际上,

$$E(X_n)=E(\xi_n)+E(\eta_n)+[E(\xi_n)-E(\eta_n)](-1)^n=0$$

$$\begin{aligned}E(X_n^2)&=E[(\xi_n+\eta_n)^2+(\xi_n-\eta_n)^2+\\&\quad 2(-1)^n(\xi_n+\eta_n)(\xi_n-\eta_n)]\\&=E[2\xi_n^2+2\eta_n^2+2(-1)^n(\xi_n^2-\eta_n^2)]=4\sigma^2\end{aligned}$$

若 $\tau>0$,利用独立性易知 $E(X_nX_{n+\tau})=0$. 所以$\{X_n,n\geqslant 0\}$是宽平稳过程.

值得注意的是,$X_{2n}=2\xi_{2n}$,$X_{2n+1}=2\eta_{2n+1}(n\geqslant 0)$,只要$F(x)$与$G(x)$不同,则 X_{2n}与 X_{2n+1}的分布不同,从而$\{X_n,n\geqslant 0\}$不是严平稳过程.

例 4.3(随机相位的余弦波)

$$X_t=A\cos(\lambda t+\theta)\qquad(-\infty<t<+\infty)$$

其中 λ 是常数,A 是正数,θ 为服从$[0,2\pi]$上均匀分布的随机变量.

可以验证,

$$E(X_t)=0$$

$$E(X_tX_{t+\tau})=\frac{A^2}{2}\cos\lambda\tau$$

故$\{X_t,-\infty<t<+\infty\}$是宽平稳过程.

例 4.4(具有随机振幅的波)

$$X_t=\xi\cos 2\pi t+\eta\sin 2\pi t\qquad(-\infty<t<+\infty)$$

其中 ξ,η 是二随机变量,满足:$E(\xi)=E(\eta)=0$,$E(\xi^2)=E(\eta^2)=1$,$E(\xi\eta)=0$.

可以验证,$\{X_t,-\infty<t<+\infty\}$是一宽平稳过程. 请读者自己计算一下.

服从 n 维正态分布的随机向量叫做高斯随机向量,也叫正态随机向量. n 维正态分布的概念在第四章已经介绍过了.

定义 4.4 称$\{X_t,t\in T\}$为高斯过程,如果对 T 中任何 n 个不相同的数 $t_1,t_2,\cdots,t_n$,$(X_{t_1},X_{t_2},\cdots,X_{t_n})$是高斯随机向量.

定理 4.1 设$\{X_t, t\in T\}$是高斯过程,则为了它是严平稳的,必须而且只须它是宽平稳的.

证 必要性不足道. 现证充分性. 设高斯过程$\{X_t, t\in T\}$是宽平稳的,我们来证

$$\xi=(X_{t_1}, X_{t_2}, \cdots, X_{t_n}) \text{ 与 } \eta=(X_{t_1+\tau}, X_{t_2+\tau}, \cdots, X_{t_n+\tau})$$

有相同的概率分布.

设$\xi\sim N(\mu,\Sigma)$,$\eta\sim N(\tilde{\mu},\tilde{\Sigma})$,其中$\Sigma=(\sigma_{ij})$,$\tilde{\Sigma}=(\tilde{\sigma}_{ij})$,$\sigma_{ij}=\operatorname{cov}(X_{t_i}, X_{t_j})$,$\tilde{\sigma}_{ij}=\operatorname{cov}(X_{t_i+\tau}, X_{t_j+\tau})$.

由于$E(X_t)\equiv$常数C,知$\mu=\tilde{\mu}$,又$\sigma_{ij}=\operatorname{cov}(X_{t_i}, X_{t_j})=\operatorname{cov}(X_{t_i+\tau}, X_{t_j+\tau})=\tilde{\sigma}_{ij}$,故$\Sigma=\tilde{\Sigma}$. 所以$\xi,\eta$服从相同的概率分布,从而$\{X_t, t\in T\}$是严平稳的. 证毕.

由此可见,对于高斯过程(这在实际工作中是最常见的)来讲,严平稳性与宽平稳性等价.

2. 相关函数(自协方差函数)

从相关函数$B(\tau)$的定义,易知有下列性质:

1° $|B(\tau)|\leqslant B(0)$;

2° $B(-\tau)=\overline{B(\tau)}$.

相关函数$B(\tau)$刻画X_t与$X_{t+\tau}$的(线性)相关程度,研究相关函数的特性与计算相关函数的数值是宽平稳过程论里最基本的内容.

例 4.5(随机振荡迭加) 设

$$X_t=\sum_{k=1}^{n}\eta_k \mathrm{e}^{\mathrm{i}(w_k t+\lambda_k)} \qquad (-\infty<t<+\infty)$$

其中$\eta_1, \eta_2, \cdots, \eta_n, \lambda_1, \lambda_2, \cdots, \lambda_n$相互独立,$\eta_k\sim N(0,\sigma_k^2)$($k=1, 2, \cdots, n$),诸$\lambda_k$都服从$[0,2\pi]$上的均匀分布.

可以证明,$\{X_t, t\in(-\infty,+\infty)\}$是宽平稳过程,

$$B(\tau)=\sum_{k=1}^{n}\sigma_k^2 e^{-iw_k\tau}$$

以下设 $T=(-\infty,+\infty)$或$[0,+\infty)$.

定义 4.5 称随机过程$\{X_t,t\in T\}$是均方连续的,如果对任何 $t\in T$,有

$$\lim_{k\to 0}E|X_{t+k}-X_t|^2=0$$

可以证明,若$\{X_t,t\in T\}$是宽平稳过程,则它均方连续的充要条件是:相关函数 $B(\tau)$是连续的.

定理 4.2 设 $B(\tau)$是均方连续的宽平稳过程的相关函数,则存在惟一的右连续不减函数 $F(\lambda)$,适合:

$$\lim_{\lambda\to-\infty}F(\lambda)=0$$

$$B(\tau)=\int_{-\infty}^{+\infty}e^{i\tau\lambda}dF(\lambda)\text{①}\quad(\text{一切 }\tau)\tag{4.2}$$

证明较长,从略.

(4.2)式叫做相关函数的谱展式,其中 $F(\lambda)$叫做过程的谱函数. 如果存在非负函数 $f(\lambda)$使

$$F(x)=\int_{-\infty}^{x}f(\lambda)d\lambda$$

则称 $f(\lambda)$为过程的谱密度(工程上叫功率谱密度).

什么时候存在谱密度呢? 经过数学研究知道,如果$\int_{-\infty}^{+\infty}|B(\tau)|d\tau$ 存在且有限,则就有谱密度 $f(x)$,而且

$$f(x)=\frac{1}{2\pi}\int_{-\infty}^{+\infty}e^{-ix\tau}B(\tau)d\tau$$

对于任意宽平稳列$\{X_n,n=0,\pm1,\pm2,\cdots\}$,也可以证明有谱展式:

$$B(\tau)=\int_{-\pi}^{\pi}e^{i\tau\lambda}dF(\lambda)$$

---

① 这里是斯蒂尔切斯(Stieltjes)积分. 不了解这种积分的读者可略去本定理.

其中 $F(\lambda)$ 是不减的右连续函数, $F(-\pi)=0$.

还可以证明,如果级数 $\sum_{n=-\infty}^{+\infty}|B(n)|$ 收敛,则存在非负函数 $f(\lambda)$(谱密度)使

$$F(x)=\int_{-\pi}^{x} f(\lambda)\,\mathrm{d}\lambda \quad (一切\ x\in[-\pi,\pi])$$

而且

$$f(\lambda)=\frac{1}{2\pi}\sum_{k=-\infty}^{+\infty} \mathrm{e}^{-\mathrm{i}k\lambda}B(k)$$

谱函数和谱密度都是有物理意义的,在工程上应用较多.

最后,我们要讨论宽平稳过程的一个统计问题. 设 $\{X_t,-\infty<t<+\infty\}$ 是一个宽平稳过程,怎样根据一段时间上的观测数据去估计 $E(X_t)$ 和相关函数 $B(\tau)$ 呢?

在工程实践上常用下列办法. 设 $\{x_t, M\leqslant t\leqslant N\}$ 是观测到的数据(一个"实现"的一段),如果 $N-M$ 足够大,可用

$$C=\frac{1}{N-M}\int_{M}^{N} x_t\,\mathrm{d}t$$

作为 $E(X_t)$ 的估计值. 用

$$\frac{1}{N-\tau-M}\int_{M}^{N-\tau} x_t\bar{x}_{t+\tau}\,\mathrm{d}t-|C|^2$$

作为 $B(\tau)\quad(\tau\geqslant 0)$ 的估计值.

这个办法是有理论根据的. 数学上可以证明,在一定条件下,成立:

$$\lim_{N-M\to\infty} E\left|\frac{1}{N-M}\int_{M}^{N} X_t\,\mathrm{d}t-E(X_0)\right|^2=0$$

$$\lim_{N-M\to\infty} E\left|\frac{1}{N-M}\int_{M}^{N} X_t\bar{X}_{t+\tau}\,\mathrm{d}t-E(X_0\bar{X}_\tau)\right|^2=0$$

适合这两个关系式的宽平稳过程叫做遍历的. 我们在实际工

作中碰到的许多过程是遍历的.

*§5 时间序列的统计分析简介

随机序列常用来刻画随时间而变的随机现象,因而随机序列也叫时间序列.(宽)平稳时间序列简称为(宽)平稳序列.

我们重点介绍宽平稳序列的统计分析,因为它是研究一般时间序列统计分析的基础.

在宽平稳时间序列的应用中,最重要的是所谓的 AR(p)模型(p 阶自回归模型).

定义 5.1 称实值随机序列$\{x_t: t=0, \pm 1, \pm 2, \cdots\}$为 AR($p$)($p$ 是正整数),若它满足下列方程:

$$x_t = \varphi_1 x_{t-1} + \varphi_2 x_{t-2} + \cdots + \varphi_p x_{t-p} + \theta_0 \varepsilon_t, \tag{5.1}$$

这里 $\theta_0 > 0, \varphi_1, \varphi_2, \cdots, \varphi_p (\varphi_p \neq 0)$都是实数,$\{\varepsilon_t\}$是标准白噪声(即 $E(\varepsilon_t) \equiv 0, E(\varepsilon_t \varepsilon_s) = 0\ (t \neq s), E(\varepsilon_t^2) = 1$),而且多项式 $\Phi(z) = 1 - \varphi_1 z - \varphi_2 z^2 - \cdots - \varphi_p z^p$的根均在单位圆外(即对一切复数 z,只要$|z| \leqslant 1$,必有 $\Phi(z) \neq 0$).

从(5.1)看出,x_t的值主要依赖于前 p 个时刻的值 $x_{t-1}, x_{t-2}, \cdots, x_{t-p}$,这就是"自回归"一词的来源.

例 5.1 设$\{x_t\}$是满足下列方程的宽平稳列

$$x_t = \frac{5}{6} x_{t-1} - \frac{1}{6} x_{t-2} + \varepsilon_t \quad (t = 0, \pm 1, \cdots)$$

其中$\{\varepsilon_t\}$是独立同分布随机变量列,共同分布是 $N(0,1)$.

不难看出,$\theta_0 = 1 > 0, \Phi(z) = 1 - \frac{5}{6} z + \frac{1}{6} z^2 = \frac{1}{6}(z-3)(z-2)$. 可见 $\Phi(z)$的二根均在单位圆外,故$\{x_t\}$是 AR(2).

定义 5.1 中的多项式 $\Phi(z) = 1 - \sum\limits_{j=1}^{p} \varphi_j z^j$叫做 AR($p$)的特征多项式. 由于 $\Phi(z)$在单位圆上无根,故有 $\gamma > 1$,对一切$|z| < \gamma$ 有

$$\Psi(z) \triangleq \frac{1}{\Phi(z)} = \sum_{k=0}^{\infty} c_k z^k \tag{5.2}$$

由此知 $\sum\limits_{k=0}^{\infty} |c_k|$收敛.

对于 AR(p)，我们可以证明下列重要结论.

1° 为了实值随机序列 $\{x_t : t = 0, \pm 1, \pm 2, \cdots\}$ 是满足(5.1)的 AR(p)，必须且只需 x_t 有表达式

$$x_t = \theta_0 \sum_{j=0}^{\infty} c_j \varepsilon_{t-j} \text{①}, \tag{5.3}$$

这里 c_j 由(5.2)确定，$\{\varepsilon_t\}$ 是标准白噪声.

2° 任给定实数 $\varphi_1, \varphi_2, \cdots, \varphi_p$ 及 θ_0，$\varphi_p \neq 0$，$\theta_0 > 0$，若多项式 $\Phi(z) = 1 - \sum_{k=1}^{p} \varphi_k z^k$ 的根均在单位圆外，则对任何标准白噪声 $\{\varepsilon_t\}$，一定存在 AR(p) 模型 $\{x_t\}$ 满足(5.1)，而且这样的 $\{x_t\}$ 是宽平稳列，$E(x_t) \equiv 0$，相关函数是 $B(\tau) = \theta_0^2 \sum_{j=0}^{\infty} c_j c_{j+\tau}$（$c_j$ 的定义见(5.2)）.

3° 设 $\{x_t\}$ 是 AR(p)（满足方程(5.1)者），则其相关函数 $B(\tau)$ 和模型参数 $\theta_0, \varphi_1, \varphi_2, \cdots, \varphi_p$ 满足下列关系式

$$\sum_{k=1}^{p} B(k) \varphi_k = B(0) - \theta_0^2 \tag{5.4}$$

$$\sum_{k=1}^{p} B(n-k) \varphi_k = B(n) \quad (\text{一切 } n \geqslant 1) \tag{5.5}$$

4° 设 $\{x_t\}$ 是 AR(p)（满足方程(5.1)者），则对任何正整数 τ，根据 t 时刻及以前的观测值 $x_t, x_{t-1}, x_{t-2}, \cdots$ 可得到 $x_{t+\tau}$ 的最佳线性预测值为

$$\hat{x}_{t+\tau} = \sum_{j=0}^{p-1} \beta_j^{(\tau)} x_{t-j} \text{②}, \tag{5.6}$$

其中

① 这里级数收敛的概率为 1，(5.3)的意义是 $P\left(\lim_{n \to \infty} \theta_0 \sum_{j=0}^{n} c_j \varepsilon_{t-j} = x_t\right) = 1$.

② 这里“最佳线性预测”的含义是：观测值的线性函数中均方误差最小者，即有 $E|\hat{x}_{t+\tau} - x_{t+\tau}|^2 = \min\{E(\xi_t - x_{t+\tau})^2 : \xi_t = \sum_{j=0}^{\infty} \lambda_j x_{t-j}, \lambda_j \text{是实数}, \sum_{j=0}^{\infty} \lambda_j^2 \text{收敛}\}$.

$$\begin{pmatrix}\beta_0^{(\tau)}\\ \beta_1^{(\tau)}\\ \beta_2^{(\tau)}\\ \vdots\\ \beta_{p-2}^{(\tau)}\\ \beta_{p-1}^{(\tau)}\end{pmatrix}=\begin{pmatrix}1&0&0&0&\cdots&0&0\\ -\varphi_1&1&0&0&\cdots&0&0\\ -\varphi_2&-\varphi_1&1&0&\cdots&0&0\\ \vdots&\vdots&\vdots&\vdots&&\vdots&\vdots\\ -\varphi_{p-2}&-\varphi_{p-3}&-\varphi_{p-4}&-\varphi_{p-5}&\cdots&1&0\\ -\varphi_{p-1}&-\varphi_{p-2}&-\varphi_{p-3}&-\varphi_{p-4}&\cdots&-\varphi_1&1\end{pmatrix}\begin{pmatrix}C_\tau\\ C_{\tau+1}\\ C_{\tau+2}\\ \vdots\\ C_{\tau+p-2}\\ C_{\tau+p-1}\end{pmatrix},$$

这里

$$c_s=\begin{cases}1, & s=0\\ \sum_{l=1}^{s}\varphi_l c_{s-l}, & s=1,2,\cdots,p\\ \sum_{l=1}^{p}\varphi_l c_{s-l}, & s>p\end{cases}$$

5° 设$\{x_t\}$是任何宽平稳列,其相关函数的 $p+1$ 个值 $B(0),B(1),\cdots,B(p)$已知,且矩阵

$$R_p=\begin{pmatrix}B(0)&B(1)&\cdots&B(p)\\ B(1)&B(0)&\cdots&B(p-1)\\ \vdots&\vdots&&\vdots\\ B(p)&B(p-1)&\cdots&B(0)\end{pmatrix}$$

是正定的. 设 $\theta_0,\varphi_1,\varphi_2,\cdots,\varphi_p$由下列方程所确定.

$$\theta_0^2=B(0)-\sum_{k=1}^{p}B(k)\varphi_k$$

$$R_{p-1}\begin{pmatrix}\varphi_1\\ \varphi_2\\ \vdots\\ \varphi_p\end{pmatrix}=\begin{pmatrix}B(1)\\ B(2)\\ \vdots\\ B(p)\end{pmatrix}$$

则多项式 $\Phi(z)=1-\sum_{k=1}^{p}\varphi_k z^k$的根在单位圆外,而且由方程

$$y_t=\varphi_1 y_{t-1}+\varphi_2 y_{t-2}+\cdots+\varphi_p y_{t-p}+\theta_0\varepsilon_t$$

($\{\varepsilon_t\}$是独立同分布随机变量列,共同分布是 $N(0,1)$)所确定的 AR(p)$\{y_t\}$的相关函数 $\tilde{B}(\tau)$满足 $\tilde{B}(k)=B(k)$ $(k=0,1,\cdots,p)$.

以上各项的证明都比较长,有兴趣的读者可参阅 P. Brockwell 和R. Davis

合著的《时间序列的理论与方法》(第二版. 田铮译. 高等教育出版社与 Springer 出版社,2001),在上述理论的基础上,我们可对宽平稳时间序列的统计分析进行初步讨论.

设$(x_t, t=0, \pm 1, \pm 2, \cdots)$是宽平稳列,基本统计问题是,若有一段观测值 $x_1, x_2, \cdots, x_N$,如何对$\{x_t\}$给出一个合理的近似的数学模型,以便进行预测或推断?

首先找$(x_t, t=0, \pm 1, \cdots)$的相关函数 $B(\tau)$的估计量

$$\hat{B}(\tau) = \frac{1}{N-\tau} \sum_{i=1}^{N-\tau} (x_i - \bar{x})(x_{i+\tau} - \bar{x}),$$

$(\tau = 0, 1, \cdots, m)$, $\bar{x} = \frac{1}{N} \sum_{i=1}^{N} x_i$, $m \leqslant M$, M 是$\sqrt{N}$的 2 至 3 倍.

解方程组 (参看(5.4)—(5.5))

$$\begin{cases} \sum_{k=1}^{m} \hat{B}(k)\varphi_k = \hat{B}(0) - \theta_0^2 \quad (\theta_0 > 0) \\ \sum_{k=1}^{m} \hat{B}(n-k)\varphi_k = \hat{B}(n) \quad (n = 1, 2, \cdots, m) \end{cases} \tag{5.7}$$

得到 $\theta_0, \varphi_1, \varphi_2, \cdots, \varphi_m$. 由此可得到由差分方程

$$y_t = \varphi_1 y_{t-1} + \varphi_2 y_{t-2} + \cdots + \varphi_m y_{t-m} + \theta_0 \varepsilon_t$$

($\{\varepsilon_t\}$是独立同分布随机变量列,共同分布是 $N(0,1)$)确定的 AR(m) $\{y_t\}$. 这个$\{y_t\}$便是原过程$\{x_t\}$的近似. 用$\{y_t\}$代替(x_t)可进行预测或推断.

这里有一个问题:m 应取多大? 这是自回归模型的定阶问题. 许多实际工作表明,采用下列 AIC 准则常常比较接近实际.

对每个 $m(1 \leqslant m \leqslant M)$,从方程(5.7)可得到 θ_0的值,记为 $\hat{\theta}_0(m)$. 令

$$\mathrm{AIC}(m) = \ln(\hat{\theta}_0(m))^2 + \frac{2m}{N}$$

设 p 是 AIC(m)的最小值点,即

$$\mathrm{AIC}(p) = \min_{0 \leqslant m \leqslant M} \mathrm{AIC}(m)$$

(这样的 p 若不止一个,就取最小者). 我们就采用 AR(p).

以上是用 AR(p)来近似一般的宽平稳列. AR(p)是比较简单而重要的模型,还有许多稍为复杂的模型. 如 ARMA 模型也可利用来作为宽平稳列的近似.

在实际工作中常遇到非平稳的时间序列. 一般情形下,时间序列$\{x_t\}$由三部分迭加而成:

$$x_t = m(t) + p(t) + y(t), \tag{5.8}$$

其中 $m(t)$是趋势项,$p(t)$是含有周期性的项(例如反映季节性影响),$y(t)$是平稳序列(纯随机性影响).

如何把(5.8)中的三项分离出来是时间序列统计分析的中心问题. 在许多问题里,$m(t)+p(t)=s(t)$是一个非随机的函数,如何从$\{x_t\}$的一段观测数据中估计出 $s(t)$就是有名的时间序列的滤波问题. 现代对于时间序列的统计分析已有大量的研究成果,请参看上面提到的 Brockwell 和 Davis 的书及其他著作.

附录一　排列与组合

本附录介绍排列组合的基本知识,供学习概率统计而又不熟悉排列组合知识的读者参考. 排列组合的知识不仅在学习概率统计时必须具备,而且在日常生活和实际工作中也会直接用到.

§1　排　　列

排列有两种,可重复排列与非重复排列. 我们从一些简单的例子入手,逐步引入排列的一般概念.

例 1　北京市的电话号码是八位数字,(这里是“八位数字”,不是“八位数”,允许从“0”开始),例如北京大学的电话号码是62751201,问:北京市的电话号码最多有多少个?

显然,一个八位数字就是这样的有顺序的一排数:$a_1a_2a_3a_4a_5a_6a_7a_8$,其中 a_1 是十个数码 0,1,2,…,9 中的一个,$a_2,a_3,\cdots,a_8$ 分别都是这十个数码中的一个. 这里次序很要紧,例如 62751201 与 26751201 是不同的. 这种有次序的一排东西就叫做一个排列. 一个电话号码就是由 0,1,…,9 中一些数构成的一个排列. 八位数字的电话号码一共有多少种呢? 换句话说,排列 $a_1a_2\cdots a_8$ 一共有多少种? 因为每个 a_i 有十种可能,不难知道,一共有 $10\times10\times\cdots\times10$(共 8 个 10 相乘)$=10^8$ 种可能. 于是,北京市的电话号码最多有一亿个.

例 2　我国的邮政编码是 6 位数字,例如北京大学是 100871,问:最多有多少个不同的邮政编码?

回答很简单. 全部六位数字共有 10^6 个,故至多有 100 万个不同的邮政编码.

这些例子都是非常简单的,我们要注意的是,刚才谈的“排列”都是允许重复的,例如电话号码 62751201 里“2”就重复出现了.邮政编码 100871 里“1”,“0”都重复出现了.这种允许重复的排列叫做可重复排列.现在问:

从 n 个各不相同的东西 $a_1,a_2,a_3,\cdots a_n$ 中任取一个,然后又放回去,再任取一个,然后又放回去,这样下去共进行 m 次,所得到不同的序列共有多少种?

显然 m 次有放回的抽取就得到由 $\{a_i\}$ 组成的可重复的排列.这种排列共有 $\overbrace{n\times n\times\cdots\times n}^{m\text{个}}=n^m$ 种.

这就是计算可重复排列的公式.

例 3 三艘远洋货轮中派两艘外出,要考虑先后次序,问共有几种派法?

这个问题的答案直接写出是不难的.设以 a,b,c 代表三艘货轮,则共有六种派法,即

$$ab,ac,ba,bc,ca,cb$$

写出这个答案时也遵从一个确定的法则,首先考虑第一艘货轮,共有三种可能,即 a 或 b 或 c,当派出一艘之后,剩下来只有两艘可供第二次派遣,例如派出 a 后,第二次只能再派 b 或 c,因此总的派法为 $3\times2=6$ 种.

这个问题的一般提法是:从 n 个各不相同的东西里,任取 m 个排成一列($1\leqslant m\leqslant n$).(注意,没有东西重复!)问:这样的排列共有多少种.

我们称这个问题为非重复的排列问题,简称排列问题.排列总数记为 P_n^m.

我们来导出 P_n^m 的计算公式.注意 m 是不超过 n 的正整数.每个排列都是这样有次序的一排东西:

$$a_1a_2a_3\cdots a_m$$

先看 $m=1$ 的情形,此时每个排列就只一个东西. 显然共有 n 个可能. 故 $P_n^1=n$.

再看 $m=2$ 的情形. 此时排列是有次序的两个东西构成. 首先考虑第一个位置上的 a_1 有多少种可能,显然有 n 种可能,选定一种后,第二个位置就只有 $n-1$ 种可能(因为不能与第一个位置上的相重). 于是 a_1a_2 共有 $n(n-1)$ 种可能,故 $P_n^2=n(n-1)$.

再看 $m=3$ 的情形. 此时排列是有次序的三个东西 $a_1a_2a_3$ 构成,a_1 有 n 种可能,选定 a_1 后 a_2 有 $n-1$ 种可能(因为不能与第一个位置上的相重),a_1,a_2 选定后,a_3 有 $n-2$ 种可能(因不能与第一个位置及第二个位置上的相重). 于是排列 $a_1a_2a_3$ 共有 $n(n-1)(n-2)$ 种. 故 $P_n^3=n(n-1)(n-2)$.

按同样的推理知 $P_n^m=n(n-1)\cdots(n-m+1)$. 这是计算排列的一般公式. 注意一共有 m 个因子.

特别 $m=n$ 时,得 $P_n^n=n(n-1)\cdots 2\cdot 1$. 这个乘积在数学里常出现,给它一个名字,叫做 n 的阶乘,记作 $n!$,即 $n!=n(n-1)\cdots 2\cdot 1$. 以后为了方便规定 $0!=1$.

$$P_n^m=\frac{n!}{(n-m)!}\quad(1\leqslant m\leqslant n)$$

例 4 北京市的电话号码是八位数字. 问:数字均不相同的电话号码共有多少种?

用刚才的公式,我们知共有 $P_{10}^8=10\times 9\times 8\times 7\times 6\times 5\times 4\times 3=1814400$ 种.

习题 1 四间房子分配给四个单位使用,每个单位一间,共有多少种分配方案?

§2 组　　合

我们还是从简单的例子出发.

例 5 从三艘远洋货轮中派两艘外出，不分先后，有多少种派法？

如果用 a,b,c 代表这三艘货轮，那么派出去的货轮可以是 a,b 或者 b,c 或者 c,a 共三种.

这里不讲派出去的次序，若讲次序便是前面讲过的六种.

例 6 某男子乒乓球队运动员四人，派其中三人参加团体赛，问：有多少种派法？

设这四个运动员为 A,B,C,D. 任派三人，不同派法是 A,B,C；B,C,D；C,D,A；D,A,B.

一共是四种. 我们这里不讲出场次序. 如果讲究出场次序，那是排列问题，共有 $\mathrm{P}_4^3=24$ 种.

不讲次序的问题就是所谓"组合问题"，一般提法是：从 n 个各不相同的东西里，任取 m 个出来（不管顺序），问共有多少种取法？

每一种取法称为一个组合. 不同的组合总数通常用符号 C_n^m 表示$\left(\text{或者用符号}\binom{n}{m}\text{表示}\right)$.

我们特别强调一下，排列和组合的不同处在于：从 n 个东西里取出 m 个后在排列中还要考虑这 m 个的次序，在组合中则不考虑次序.

现在来导出 $\mathrm{C}_n^m(1\leqslant m\leqslant n)$ 的计算公式.

设 n 个东西是 $a_1,a_2,\cdots,a_n$. 先看 $m=1$ 的情形. 任取其中一个，显然有 n 种取法. 因为一个东西无所谓次序，排列和组合的种数相同，也就是 $\mathrm{C}_n^1=\mathrm{P}_n^1=n$.

现在研究 $m=2$ 的情形. 从 n 个东西里任取两个，每种取法（组合）可以排成两种次序. 例如取到 a 和 b，则可以排成 ab 和 ba. 可见排列数比组合数多一倍. 故 $\mathrm{P}_n^2=2\cdot\mathrm{C}_n^2$. 于是

$$\mathrm{C}_n^2=\frac{n(n-1)}{2}$$

现在考虑 $m=3$ 的情形，即求从 n 个东西里取出 3 个的组合数. 设某一种取法中的三个东西是 a,b,c. 对应这种取法（组合）如果还要排列则 abc,acb,bca,bac,cba,cab 都是不同的，这里一共有 P_3^3 种可能. 所有这些排列是由一种组合变来的，所以排列数是组合数的 P_3^3 倍，即 6 倍. 也就是 $P_n^3=P_3^3\cdot C_n^3$. 所以

$$C_n^3=\frac{P_n^3}{P_3^3}=\frac{n(n-1)(n-2)}{3!}$$

根据完全相同的道理，从 n 个东西中任取 m 个出来（例如 a_1，$a_2,\cdots,a_m$），对这 m 个东西进行各种排列共得 P_m^m 种不同的结果. 所以排列的总数是组合总数的 P_m^m 倍，即 $P_n^m=P_m^m\cdot C_n^m$，故

$$C_n^m=\frac{P_n^m}{P_m^m}=\frac{n(n-1)\cdots(n-m+1)}{m!}$$

显然

$$C_n^m=\frac{n!}{m!\ (n-m)!}\qquad(1\leqslant m\leqslant n)$$

在数学里，常规定 $C_n^0=1$. 这样在上面的公式里，$m=0$ 也行.

例 7 有五个人在一块劳动，需要三人铲土，两人推车，有几种劳动力分配方案？

因为不是推车便是铲土，故只要定下推车的人，分配方案就定了. 易知分配方案的总数

$$C_5^2=\frac{5\times4}{2}=10$$

习题 1 机场上停有十架飞机，马上要调八架起飞去执行任务，问有多少种调法？

习题 2 某电子回路由电源串联三个电阻而成，见下图. 一共有六个焊接点，如果六个焊接点中有一个脱焊，整个电路就不通了. 问如果已知电路不通了，那么脱焊的可能情况有多少种？

现在考虑较复杂的问题.（初学者可以不管它）.

* **例 8** 要把 10 个篮球分配给甲、乙、丙三个班，每班至少一

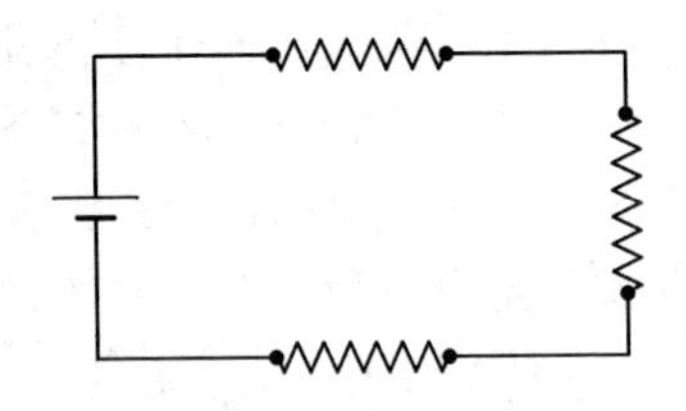

球,问:共有多少种不同的分配方案?

更一般地,有 n 个东西(外表一样,不能分辨)要分配给 r 个单位(单位 1,单位 2,…,单位 r),每个单位至少一个东西,问:共有多少种不同的分配方案?($n \geqslant r \geqslant 2$).

答案是:共有 C_{n-1}^{r-1} 种不同的分配方案. 这是如何推算出来的呢? 我们可以这样设想:把这 n 个东西(例如 n 个球)排成一行,任何两个相邻的东西都有一个间隔,这样共有 $n-1$ 个间隔. 见下图(用○表示东西,∧表示间隔)

$$○∧○∧○∧○∧\cdots∧○$$

在这 $n-1$ 个间隔中任意取定 $r-1$ 个间隔各放入一个小纸条. 从左到右共有 $r-1$ 个小纸条,把 n 个东西分成 r 组:第 1 个小纸条的左边的东西分配给单位 1,第 1 个小纸条与第 2 个小纸条之间的东西分配给单位 2,…,第 $i-1$ 个小纸条与第 i 个小纸条之间的东西分配给单位 $i(i=2,\cdots,r-1)$,第 $r-1$ 个小纸条右边的东西分配给单位 r. 这样,任选定 $r-1$ 个间隔放入小纸条后对应一种分配方案;反之,任给定一个分配方案后,先把单位 1 的东西排成一行然后放上一个小纸条,再接着把单位 2 的东西一一排上,再放上一个小纸条,…,最后把单位 r 的东西排上. 由此看出,有多少种分配方案就等于问:从 $n-1$ 个间隔中任选 $r-1$ 个间隔,共有多少种不同的选法? 所以,共有 C_{n-1}^{r-1} 种不同的分配方案.

由此知,例 8 中的篮球分配问题共有 $C_9^2=36$ 种不同的分配方案.

在上面的问题里,有一项规定:各单位至少分得一个东西. 若此项规定取消(即允许有的单位得不到任何东西),共有多少种分配方案? 我们指出,这个问题可转化为上面讨论过的问题. 可以这样设想,设有 $n+r$ 个同样的东西要分配给 r 个单位(单位 1,单位 2,…,单位 r). 首先各单位均分上一个东西,然后把剩下的 n 个东西再分给 r 个单位(再分时不要求各单位均分到东西). 由此可见, n 个东西分配给 r 个单位的一个分配方案对应 $n+r$ 个东西分配给 r 个单位(但每个单位至少一个东西)的一个分配方案,反之亦然. 故前者的分配方案总数与后者的分配方案总数相等. 根据上面的讨论,后者的分配方案的总数是 C_{n+r-1}^{r-1},所以 n 个东西分配给 r 个不同单位共有 C_{n+r-1}^{r-1}种分配方案.

附录二　关于几种常用的统计量

在这个附录里,我们要给出几种常用统计量的概率分布的数学推导.这是区间估计和假设检验的数学基础.由于需要用到较多的数学知识,只关心应用的读者记住正文里的结论就可以了,这个附录可以不看.

§1　正交矩阵与正态分布

我们在代数学里学过正交矩阵,回忆一下定义.

设

$$\boldsymbol{A}=\begin{pmatrix} a_{11} & a_{12} & \cdots & a_{1n} \\ a_{21} & a_{22} & \cdots & a_{2n} \\ \vdots & \vdots & & \vdots \\ a_{n1} & a_{n2} & \cdots & a_{nn} \end{pmatrix}$$

是一个方阵,如果 $\boldsymbol{A}'\boldsymbol{A}$ 等于单位矩阵,则称 $\boldsymbol{A}$ 是(n 阶)正交矩阵.换句话说,如果:

$$\sum_{k=1}^{n} a_{ki}a_{kj}=\begin{cases}1 & i=j \\ 0 & i\neq j\end{cases} \tag{1}$$

则 $\boldsymbol{A}$ 就叫正交矩阵.

正交矩阵有许多特性,现在列举几点如下

1°　设 $\boldsymbol{A}$ 是正交矩阵,则 $\boldsymbol{AA}'$ 是单位矩阵.换句话说,从(1)可推得:

$$\sum_{j=1}^{n} a_{kj}a_{lj}=\begin{cases}1 & k=l \\ 0 & k\neq l\end{cases} \tag{2}$$

2°　设 $\boldsymbol{A}$ 是正交矩阵,则 $\boldsymbol{A}'$ 也是正交矩阵,且 $|\boldsymbol{A}|=1$ 或 -1

（$|A|$表示 A 的行列式）.

3° 设 $A=(a_{ij})$是 n 阶正交矩阵. $x_1,x_2,\cdots,x_n$是任意 n 个数，又

$$y_i=\sum_{k=1}^{n}a_{ik}x_k\qquad(i=1,2,\cdots,n)$$

则

$$\sum_{i=1}^{n}y_i^2=\sum_{i=1}^{n}x_i^2\tag{3}$$

这些事实都是很基本的，代数学里都讲过，我们这里不去一一证明了，不过顺便指出，(3)可由(1)直接推出. 实际上，

$$\begin{aligned}\sum_{i=1}^{n}y_i^2&=\sum_{i=1}^{n}\left(\sum_{k=1}^{n}a_{ik}x_k\right)^2=\sum_{i=1}^{n}\left(\sum_{k,l}a_{ik}x_ka_{il}x_l\right)\\&=\sum_{k,l}\left(\sum_{i=1}^{n}a_{ik}a_{il}\right)x_kx_l=\sum_{k=1}^{n}\left(\sum_{i=1}^{n}a_{ik}^2\right)x_k^2\\&=\sum_{k=1}^{n}x_k^2\end{aligned}$$

正交矩阵对于研究正态随机变量用处很大，最突出的是有下列事实：

定理 1 设 $X_1,X_2,\cdots,X_n$相互独立，且都服从 $N(0,\sigma^2)$. 又 $A=(a_{ij})$ 是 n 阶正交矩阵

$$Y_i=\sum_{j=1}^{n}a_{ij}X_j\qquad(1\leqslant i\leqslant n)$$

则 $Y_1,Y_2,\cdots Y_n$也相互独立，且都服从 $N(0,\sigma^2)$.

证 因 X_i的分布密度是$\dfrac{1}{\sqrt{2\pi}\sigma}\mathrm{e}^{-\frac{1}{2\sigma^2}x_i^2}$，故 $X_1,X_2,\cdots,X_n$的联合分布密度是$\left(\dfrac{1}{\sqrt{2\pi}\sigma}\right)^n\cdot\mathrm{e}^{-\frac{1}{2\sigma^2}\sum\limits_{i=1}^{n}x_i^2}$.

任给定 $a_1<b_1,a_2<b_2,\cdots,a_n<b_n$，令

$$D=\left\{(x_1,x_2,\cdots,x_n):a_i<\sum_{j=1}^{n}a_{ij}x_j<b_i,i=1,2,\cdots,n\right\}$$

这 D 是 n 维空间中的一个区域. 易知

$$\begin{aligned}
&P\{a_1<Y_1<b_1,a_2<Y_2<b_2,\cdots,a_n<Y_n<b_n\}\\
&=P\{(X_1,X_2,\cdots,X_n)\text{取值属于 }D\}\\
&=\iint_D\cdots\int\left(\frac{1}{\sqrt{2\pi}\sigma}\right)^n e^{-\frac{1}{2\sigma^2}\sum_{k=1}^{n}x_k^2}dx_1dx_2\cdots dx_n
\end{aligned}$$

作变数替换

$$y_i=\sum_{k=1}^{n}a_{ik}x_k\quad(i=1,2,\cdots,n)$$

于是

$$x_i=\sum_{k=1}^{n}a_{ki}y_k\quad(i=1,2,\cdots,n)$$

容易验证,变数替换的雅可比式:

$$J\left(\frac{x_1,x_2,\cdots,x_n}{y_1,y_2,\cdots,y_n}\right)=\begin{vmatrix}\frac{\partial x_1}{\partial y_1}&\frac{\partial x_1}{\partial y_2}&\cdots&\frac{\partial x_1}{\partial y_n}\\ \frac{\partial x_2}{\partial y_1}&\frac{\partial x_2}{\partial y_2}&\cdots&\frac{\partial x_2}{\partial y_n}\\ \vdots&\vdots&&\vdots\\ \frac{\partial x_n}{\partial y_1}&\frac{\partial x_n}{\partial y_2}&\cdots&\frac{\partial x_n}{\partial y_n}\end{vmatrix}=|\boldsymbol{A}'|$$

$$=1\text{ 或 }-1$$

又 $\sum_{k=1}^{n}x_k^2=\sum_{k=1}^{n}y_k^2$,故

$$\begin{aligned}
&\iint_D\cdots\int\left(\frac{1}{\sqrt{2\pi}\sigma}\right)^n e^{-\frac{1}{2\sigma^2}\sum_{k=1}^{n}x_k^2}dx_1dx_2\cdots dx_n\\
&=\int_{a_1}^{b_1}\int_{a_2}^{b_2}\cdots\int_{a_n}^{b_n}\left(\frac{1}{\sqrt{2\pi}\sigma}\right)^n e^{-\frac{1}{2\sigma^2}\sum_{k=1}^{n}y_k^2}\\
&\quad\cdot\left|J\left(\frac{x_1,x_2,\cdots,x_n}{y_1,y_2,\cdots,y_n}\right)\right|dy_1dy_2\cdots dy_n\\
&=\int_{a_1}^{b_1}\int_{a_2}^{b_2}\cdots\int_{a_n}^{b_n}\left(\frac{1}{\sqrt{2\pi}\sigma}\right)^n e^{-\frac{1}{2\sigma^2}\sum_{k=1}^{n}y_k^2}dy_1dy_2\cdots dy_n
\end{aligned}$$

$$= \int_{a_1}^{b_1} \frac{1}{\sqrt{2\pi}\sigma} \mathrm{e}^{-\frac{y_1^2}{2\sigma^2}} \mathrm{d}y_1 \cdot \int_{a_2}^{b_2} \frac{1}{\sqrt{2\pi}\sigma} \mathrm{e}^{-\frac{y_2^2}{2\sigma^2}} \mathrm{d}y_2 \cdot \cdots$$

$$\cdot \int_{a_n}^{b_n} \frac{1}{\sqrt{2\pi}\sigma} \mathrm{e}^{-\frac{y_n^2}{2\sigma^2}} \mathrm{d}y_n$$

$$= P\{a_1 < Y_1 < b_1\} \cdot P\{a_2 < Y_2 < b_2\} \cdots P\{a_n < Y_n < b_n\}$$

这就表明 $Y_1, Y_2, \cdots, Y_n$ 相互独立. 且不难看出,都服从 $N(0, \sigma^2)$. 定理 1 证毕.

定理 2 设 $X_1, X_2, \cdots, X_n$ 相互独立. 且 $X_i \sim N(\mu_i, \sigma^2)$, $\boldsymbol{A} = (a_{ij})$ 是 n 阶正交矩阵,

$$Y_i = \sum_{k=1}^{n} a_{ik} X_k \quad (i = 1, 2, \cdots, n)$$

则 $Y_1, Y_2, \cdots, Y_n$ 相互独立. 且

$$Y_i \sim N\left(\sum_{k=1}^{n} a_{ik}\mu_k, \sigma^2\right) \quad (i = 1, 2, \cdots, n)$$

证 令 $Z_i = X_i - \mu_i$, 则 $Z_1, Z_2, \cdots, Z_n$ 相互独立, 都服从 $N(0, \sigma^2)$. 根据定理 1 知 $\sum_{k=1}^{n} a_{1k} Z_k$, $\sum_{k=1}^{n} a_{2k} Z_k$, $\cdots$, $\sum_{k=1}^{n} a_{nk} Z_k$ 相互独立.

且

$$\sum_{k=1}^{n} a_{ik} Z_k \sim N(0, \sigma^2)$$

但

$$Y_i = \sum_{k=1}^{n} a_{ik}(X_k - \mu_k) + \sum_{k=1}^{n} a_{ik}\mu_k$$

$$= \sum_{k=1}^{n} a_{ik} Z_k + \sum_{k=1}^{n} a_{ik}\mu_k$$

可见 $Y_1, Y_2, \cdots, Y_n$ 相互独立, 且 $Y_i \sim N\left(\sum_{k=1}^{n} a_{ik}\mu_k, \sigma^2\right)$ $(i = 1, 2, \cdots, n)$, 定理 2 证毕.

这个定理 2 在后面的 §3 中要用到.

§2 关于 χ^2 分布

正文里介绍过 χ^2 分布的定义,现在重复一遍:称随机变量服从 n 个自由度的 χ^2 分布,如果它的分布密度函数 $p(u)$ 是这样的:

$$p(u)=k_n(u)=\begin{cases}\dfrac{1}{2^{\frac{n}{2}}\Gamma\left(\dfrac{n}{2}\right)}u^{\frac{n}{2}-1}\mathrm{e}^{-\frac{u}{2}} & u>0\\ 0 & u\leqslant 0\end{cases}\tag{4}$$

χ^2 分布的直观意义与重要性在于下列事实:

定理 3 设 $X_1,X_2,\cdots,X_n$ 相互独立,且都服从 $N(0,1)$,则 $\xi=\sum\limits_{i=1}^{n}X_i^2$ 服从 n 个自由度的 χ^2 分布

证 令 $F(u)=P\{\xi\leqslant u\}$,这就是 ξ 的分布函数. 我们只须证明 $u\neq 0$ 时,$F'(u)=k_n(u)$ 就行了①.

显然,当 $u\leqslant 0$ 时 $F(u)=0$. 故对一切 $u<0$,均有 $F'(u)=k_n(u)$. 以下设 $u>0$,我们来研究 $F(u)$. 由于 $X_1,X_2,\cdots,X_n$ 的联合分布密度是 $\left(\dfrac{1}{\sqrt{2\pi}}\right)^n\mathrm{e}^{-\frac{1}{2}\sum\limits_{i=1}^{n}x_i^2}$. 于是

$$\begin{aligned}F(u)&=P\left\{\sum_{i=1}^{n}X_i^2\leqslant u\right\}\\&=\int\limits_{\sum\limits_{i=1}^{n}x_i^2\leqslant u}\left(\frac{1}{\sqrt{2\pi}}\right)^n\mathrm{e}^{-\frac{1}{2}\sum\limits_{i=1}^{n}x_i^2}\mathrm{d}x_1\mathrm{d}x_2\cdots\mathrm{d}x_n\text{②}\end{aligned}$$

$$F(u+h)-F(u)$$

---

① 实际上,当 $n\geqslant 3$ 时,对一切 u 都成立:$F'(u)=k_n(u)$.

② 本节里,记号 $\int$ 表示 n 重积分.

$$= \int\limits_{u < \sum_{i=1}^{n} x_i^2 \leqslant u+h} \left(\frac{1}{\sqrt{2\pi}}\right)^n e^{-\frac{1}{2}\sum_{i=1}^{n} x_i^2} dx_1 dx_2 \cdots dx_n \quad (h > 0)$$

故

$$F(u+h) - F(u)$$

$$\leqslant \int\limits_{u < \sum_{i=1}^{n} x_i^2 \leqslant u+h} \left(\frac{1}{\sqrt{2\pi}}\right)^n e^{-\frac{u}{2}} dx_1 dx_2 \cdots dx_n$$

$$= \left(\frac{1}{\sqrt{2\pi}}\right)^n e^{-\frac{u}{2}} \int\limits_{u < \sum_{i=1}^{n} x_i^2 \leqslant u+h} dx_1 dx_2 \cdots dx_n$$

$$F(u+h) - F(u) \geqslant \int\limits_{u < \sum_{i=1}^{n} x_i^2 \leqslant u+h} \left(\frac{1}{\sqrt{2\pi}}\right)^n e^{-\frac{u+h}{2}} dx_1 dx_2 \cdots dx_n$$

$$= \left(\frac{1}{\sqrt{2\pi}}\right)^n e^{-\frac{u+h}{2}} \int\limits_{u < \sum_{i=1}^{n} x_i^2 \leqslant u+h} dx_1 dx_2 \cdots dx_n$$

总之:

$$\left(\frac{1}{\sqrt{2\pi}}\right)^n \frac{e^{-\frac{u+h}{2}}}{h} \int\limits_{u < \sum_{i=1}^{n} x_i^2 \leqslant u+h} dx_1 dx_2 \cdots dx_n$$

$$\leqslant \frac{F(u+h) - F(u)}{h} \leqslant \left(\frac{1}{\sqrt{2\pi}}\right)^n \frac{e^{-\frac{u}{2}}}{h} \int\limits_{u < \sum_{i=1}^{n} x_i^2 \leqslant u+h} dx_1 dx_2 \cdots dx_n$$

令

$$S(x) = \int\limits_{\sum_{i=1}^{n} x_i^2 \leqslant x} dx_1 dx_2 \cdots dx_n \quad (x > 0)$$

则

$$\int\limits_{u<\sum_{i=1}^{n}x_i^2\leqslant u+h} \mathrm{d}x_1\mathrm{d}x_2\cdots\mathrm{d}x_n = S(u+h)-S(u)$$

于是有

$$\left(\frac{1}{\sqrt{2\pi}}\right)^n \mathrm{e}^{-\frac{u+h}{2}}\cdot\frac{S(u+h)-S(u)}{h}$$

$$\leqslant\frac{F(u+h)-F(u)}{h}\leqslant\left(\frac{1}{\sqrt{2\pi}}\right)^n\mathrm{e}^{-\frac{u}{2}}\cdot\frac{S(u+h)-S(u)}{h}$$

下面来计算 $S(x)$. 作变数替换 $x_i=y_i\sqrt{x}$，于是

$$\mathrm{d}x_i=\sqrt{x}\mathrm{d}y_i$$

$$S(x)=\int\limits_{\sum_{i=1}^{n}y_i^2\leqslant 1}(\sqrt{x})^n\mathrm{d}y_1\mathrm{d}y_2\cdots\mathrm{d}y_n=x^{\frac{n}{2}}\cdot C_n$$

这里 $C_n=\int\limits_{\sum_{i=1}^{n}y_i^2\leqslant 1}\mathrm{d}y_1\mathrm{d}y_2\cdots\mathrm{d}y_n$是一个仅与 n 有关的常数.

于是 $S'(x)=\frac{n}{2}C_nx^{\frac{n}{2}-1}$. 由此可见

$$\lim_{h\to 0^+}\frac{F(u+h)-F(u)}{h}=\left(\frac{1}{\sqrt{2\pi}}\right)^n\mathrm{e}^{-\frac{u}{2}}S'(u)$$

$$=\left(\frac{1}{\sqrt{2\pi}}\right)^nC_n\frac{n}{2}u^{\frac{n}{2}-1}\mathrm{e}^{-\frac{u}{2}}$$

用类似的办法可知

$$\lim_{h\to 0^-}\frac{F(u+h)-F(u)}{h}=\left(\frac{1}{\sqrt{2\pi}}\right)^nC_n\frac{n}{2}u^{\frac{n}{2}-1}\mathrm{e}^{-\frac{u}{2}}$$

总之

$$F'(u)=B_nu^{\frac{n}{2}-1}\mathrm{e}^{-\frac{u}{2}}$$

B_n究竟等于多少呢？我们可以用下法来确定.

根据上面的讨论，ξ 的密度函数是

$$p(u)=\begin{cases}B_n u^{\frac{n}{2}-1}\mathrm{e}^{-\frac{u}{2}} & u>0\\ 0 & u\leqslant 0\end{cases}$$

从 $\int_{-\infty}^{+\infty} p(u)\,\mathrm{d}u=1$,知 $\int_{0}^{+\infty} B_n u^{\frac{n}{2}-1}\mathrm{e}^{-\frac{u}{2}}\mathrm{d}u=1$. 但

$$\begin{aligned}\int_{0}^{+\infty} u^{\frac{n}{2}-1}\mathrm{e}^{-\frac{u}{2}}\mathrm{d}u &= \int_{0}^{+\infty} (2x)^{\frac{n}{2}-1}\mathrm{e}^{-x}2\mathrm{d}x\\ &=2^{\frac{n}{2}}\cdot\int_{0}^{+\infty} x^{\frac{n}{2}-1}\mathrm{e}^{-x}\mathrm{d}x=2^{\frac{n}{2}}\Gamma\left(\frac{n}{2}\right)\end{aligned}$$

故

$$B_n=\frac{1}{2^{\frac{n}{2}}\Gamma\left(\frac{n}{2}\right)}$$

总之,ξ 的密度函数是

$$k_n(u)=\begin{cases}\dfrac{1}{2^{\frac{n}{2}}\Gamma\left(\frac{n}{2}\right)}u^{\frac{n}{2}-1}\mathrm{e}^{-\frac{u}{2}} & u>0\\ 0 & u\leqslant 0\end{cases}$$

这就表明:ξ 服从 n 个自由度的 χ^2 分布. 证毕.

补充一句,如果使用 n 维球坐标变换,定理的证明可以简单一些,但没有这里的证明初等.

系 若 ξ 服从 n 个自由度的 χ^2 分布,则 $E(\xi)=n$.

顺便介绍一个记号,如果 ξ 服从 n 个自由度的 χ^2 分布,则记作 $\xi\sim\chi^2(n)$.

定理 4 设 ξ 与 η 相互独立,且 $\xi\sim\chi^2(n_1)$,$\eta\sim\chi^2(n_2)$. 则 $\xi+\eta\sim\chi^2(n_1+n_2)$.

证 记 ξ 的分布密度为 $p_1(x)$,η 的分布密度为 $p_2(x)$. 我们知道 $\xi+\eta$ 的分布密度 $p(x)$ 可以这样来求(见第四章),

$$p(x)=\int_{-\infty}^{+\infty} p_1(u)p_2(x-u)\,\mathrm{d}u$$

现在

$$p_1(u)=\begin{cases}\dfrac{1}{2^{\frac{n_1}{2}}\Gamma\left(\dfrac{n_1}{2}\right)}u^{\frac{n_1}{2}-1}e^{-\frac{u}{2}} & u>0\\ 0 & u\leqslant 0\end{cases}$$

$$p_2(u)=\begin{cases}\dfrac{1}{2^{\frac{n_2}{2}}\Gamma\left(\dfrac{n_2}{2}\right)}u^{\frac{n_2}{2}-1}e^{-\frac{u}{2}} & u>0\\ 0 & u\leqslant 0\end{cases}$$

以下设 $x>0$，于是

$$p(x)=\int_0^x \frac{1}{2^{\frac{n_1}{2}}\Gamma\left(\dfrac{n_1}{2}\right)}u^{\frac{n_1}{2}-1}e^{-\frac{u}{2}} \cdot \frac{1}{2^{\frac{n_2}{2}}\Gamma\left(\dfrac{n_2}{2}\right)}(x-u)^{\frac{n_2}{2}-1}e^{-\frac{x-u}{2}}du$$

$$=\frac{1}{2^{\frac{n_1+n_2}{2}}\Gamma\left(\dfrac{n_1}{2}\right)\Gamma\left(\dfrac{n_2}{2}\right)}\int_0^x u^{\frac{n_1}{2}-1}(x-u)^{\frac{n_2}{2}-1}e^{-\frac{x}{2}}du$$

$$=\frac{e^{-\frac{x}{2}}}{2^{\frac{n_1+n_2}{2}}\Gamma\left(\dfrac{n_1}{2}\right)\Gamma\left(\dfrac{n_2}{2}\right)}\int_0^x u^{\frac{n_1}{2}-1}(x-u)^{\frac{n_2}{2}-1}du$$

$$=\frac{e^{-\frac{x}{2}}x^{\frac{n_1+n_2}{2}-1}}{2^{\frac{n_1+n_2}{2}}\Gamma\left(\dfrac{n_1}{2}\right)\Gamma\left(\dfrac{n_2}{2}\right)}\int_0^1 v^{\frac{n_1}{2}-1}(1-v)^{\frac{n_2}{2}-1}dv$$

但从 Γ 函数的定义容易证明下列恒等式：

$$\int_0^1 v^{p-1}(1-v)^{q-1}dv=\frac{\Gamma(p)\Gamma(q)}{\Gamma(p+q)}\quad(p,q\text{ 正整数})$$

故

$$p(x)=\frac{e^{-\frac{x}{2}}x^{\frac{n_1+n_2}{2}-1}}{2^{\frac{n_1+n_2}{2}}\Gamma\left(\dfrac{n_1}{2}\right)\Gamma\left(\dfrac{n_2}{2}\right)}\cdot\frac{\Gamma\left(\dfrac{n_1}{2}\right)\Gamma\left(\dfrac{n_2}{2}\right)}{\Gamma\left(\dfrac{n_1+n_2}{2}\right)}$$

$$=\frac{1}{2^{\frac{n_1+n_2}{2}}\Gamma\left(\frac{n_1+n_2}{2}\right)}x^{\frac{n_1+n_2}{2}-1}e^{-\frac{x}{2}} \qquad (x>0)$$

当 $x\leqslant 0$ 时，$P\{\xi+\eta\leqslant x\}=0$，故 $p(x)=0$（一切 $x\leqslant 0$）.

总之，$\xi+\eta$ 的分布密度 $p(x)$ 可写成这样的形式：

$$p(x)=\begin{cases}\dfrac{1}{2^{\frac{n_1+n_2}{2}}\Gamma\left(\frac{n_1+n_2}{2}\right)}x^{\frac{n_1+n_2}{2}-1}e^{-\frac{x}{2}} & x>0\\ 0 & x\leqslant 0\end{cases}$$

由此可见，$\xi+\eta$ 服从 n_1+n_2 个自由度的 χ^2 分布，定理 4 证毕.

定理 5 设 $X_1,X_2,\cdots,X_n$ 相互独立，都服从 $N(0,1)$. 则有下列三条结论：

(1) $\overline{X}=\dfrac{X_1+X_2+\cdots+X_n}{n}\sim N\left(0,\dfrac{1}{n}\right)$；

(2) $\sum\limits_{i=1}^{n}(X_i-\overline{X})^2\sim\chi^2(n-1)$；

(3) $\overline{X}$ 与 $\sum\limits_{i=1}^{n}(X_i-\overline{X})^2$ 相互独立.

证 我们同时证明这三条结论的正确性. 取正交矩阵

$$A=\begin{bmatrix}\frac{1}{\sqrt{n}} & \frac{1}{\sqrt{n}} & \frac{1}{\sqrt{n}} & \cdots & \frac{1}{\sqrt{n}}\\ \frac{1}{\sqrt{1\cdot 2}} & \frac{-1}{\sqrt{1\cdot 2}} & 0 & \cdots & 0\\ \frac{1}{\sqrt{2\cdot 3}} & \frac{1}{\sqrt{2\cdot 3}} & \frac{-2}{\sqrt{2\cdot 3}} & \cdots & 0\\ \vdots & \vdots & \vdots & & \vdots\\ \frac{1}{\sqrt{(n-1)n}} & \frac{1}{\sqrt{(n-1)n}} & \frac{1}{\sqrt{(n-1)n}} & \cdots & \frac{-(n-1)}{\sqrt{(n-1)n}}\end{bmatrix}$$

利用这矩阵作 X_i 的变换如下：

$$Y_1=\frac{1}{\sqrt{n}}(X_1+X_2+\cdots+X_n)$$

$$Y_2=\frac{1}{\sqrt{1\cdot 2}}(X_1-X_2)$$

$$Y_3=\frac{1}{\sqrt{2\cdot 3}}(X_1+X_2-2X_3)$$

………………………

$$Y_n=\frac{1}{\sqrt{(n-1)n}}(X_1+X_2+\cdots+X_{n-1}-(n-1)X_n)$$

根据本附录的定理 1,知 $Y_1,Y_2,\cdots,Y_n$ 相互独立,且都服从 $N(0,1)$.

特别 $Y_1\sim N(0,1)$. 于是 $\overline{X}=\frac{1}{\sqrt{n}}Y_1\sim N\left(0,\frac{1}{n}\right)$. 这就是定理 5 的第一条结论.

由于 $\sum_{i=1}^{n}X_i^2=\sum_{i=1}^{n}Y_i^2$. 则

$$\sum_{i=1}^{n}(X_i-\overline{X})^2=\sum_{i=1}^{n}X_i^2-n\overline{X}^2$$

$$=\sum_{i=1}^{n}Y_i^2-n\left(\frac{1}{\sqrt{n}}Y_1\right)^2=\sum_{i=1}^{n}Y_i^2-Y_1^2=\sum_{i=2}^{n}Y_i^2$$

可见 $\sum_{i=1}^{n}(X_i-\overline{X})^2$ 服从 $n-1$ 个自由度的 χ^2 分布.

由于 $Y_1,Y_2,\cdots,Y_n$ 相互独立,而

$$\overline{X}=\frac{1}{\sqrt{n}}Y_1,\ \sum_{i=1}^{n}(X_i-\overline{X})^2=\sum_{i=2}^{n}Y_i^2$$

当然有 $\overline{X}$ 与 $\sum_{i=1}^{n}(X_i-\overline{X})^2$ 独立. 这就是所要证的第三条结论. 证毕.

系 设 $X_1,X_2,\cdots,X_n$ 相互独立,都服从 $N(\mu,\sigma^2)$. 则有下列三条结论:

(1) $\overline{X}=\dfrac{X_1+\cdots+X_n}{n}\sim N\left(\mu,\dfrac{\sigma^2}{n}\right)$;

(2) $\dfrac{1}{\sigma^2}\sum\limits_{i=1}^{n}(X_i-\overline{X})^2\sim\chi^2(n-1)$;

(3) $\overline{X}$ 与 $\sum\limits_{i=1}^{n}(X_i-\overline{X})^2$ 相互独立.

证 令 $Z_i=\dfrac{X_i-\mu}{\sigma}(i=1,2,\cdots,n)$,再利用定理 5 即得.

定理 5 及其系很重要,下面就要用到.

§3 关于 t 分布

正文里已介绍过 t 分布,再说一遍.

定义 称随机变量 ξ 服从 n 个自由度的 t 分布,如果它的分布密度函数 $p(u)$ 是这样的:

$$p(u)=t_n(u)=\frac{\Gamma\left(\frac{n+1}{2}\right)}{\Gamma\left(\frac{n}{2}\right)\sqrt{n\pi}}\left(1+\frac{u^2}{n}\right)^{-\frac{n+1}{2}} \tag{5}$$

t 分布的直观意义与重要性在于下列事实:

定理 6 设 ξ 与 η 相互独立,而且 $\xi\sim N(0,1)$,$\eta\sim\chi^2(n)$,则 $\zeta=\dfrac{\xi}{\sqrt{\dfrac{\eta}{n}}}$ 服从 n 个自由度的 t 分布.

证 记 $F(u)=P\{\zeta\leqslant u\}$. 只须证明 $F'(u)=t_n(u)$ 就行了. 我们来计算 $F(u)$.

ξ 的分布密度是 $\dfrac{1}{\sqrt{2\pi}}e^{-\frac{x^2}{2}}$,$\eta$ 的分布密度是 $k_n(x)$,ξ,η 的联合分布密度是 $\dfrac{1}{\sqrt{2\pi}}e^{-\frac{u^2}{2}}\cdot k_n(v)$. 于是

$$P\left\{\frac{\xi}{\sqrt{\frac{\eta}{n}}}\leqslant x\right\}$$

$$=P\left\{\frac{\xi}{\sqrt{\eta}}\leqslant\frac{x}{\sqrt{n}}\right\}$$

$$=\iint\limits_{\frac{u}{\sqrt{v}}\leqslant\frac{x}{\sqrt{n}}}\frac{1}{\sqrt{2\pi}}\mathrm{e}^{-\frac{u^2}{2}}k_n(v)\,\mathrm{d}u\mathrm{d}v$$

$$=\iint\limits_{\frac{u}{\sqrt{v}}\leqslant\frac{x}{\sqrt{n}}}\frac{1}{\sqrt{2\pi}}\mathrm{e}^{-\frac{u^2}{2}}\frac{1}{2^{\frac{n}{2}}\Gamma\left(\frac{n}{2}\right)}v^{\frac{n}{2}-1}\mathrm{e}^{-\frac{v}{2}}\mathrm{d}u\mathrm{d}v$$

作变数替换:

$$u=t\sqrt{s}$$

$$v=s$$

易看出

$$J\left(\frac{u,v}{s,t}\right)=\begin{vmatrix}\frac{\partial u}{\partial s} & \frac{\partial u}{\partial t}\\ \frac{\partial v}{\partial s} & \frac{\partial v}{\partial t}\end{vmatrix}=\begin{vmatrix}\frac{t}{2\sqrt{s}} & \sqrt{s}\\ 1 & 0\end{vmatrix}=-\sqrt{s}$$

于是

$$P\left\{\frac{\xi}{\sqrt{\frac{\eta}{n}}}\leqslant x\right\}=\iint\limits_{\left\{\begin{array}{l}t\leqslant\frac{x}{\sqrt{n}}\\ s>0\end{array}\right.}\frac{1}{\sqrt{2\pi}2^{\frac{n}{2}}\Gamma\left(\frac{n}{2}\right)}s^{\frac{n}{2}-1}$$

$$\cdot\ \mathrm{e}^{-\frac{1}{2}(1+t^2)s}\left|J\left(\frac{u,v}{s,t}\right)\right|\mathrm{d}s\mathrm{d}t$$

$$=\iint\limits_{\left\{\begin{array}{l}t\leqslant\frac{x}{\sqrt{n}}\\ s>0\end{array}\right.}\frac{1}{\sqrt{2\pi}2^{\frac{n}{2}}\Gamma\left(\frac{n}{2}\right)}\cdot s^{\frac{n-1}{2}}\mathrm{e}^{-\frac{1}{2}(1+t^2)s}\mathrm{d}s\mathrm{d}t$$

$$=\int_{-\infty}^{\frac{x}{\sqrt{n}}}\frac{\mathrm{d}t}{\sqrt{\pi}\Gamma\left(\frac{n}{2}\right)}\cdot\int_0^{+\infty}\left(\frac{s}{2}\right)^{\frac{n-1}{2}}\mathrm{e}^{-\frac{1}{2}(1+t^2)s}\frac{1}{2}\mathrm{d}s$$

$$= \int_{-\infty}^{\frac{x}{\sqrt{n}}} \frac{\mathrm{d}t}{\sqrt{\pi}\Gamma\left(\frac{n}{2}\right)} \int_0^{+\infty} z^{\frac{n-1}{2}} \mathrm{e}^{-(1+t^2)z} \mathrm{d}z$$

但

$$\int_0^{+\infty} z^{\frac{n-1}{2}} \mathrm{e}^{-(1+t^2)z} \mathrm{d}z = \frac{\Gamma\left(\frac{n+1}{2}\right)}{(1+t^2)^{\frac{n+1}{2}}}$$

$$\left(\because \int_0^{+\infty} w^{p-1} \mathrm{e}^{-\lambda w} \mathrm{d}w = \frac{\Gamma(p)}{\lambda^p} \quad (\lambda > 0, p > 0)\right)$$

故

$$P\left\{\frac{\xi}{\sqrt{\frac{\eta}{n}}} \leqslant x\right\} = \int_{-\infty}^{\frac{x}{\sqrt{n}}} \frac{1}{\sqrt{\pi}\Gamma\left(\frac{n}{2}\right)} \cdot \frac{\Gamma\left(\frac{n+1}{2}\right)}{(1+t^2)^{\frac{n+1}{2}}} \mathrm{d}t$$

$$= \int_{-\infty}^{x} \frac{\Gamma\left(\frac{n+1}{2}\right)}{\sqrt{n\pi}\Gamma\left(\frac{n}{2}\right)} \frac{1}{\left(1+\frac{u^2}{n}\right)^{\frac{n+1}{2}}} \mathrm{d}u$$

可见$\dfrac{\xi}{\sqrt{\frac{\eta}{n}}}$的分布密度是$\dfrac{\Gamma\left(\frac{n+1}{2}\right)}{\Gamma\left(\frac{n}{2}\right)\sqrt{n\pi}}\left(1+\dfrac{u^2}{n}\right)^{-\frac{n+1}{2}}$

这就是说，$\dfrac{\xi}{\sqrt{\frac{\eta}{n}}}$服从 n 个自由度的 t 分布. 定理 6 证毕.

作为应用，我们来证明下列重要结论.

定理 7 设 $X_1, X_2, \cdots, X_n$ $(n \geqslant 2)$ 相互独立，且都服从 $N(\mu, \sigma^2)$，则 $T = \dfrac{\overline{X}-\mu}{\sqrt{\frac{S^2}{n}}}$服从 $n-1$ 个自由度的 t 分布. 这里

$$\overline{X} = \frac{X_1 + X_2 + \cdots + X_n}{n}, S^2 = \frac{1}{n-1} \sum_{i=1}^{n} (X_i - \overline{X})^2$$

证 令

$$\xi=\frac{\overline{X}-\mu}{\sqrt{\frac{\sigma^2}{n}}},\eta=\frac{1}{\sigma^2}\cdot\sum_{i=1}^{n}(X_i-\overline{X})^2$$

根据定理 5 的系，我们知道 ξ 与 η 相互独立（因为 $\overline{X}$ 与 S^2 相互独立），而且 $\xi\sim N(0,1)$，$\eta\sim\chi^2(n-1)$.

再根据定理 6 知 $\dfrac{\xi}{\sqrt{\dfrac{\eta}{n-1}}}$ 遵从 $n-1$ 个自由度的 t 分布.

但

$$T=\frac{\overline{X}-\mu}{\sqrt{\frac{S^2}{n}}}=\frac{\frac{\overline{X}-\mu}{\sqrt{\frac{\sigma^2}{n}}}}{\sqrt{\frac{S^2}{\sigma^2}}}=\frac{\xi}{\sqrt{\frac{\eta}{n-1}}}$$

故 T 遵从 $n-1$ 个自由度的 t 分布. 定理 7 证毕.

§4 关于 F 分布

先复习一下定义.

定义 称随机变量 ξ 服从自由度为 n_1,n_2 的 F 分布，如果它的分布密度 $p(u)$ 有下列形式：

$$p(u)=f_{n_1n_2}(u)$$

$$=\begin{cases}\dfrac{\Gamma\left(\dfrac{n_1+n_2}{2}\right)}{\Gamma\left(\dfrac{n_1}{2}\right)\Gamma\left(\dfrac{n_2}{2}\right)}\left(\dfrac{n_1}{n_2}\right)^{\frac{n_1}{2}}u^{\frac{n_1}{2}-1}\left(1+\dfrac{n_1}{n_2}u\right)^{-\frac{n_1+n_2}{2}} & u>0\\ 0 & u\leqslant 0\end{cases}$$

这里 n_1,n_2 是两个正整数. n_1 叫第一自由度，n_2 叫第二自由度.

F 分布的直观意义与重要性在于下列事实：

定理 8 设 ξ 与 η 相互独立，且 $\xi \sim \chi^2(n_1)$，$\eta \sim \chi^2(n_2)$，则 $\zeta = \dfrac{\frac{\xi}{n_1}}{\frac{\eta}{n_2}}$ 服从自由度为 n_1, n_2 的 F 分布.

证 令 $F(u) = P\{\zeta \leqslant u\}$，我们只需证明：对一切 u，

$$F(u) = \int_{-\infty}^{u} f_{n_1 n_2}(t)\,\mathrm{d}t$$

我们来直接计算 $F(u)$，显然 $u \leqslant 0$ 时，$F(u) = 0$. 从而对一切 $t < 0$，$f_{n_1 n_2}(t) = 0$. 当然 $F(u) = \int_{-\infty}^{u} f_{n_1 n_2}(t)\,\mathrm{d}t$. 下设 $u > 0$. 注意 ξ 的分布密度是 $k_{n_1}(x)$，η 的分布密度是 $k_{n_2}(y)$，故 ξ, η 的联合分布密度是 $k_{n_1}(x) k_{n_2}(y)$. 于是

$$F(u) = P\{\zeta \leqslant u\} = P\left\{\frac{\frac{\xi}{n_1}}{\frac{\eta}{n_2}} \leqslant u\right\}$$

$$= P\left\{\frac{\xi}{\eta} \leqslant \frac{n_1}{n_2} u\right\} = \iint\limits_{\left\{\frac{x}{y} \leqslant \frac{n_1}{n_2} u\right\}} k_{n_1}(x) k_{n_2}(y)\,\mathrm{d}x\mathrm{d}y$$

$$= \iint\limits_{\left\{\begin{subarray}{l} \frac{x}{y} \leqslant \frac{n_1}{n_2} u \\ x > 0 \\ y > 0 \end{subarray}\right\}} \frac{1}{2^{\frac{n_1}{2}} \Gamma\left(\frac{n_1}{2}\right)} \mathrm{e}^{-\frac{x}{2}} x^{\frac{n_1}{2} - 1} \frac{1}{2^{\frac{n_2}{2}} \Gamma\left(\frac{n_2}{2}\right)} \mathrm{e}^{-\frac{y}{2}} y^{\frac{n_2}{2} - 1}\,\mathrm{d}x\mathrm{d}y$$

作变数替换：$x = st$，$y = s$. 易知雅可比式

$$J\left(\frac{x, y}{s, t}\right) = \begin{vmatrix} \frac{\partial x}{\partial s} & \frac{\partial x}{\partial t} \\ \frac{\partial y}{\partial s} & \frac{\partial y}{\partial t} \end{vmatrix} = \begin{vmatrix} t & s \\ 1 & 0 \end{vmatrix} = -s$$

于是

$$F(u)=\iint\limits_{\begin{cases}0<t\leqslant\frac{n_1}{n_2}u\\ s>0\end{cases}}\frac{e^{-\frac{s}{2}(1+t)}s^{\frac{n_1+n_2}{2}-2}}{2^{\frac{n_1+n_2}{2}}\Gamma\left(\frac{n_1}{2}\right)\Gamma\left(\frac{n_2}{2}\right)}t^{\frac{n_1}{2}-1}\cdot\left|J\left(\frac{x,y}{s,t}\right)\right|\mathrm{d}s\mathrm{d}t$$

$$=\iint\limits_{\begin{cases}0<t\leqslant\frac{n_1}{n_2}u\\ s>0\end{cases}}\frac{e^{-\frac{s}{2}(1+t)}}{2^{\frac{n_1+n_2}{2}}\Gamma\left(\frac{n_1}{2}\right)\Gamma\left(\frac{n_2}{2}\right)}s^{\frac{n_1+n_2}{2}-1}t^{\frac{n_1}{2}-1}\mathrm{d}s\mathrm{d}t$$

$$=\int_0^{\frac{n_1}{n_2}u}\frac{t^{\frac{n_1}{2}-1}}{2^{\frac{n_1+n_2}{2}}\Gamma\left(\frac{n_1}{2}\right)\Gamma\left(\frac{n_2}{2}\right)}\mathrm{d}t\int_0^{\infty}s^{\frac{n_1+n_2}{2}-1}e^{-\frac{1}{2}(1+t)s}\mathrm{d}s$$

但

$$\int_0^{+\infty}s^{\frac{n_1+n_2}{2}-1}e^{-\frac{1}{2}(1+t)s}\mathrm{d}s=\left(\frac{1+t}{2}\right)^{-\frac{n_1+n_2}{2}}\int_0^{+\infty}w^{\frac{n_1+n_2}{2}-1}e^{-w}\mathrm{d}w$$

$$=2^{\frac{n_1+n_2}{2}}(1+t)^{-\frac{n_1+n_2}{2}}\Gamma\left(\frac{n_1+n_2}{2}\right)\qquad(t>0)$$

故

$$F(u)=\int_0^{\frac{n_1}{n_2}u}\frac{\Gamma\left(\frac{n_1+n_2}{2}\right)}{\Gamma\left(\frac{n_1}{2}\right)\Gamma\left(\frac{n_2}{2}\right)}t^{\frac{n_1}{2}-1}(1+t)^{-\frac{n_1+n_2}{2}}\mathrm{d}t$$

$$=\int_0^{u}\frac{\Gamma\left(\frac{n_1+n_2}{2}\right)}{\Gamma\left(\frac{n_1}{2}\right)\Gamma\left(\frac{n_2}{2}\right)}\left(\frac{n_1}{n_2}v\right)^{\frac{n_1}{2}-1}$$

$$\cdot\left(1+\frac{n_1}{n_2}v\right)^{-\frac{n_1+n_2}{2}}\frac{n_1}{n_2}\mathrm{d}v$$

$$=\int_0^{u}\frac{\Gamma\left(\frac{n_1+n_2}{2}\right)}{\Gamma\left(\frac{n_1}{2}\right)\Gamma\left(\frac{n_2}{2}\right)}\left(\frac{n_1}{n_2}\right)^{\frac{n_1}{2}}v^{\frac{n_1}{2}-1}\left(1+\frac{n_1}{n_2}v\right)^{-\frac{n_1+n_2}{2}}\mathrm{d}v$$

$$= \int_{-\infty}^{u} f_{n_1 n_2}(v)\,\mathrm{d}v$$

这就表明,ζ 的分布密度是 $f_{n_1 n_2}(v)$,换句话说,ζ 服从自由度为 n_1, n_2 的 F 分布. 定理 8 证毕.

定理 9 设 $X_1, X_2, \cdots, X_{n_1}, Y_1, Y_2, \cdots, Y_{n_2}$ 这 $n_1 + n_2$ 个随机变量相互独立,且都服从 $N(\mu, \sigma^2)$. 则

$$\zeta = \frac{\dfrac{1}{n_1 - 1} \sum_{i=1}^{n_1} (X_i - \overline{X})^2}{\dfrac{1}{n_2 - 1} \sum_{i=1}^{n_2} (Y_i - \overline{Y})^2}$$

服从自由度为 $n_1 - 1, n_2 - 1$ 的 F 分布. $(n_1 \geqslant 2, n_2 \geqslant 2)$

证 令 $\xi = \dfrac{1}{\sigma^2} \sum\limits_{i=1}^{n_1} (X_i - \overline{X})^2, \eta = \dfrac{1}{\sigma^2} \sum\limits_{i=1}^{n_2} (Y_i - \overline{Y})^2$

我们知道 $\xi \sim \chi^2(n_1 - 1), \eta \sim \chi^2(n_2 - 1)$,现在来证明 ξ 与 η 相互独立. 这在直观上很明显. 数学推导可如下进行. 令

$$U_i = \frac{X_i - \mu}{\sigma}, V_i = \frac{Y_i - \mu}{\sigma}$$

当然 $U_1, U_2, \cdots, U_{n_1}, V_1, V_2, \cdots, V_{n_2}$ 相互独立,且都服从 $N(0, 1)$,于是它们的联合分布密度

$$p(u_1, u_2, \cdots, u_{n_1}, v_1, v_2, \cdots, v_{n_2})$$

$$= \left(\frac{1}{\sqrt{2\pi}}\right)^{n_1 + n_2} \cdot \mathrm{e}^{-\frac{1}{2}\left(\sum\limits_{i=1}^{n_1} u_i^2 + \sum\limits_{i=1}^{n_2} v_i^2\right)}$$

由于 $\xi = \sum\limits_{i=1}^{n_1} (U_i - \overline{U})^2, \eta = \sum\limits_{i=1}^{n_2} (V_i - \overline{V})^2$

$$\left(\text{其中 } \overline{U} = \frac{1}{n_1} \sum_{i=1}^{n_1} U_i, \overline{V} = \frac{1}{n_2} \sum_{i=1}^{n_2} V_i\right)$$

于是

$$P(a<\xi<b,c<\eta<d\}$$

$$=\underset{\left\{\begin{array}{l}a<\sum_{i=1}^{n_1}(u_i-\bar{u})^2<b\\ c<\sum_{i=1}^{n_2}(v_i-\bar{v})^2<d\end{array}\right\}}{\int\cdots\int} p(u_1,\cdots,u_{n_1},v_1,\cdots,v_{n_2})\mathrm{d}u_1\cdots\mathrm{d}u_{n_1}\mathrm{d}v_1\cdots\mathrm{d}v_{n_2}$$

$$=\underset{\left\{\begin{array}{l}a<\sum_{i=1}^{n_1}(u_i-\bar{u})^2<b\\ c<\sum_{i=1}^{n_2}(v_i-\bar{v})^2<d\end{array}\right\}}{\int\cdots\int}\left(\frac{1}{\sqrt{2\pi}}\right)^{n_1}\mathrm{e}^{-\frac{1}{2}\sum_{i=1}^{n_1}u_i^2}\cdot\left(\frac{1}{\sqrt{2\pi}}\right)^{n_2}\mathrm{e}^{-\frac{1}{2}\sum_{i=1}^{n_2}v_i^2}\mathrm{d}u_1\cdots\mathrm{d}u_{n_1}\mathrm{d}v_1\cdots\mathrm{d}v_{n_2}$$

$$=\underset{\{a<\sum_{i=1}^{n_1}(u_i-\bar{u})^2<b\}}{\int\cdots\int}\left(\frac{1}{\sqrt{2\pi}}\right)^{n_1}\mathrm{e}^{-\frac{1}{2}\sum_{i=1}^{n_1}u_i^2}\mathrm{d}u_1\mathrm{d}u_2\cdots\mathrm{d}u_{n_1}\cdot$$

$$\underset{\{c<\sum_{i=1}^{n_2}(v_i-\bar{v})^2<d\}}{\int\cdots\int}\left(\frac{1}{\sqrt{2\pi}}\right)^{n_2}\mathrm{e}^{-\frac{1}{2}\sum_{i=1}^{n_2}v_i^2}\mathrm{d}v_1\mathrm{d}v_2\cdots\mathrm{d}v_{n_2}$$

$$=P\left\{a<\sum_{i=1}^{n_1}(U_i-\bar{U})^2<b\right\}\cdot P\left\{c<\sum_{i=1}^{n_2}(V_i-\bar{V})^2<d\right\}$$

$$=P\{a<\xi<b\}\cdot P\{c<\eta<d\}$$

由于 a,b,c,d 是任意的,这就证明了 ξ 与 η 是相互独立的.

再根据定理 8 知, $\dfrac{\dfrac{\xi}{n_1-1}}{\dfrac{\eta}{n_2-1}}$ 服从自由度为 n_1-1,n_2-1 的 F 分布. 也就是说, $\zeta=\dfrac{\dfrac{1}{n_1-1}\sum_{i=1}^{n_1}(X_i-\bar{X})^2}{\dfrac{1}{n_2-1}\sum_{i=1}^{n_2}(Y_i-\bar{Y})^2}$ 服从自由度为 n_1-1,n_2-1 的 F 分布. 定理 9 证毕.

附表 1　正态分布数值表

$$\Phi(x)=\int_{-\infty}^{x}\frac{1}{\sqrt{2\pi}}e^{-\frac{t^2}{2}}dt$$

x	$\Phi(x)$	x	$\Phi(x)$	x	$\Phi(x)$
0.00	0.500 0	1.42	0.922 20	2.35	$0.9^2 0613$
0.05	0.519 9	1.45	0.926 47	2.38	$0.9^2 1344$
0.10	0.539 8	1.48	0.930 6	2.40	$0.9^2 1802$
0.15	0.559 6	1.50	0.933 19	2.42	$0.9^2 2240$
0.20	0.579 3	1.55	0.939 43	2.45	$0.9^2 2857$
0.25	0.598 7	1.58	0.942 95	2.50	$0.9^2 3790$
0.30	0.617 9	1.60	0.945 20	2.55	$0.9^2 4614$
0.35	0.636 8	1.65	0.950 53	2.58	$0.9^2 5060$
0.40	0.655 4	1.68	0.953 52	2.60	$0.9^2 5339$
0.45	0.673 6	1.70	0.955 43	2.62	$0.9^2 5604$
0.50	0.691 5	1.75	0.959 94	2.65	$0.9^2 5975$
0.55	0.708 8	1.78	0.962 46	2.68	$0.9^2 6319$
0.60	0.725 7	1.80	0.964 07	2.70	$0.9^2 6533$
0.65	0.742 2	1.85	0.967 84	2.72	$0.9^2 6736$
0.70	0.758 0	1.88	0.969 95	2.75	$0.9^2 7020$
0.75	0.773 4	1.90	0.971 28	2.78	$0.9^2 7282$
0.80	0.788 1	1.95	0.974 41	2.80	$0.9^2 7445$
0.85	0.802 3	1.96	0.975 00	2.82	$0.9^2 7599$
0.90	0.815 9	2.00	0.977 25	2.85	$0.9^2 7814$
0.95	0.828 9	2.02	0.978 31	2.88	$0.9^2 8012$
1.00	0.841 3	2.05	0.979 82	2.90	$0.9^2 8134$
1.05	0.853 1	2.08	0.981 24	2.92	$0.9^2 8250$
1.10	0.864 3	2.10	0.982 14	2.95	$0.9^2 8411$
1.15	0.874 9	2.12	0.983 00	2.98	$0.9^2 8559$
1.20	0.884 9	2.15	0.984 22	3.00	$0.9^2 8650$
1.25	0.894 4	2.18	0.985 37	3.50	$0.9^3 7674$
1.28	0.899 7	2.20	0.986 10	4.00	$0.9^4 6833$
1.30	0.903 20	2.22	0.986 79	5.00	$0.9^5 9713$
1.32	0.906 58	2.25	0.987 78	6.00	$0.9^8 9013$
1.35	0.911 49	2.28	0.988 70		
1.38	0.916 21	2.30	0.989 28		
1.40	0.919 24	2.33	$0.9^2 0097$		

[注]:$0.9^k a_1 a_2 a_3 a_4 \triangleq \underbrace{0.99\cdots9}_{k个} a_1 a_2 a_3 a_4$.

附表 2　t 分布临界值表

n \ λ α	0.20	0.10	0.05	0.01	0.001
1	3.078	6.314	12.706	63.657	636.619
2	1.886	2.920	4.303	9.925	31.598
3	1.638	2.353	3.182	5.841	12.924
4	1.533	2.132	2.776	4.604	8.610
5	1.476	2.015	2.571	4.032	6.859
6	1.440	1.943	2.447	3.707	5.959
7	1.415	1.895	2.365	3.499	5.405
8	1.397	1.860	2.306	3.355	5.041
9	1.383	1.833	2.262	3.250	5.781
10	1.372	1.812	2.228	3.169	4.587
11	1.363	1.796	2.201	3.106	4.437
12	1.356	1.782	2.179	3.055	4.318
13	1.350	1.771	2.160	3.012	4.221
14	1.345	1.761	2.145	2.977	4.140
15	1.341	1.753	2.131	2.947	4.073
16	1.337	1.746	2.120	2.921	4.015
17	1.333	1.740	2.110	2.898	3.965
18	1.330	1.734	2.101	2.878	3.922
19	1.328	1.729	2.093	2.861	3.883
20	1.325	1.725	2.086	2.845	3.850
21	1.323	1.721	2.080	2.831	3.819
22	1.321	1.717	2.074	2.819	3.792
23	1.319	1.714	2.069	2.807	3.767
24	1.318	1.711	2.064	2.797	3.745
25	1.316	1.708	2.060	2.787	3.725
26	1.315	1.706	2.056	2.779	3.707
27	1.314	1.703	2.052	2.771	3.690
28	1.313	1.701	2.048	2.763	3.674
29	1.311	1.699	2.045	2.756	3.659
30	1.310	1.697	2.042	2.750	3.646
40	1.303	1.684	2.021	2.704	3.551
60	1.296	1.671	2.000	2.660	3.460
120	1.289	1.658	1.980	2.617	3.373
∞	1.282	1.645	1.960	2.576	3.291

[注] n:自由度,λ:临界值,$P\{|t|>\lambda\}=\alpha$.

附表 3　χ^2分布临界值表

λ \ α / n	0.975	0.05	0.025	0.01
1	0.000 98	3.84	5.02	6.63
2	0.050 6	5.99	7.38	9.21
3	0.216	7.81	9.35	11.3
4	0.484	9.49	11.1	13.3
5	0.831	11.07	12.8	15.1
6	1.24	12.6	14.4	16.8
7	1.69	14.1	16.0	18.5
8	2.18	15.5	17.5	20.1
9	2.70	16.9	19.0	21.7
10	3.25	18.3	20.5	23.2
11	3.82	19.7	21.9	24.7
12	4.40	21.0	23.3	26.2
13	5.01	22.4	24.7	27.7
14	5.63	23.7	26.1	29.1
15	6.26	25.0	27.5	30.6
16	6.91	26.3	28.8	32.0
17	7.56	27.6	30.2	33.4
18	8.23	28.9	31.5	34.8
19	8.91	30.1	32.9	36.2
20	9.59	31.4	34.2	37.6
21	10.3	32.7	35.5	38.9
22	11.0	33.9	36.8	40.3
23	11.7	35.2	38.1	41.6
24	12.4	36.4	39.4	43.0
25	13.1	37.7	40.6	44.3
26	13.8	38.9	41.9	45.6
27	14.6	40.1	43.2	47.0
28	15.3	41.3	44.5	48.3
29	16.0	42.6	45.7	49.6
30	16.8	43.8	47.0	50.9

［注］n：自由度，λ：临界值，$P\{\chi^2 > \lambda\} = \alpha$.

附表 4　F 分布临界值表（$\alpha=0.05$）

λ n_2 \ n_1	1	2	3	4	5	6	7	8	12	24	∞
1	161.4	199.5	215.7	224.6	230.2	234.0	236.8	238.9	243.9	249.1	254.3
2	18.5	19.0	19.2	19.2	19.3	19.3	19.4	19.4	19.4	19.5	19.5
3	10.1	9.55	9.28	9.12	9.01	8.94	8.89	8.85	8.74	8.64	8.53
4	7.71	6.94	6.59	6.39	6.26	6.16	6.09	6.04	5.91	5.77	5.63
5	6.61	5.79	5.41	5.19	5.05	4.95	4.88	4.82	4.68	4.53	4.36
6	5.99	5.14	4.76	4.53	4.39	4.28	4.21	4.15	4.00	3.84	3.67
7	5.59	4.74	4.35	4.12	3.97	3.87	3.79	3.73	3.57	3.41	3.23
8	5.32	4.46	4.07	3.84	3.69	3.58	3.50	3.44	3.28	3.12	2.93
9	5.12	4.26	3.86	3.63	3.48	3.37	3.29	3.23	3.07	2.90	2.71
10	4.96	4.10	3.71	3.48	3.33	3.22	3.14	3.07	2.91	2.74	2.54
11	4.84	3.98	3.59	3.36	3.20	3.09	3.01	2.95	2.79	2.61	2.40
12	4.75	3.89	3.49	3.26	3.11	3.00	2.91	2.85	2.69	2.51	2.30
13	4.67	3.81	3.41	3.18	3.03	2.92	2.83	2.77	2.60	2.42	2.21
14	4.60	3.74	3.34	3.11	2.96	2.85	2.76	2.70	2.53	2.35	2.13
15	4.54	3.68	3.29	3.06	2.90	2.79	2.71	2.64	2.48	2.29	2.07
16	4.49	3.63	3.24	3.01	2.85	2.74	2.66	2.59	2.42	2.24	2.01
17	4.45	3.59	3.20	2.96	2.81	2.70	2.61	2.55	2.38	2.19	1.96

18	4.41	3.55	3.16	2.93	2.77	2.66	2.58	2.51	2.34	2.15	1.92
19	4.38	3.52	3.13	2.90	2.74	2.63	2.54	2.48	2.31	2.11	1.88
20	4.35	3.49	3.10	2.87	2.71	2.60	2.51	2.45	2.28	2.08	1.84
21	4.32	3.47	3.07	2.84	2.68	2.57	2.49	2.42	2.25	2.05	1.81
22	4.30	3.44	3.05	2.82	2.66	2.55	2.46	2.40	2.23	2.03	1.78
23	4.28	3.42	3.03	2.80	2.64	2.53	2.44	2.37	2.20	2.01	1.76
24	4.26	3.40	3.01	2.78	2.62	2.51	2.42	2.36	2.18	1.98	1.73
25	4.24	3.39	2.99	2.76	2.60	2.49	2.40	2.34	2.16	1.96	1.71
26	4.23	3.37	2.98	2.74	2.59	2.47	2.39	2.32	2.15	1.95	1.69
27	4.21	3.35	2.96	2.73	2.57	2.46	2.37	2.31	2.13	1.93	1.67
28	4.20	3.34	2.95	2.71	2.56	2.45	2.36	2.29	2.12	1.91	1.65
29	4.18	3.33	2.93	2.70	2.55	2.43	2.35	2.28	2.10	1.90	1.64
30	4.17	3.32	2.92	2.69	2.53	2.42	2.33	2.27	2.09	1.89	1.60
40	4.08	3.23	2.84	2.61	2.45	2.34	2.25	2.18	2.00	1.79	1.51
60	4.00	3.15	2.76	2.53	2.37	2.25	2.17	2.10	1.92	1.70	1.39
120	3.92	3.07	2.68	2.45	2.29	2.17	2.09	2.02	1.83	1.61	1.24
∞	3.84	3.00	2.60	2.37	2.21	2.10	2.01	1.94	1.75	1.52	1.00

[注] 表中n_1是第一自由度(分子的自由度);

n_2是第二自由度(分母的自由度);

λ 是临界值,$P\{F>\lambda\}=\alpha=0.05$.

附表 5　F 分布临界值表($\alpha = 0.025$)

n_2 \ λ \ n_1	1	2	3	4	5	6	7	8	12	24	∞
1	648.8	799.5	864.2	899.6	921.8	937.1	948.2	956.7	976.7	997.2	1018.3
2	38.51	39.00	39.17	39.25	39.30	39.33	39.36	39.37	39.41	39.46	39.5
3	17.44	16.04	15.44	15.10	14.88	14.73	14.62	14.54	14.34	14.12	13.9
4	12.22	10.65	9.98	9.60	9.36	9.20	9.07	8.98	8.75	8.51	8.26
5	10.01	8.43	7.76	7.39	7.15	6.98	6.85	6.76	6.52	6.28	6.02
6	8.81	7.26	6.60	6.23	5.99	5.82	5.70	5.60	5.37	5.12	4.85
7	8.07	6.54	5.89	5.52	5.29	5.12	4.99	4.90	4.67	4.42	4.14
8	7.57	6.06	5.42	5.05	4.82	4.65	4.53	4.43	4.20	3.95	3.67
9	7.21	5.71	5.08	4.72	4.48	4.32	4.20	4.10	3.87	3.61	3.33
10	6.94	5.46	4.83	4.47	4.24	4.07	3.95	3.85	3.62	3.37	3.08
11	6.72	5.26	4.63	4.28	4.04	3.88	3.76	3.66	3.43	3.17	2.88
12	6.55	5.10	4.47	4.12	3.89	3.73	3.61	3.51	3.28	3.02	2.73
13	6.41	4.97	4.35	4.00	3.77	3.60	3.48	3.39	3.15	2.89	2.60
14	6.30	4.86	4.24	3.89	3.66	3.50	3.38	3.29	3.05	2.79	2.49
15	6.20	4.77	4.15	3.80	3.58	3.41	3.29	3.20	2.96	2.70	2.40
16	6.12	4.69	4.08	3.73	3.50	3.34	3.22	3.12	2.89	2.63	2.32
17	6.04	4.62	4.01	3.66	3.44	3.28	3.16	3.06	2.82	2.56	2.25

18	5.98	4.56	3.95	3.61	3.38	3.22	3.10	3.01	2.77	2.50	2.19
19	5.92	4.51	3.90	3.56	3.33	3.17	3.05	2.96	2.72	2.45	2.13
20	5.87	4.46	3.86	3.51	3.29	3.13	3.01	2.91	2.68	2.41	2.09
21	5.83	4.42	3.82	3.48	3.25	3.09	2.97	2.87	2.64	2.37	2.04
22	5.79	4.38	3.78	3.44	3.22	3.05	2.93	2.84	2.60	2.33	2.00
23	5.75	4.35	3.75	3.41	3.18	3.02	2.90	2.81	2.57	2.30	1.97
24	5.72	4.32	3.72	3.38	3.15	2.99	2.87	2.78	2.54	2.27	1.94
25	5.69	4.29	3.69	3.35	3.13	2.97	2.85	2.75	2.51	2.24	1.91
26	5.66	4.27	3.67	3.33	3.10	2.94	2.82	2.73	2.49	2.22	1.88
27	5.63	4.24	3.65	3.31	3.08	2.92	2.80	2.71	2.47	2.19	1.85
28	5.61	4.22	3.63	3.29	3.06	2.90	2.78	2.69	2.45	2.17	1.83
29	5.59	4.20	3.61	3.27	3.04	2.88	2.76	2.67	2.43	2.15	1.81
30	5.57	4.18	3.59	3.25	3.03	2.87	2.75	2.65	2.41	2.14	1.79
40	5.42	4.05	3.46	3.13	2.90	2.74	2.62	2.53	2.29	2.01	1.64
60	5.29	3.93	3.34	3.01	2.79	2.63	2.51	2.41	2.17	1.88	1.48
120	5.15	3.80	3.23	2.89	2.67	2.52	2.39	2.30	2.05	1.76	1.31
∞	5.02	3.69	3.12	2.79	2.57	2.41	2.29	2.19	1.94	1.64	1.00

[注] 表中n_1是第一自由度(分子的自由度);

n_2是第二自由度(分母的自由度);

λ 是临界值,$P\{F>\lambda\}=\alpha=0.025$.

附表 6　F 分布临界值表($\alpha = 0.01$)

n_1 / λ / n_2	1	2	3	4	5	6	7	8	12	24	∞
1	4 052	4 999	5 403	5 625	5 764	5 859	5 928	5 982	6 106	6 234	6 366
2	98.5	99.0	99.2	99.2	99.3	99.3	99.4	99.4	99.4	99.5	99.5
3	34.1	30.8	29.5	28.7	28.2	27.9	27.7	27.5	27.1	26.6	26.1
4	21.2	18.0	16.7	16.0	15.5	15.2	15.0	14.8	14.4	13.9	13.5
5	16.3	13.3	12.1	11.4	11.0	10.7	10.5	10.3	9.89	9.47	9.02
6	13.7	10.9	9.78	9.15	8.75	8.47	8.26	8.10	7.72	7.31	6.88
7	12.2	9.55	8.45	7.85	7.46	7.19	6.99	6.84	6.47	6.07	5.65
8	11.3	8.65	7.59	7.01	6.63	6.37	6.18	6.03	5.67	5.28	4.86
9	10.6	8.02	6.99	6.42	6.06	5.80	5.61	5.47	5.11	4.73	4.31
10	10.0	7.56	6.55	5.99	5.64	5.39	5.20	5.06	4.71	4.33	3.91
11	9.65	7.21	6.22	5.67	5.32	5.07	4.89	4.74	4.40	4.02	3.60
12	9.33	6.93	5.95	5.41	5.06	4.82	4.64	4.50	4.16	3.78	3.36
13	9.07	6.70	5.74	5.21	4.86	4.62	4.44	4.30	3.96	3.59	3.17
14	8.86	6.51	5.56	5.04	4.69	4.46	4.28	4.14	3.80	3.43	3.00
15	8.68	6.36	5.42	4.89	4.56	4.32	4.14	4.00	3.67	3.29	2.87
16	8.53	6.23	5.29	4.77	4.44	4.20	4.03	3.89	3.55	3.18	2.75
17	8.40	6.11	5.18	4.67	4.34	4.10	3.93	3.79	3.46	3.08	2.65

18	8.29	6.01	5.09	4.58	4.25	4.01	3.84	3.71	3.37	3.00	2.57
19	8.18	5.93	5.01	4.50	4.17	3.94	3.77	3.63	3.30	2.92	2.49
20	8.10	5.85	4.94	4.43	4.10	3.87	3.70	3.56	3.23	2.86	2.42
21	8.02	5.78	4.87	4.37	4.04	3.81	3.64	3.51	3.17	2.80	2.36
22	7.95	5.72	4.82	4.31	3.99	3.76	3.59	3.45	3.12	2.75	2.31
23	7.88	5.66	4.76	4.26	3.94	3.71	3.54	3.41	3.07	2.70	2.26
24	7.82	5.61	4.72	4.22	3.90	3.67	3.50	3.36	3.03	2.66	2.21
25	7.77	5.57	4.68	4.18	3.85	3.63	3.46	3.32	2.99	2.62	2.17
26	7.72	5.53	4.64	4.14	3.82	3.59	3.42	3.29	2.96	2.58	2.13
27	7.68	5.49	4.60	4.11	3.78	3.56	3.39	3.26	2.93	2.55	2.10
28	7.64	5.45	4.57	4.07	3.75	3.53	3.36	3.23	2.90	2.52	2.06
29	7.60	5.42	4.54	4.04	3.73	3.50	3.33	3.20	2.87	2.49	2.03
30	7.56	5.39	4.51	4.02	3.70	3.47	3.30	3.17	2.84	2.47	2.01
40	7.31	5.18	4.31	3.83	3.51	3.29	3.12	2.99	2.66	2.29	1.80
60	7.08	4.98	4.13	3.65	3.34	3.12	2.95	2.82	2.50	2.12	1.60
120	6.85	4.79	3.95	3.48	3.17	2.96	2.79	2.66	2.34	1.95	1.38
∞	6.63	4.61	3.78	3.32	3.02	2.80	2.64	2.51	2.18	1.79	1.00

[注]表中的n_1是第一自由度(分子的自由度);

n_2是第二自由度(分母的自由度);

λ 是临界值,$P\{F>\lambda\}=\alpha=0.01$.

习题答案

习 题 一

1. $P(A)=P(B)=\frac{1}{4}$.（例 1.2）

   $P(A)=\frac{7}{15}$，$P(B)=\frac{8}{15}$.（例 1.3）

2. $P(A)=P(B)=P(C)=\frac{1}{27}$；

   $P(D)=\frac{1}{9}$；$P(E)=\frac{2}{9}$；$P(F)=\frac{8}{9}$；

   $P(G)=P(H)=P(I)=\frac{8}{27}$；

   $P(J)=\frac{1}{27}$；$P(K)=\frac{2}{27}$.

3. $C_{13}^{2}/C_{52}^{2}=\frac{1}{17}$.

4. $P\{$至少有两件次品$\}\approx 0.82$.

5. （1）$\frac{1}{5}$；（2）$\frac{3}{5}$；（3）$\frac{3}{10}$.

习 题 二

1. $\frac{19}{130}\approx 0.146$.

4. $132/169\approx 0.781$.

5. 0.219.

6. 0.994.

7. $P($全红$)=\frac{1}{8}$；　　$P($全黄$)=P($全白$)=\frac{1}{64}$；

   $P($色全同$)=\frac{5}{32}$；　　$P($全不同$)=\frac{3}{16}$；

   $P($不全同$)=\frac{27}{32}$；　　$P($无红$)=\frac{1}{8}$；

$P(\text{无黄}) = P(\text{无白}) = \frac{27}{64}$;

$P(\text{无红且无黄}) = \frac{1}{64}$;

$P(\text{全红或全黄}) = \frac{9}{64}$;

$P(\text{无红或无黄}) = \frac{17}{32}$.

8. $$P(A \cup B \cup C) = P(A) + P(B) + P(C) - P(AB) - P(BC) - P(BC) + P(ABC).$$

习 题 三

1. 0.902.
2. $P(A + BC) = 0.328$.
3. 96.5%.
4. $P_1 = \frac{1}{10}$, $P_2 = \frac{3}{5}$.
5. 0.124.
6. $\frac{5}{13}$.

习 题 四

1. 0.973; 0.25.
2. 0.145 8; 5/21.
3. $\frac{1}{2}$; $\frac{2}{9}$.

习 题 五

1. $(0.99)^4 = 0.960\ 6$;　　$C_4^1(0.01)(0.99)^3 = 0.038\ 8$;
   $C_4^2(0.01)^2(0.99)^2 = 0.000\ 6$;　$C_4^3(0.01)^3 \cdot 0.99 \approx 0$;
   $C_4^4(0.01)^4 \approx 0$.
2. 0.104.
3. (1) 0.923;　　(2) 0.177.

4. $\frac{(\lambda p)^l}{l!}e^{-\lambda p}$.

习 题 六

1. $P\{X=k\}=C_5^k C_{95}^{20-k}/C_{100}^{20}(k=0,1,2,3,4,5)$.

2. $P\{X=k\}=C_{30}^k(0.8)^k(0.2)^{30-k}(k=0,1,\cdots,30)$.

3. $P\{X=k\}=(0.2)^{k-1}\cdot 0.8(k=1,2,\cdots)$.

4.

X	0	1	2	3
P	$\frac{3}{4}$	$\frac{9}{44}$	$\frac{9}{220}$	$\frac{1}{220}$

5. $P\{X=k\}=\frac{1}{2^k}(k=1,2,\cdots)$.

6. $P\{X=k\}=C_{13}^k C_{39}^{5-k}/C_{52}^5(k=0,1,\cdots,5)$.

7. 0.090 2.

8. 0.029 8；0.021 4.

9. $k=\begin{cases}[\lambda] & \text{如果 } \lambda \text{ 不是整数}\\ \lambda-1,\lambda & \text{如果 } \lambda \text{ 是整数}\end{cases}$

习 题 七

1. （1）$C=2$；　（2）0.4.

2. （1）$C=\frac{1}{\pi}$；　（2）$\frac{1}{3}$.

3. （1）$C=\frac{1}{2}$；　（2）$\frac{1}{2}(1-e^{-1})$.

4. 0.952 2；0.817 2.

5. 1.96，1.65，2.58；1.65.

6. $\frac{1}{\sqrt{\pi}}e^{-\frac{1}{4}}$.

7. $p_Y(y)=\frac{2e^y}{\pi(e^{2y}+1)}$，$-\infty<y<+\infty$.

8. $\begin{cases} p_Y(y) = \dfrac{2\left(\dfrac{k}{2}\right)^{\frac{k}{2}}}{\Gamma\left(\dfrac{k}{2}\right)} y^{k-1} e^{-\frac{ky^2}{2}} & ,y > 0 \\ 0 & ,y \leqslant 0. \end{cases}$

9. $\begin{cases} p_Y(y) = \dfrac{4\sqrt{2}}{\alpha^3 \sqrt{\pi} m^{\frac{3}{2}}} \sqrt{y} e^{-\frac{2y}{m\alpha^2}} & ,y > 0 \\ 0 & ,y \leqslant 0. \end{cases}$

10. 0.240 3.

11. $p_V(y) = \begin{cases} \dfrac{1}{b-a}\left(\dfrac{2}{9\pi}\right)^{\frac{1}{3}} y^{-\frac{2}{3}} & \dfrac{\pi a^3}{6} \leqslant y \leqslant \dfrac{\pi b^3}{6} \\ 0. & 其他 \end{cases}$

12. $p_X(x) = \begin{cases} \dfrac{1}{\pi} \cdot \dfrac{1}{\sqrt{R^2 - x^2}} & |x| < R \\ 0 & 其他 \end{cases}$

13. (1) 0.864 7, 0.049 8;

(2) $p(x) = \begin{cases} e^{-x} & x > 0 \\ 0 & x \leqslant 0 \end{cases}$

14. (1) $F(x) = \begin{cases} 0 & x \leqslant -1 \\ \dfrac{x}{\pi}\sqrt{1-x^2} + \dfrac{1}{\pi}\arcsin x + \dfrac{1}{2} & -1 < x < 1 \\ 1 & x \geqslant 1 \end{cases}$

(2) $F(x) = \begin{cases} 0 & x < 0 \\ \dfrac{x^2}{2} & 0 \leqslant x < 1 \\ 2x - \dfrac{x^2}{2} - 1 & 1 \leqslant x < 2 \\ 1 & x \geqslant 2 \end{cases}$

15. $\sigma \leqslant 31.25$.

习 题 八

1. $E(X) = 11$.

2. 甲机床次品数的期望为 1,乙机床次品数的期望为 0.9.

3. $E(X)=1.25$.

4. $E(X)=nM/N$.

5. $E(X)=\frac{6}{5}$.

6. $E(X)=44.64$.

7. $[1-(1-p)^{10}]/p$.

习　题　九

1. $E(X)=\frac{2}{3}$.

2. 0.

3. 0.

4. $E(X^n)=\begin{cases}0, & \text{当 } n \text{ 为奇数} \\ \sigma^n(n-1)!! & \text{当 } n \text{ 为偶数}\end{cases}$

5. $\pi(b+a)(b^2+a^2)/24$.

6. 0.

习　题　十

1. 33；0.312 5.

2. $\frac{1}{18}$，$\frac{1}{2}$，2，$\frac{R^2}{2}$.

4. $p_Y(y)=\frac{1}{\sqrt{2\pi}\sigma y}e^{-(\ln y-\mu)^2/(2\sigma^2)}$，$y>0$；

   $E(Y)=e^{\mu+\frac{1}{2}\sigma^2}$；

   $D(Y)=e^{2\mu+\sigma^2}(e^{\sigma^2}-1)$.

5. (1) $A=\frac{1}{\sigma^2}$；

   (2) $e^{-\frac{\pi}{4}}\left(E(X)=\sqrt{\frac{\pi}{2}}\sigma\right)$；

   (3) $\left(2-\frac{\pi}{2}\right)\sigma^2$.

6. 注意到 $E(X)=m+1$，$D(X)=m+1$，用切比雪夫不等式即可证得.

7. $E(X)=\dfrac{\alpha}{\alpha+\beta}$; $D(X)=\dfrac{\alpha\beta}{(\alpha+\beta+1)(\alpha+\beta)^2}$.

8. $E(X)=\dfrac{r}{p}$; $D(X)=\dfrac{rq}{p^2}$.

习题十一

1. 不独立.

2. $p(x,y)=\begin{cases}\dfrac{1}{(b-a)(d-c)} & (x,y)\in D,\\ 0 & \text{其他};\end{cases}$

$p_X(x)=\begin{cases}\dfrac{1}{b-a} & a<x<b,\\ 0 & \text{其他};\end{cases}$

$p_Y(y)=\begin{cases}\dfrac{1}{d-c} & c<y<d,\\ 0 & \text{其他};\end{cases}$

X 与 Y 相互独立.

3. (1) $c=\dfrac{3}{\pi R^3}$;

(2) $\dfrac{3r^2}{R^2}\left(1-\dfrac{2r}{3R}\right)$.

4. (1) $c=\dfrac{1}{\pi^2}$;　　(2) $\dfrac{1}{16}$;

(3) 独立.

5. (1) $A=\dfrac{1}{2}$;

(2) $p_X(x)=\begin{cases}\dfrac{1}{2}(\sin x+\cos x) & 0<x<\dfrac{\pi}{2},\\ 0 & \text{其他};\end{cases}$

Y 与 X 同分布.

6. 0.96.

7. $p(x,y)=\begin{cases}\dfrac{1}{\pi ab} & (x,y)\in D,\\ 0 & \text{其他}.\end{cases}$

8. (1) $p(x,y)=\frac{1}{\sqrt{3}\pi}e^{-\frac{2}{3}[(x-3)^2-(x-3)y+y^2]}$,

$p_X(x)=\frac{1}{\sqrt{2\pi}}e^{-\frac{(x-3)^2}{2}}$, $p_Y(y)=\frac{1}{\sqrt{2\pi}}e^{-\frac{y^2}{2}}$

(2) $p(x,y)=\frac{4}{\sqrt{3}\pi}e^{-\frac{8}{3}[(x-1)^2-(x-1)(y-1)+(y-1)^2]}$,

$p_X(x)=\sqrt{\frac{2}{\pi}}e^{-2(x-1)^2}$, $p_Y(y)=\sqrt{\frac{2}{\pi}}e^{-2(y-1)^2}$.

(3) $p(x,y)=\frac{1}{\pi}e^{-\frac{1}{2}[(x-1)^2+4(y-2)^2]}$,

$p_X(x)=\frac{1}{\sqrt{2\pi}}e^{-\frac{(x-1)^2}{2}}$, $p_Y(y)=\sqrt{\frac{2}{\pi}}e^{-2(y-2)^2}$.

习题十二

1. $p_Z(z)=\begin{cases}(e-1)e^{-z} & z\geqslant 1,\\ 1-e^{-z} & 0<z<1,\\ 0 & z\leqslant 0.\end{cases}$

4. $p_{\min(X,Y)}(z)=2[1-F(z)]p(z)$.

5. $p_1(z)=\begin{cases}(\alpha+\beta)e^{-(\alpha+\beta)z} & z>0,\\ 0 & z\leqslant 0;\end{cases}$

$p_2(z)=\begin{cases}\alpha e^{-\alpha z}+\beta e^{-\beta z}-(\alpha+\beta)e^{-(\alpha+\beta)z} & z>0,\\ 0 & z\leqslant 0;\end{cases}$

$p_3(z)=\begin{cases}\frac{\alpha\beta}{\beta-\alpha}(e^{-\alpha z}-e^{-\beta z}) & z>0,\\ 0 & z\leqslant 0.\end{cases}$

6. (1) $\begin{cases}\frac{1}{6}z^3e^{-z} & ,z>0\\ 0 & ,z\leqslant 0\end{cases}$;

(2) $\begin{cases}\frac{1}{120}y^5e^{-y} & ,y>0\\ 0 & ,y\leqslant 0.\end{cases}$

习 题 十 三

1. $E(Z)=\frac{3}{4}\sqrt{\pi}$.

3. $A=\frac{1}{\pi}$;σ_{XX},σ_{YY}都不存在.

4. $\rho=\frac{1}{2}$.

5. $E(X_1\cdot X_2)=4$.

6. $D(X+Y)=85$, $D(X-Y)=37$.

7. $1-e^{-\frac{k^2}{2}}$.

9. $\rho_{XY}=\begin{cases}0 & n\text{ 偶},\\ \dfrac{n!!}{\sqrt{(2n-1)!!}} & n\text{ 奇}.\end{cases}$

习 题 十 四

1. X,Y,Z 独立同分布,密度是$\begin{cases}p(t)=e^{-t} & ,t>0\\ 0 & ,t\leqslant 0.\end{cases}$

2. $p(x_1,x_2,\cdots,x_n)=\dfrac{1}{(2\pi)^{\frac{n}{2}}\sigma^n}e^{-\frac{1}{2\sigma^2}\sum\limits_{i=1}^{n}(x_i-\mu)^2}$

3. $\begin{cases}p(u)=\sqrt{\dfrac{2}{\pi}}u^2e^{-\frac{1}{2}u^2} & ,u>0\\ 0 & ,u\leqslant 0.\end{cases}$

4. $E(Y)=\mu$, $D(Y)=\frac{\sigma^2}{n}$.

5. $\min(X_1,X_2,\cdots,X_n)$服从参数为 $m,\eta/n^{\frac{1}{m}}$的韦布尔分布.

6. $E(X)=M\left[1-\left(1-\frac{1}{M}\right)^n\right]$.

7. $E(X)=\sum\limits_i p_i$, $D(X)=\sum\limits_i p_i 1-p_i$.

8. $E(X+Y+Z)=1$, $D(X+Y+Z)=3$.

习 题 十 五

1. 对一切非负整数 n,

$$P(X=K|X+Y=n)=\begin{cases}0, & K>n\\ C_n^K\dfrac{\lambda_1^K\lambda_2^{n-K}}{(\lambda_1+\lambda_2)^n}, & K=0,1,\cdots,n\end{cases}$$

2. 小猫到达地面的时间的期望是 10 h.

4. 该商店一天的平均营业额是 60 000 元.

习 题 十 六

2. $\hat{\sigma}^2=\dfrac{1}{n}\sum\limits_i(x_i-\mu)^2$.

3. $\hat{\mu}=\dfrac{1}{n}\sum\limits_i x_i$.

4. $\hat{\lambda}=\max\{x_1,x_2,\cdots,x_n\}$; $\tilde{\lambda}=\dfrac{2}{n}\sum\limits_i x_i$.

5. [15.06 − 0.24, 15.06 + 0.24], [15.06 − 0.15, 15.06 + 0.15].

6. [1 234.4, 1 283.6], [1 247.6, 1 270.4].

7. [−2.565, 3.315], [−2.751, 3.501].

8. [2 760.8, 2 857.2].

9. [1 485.7, 1 514.3], [13.8, 36.5].

10. [2.690, 2.720].

11. $n\geqslant 15.37\sigma^2/L^2$.

12. [−0.001, 0.005].

习 题 十 七

1. 相容(1.095 < 1.96).

2. 没发现不正常(0.05 < 2.306).

3. 有显著性差异(2.45 > 2.262).

4. 没发现有系统偏差(0.465 9 < 2.447).

5. 可以认为偏大(15.68 > 15.5).

6. 无显著性差异$\left(\dfrac{1}{3.85}<2.13<4.30\right)$.

7. 有显著性差异(5.98 > 2.021).

8. 有显著性差异(4.06 > 2.262).

9. 无显著性差异(1.86 < 2.101).

10. 可以认为是匀称的(5.125 < 16.9).

11. 有显著性差异,新法好(−2.06 < −1.833).

习题十八

1. 回归直线方程:$\hat{y} = 188.99 + 1.867x$.

2. 显著($\alpha = 0.05$),(7.55 > 5.32).

3. $x = 65$ 时 $\hat{y} = 310$,预报区间[256,365],$\alpha = 0.05$.

习题十九

1. (1) 第3号条件:上升温度800℃,保温时间8 h,出炉温度500℃.

(2) 第8号条件:品种为南二矮5号,插植密度20万棵/亩,施肥量每亩5斤纯氮.

(3) 第6号条件:pH 9~10,加凝聚剂,用NaOH作沉淀剂,加$CaCl_2$,用浓的废水.

2. (1) 可能好的配合:上升温度:800℃,保温时间8 h,出炉温度400℃.

(2) 可能好的配合:品种为窄叶青8号,插植密度30万棵/亩. 施肥量10斤/亩纯氮.

(3) 可能好的配合:pH 9~10,用NaOH做沉淀剂,凝聚剂和$CaCl_2$都不用加.(废水浓度稀、浓都可以,看需要而定.)

习题二十

3. λ 的贝叶斯估计是 $\dfrac{\alpha + \sum_{i=1}^{n} X_i}{\beta + n}$.

4. θ 的贝叶斯估计是 $\dfrac{\sum_{i=1}^{n} X_i - 1}{n - 2}$.

5. 贝叶斯检验是:当 $\mu^* > \theta_0$ 时接受假设 H_2;当 $\mu^* < \theta_0$ 时接受假设

H_1；当 $\mu^* = \theta_0$ 时接受 H_1 或 H_2 均可. 这里 $\mu^* = (\mu_0 + n\sigma_0 \bar{X})/(1 + n\sigma_0^2)$，$\bar{X} = \frac{1}{n} \sum_{i=1}^{n} X_i$.

6. 全部决策共有九个. 具体内容及相应的风险如下

δ(决策)		δ_1	δ_2	δ_3	δ_4	δ_5	δ_6	δ_7	δ_8	δ_9
x (地层结构)	0	a_1	a_1	a_1	a_2	a_2	a_2	a_3	a_3	a_3
	1	a_1	a_2	a_3	a_1	a_2	a_3	a_1	a_2	a_3
$R(\theta,\delta)$ (风险)	θ_0	12	7.6	9.6	5.4	1	3.0	8.4	4.0	6
	θ_1	0	4.9	3.5	2.1	7	5.6	1.5	6.4	5

δ_4 是 minimax 决策. 若先验分布 $\xi(\theta_0) = 0.2$，$\xi(\theta_1) = 0.8$，则 δ_1 是相应的贝叶斯决策.

参考书目

[1] Гнепенко Б В. 概率论教程. 丁寿田译. 北京:高等教育出版社,1956

[2] Fisz M. 概率论及数理统计. 王福保译. 上海:上海科学技术出版社,1962

[3] 赵仲哲. 概率论讲义. 北京大学油印本,1957

[4] 王梓坤. 随机过程论. 北京:科学出版社,1965

[5] 中国科学院数学研究所概率统计室. 回归分析方法. 北京:科学出版社,1974

[6] 浙江大学数学系高等数学教研组. 概率论与数理统计. 北京:高等教育出版社,1979

[7] 汪仁官. 概率论引论. 北京:北京大学出版社,1994

[8] 钱敏平,叶俊. 随机数学. 北京:高等教育出版社,2000

[9] 茆诗松,周纪芗. 概率论与数理统计(第二版). 北京:中国统计出版社,2000

[10] 陈家鼎,孙山泽,李东风. 数理统计学讲义. 北京:高等教育出版社,1993

[11] Ross S M. A First Course in Probability (6th Ed.). 影印版,北京:中国统计出版社,2003

[12] Groebner D F et al. Business Statistics: A Decision-making Approach. 影印版. 北京:中国统计出版社,2003

[13] Rosner B. Fundamentals of Biostatistics (4th Ed.). Belmont: Wadsworth Publishing Company. 1995

[14] Casella G, Berger R L. Statistical Inference. 影印版,北京:机械工业出版社,2002

[15] Brockwell P J, Davis R A. 时间序列的理论与方法. 第 2 版. 田铮译. 北京:高等教育出版社与 Springer 出版社,2001
[16] Rao B L. Nonparametric Functional Estimation. Washington: Academic Press, 1983
[17] 韦博成,鲁国斌,史建清. 统计诊断引论. 南京:东南大学出版社,1991
[18] 陈家鼎. 生存分析与可靠性引论. 合肥:安徽教育出版社,1993
[19] 陈家鼎. 序贯分析. 北京:北京大学出版社,1995
[20] 北京大学数学系试验设计组. 电视讲座:正交试验法,1979

策划编辑　徐　可
责任编辑　田　军
封面设计　王凌波
责任绘图　黄建英
版式设计　金　伟
责任校对　康晓燕
责任印制　刁　毅